Duden

# Deutsch

**Schulwissen** 5. bis 10. Klasse



**Dudenverlag**
Berlin

**Herausgeber**
Simone Felgentreu, Dr. Detlef Langermann

**Autoren**
Simone Felgentreu
Anne-Cathrin Friedrich
Dr. Sonja Huster
Dr. Detlef Langermann
Gerald Lindner
Dr. Martina Marquardt-Langermann
Thomas Numrich
Kirsten Thietz

**Bibliografische Information der Deutschen Nationalbibliothek**
Die Deutsche Nationalbibliothek verzeichnet diese Publikation in der Deutschen Nationalbibliografie; detaillierte bibliografische Daten sind im Internet über http://dnb.dnb.de abrufbar.

Das Wort **Duden** ist für den Verlag Bibliographisches Institut GmbH als Marke geschützt.


Bibliographisches Institut GmbH, Mecklenburgische Straße 53, 14197 Berlin

**Redaktionelle Leitung** David Harvie
**Herstellung** Uwe Pahnke
**Layout** Britta Scharffenberg
**Umschlaggestaltung** Jürgen Sauerhöfer
**Umschlagillustration** Curly Pat/shutterstock.com (Wellen)
**Satz** LemmeDESIGN, Berlin
**Grafiken** siehe Bildquellenverzeichnis
**Druck und Bindung** AZ Druck und Datentechnik GmbH, Heisinger Straße 16,87437 Kempten
Printed in Germany

ISBN 978-3-411-77092-2 (Schulwissen-Kassette)

PEFC
PEFC/04-31-2260

**PEFC zertifiziert**
Dieses Produkt stammt aus nachhaltig bewirtschafteten Wäldern und kontrollierten Quellen.

www.pefc.de

# Inhaltsverzeichnis

# Methoden im Deutschunterricht

# 1

1

## 1.1 Deutsch als Wissenschaft

### 1.1.1 Einordnung der Germanistik in die Wissenschaften

Die Wissenschaft, die sich mit der deutschen Sprache und der deutschsprachigen Literatur beschäftigt, ist die **Germanistik.**

**Philologie:** aus griech. phílos = Freund und griech. lógos = Wort

Sie gehört demnach – wie die Anglistik, die Slawistik und die Skandinavistik – zu den zahlreichen **Philologien,** also den Wissenschaften einzelner Sprachen und ihrer Literaturen.

Die **Bildungssprache,** d. h., die Sprache, welche auf Universitäten gepflegt wurde, war bis ins 17. Jh. fast ausschließlich das Latein. Die literarischen Werke dagegen wurden schon seit dem 8. Jh. zu großen Teilen in der Sprache aufgeschrieben, die das Volk sprach.
Seit der Zeit des Humanismus äußerten sich auch Wissenschaftler unterschiedlicher Fachrichtungen zunehmend in deutscher Sprache, u. a. schrieb MARTIN LUTHER (1483–1546) seinen „Sendbrief vom Dolmetschen" (1530) auf Deutsch.
Der Philosoph und Jurist MARTIN OPITZ (1597–1639) beschäftigte sich in seinem „Buch von der Deutschen Poeterey" (1624) mit dem Versbau. DANIEL GEORG MORHOF (1639–1691) war in Rostock u. a. Lehrstuhlinhaber für Poesie. Sein Werk „Unterricht von der deutschen Sprache und Poesie" (1682) hatte großen Einfluss auf die Entwicklung der Germanistik als eigenständige Wissenschaft.

Ende des 18./Anfang des 19. Jh.s wurde die „schöne Literatur" zum Gegenstand von Literaturgeschichten gemacht. Aber als selbstständige Wissenschaftsdisziplin existiert die Germanistik erst seit dem 19. Jahrhundert. Die Germanistik ist demzufolge noch eine junge Wissenschaft. Doch baut sie auf philologische Traditionen auf, die weit in die Antike zurückreichen.
Die Germanistik ist Teil der sogenannten Geisteswissenschaften. WILHELM DILTHEY (1833–1911) bezeichnete diese als „Wissenschaften des handelnden Menschen" (Dilthey, Wilhelm: Gesammelte Schriften. Herausgegeben von Bernhard Groethuysen u. a., Leipzig u. a.: B. G. Teubner u. a., 1914 ff.). Als Gegenstand umreißt er: „Das Ganze der Wissenschaften, welche die geschichtlich-gesellschaftliche Wirklichkeit zu ihrem Gegenstande haben, wird [...] unter dem Namen der Geisteswissenschaften zusammengefaßt" (ebenda, S. 4). Alle diejenigen Wissenschaften, die sich mit Kultur, Geschichte, Politik, Medien, sozialen Fragen u. a. befassen, werden unter diesem Begriff eingeordnet.
Als wichtigste Methode der Geisteswissenschaften definierte DILTHEY die Methode des Verstehens. Er unterstrich, dass „diese Wissenschaften im Erleben und Verstehen begründet sind" (Dilthey, Wilhelm: Der Aufbau der geschichtlichen Welt in den Geisteswissenschaften. Einleitung von Manfred Riedel, Frankfurt am Main: Suhrkamp, 1970, S. 140). In diesem Sinne sind die Geisteswissenschaften von ihm auch als „Erfahrungswissenschaften" bezeichnet worden.

### 1.1.2 Teilbereiche der Germanistik

Die **Teilbereiche der Germanistik** ergeben sich aus ihren Aufgaben. Da sich die Wissenschaft sowohl mit der deutschen Sprache als auch mit der deutschsprachigen Literatur beschäftigt, lässt sie sich zunächst grob in Sprachwissenschaft und Literaturwissenschaft einteilen. Allerdings gehört auch der geschichtliche Aspekt von Sprache und Literatur zum Gegenstand der Wissenschaft. Deshalb hat sich der Bereich, der sich mit der Sprach- und Literaturgeschichte des Mittelalters beschäftigt, als dritter eigenständiger Teil der Germanistik herausgebildet. Als vierter Teilbereich gilt die Fachdidaktik Deutsch.

**Germanistische Sprachwissenschaft (Linguistik)**
- Lautsystem der Sprache (Phonologie)
- Schriftsystem der Sprache (Orthografie)
- Aufbau von Wörtern und Wortformen (Morphologie)
- Aufbau von Wortgruppen und Sätzen (Syntax)
- Bedeutung von Wörtern und Sätzen (Semantik)
- Bedeutung sprachlicher Äußerungen (Pragmatik)
- Wortschatz (Lexikologie u. a.)

**Deutsche Sprache und Literatur des Mittelalters (Mediävistik)**
- Sprach- und Literaturgeschichte des Althochdeutschen, Mittelhochdeutschen und Frühneuhochdeutschen
- sprachliche und literarische Überlieferungen von den Anfängen deutscher Sprache (um 800) bis zur Frühen Neuzeit

**Neuere deutsche Literatur**
Literaturgeschichte vom 16. Jahrhundert bis zur Gegenwart:
Literaturtheorie, Medientheorie, Epochenfragen, Gattungsfragen

**Didaktik der deutschen Sprache und Literatur**
Untersuchung von Bildungszielen, Themen und Inhalten des Deutschunterrichts aller Schulformen:
- Sprachdidaktik, Literaturdidaktik und Mediendidaktik
- Didaktik des Deutschen als Muttersprache
- Didaktik des Deutschen als Zweitsprache (Fremdsprache)

Darüber hinaus gibt es **Schnittstellen zu anderen Disziplinen** der Geisteswissenschaften. Eine der wichtigsten ist die zu den *anderen Philologien,* denn sie beschäftigen sich mit demselben Thema: mit der Sprache und ihrer Literatur. Sprachen und Literaturen haben sich seit Jahrtausenden gegenseitig befruchtet. So nimmt es nicht wunder, dass ein weiterer Untersuchungsgegenstand der Vergleich der Literaturen bildet. Dies geschieht in der **Komparatistik.**

Auch im Teilgebiet der Sprachwissenschaft wird die Methode des Vergleichs in der **Vergleichenden bzw. Indogermanischen Sprachwissenschaft** angewendet. Eine Schnittstelle zur Geschichtswissenschaft sichert das historische Wissen ab, zur Philosophie, Kunst- und Musikwissenschaft sind ästhetische Fragen für einen Dialog verfügbar usw.

## 1.2 Deutsch im Unterricht

### 1.2.1 Die Ziele des Deutschunterrichts

**Aufgaben und Ziele des Deutschunterrichts**

Sprache ist zunächst grundlegendes Medium der Verständigung in allen Lebensbereichen. Das bedeutet, die Beherrschung der Sprache ist die Voraussetzung für die Bewältigung aller Lern- und Lebensbereiche. Im Deutschunterricht wird Sprache nicht nur als Mittel der Wissensaneignung und Erkenntnisgewinnung betrachtet und erlernt, sondern zusätzlich auch als Inhalt des Unterrichts.
Nach dem kindlichen Spracherwerb, der vor allem durch den sprachlichen Einfluss des Elternhauses geprägt wurde, ist es Ziel des Deutschunterrichtes an diese sprachlichen Fähigkeiten (Verstehens-, Ausdrucks- und Verständnisfähigkeiten) anzuknüpfen, sie zu entwickeln und auszubauen.

Grundlegend ergeben sich daraus drei inhaltliche Bereiche, die je nach Entwicklungsstufe des Lernenden mit Themenfeldern seines Erfahrungsbereiches oder zukunftsorientiert verknüpft sind.

**ZIELE**

**bewusster und differenzierter Gebrauch der Sprache**

| **Umgang mit literarischen Texten** | **mündlicher und schriftlicher Sprachgebrauch** | **Umgang mit Sach- und Gebrauchstexten/Medien** |
|---|---|---|
| Erkennen von Stil- und Gattungsnamen | sachgerecht | Erkennen von sprachlichen, stilistischen und strukturellen Merkmalen |
| Erfassen der Textaussage und ästhetischen Qualität | situationsgerecht | Erfassen und Verstehen wesentlicher Inhalte |
| Wecken von Leseinteressen | adressatengerecht | Nutzung von Texten zur Informationsbeschaffung und zur eigenen Kommunikation |
| Erschließen fremder Erfahrungs- und Erlebnisbereiche | | |
| Entwickeln eigener Positionen und Wertvorstellungen | | |

hören, lesen, schreiben, sprechen, beurteilen, analysieren, argumentieren, reflektieren, dokumentieren, gestalten, zusammenfassen, anwenden, übertragen, verallgemeinern, begründen, beschreiben, informieren, sammeln, erörtern, diskutieren, systematisieren, präsentieren, berichten

**Herausbildung von Basisfähigkeiten**

Die Herausbildung und Entwicklung sprachlich-kommunikativer Basisfähigkeiten bilden einen wichtigen Bestandteil des Deutschunterrichts. Für die Persönlichkeitsentwicklung des Lernenden bilden sie die Voraussetzungen zur Bewältigung der Aufgaben im schulischen und persönlichen Umfeld.

| Basisbereich | Lernfeld | Fähigkeiten |
|---|---|---|
| **Hören/ zuhören** | Grundlagenbereich Rechtschreibung/ Grammatik | – bewusstes Wahrnehmen offener und geschlossener Vokale, langer und kurzer Vokale<br>– Erkennen von Hebungen/Senkungen<br>– Ableiten von Zusammenhängen in Morphologie und Syntax<br>– Anwendung und Übertragung auf alle mündlichen und schriftlichen Kommunikationsbereiche |
| | Umgang mit Sachtexten und literarischen Texten | – sinnverstehendes Hören<br>– Auswahl von Informationen<br>– Erkennen von wesentlichen Inhalten<br>– sachgerechtes Reagieren auf mündliche Beiträge (z. B. Diskussion)<br>– Anwendung und Übertragung des Gehörten auf eigene situationsgerechte und adressatenbezogene Kommunikation |
| **Sprechen** | Grundlagenbereich Rechtschreibung/Grammatik Umgang mit Sachtexten und literarischen Texten | – Erkennen der Unterschiede zwischen mündlichem und schriftlichem Sprachverhalten<br>– bewusstes Wahrnehmen des eigenen Sprechverhaltens<br>– kritische Auseinandersetzung mit den eigenen sprachlichen Fähigkeiten<br>– Verbessern des Sprechverhaltens (Verständlichkeit, Sprechtempo, Stimmführung, Lautstärke, Artikulation)<br>– Förderung des „öffentlichen Sprechens“ mit anderen Gesprächspartnern oder als Referent |
| **Lesen** | Grundlagenbereich Rechtschreibung/Grammatik | – genaues Wahrnehmen der Schriftzeichen in ihren Verbindungen und mit ihren Bedeutungen<br>– Vergrößerung des Wortschatzes<br>– Ableiten von Zusammenhängen in Morphologie und Syntax<br>– Anwendung und Übertragung auf alle mündlichen und schriftlichen Kommunikationsbereiche |
| | Umgang mit Sachtexten | – sinnverstehendes Lesen<br>– Entwickeln von Lesestrategien zur Planung des Lesens, zur Überwachung des Textverständnisses, zur Verarbeitung und Nutzung der Texte<br>– aktive Auseinandersetzung mit Texten |

| | | |
|---|---|---|
| | Umgang mit literarischen Texten | – Entwickeln und Fördern von Literaturkompetenz<br>– Aufbau und Festigung der Lesemotivation<br>– Entwickeln einer altersgerechten Lesekultur |
| **Schreiben** | Grundlagenbereich Rechtschreibung/Grammatik | – Erweiterung des schon gesicherten Wortschatzes und der Satzbaumuster<br>– Sicherung der Rechtschreibfertigkeiten<br>– gezielte Anwendung sprachlicher Strukturen und Funktionen<br>– Übung und Festigung grammatischer Strukturen und Formen |
| | Umgang mit Sachtexten und literarischen Texten | – Erkennen und Verwenden der unterschiedlichen Funktionen eines Sachtextes (narrativ, deskriptiv, argumentativ)<br>– Entwicklung effektiver Schreibtechniken zur Bewältigung externer Anforderungen<br>– Förderung des kreativen Schreibens<br>– Schreiben zu und nach literarischen Texten<br>– Entwickeln der Fähigkeit, eigene Vorstellungen, Gefühle, Einstellungen und Ziele auszudrücken |

### 1.2.2 Kompetenzbereiche und ihre Arbeitstechniken

#### Sprechen und Zuhören

Sprechen im Deutschunterricht bedeutet, sich in den unterschiedlichsten Situationen adressatenorientiert und zweckgerichtet zu äußern. Das schließt sowohl monologische Sprechhandlungen (z. B. Referate) als auch dialogische Reden (z. B. Diskussion) ein.
Ein grundlegender Aspekt des Sprechens ist die korrekte Aussprache und Formulierung, d. h., die bewusste Unterscheidung zwischen Standardsprache und Umgangssprache.
Im Prozess des Sprechens gilt es, sowohl die eigenen Positionen, Gedanken und Wünsche zu formulieren als auch die der Gesprächspartner zu berücksichtigen und einzubeziehen.

Methoden und Arbeitstechniken dieses Kompetenzbereiches sind:

- Gespräch/Diskussion (↗ S. 274, 285)
- Interview (↗ S. 282)
- Rollenspiel (↗ S. 279)
- Vortrag/Referat/Rede (↗ ab S. 274)
- Mediengestützte Präsentation: Whiteboard, Folien, Grafiken, Bilder, Präsentationsprogramme, Lernplakat/Schaubild

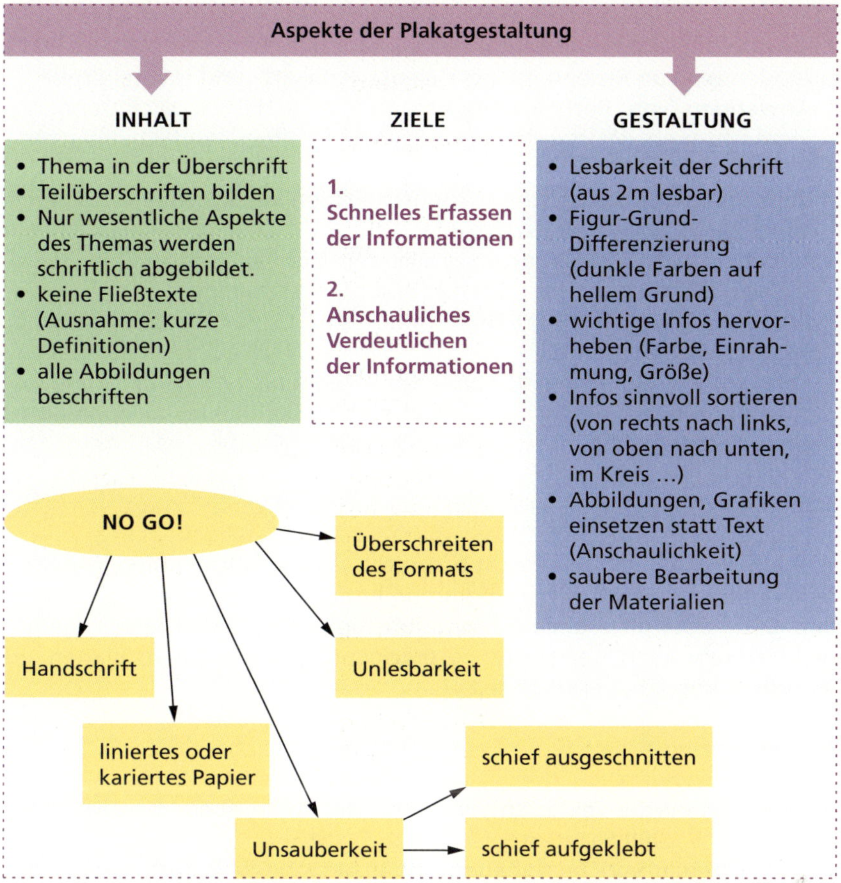


Grundlegende Voraussetzung zur Bewältigung des Kompetenzbereiches ist das aktive Zuhören im Klassengespräch, in Diskussionen und anderen Redesituationen. Das bedeutet:

- unter einer bestimmten Fragestellung zuhören
- Fragen stellen
- Probleme formulieren
- Anknüpfungspunkte an Äußerungen anderer finden
- andere Standpunkte wiedergeben
- die Sprechsituation des Gesprächsziels erkennen
- nonverbale Gesprächstechniken (Mimik, Gestik, Körperhaltung, Klangfarbe der Stimme) einordnen

## Sprache und Sprachgebrauch

Zum Kompetenzbereich Sprache und Sprachgebrauch gehört es, mündliche und schriftliche Texte in ihren Verwendungszusammenhängen zu erkennen, darüber zu reflektieren und diese bewusst zu gestalten. Eine wichtige Voraussetzung dafür ist, die Wortarten und die Möglichkeiten der Wortbildung im Deutschen zu kennen, Satzstrukturen zu erkennen und die Regeln der Zeichensetzung zu beherrschen. Darüber hinaus werden Fähigkeiten in der Rechtschreibung verlangt.

Methoden und Arbeitstechniken dieses Kompetenzbereiches sind:

- Anwenden von Proben: Klang-, Weglass-, Ersatz- und Umstellprobe
- Anwenden von Rechtschreibstrategien (↗S. 168 ff.): Worttrennung, Stammformen, Wortverlängerung, Wortfamilien, Ähnlichkeitsschreibungen
- Beherrschen grammatischer Grundstrukturen der Sprache (↗S. 144 ff.): Satzarten, Satzformen, Satzglieder
- Nutzen von Nachschlagewerken: Duden Die Rechtschreibung, Nachschlagewerke im Internet, Lexika, Bibliothekskataloge
- Erfassung grundlegender Textfunktionen (↗S. 214 ff.): Beschreibung, Bericht, Erörterung u. a.
- Kennen und Unterscheiden von Sprachebenen (↗S. 48 f.): Standardsprache, Umgangssprache, Dialekte und Regiolekte, Gruppensprachen, Fachsprachen

**Schreiben**

Schreiben im Deutschunterricht bedeutet, die vielfältigen Möglichkeiten des Schreibens als Mittel der Kommunikation zu kennen und anzuwenden. D. h., über differenzierte Schreibfertigkeiten zu verfügen, regelgerecht zu schreiben, Textsorten zu erkennen, Texte selbst zu planen, zu schreiben und zu überarbeiten.

Methoden und Arbeitstechniken dieses Kompetenzbereiches sind:

- der Funktion des Textes entsprechend sinnvoll aufbauen und strukturieren (↗S. 209): Sachtexte, fiktionale Texte
- Wiedergeben von Textinhalten: Inhaltsangabe (↗S. 227), Nacherzählung (↗S. 223)
- Wiedergeben von Eindrücken: Erlebniserzählung (↗S. 220)
- Appellieren: Kommentar/Zeitungsartikel (↗S. 259, 261), Kritik (↗S. 263), Werbetexte (↗S. 265)
- Argumentieren (↗S. 245)
- Informieren: Bericht, Schilderung, Protokoll (↗S. 238 ff.), Zeitungsartikel (↗S. 259)
- Schreiben kreativer und literarischer Texte: Fortsetzungsgeschichte (↗S. 221), Nacherzählung (↗S. 223), Fantasiegeschichte (↗S. 222)
- Situations- und adressatenorientiertes Schreiben in Lern- und Alltagssituationen: Brief, Bewerbung, Antrag/Gesuch, Lebenslauf u. a. (↗ab S. 266), Protokoll, Bericht, Erörterung (↗S. 238 ff.)
- Computer als Textverarbeitungsprogramm nutzen: planen, schreiben, überarbeiten, Textversionen, Quellen importieren, Layout, kooperatives Schreiben

Vorbereitende Methoden zur kreativen Texterstellung sind:

- Brainstorming
- Mindmap
- Clusterbildung
- Assoziieren

## Brainstorming

**Ablauf** (klassisches Verfahren, Zeitrahmen etwa fünf bis 30 Minuten)

**1. Vorbereitungsphase**

Eine Gruppe wird je nach Problem zusammengestellt.
Das Problem des Brainstormings wird genannt.
Ein Gruppenleiter wird bestimmt.
Ein Protokollant wird bestimmt.

**2. Phase der Ideenfindung**

Das Problem wird vom Gruppenleiter dargestellt.
Das Problem wird analysiert und präzisiert.
Die Gruppenmitglieder äußern sich nun zur Lösungsfindung nach vorgegebenen Grundregeln:

- Alle Teilnehmenden sollen ohne jede Einschränkung Ideen nennen und mit anderen Ideen kombinieren können.
- Die Gruppe sollte in eine möglichst produktive und erfindungsreiche Stimmung versetzt werden.
- Es wird keine Kritik an anderen Beiträgen, Ideen, Lösungsvorschlägen geäußert, weil sich kreative Ansätze auch aus zunächst völlig unsinnigen Vorschlägen entwickeln können.
- Die genannten Ideen werden nicht gewertet.
- Jeder muss seine Gedanken frei äußern können.
- Jeder darf frei sprechen und wird nicht unterbrochen.
- Je kühner und fantasievoller die Ideen sind, desto besser ist es für das Brainstorming. Dadurch wird das Lösungsfeld vergrößert.
- Jede Idee, gleichgültig wie verrückt oder realistisch, ist willkommen.
- Es kommt auf die Menge der Vorschläge an, nicht auf die Qualität. Es sollen möglichst viele Ideen in kurzer Zeit produziert werden.
- Jeder darf jeweils nur eine Idee vorbringen. Hat er mehrere Vorschläge, sollte er sie notieren, um sie in der Zwischenzeit nicht zu vergessen. Die einzelnen Beiträge der Teilnehmer sollen kurz und prägnant sein. Das Brainstorming darf nicht in langatmige Erklärungen und Monologe ausarten.
- Jeder darf Ideen der anderen aufgreifen und für eigene Ansätze verwenden. Es gibt keinen Urheberschutz.
- Die Ideen werden protokolliert.

**PAUSE**

**3. Phase der Ergebnisbewertung**

Alle Ideen werden vom Gruppenleiter vorgelesen/vorgestellt.
Die Ideen werden von den Gruppenmitgliedern nach Zugehörigkeit zum Thema sortiert und nach Nutzen bewertet.

## Mindmap

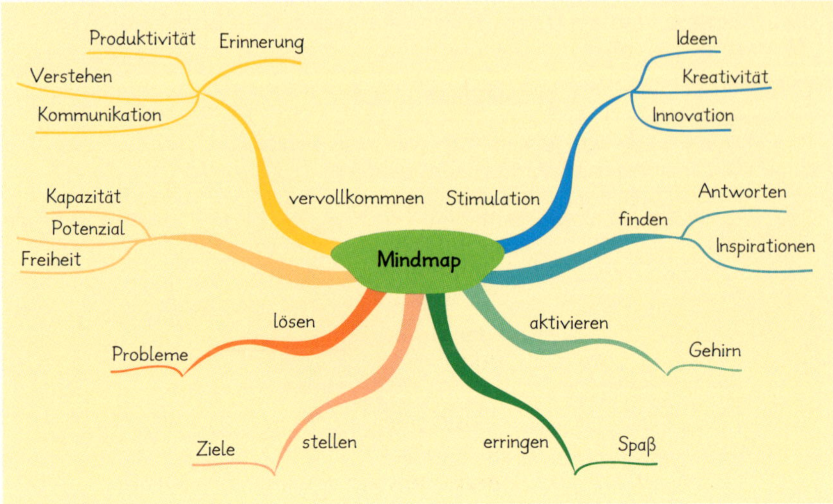


## Clustering

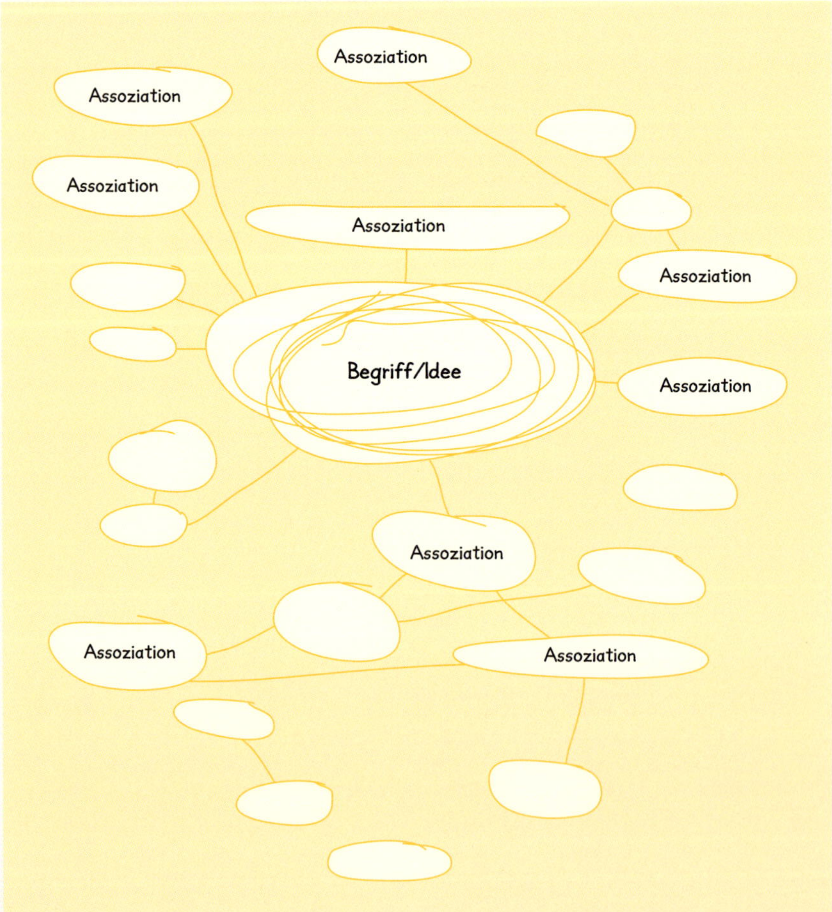

Methoden zu Vorbereitung und Erstellung von Sachtexten sind:

- Schreibplan erstellen
- Texte in Abschnitte gliedern
- Schwerpunkte/Kernaussagen finden
- Überschriften bilden
- Stichpunkte aufschreiben
- Thesen formulieren
- Schlüsselbegriffe finden und wichtige Textpassagen markieren
- Sprachliche Bilder deuten
- Unbekannte Wörter nachschlagen
- Schreibabsicht und Adressat berücksichtigen

**Lesen und mit Medien umgehen**

Lesen und Schreiben gehören zu den Grundvoraussetzungen des kulturellen Austausches in der Gesellschaft. Das betrifft auch die **Beschaffung und den Austausch von Informationen** in allen Lernbereichen der Schule und im persönlichen Umfeld. Im Deutschunterricht geht es vor allem darum, allgemeine Lesetechniken und Lesestrategien zu erwerben. Diese werden benötigt, um literarische und Sachtexte zu verstehen und zu nutzen.

Methoden und Arbeitstechniken dieses Kompetenzbereiches sind:

**Lesetechniken:**
- punktuelles Lesen (Text ausschnittweise lesen)
- diagonales Lesen (Text rasch überfliegen, wichtigste Informationen erfassen)
- schnelles Lesen (mehrere Zeilen gleichzeitig lesen)
- sequenzielles Lesen (Text von Anfang bis zum Ende durchlesen)
- intensives Lesen (Lesen und kritische Beurteilung von Inhalt, Aussage und Form)
- kursorisches Lesen (Überblick, Lesen, Markieren, Notizen, Auseinandersetzung)
- wiederholtes Lesen
- verweilendes Lesen
- leises/lautes Lesen
- szenisches Lesen

**Leseverstehen:**
- Vermutungen zum Thema oder zum Gegenstand eines Textes entwickeln
- Fragen an den Text formulieren
- Begriffe klären
- Randnotizen machen
- Textsorten und Textfunktionen unterscheiden
- wesentliche Elemente erfassen: Figuren, Raum, Zeit, Ort, Handlung, Konflikt usw.
- Literaturwissenschaftliche Begriffe kennen und anwenden: Erzähler, Erzählperspektive, Metapher, lyrischer Sprecher usw. (↗ ab S. 223 ff., 292 ff.)

1

- analytische und interpretatorische Methoden anwenden
- Auswertung nicht linearer Texte: Schaubild, Internetseite, Präsentations-programme usw.

**Medienverstehen**

- Funktionen des Mediums unterscheiden: Informationsfunktion, Unterhaltungsfunktion
- medienspezifische Formen kennen: Zeitung, Hypertext (html), Film, Videoclip, Werbefilm, Werbeanzeige, Informationssendungen usw.
- typische Darstellungsmittel der Medien kennen
- mediale Texte kritisch reflektieren
- Wirkungsabsichten erkennen und bewerten
- Suchstrategien in Medien finden und nutzen
- mediale Präsentation
- eigene Produktion von Medien

Spezifische Arbeitstechniken des Kompetenzbereiches sind:

**Exzerpieren und konspektieren**
Ein **Exzerpt**[1] besteht aus Inhaltsauszügen eines Fremdtextes. Hier gelten die Regeln des genauen Zitierens (s. u.). Will man nur den Gedankengang eines Textes dokumentieren, benutzt man Stichpunkte zwischen den Zitaten. Ein Exzerpt enthält stets die vollständige bibliografische Angabe des Textes.
Ein **Konspekt**[2] ist im Gegensatz dazu eine knappe Inhaltswiedergabe eines Textes in eigenen Worten. Das Exzerpieren wird heute kaum noch praktiziert. Stattdessen werden die entsprechenden Textpassagen fotomechanisch kopiert.

**Zitieren**

> Ein Zitat ist die Wort für Wort und Satzzeichen für Satzzeichen originalgetreue Wiedergabe des Textes eines anderen Autors in einem „durch den Zweck gebotenen Umfang“ (UrhG[3] § 51).

*Auslassungen* werden mit rechteckigen Klammern und drei Auslassungspunkten [...] gekennzeichnet. *Hervorhebungen* durch den Verfasser sind zu kennzeichnen [Hervorhebung durch den Verfasser]. Ebenso wird mit Erläuterungen innerhalb eines Zitats umgegangen (d. i. der Hund, d. Verf.). Das in eckigen Klammern gesetzte [sic] bzw. [sic!][4] zeigt dem Leser Ihres Textes an, dass Sie das davor offensichtlich falsch geschriebene Wort genau so in der Quelle gefunden haben.

1 Exzerpt: lat.: excerptus = das Herausgepflückte
2 Konspekt: lat.: conspectus = Blick, Anblick, Betrachtung, schriftliche Übersicht
3 UrhG = Gesetz über Urheberrecht und verwandte Schutzrechte (Urheberrechtsgesetz)
4 lat. sic = (wirklich) so

Wird eine Quelle zitiert, ist „stets die Quelle deutlich anzugeben" (UrhG § 63 1). Dies geschieht üblicherweise in folgender Reihenfolge und Interpunktion: Name, Vorname (d. Autors/d. Herausgebers): Werktitel. Untertitel, Band (bei mehrbändigen Werken), Ort: Verlag, Auflage, Jahr des Druckes, Seite des Zitats.

Wolf, Christa: Nachdenken über Christa T., München: Luchterhand, 2002, S. 11.
Frisch, Max: Stiller. Frankfurt am Main: Suhrkamp, 40. Aufl., 1973, S. 281.

Ist die Quelle Bestandteil eines größeren Werkes bzw. einer Zeitschrift, ist dies ebenfalls anzugeben:
Name, Vorname: Werktitel, in: Name des Werkes/der Zeitschrift – Untertitel, Jahrgang, Ort (Werkreihe), Seite.

Heidenreich, Elke: Wer nicht liest, ist doof, in: Tagesspiegel, 25.09. 1998, auch in: Kursbuch. Das Buch. Heft 133, Berlin: Rowohlt, 1998.
Hildebrandslied, in: Mettke, Heinz (Hrsg.): Älteste deutsche Dichtung und Prosa. Leipzig: Reclam, 1979, S. 78.

*Internettexte* werden so zitiert, dass sie der Nachprüfbarkeit standhalten. Liegen sie sowohl gedruckt als auch digital vor, man zitiert jedoch aus dem Internettext, ist folgende Reigenfolge praktikabel:
Name, Vorname: Werktitel. Untertitel, Band (bei mehrbändigen Werken), Ort: Verlag, Auflage, Jahr des Druckes, (Seite des Zitats), online unter: Internetadresse/URL (Datum des Abrufs).

„Dies Buch gehört den Wenigsten. Vielleicht lebt selbst noch Keiner (sic) von ihnen. Es mögen die sein, welche meinen Zarathustra verstehn (sic): wie dürfte ich mich mit denen verwechseln, für welche heute schon Ohren wachsen? – Erst das übermorgen gehört mir. Einige werden posthu<m> (sic) geboren."

(in: Nietzsche, Friedrich: Der Antichrist. Fluch auf das Christenthum. Nachgelassene Schriften. (August 1888–Anfang Januar 1889), 1. Auflage 1894, online unter: http://gutenberg.spiegel.de/nietzsch/antichri/antichri.htm, 24.05.2007)

Liegen Texte nur online vor, kann ein Quellennachweis so aussehen:

Bichsel, Peter: Rede zur Eröffnung der 1. Buchmesse in Olten am 4. Oktober 2006, unter: http://www.buchmesse-olten.ch/programm/bichsel.php (09.02.2010).

**Inhaltliche Erschließung von Texten**

- wesentliche Aussagen hervorheben (markieren)
- Zusammenhänge in Randnotizen verdeutlichen
- Texte zusammenfassen (z. B. Nominalstil, Stichwörter, Symbole)
- Inhalte veranschaulichen durch Mindmap, Flussdiagramm u. Ä.
- Präsentationstechniken anwenden

1

Beispiel für die Arbeit mit Texten

Johann Wolfgang Goethe
**Naturformen der Dichtung.**

hat Goethe als Nachwort zum West-östlichen Divan geschrieben (1819)

Es gibt nur drey ächte Naturformen der Poesie: die klar erzählende, die enthusiastisch aufgeregte und die persönlich handelnde: **Epos, Lyrik** und **Drama.** Diese drey Dichtweisen können zusammen oder abgesondert wirken. In dem kleinsten Gedicht findet man sie oft beysammen, und sie bringen eben durch diese Vereinigung im engsten Raume das herrlichste Gebild hervor, wie wir an den schätzenswerthesten Balladen aller Völker deutlich gewahr werden. Im älteren griechischen Trauerspiel sehen wir sie gleichfalls alle drey verbunden und erst in einer gewissen Zeitfolge sondern sie sich. Solange der Chor die Hauptperson spielt, zeigt sich Lyrik oben an, wie der Chor mehr Zuschauer wird treten die andern hervor, und zuletzt wo die Handlung sich persönlich und häuslich zusammenzieht, findet man den Chor unbequem und lästig. Im französischen Trauerspiel ist die Exposition episch, die Mitte dramatisch und den fünften Act, der leidenschaftlich und enthusiastisch ausläuft, kann man lyrisch nennen.

Poesie nach Aristoteles: Gattungen

Einzelstimme: Lyrik

Handlung: Dramatik

Chor „erzählt": Epik

Trauerspiel: schicksalhafter Konflikt der Hauptfigur

Das Homerische Heldengedicht ist rein episch; der Rhapsode waltet immer vor, was sich ereignet erzählt er; niemand darf den Mund aufthun, dem er nicht vorher das Wort verliehen, dessen Rede und Antwort er nicht angekündigt. Abgebrochene Wechselreden, die schönste Zierde des Drama's, sind nicht zulässig.

Homer: um 800 Schreiber, Dichter, Ilias, Odyssee

Rhapsode = Sänger

Höre man aber nun den modernen Improvisator auf öffentlichem Markte, der einen geschichtlichen Gegenstand behandelt; er wird, um deutlich zu seyn, erst erzählen, dann, um Interesse zu erregen, als handelnde Person sprechen, zuletzt enthusiastisch auflodern und die Gemüther hinreißen. So wunderlich sind diese Elemente zu verschlingen, die Dichtarten bis ins Unendliche mannigfaltig; und deßhalb auch so schwer eine Ordnung zu finden, wornach man sie neben oder nach einander aufstellen könnte. Man wird sich aber einigermaßen dadurch helfen daß man die drey Hauptelemente in einem Kreis gegen einander überstellt und sich Musterstücke sucht, wo jedes Element einzeln obwaltet. Alsdann sammle man Beyspiele die sich nach der einen oder nach der andern Seite hinneigen, bis endlich die Vereinigung von allen dreyen erscheint und somit der ganze Kreis in sich geschlossen ist.

Improvisation: Stegreifspiel

Auf diesem Wege gelangt man zu schönen Ansichten, sowohl der Dichtarten, als des Charakters der Nationen und ihres Geschmacks in einer Zeitfolge. Und obgleich diese Verfahrungsart mehr zu eigner Belehrung, Unterhaltung und Maßregel, als zum Unterricht anderer geeignet seyn mag, so wäre doch vielleicht ein Schema aufzustellen, welches zugleich die äußeren zufälligen Formen und diese inneren nothwendigen? Uranfänge in faßlicher Ordnung darbrächte. Der Versuch jedoch wird immer so schwierig seyn als in der Naturkunde das Bestreben den Bezug auszufinden der äußeren Kennzeichen von Mineralien und Pflanzen zu ihren inneren Bestandtheilen, um eine naturgemäße Ordnung dem Geiste darzustellen.

nationale Unterschiede?

# Sprachgeschichte und Kommunikation

# 2

## 2.1 Was ist Sprache?

Seite aus der Gutenberg-Bibel (entstanden um 1455)

**Sprache** ist eine Besonderheit des Menschen. Sie ist ein komplex aufgebautes System, das Laute und Schriftzeichen verbindet, Wörter bildet, die sich zu größeren Einheiten, Sätzen, formieren. Durch die Aneinanderreihung vieler Sätze entstehen schließlich Texte.
Es werden *natürliche* und *künstliche Sprachen* unterschieden. Zu den natürlichen Sprachen zählen auch tierische Sprachsysteme. Bienen, Delfine und andere Tiere benutzen zur Verständigung Systeme von Zeichen. Die menschliche Sprache ist aber sehr viel komplexer.

> **Sprache** ist ein sich stets weiterentwickelndes, komplexes System von Lauten und Zeichen zum Zwecke der **Kommunikation.**
> Jedem **Zeichen** des Systems wird eine Bedeutung zugeordnet, die sich sprachgeschichtlich verändern kann.
> Sprache wirkt im Prozess der Kommunikation als Medium zwischen dem Sender (Sprecher/Schreiber) und dem Empfänger (Hörer/Leser).

**Natürliche Sprachen** sind historisch gewachsen. Hierzu zählen z. B. Deutsch, Englisch, Französisch. Sie sind Ausdruck menschlichen Denkens, Fühlens und Wollens und weisen im Unterschied zu künstlichen Sprachen verschiedene Sprachschichten, Mehrdeutigkeiten im Wortschatz sowie grammatikalische Strukturen auf. Sprachschichten sind Hoch- und Standardsprache, Dialekte und Soziolekte.

▸ **Soziolekt** (lat.): Sprachgebrauch einer sozialen Gruppe, z. B. Jugendsprache, Berufssprache

> In der Regel gibt es von einer Sprache eine gesprochene und eine geschriebene Form.
> In der Anwendung überwiegt der **mündliche Sprachgebrauch,** da er nicht die Beherrschung der Schrift voraussetzt.

Künstliche Sprachen sind Zeichensysteme, die nur die Verständigung innerhalb eines relativ begrenzten Fachgebietes regulieren, wie Programmiersprachen. Welthilfssprachen wie Esperanto sind ebenfalls künstliche Sprachen, die sich durch eine leichtere Schreibung und Grammatik auszeichnen als die natürlich entwickelten Sprachen.

Entscheidend für das Verständnis der Funktion jeder Sprache sind Grundkenntnisse des **Zeichenbegriffs.**

Die Beziehung zwischen **Zeichen** und *Bezeichnetem* hängt von der jeweiligen Sprachgemeinschaft ab. Die Zeichen werden von jeder Sprachgemeinschaft Abbildern der Wirklichkeit zugeordnet.
Dieselbe Wirklichkeit kann also unterschiedlich bezeichnet werden.

Zwischen einem existierenden Gegenstand oder einer Vorstellung und seiner/ihrer Bezeichnung besteht keine naturgegebene, sondern eine beliebige Beziehung.

Der Wirklichkeit wird willkürlich eine Bezeichnung zugeordnet. Willkürlich (arbiträr) heißt, es besteht keine innere Notwendigkeit, die Dinge genau so zu bezeichnen.

Bezeichnetes Bezeichnendes

Trotz des arbiträren (willkürlichen) Charakters des Zeichens besteht eine Determiniertheit (Verbindlichkeit) innerhalb einer Sprachgemeinschaft (meist auch darüber hinaus), welche eine Kommunikation erst ermöglicht.

## 2.1.1 Klassifikation der Sprachen

Sprachen werden nach der Art ihrer grammatischen *Formveränderung* (Morphologie) klassifiziert.
Dabei werden vor allem zwei morphologische Sprachtypen unterschieden:
- analytische und
- synthetische Sprachen.

**Morphologie:** Wissenschaft von den Formveränderungen, denen die Wörter durch Deklination und Konjugation unterliegen (↗ S. 25, 57)

2

**Klassifikation der Sprachen nach morphologischen Gesichtspunkten**

| **1. Analytische Sprachen (z. B. Chinesisch)** | Grammatische Beziehungen (z. B. Singular, Plural ...) werden durch hinzutretende Hilfselemente ausgedrückt. Typisch sind einsilbige Wörter, z. B. Artikel, Pronomen. |
|---|---|

- Ta – men – hui – shuo – zhong – wen
  Er – Plural – können – sprechen – China – Sprache

| **2. Synthetische Sprachen (z. B. Lateinisch)** | Grammatische Beziehungen werden durch Verschmelzung der Wortstämme mit Hilfselementen, welche keine eigene Bedeutung haben, ausgedrückt. Elemente, z. B. Endungen, können verschiedene grammatische Kategorien wie Genus, Numerus oder Kasus übernehmen. |
|---|---|

- fero (ich trage), ferimus (wir tragen), ferent (sie tragen)

Deutsch ist eine synthetische Sprache. Es gibt jedoch Tendenzen, dass sie sich zur analytischen hin bewegt. Das Englische, eine dem Deutschen sehr verwandte Sprache, zeigt besonders diese Tendenz.

### 2.1.2 Entwicklung von Sprache

Gegenwärtig geht man davon aus, dass auf der Erde etwa 4000 bis 5000 gesprochene *Sprachen* existieren.
Schon seit mehr als 150000 Jahren wird mündlich kommuniziert, während sich die **Schriftsprache** erst vor ca. 5000 Jahren entwickelt hat.
Um die Ursprünge des gesprochenen Wortes zu erklären, wurden bereits im 7. Jh. v. Chr. Versuche durchgeführt. Die Frage nach der ältesten Sprache der Welt kann jedoch bis heute, trotz unterschiedlicher Forschungen in jeder Epoche der Geschichte, nicht eindeutig geklärt werden.
Fest steht jedoch, dass Laute erst im Zusammenhang mit anderen *Kommunikationsformen,* wie Mimik, Gestik und Bewegungen, semantische (Zeichen mit Bedeutung) Funktionen entwickeln konnten.

Der Ausdruck **„Semantik“** wurde 1883 von dem französischen Sprachwissenschaftler MICHEL BRÉAL geprägt. Er wurde aus dem griechischen Wort „sêma“ = Zeichen, Merkmal gebildet (↗ S. 48).

**Voraussetzungen für das Entstehen von Sprachen**

| **physiologisch artikulatorisch** | **grammatisch** | **semantisch** |
|---|---|---|
| Körperliche Voraussetzungen, um Sprachlaute zu erzeugen (Kehlkopf, Atemorgane usw.). | Struktur, mit der Lauteinheiten zu Bedeutungseinheiten verbunden werden. | Der Bedeutungsgehalt, der von Sprechern erfasst und verstanden wird. |

### Vor- und frühsprachliche Entwicklung

Bei der *Erforschung* der **Sprachentwicklung** stützen sich die Sprachwissenschaftler auf *Knochen-* und *Sachfunde,* nachgewiesene Veränderungen der **Klima-** und **Landschaftsverhältnisse** und daraus resultierende Veränderungen im **Arbeits-** und **Sozialverhalten** der Ur- und Frühmenschen.
Die Herausbildung der Sprache im heutigen Sinne wird nicht als „Stufenleiter" angesehen, sondern als ein Prozess, bei dem die einzelnen *Entwicklungsstadien* sich verzweigten und sogar nebeneinander existierten.
Seit jeher bewegt die Menschheit die Frage, welche die *älteste Sprache* sei, und so wurden mehrere Experimente durchgeführt. Eine richtige Lösung konnte bisher nicht gefunden werden und wird wohl auch nie nachgewiesen werden können. So werden nach wie vor Spekulationen aufgestellt.
Wenn man die Kommunikation innerhalb des **Tierreiches** als Sprache betrachtet, so ist sie die älteste der Welt. In der Tierwelt gibt es verschiedene Möglichkeiten, miteinander zu kommunizieren. So reicht das Spektrum von akustischen Signalen bis zu Gerüchen, Mimik, Farben und Bewegungen.

Reaktion der Meerkatzen auf unterschiedliche Feinde mit unterschiedlichen Signalen und Bewegungen: Leopard, Adler, Schlange

### Entwicklungsstadien der Sprache

| **1. Vor etwa 5 Millionen Jahren (Australopithecus)** | |
|---|---|
| **Voraussetzungen** (biologisch, geologisch, soziologisch) | – Zusammenleben in größeren **Lebensgemeinschaften**<br>– Herstellung und Gebrauch einfacher **Werkzeuge**<br>– **Sprechwerkzeuge** noch nicht voll ausgebildet |
| **Sprachentwicklung** | – primitive **Lautäußerungen** zur Regulierung existenzieller Vorgänge (Erkennen von Gefahr, Flucht, Nahrungssuche)<br>– **Differenzierung** der Lautzeichen durch Anwendung auf konkrete Einzelsituationen<br>– **Wortschatzerweiterung** durch Wiederholung, Verdoppelung und Verbindung von Lauten<br>– noch keine voll ausgebildete **Sprache** |

Um die **älteste Sprache** zu finden, wurden verschiedene Experimente durchgeführt. Das erste Experiment zur Erforschung des **Ursprungs der Sprache** kam zu dem Ergebnis, die älteste Sprache der Welt müsse Phrygisch (altgriechische Tonart) sein. Über dieses berichtet HERODOT: Zwei ausgesetzte Kinder, ohne menschlichen Kontakt, stießen einen Laut aus, der dem phrygischen Wort „bekos" (dt. Brot) ähnelte.
Der ägyptische König PSAMTIK I. erklärte, dass Phrygisch die ursprüngliche Sprache der Menschheit sei. Eine Wiederholung des Versuchs gab es im 15. Jh. in Schottland unter König JACOB IV. Diesmal wurde Hebräisch als die Ursprache angesehen.

Das Anfertigen von komplizierter werdenden Jagdgeräten zum Beispiel erforderte den geschickteren Einsatz der rechten Hand. Für deren Steuerung ist das Zentrum der linken Gehirnhälfte zuständig, welche sich durch die wachsenden Anforderungen stärker entwickeln konnte. Beide Gehirnhälften arbeiteten also nicht mehr wie bisher gleich. Das hatte wiederum zur Folge, dass sich das **Sprachzentrum** in der *hinteren linken Gehirnhälfte* stärker entwickeln konnte. Bei Linkshändern liegt das Sprachzentrum in der rechten Gehirnhälfte.

### 2. Vor etwa 2 Millionen Jahren (Homo erectus)

| | |
|---|---|
| **Voraussetzungen** | – entscheidende *erdgeschichtliche Veränderungen* bedingen den jahreszeitlichen Wechsel<br>– grundlegende Veränderungen in der **Lebensweise** des Frühmenschen (Anlegen von Nahrungsvorräten, Suche nach geeigneten Lebensräumen)<br>– Behütung des *Feuers*<br>– Notwendigkeit besserer **Arbeitsteilung** und Koordination<br>– Veränderung im **Körperbau,** Ausbildung der Sprechorgane, Zunahme des Gehirnvolumens |
| **Sprachentwicklung** | – verbesserte **Artikulation**<br>– einfache **Lautkombinationen** mit verschiedenen Bedeutungen verbunden $\Rightarrow$ Ausbildung einfachster Formen menschlicher Sprache<br>– neue **Informationen** wurden mit einfachen Begriffen und Abstraktionen wiedergegeben, jedoch keine komplexeren Gedankengänge |

### 3. Von etwa 150 000 bis 10 000 v. Chr. (Praesapiens – Homo sapiens)

| | |
|---|---|
| **Voraussetzungen** | – Entwicklung des vollen **Gehirnvolumens**<br>– *bewusste* Nutzung der Naturvorräte<br>– *geplante* Herstellung von Arbeitsgeräten<br>– Verteilung der Aufgaben nach individuellen Fähigkeiten führte zu differenzierteren **sozialen Beziehungen** |
| **Sprachentwicklung** | – wachsende Anzahl nach einfachen Regeln kombinierbarer **Zeichen**<br>– Speicherung von vielschichtigen Erfahrungen im Bewusstsein durch Trennung des Lautzeichens vom konkreten Gegenstand oder Zustand<br>– Gültigkeit der Zeichen in einer **Sprachgruppe**<br>– gedankliche (innere) Verarbeitung des Gesprochenen<br>– $\Rightarrow$ Herausbildung der *kommunikativen* und *kognitiven* Funktion der **Sprache** |

Die durch die klimatischen Veränderungen hervorgerufenen neuen Anpassungen im Zusammenleben der Frühmenschen hatten einen wesentlichen Einfluss auf die Veränderungen des Körperbaus und des Gehirns und damit auf die Herausbildung des Sprachzentrums.
Zur **Lautbildung** ist das Vorhandensein von **Sprechwerkzeugen** erforderlich. Vor etwa 2 Millionen Jahren setzte mit der Veränderung des Körperbaus sowie der Zunahme des Hirnvolumens die weitere Ausbildung der Sprechorgane ein.

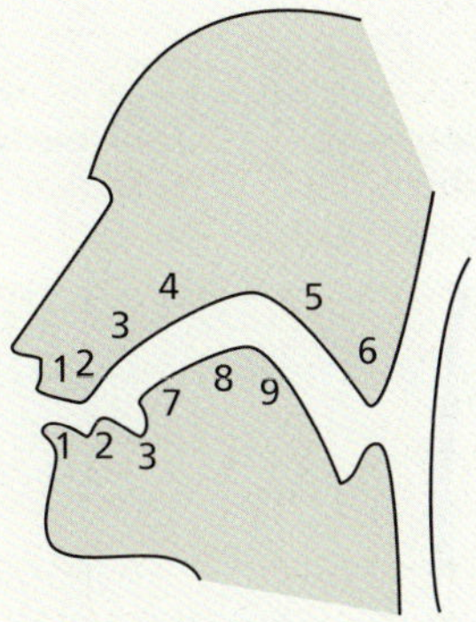


1 Lippen
2 Zähne
3 Zahnfleisch
4 Hartgaumen
5 Weichgaumen
6 Gaumensegel
7 Zungenspitze
8 Zungenblatt
9 Zungenrücken

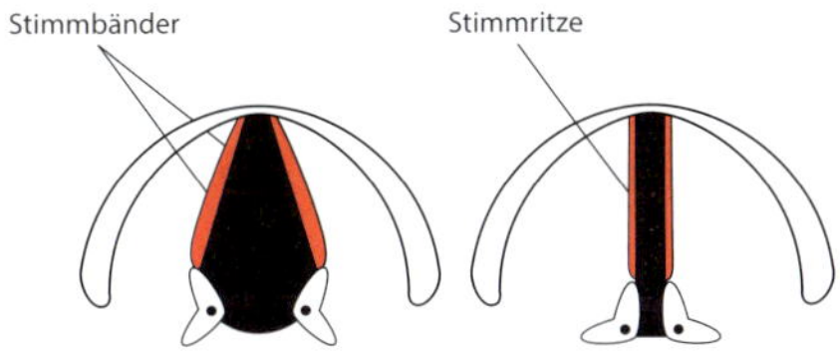


Fast alle **Sprachlaute** werden beim **Ausatmen** erzeugt. Der Luftstrom, der die Lunge verlässt, wird durch den Kehlkopf mit Stimmritze und den Stimmbändern gepresst und gerät dabei in Schwingungen. Diese Schwingungen werden im Mund- und Nasen-Rachen-Raum ausgeformt zu Lauten (s. Abb.).

Die Öffnung zwischen den **Stimmbändern** bildet die sogenannte **Stimmritze.**

Kein Artikulationsorgan oder auch Sprechwerkzeug ist ausschließlich der Lautbildung vorbehalten. Lippen, Zähne, Kiefer, Zunge, Rachen dienen in erster Linie der Nahrungsaufnahme, während Nase, Luftröhre und Lungen der Atmung dienen. Diese Körperteile haben also mit der Artikulation eine weitere Funktion übernommen und haben sich im Laufe der Menschheitsentwicklung zur Erfüllung dieser Funktionen weiter ausgebildet. Sie variieren mit Geschlecht und Alter, sind aber ansonsten bei allen Menschen gleich.
Die Phasen dieser Entwicklung sind beim Säugling z. T. noch zu erkennen. Der Kehlkopf als das vor allem stimmbildende Organ senkt sich erst etwa 10 Monate nach der Geburt so weit ab, dass an den Stimmbändern die Grundschwingungen des Luftstroms erzeugt werden können. Damit verliert der Säugling allerdings seine Fähigkeit, gleichzeitig zu atmen und zu essen.

### Entwicklung verschiedener Sprachgruppen

Die *geografische Trennung* der Lebensgruppen seit der Urgesellschaft kann als die wichtigste Voraussetzung für die Entstehung der verschiedenen **Stammessprachen** gelten.
Aufgrund des **Wortschatzes** und der **Morphologie** der verschiedenen Sprachen unterscheidet die historisch-vergleichende Sprachwissenschaft bestimmte Sprachfamilien, aus denen sich die zum Teil noch heute existierenden Sprachen entwickelten. Der Ursprung der deutschen Sprache geht zurück auf die **indoeuropäische Sprachfamilie.** Die indoeuropäische Sprachfamilie wird nicht als praktisch funktionierende Sprache, sondern als ein Regelwerk bestehender morphologischer Gemeinsamkeiten von Sprachen aufgefasst.

### Sprachfamilien

| indoeuropäische Sprachen | Turksprachen | afroasiatische Sprachen | finnougrische Sprachen | kaukasische Sprachen |
|---|---|---|---|---|
| ↓ z. B.<br>italische Sprachen<br>keltische Sprachen<br>indoiranische Sprachen<br>slawische Sprachen<br>baltische Sprachen<br>germanische Sprachen | ↓ | ↓ | ↓ | ↓ |
| ↓ Afrikaans, Dänisch, Deutsch, Englisch, Friesisch, Isländisch, Jiddisch, Luxemburgisch, Niederländisch, Norwegisch, Schwedisch | z. B. Türkisch | z. B. Ägyptisch-Koptisch | z. B. Finnisch | z. B. Georgisch |

Älteste Belege **sprachlicher Überlieferungen** stammen aus dem Griechischen, Hethitischen und Indischen des 15.–14. Jh.s v. Christus. Die germanischen Sprachen wurden erst durch einen gotischen Text (Codex argenteus) etwa 500 n. Chr. nachgewiesen.

### Entwicklung der germanischen Sprachen

Etwa 2000 v. Chr. begann mit der Neubesiedlung des westlichen Ostseeraumes die Abtrennung der germanischen Sprachen aus dem Indoeuropäischen. Dieser Prozess beinhaltet sprachliche Veränderungen, wie die erste Lautverschiebung, den Akzentwandel und die Herausbildung schwacher Verben, und war etwa 500 v. Chr. beendet.
Wesentliche Unterschiede der germanischen Sprachgruppe zur indoeuropäischen Sprachfamilie:

- erste (germanische) Lautverschiebung
- Akzentwandel
- Herausbildung schwacher Verben

### Erste (germanische) Lautverschiebung

| | | | | |
|---|---|---|---|---|
| **Indoeuropäische Sprachfamilie** | b d g | labium | duo | ager |
| **Germanische Sprachgruppe** | p t k | Lippe | twai (gotisch: zwei) | Acker |

| **Indoeuropäische Sprachfamilie** | bh dh gh | nábhas | dhur | ghostis |
|---|---|---|---|---|
| **Germanische Sprachgruppe** | b d g | nebul (Nebel) | door | gast |

Die **erste Lautverschiebung** setzte etwa zwischen 1200 und 1000 v. Chr. ein und war zwischen 500 und 300 v. Chr. abgeschlossen. Sie führte zur Differenzierung zwischen den germanischen und indoeuropäischen Sprachen.

1. Die stimmhaften Verschlusslaute b, d und g wurden zu den stimmlosen Verschlusslauten p, t und k.
2. Die behauchten Verschlusslaute bh, dh und gh wurden zu stimmhaften Reibelauten und schließlich zu den stimmhaften Verschlusslauten b, d und g.

Das **grimmsche Gesetz** zeigt, dass sich Veränderungen innerhalb einer Sprache sowie in Sprachgruppen äußerst langsam und allmählich vollziehen. Das Werk von JACOB GRIMM wurde durch die Forschungen des dänischen Philologen KARL ADOLF VERNER zur Akzentverschiebung ergänzt.
Das **vernersche Gesetz** beschreibt die gesetzmäßige Verschiebung des Wortakzents, die in Wörtern der germanischen Sprachen nach der von GRIMM beschriebenen Konsonantenverschiebung eingetreten ist.

JACOB GRIMM (↗ S. 47) beschrieb 1822 das Gesetz der ersten (germanischen) Lautverschiebung (grimmsches Gesetz). Systematisch erläutert er den Lautwandel, insbesondere das Muster für die Veränderungen der Verschlusslaute (p).

**Akzentwandel**

Mit der *ersten Lautverschiebung* erfolgte eine **Akzentveränderung** im Germanischen. Während in den indoeuropäischen Sprachen der Akzent auf jeder Silbe liegen konnte, beschränkte sich dies in den germanischen Sprachen auf eine Wurzel oder **Stammsilbe.** Dies war in den meisten Fällen die erste Silbe des Wortes. Die anderen Silben, die wichtige grammatische Funktionen haben, wurden dadurch oft vernachlässigt oder sogar ganz gestrichen. Dadurch waren Person, Zeit oder Fall oftmals nicht mehr zu erkennen. Um dies wieder deutlich zu machen, veränderte sich die Beugung der Worte.

| Indoeuropäische Sprachen | Germanische Sprachen |
|---|---|
| *Beweglich* springender (freier) Akzent, *Veränderung* der Betonung bei **Flexion** des Wortes:<br>lat.: trápeza, trapézes, trapezón – der Tisch, des Tisches, der Tische<br>span.: cántara (Krug), cantar (singen), cantara (er sänge), cantará (er wird singen) | Meist **Akzentuierung** des Wortes auf der *Stammsilbe* (erste Silbe des Wortes – exspiratorischer Akzent: die zu betonende Silbe mit leicht erhöhtem Luftdruck ausgesprochen):<br>Tón, Betónung, Vertónung |

Durch Änderung der Verschlusslaute und Betonung der ersten Silbe eines Wortes unterschied sich das Germanische von den indoeuropäischen Sprachen.

**Herausbildung schwacher Verben** (Entwicklung vom synthetischen zum analytischen Sprachbau)

| Indoeuropäische Sprachen | Germanische Sprachen |
|---|---|
| – Bildung von verschiedenen *Zeitformen/Tempora,* Kasus usw. mithilfe von Endungen<br>– viele **Konjugationsmöglichkeiten** (z. B. zehn Möglichkeiten im Altindischen für die Bildung des Präsens) | – Reduzierung der **Tempusbildung** auf **zwei** Möglichkeiten:<br>· starke und<br>· schwache Verben<br>starkes Verb: graben – grub,<br>schwaches Verb: leben – lebte |

**Zur Entwicklung der deutschen Sprache aus den germanischen Sprachen**

Ausgedehnte **Wanderbewegungen** führten zum Zusammenschmelzen mehrerer kleinerer Gruppen zu größeren Lebensverbänden – den germanischen Großstämmen. Schon im 5. Jh. n. Chr. kommt es in den verschiedenen Besiedlungsgebieten (zwischen Oder und Weichsel, an der Elbe usw.) zu einer differenzierten Sprachentwicklung, die als Ursprung heutiger Sprachen wie Deutsch, Schwedisch, Dänisch usw. verstanden werden kann.

> *Ursprung* der deutschen Sprache ist das **Westgermanische,** aus dem sich auch das Niederländische, das Englische und das Friesische entwickelten.
> Entscheidende Komponente für die sprachliche Abgrenzung des Deutschen ist der Prozess der **zweiten (hochdeutschen) Lautverschiebung** (nach JACOB GRIMM, „Deutsche Grammatik", 1822).

Diese *Lautverschiebung* begann in den Alpen und breitete sich mit unregelmäßiger Konsequenz bis in den Norden aus. An der **„Benrather Linie"**, der deutschen **Ost-West-Furche,** die von Aachen über Düsseldorf, Kassel, Aschersleben, Saalemündung, Wittenberg, Doberlug, Lübben nach Frankfurt an der Oder führt, verebbte diese sprachliche Bewegung (↗ Karte S. 29).
Die zweite Lautverschiebung kennzeichnet die Trennung des Hochdeutschen vom Niederdeutschen. Aus dieser Entwicklung ergibt sich, dass der Lautstand des Niederdeutschen älter ist als der des Hochdeutschen. Das **westgermanische Sprachgebiet** wurde durch die hochdeutsche Lautverschiebung in zwei Teile geteilt: den südlichen hochdeutschen Teil und den nördlichen niederdeutschen und niederländischen, der diese Lautverschiebung nicht mitgemacht hat. Die Veränderungen sind also nicht in allen deutschen Dialekten gleichermaßen erfolgt. So sind in den niederdeutschen Dialekten (Plattdeutsch) die alten Laute noch erhalten, wie in **dat** (das) oder **ik** (ich). Heute sprechen etwa 90 Millionen Menschen die deutsche Sprache als Muttersprache in Deutschland, Österreich, der Schweiz und Liechtenstein. Des Weiteren ist Deutsch Erst- oder Zweitsprache von etwa 40 Millionen Menschen, z. B. in Frankreich (Elsass), Italien (Südtirol), Dänemark, Belgien, Rumänien, Ungarn u. a.

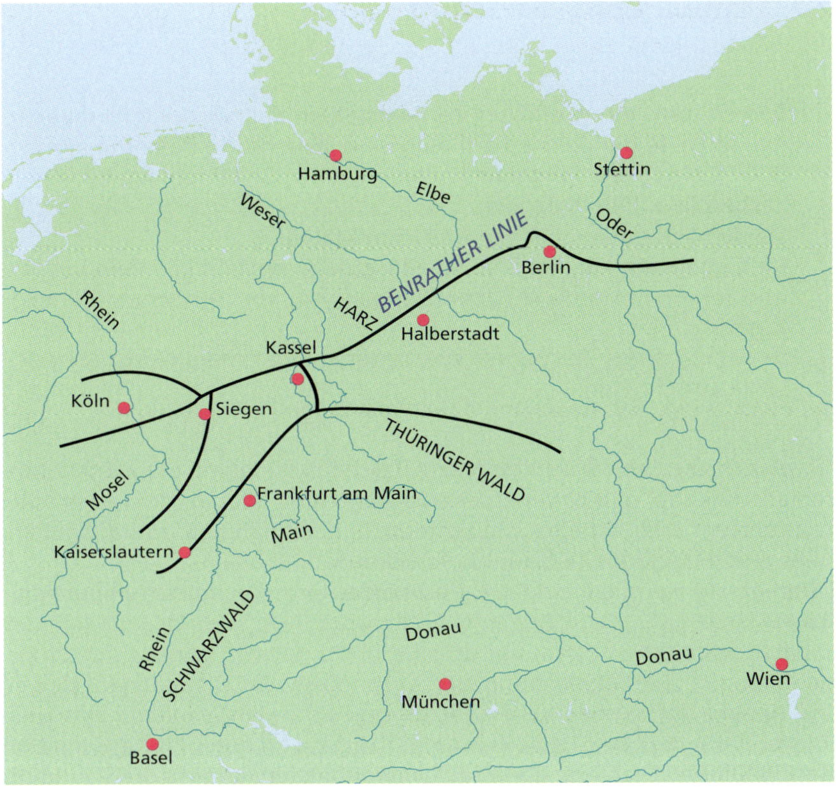


Kartenausschnitt mit **Benrather Linie**

**Die zweite Lautverschiebung betrifft vor allem**

1. die *stimmlosen* **Verschlusslaute** im Anlaut und in der **Verdoppelung**

| | | | | |
|---|---|---|---|---|
| **Germanische Sprachen** | p t k | perd | settian | wekkian |
| **Althochdeutsch** | pf, f (t)s, ch | Pferd | setzen | wechan (wecken) |

2. die **stimmlosen Verschlusslaute** nach einem *Vokal*

| | | | | |
|---|---|---|---|---|
| **Germanische Sprachen** | p t k | opan | etan | makon |
| **Althochdeutsch** | ff/f ss (c)h | offen | essen | machen |

3. die **stimmhaften Verschlusslaute** b, d, g

| | | | | |
|---|---|---|---|---|
| **Germanische Sprachen** | b d g | bairan | daughter | giban |
| **Althochdeutsch** | p t k | peran (tragen) | Tochter | kepan (geben) |

## 2.2 Entwicklung der Schrift

**Schrift;**
lat. scriptum = Aufsatz, Schrift, schriftliche Verordnung, scribere = mit dem Griffel eintragen, einzeichnen

**Schrift** stellt ein grafisches **Zeichensystem** dar, wobei Informationen mithilfe der Zeichen auf möglichst dauerhafte Beschreibstoffe (z. B. Stein, Holz, Pergament, Papier) durch Zeichnen, Malen, Einkerben usw. fixiert werden.
Sie dient der menschlichen **Kommunikation.**
Im Gegensatz zur gesprochenen Sprache entfällt die temporale und lokale Kongruenz (Übereinstimmung) von Sender und Empfänger.
Je nach Art des Zeichensystems unterscheidet man Wort-, Silben- und Lautschriften.

Bevor sich die *Schrift* als komplexes Zeichensystem vor etwa 5000 Jahren entwickelte, gab es verschiedene Vorformen, die aus dem Bestreben resultierten, Sachverhalte, wie Ernteerträge, Einnahmen und Ausgaben, über einen längeren Zeitraum zuverlässig festzuhalten.
Überlieferte Beispiele sind die **Kerbhölzer** und die **Knotenschnüre** der Inka (Quipu).
Die Redewendung „etwas auf dem Kerbholz haben" bezieht sich offensichtlich auf die Verwendung der Kerbhölzer als „Schuldenanzeiger". Die Anzahl der Kerben verdeutlichte die Höhe der Schulden. Das Holz wurde gespalten, und jeweils eine Hälfte ging an den Gläubiger und an den Schuldner. Da beide genau zusammenpassten, konnte die Schuld bis zur Begleichung nicht geleugnet werden.

Der **Quipu** war ein Holzstab oder eine Hauptschnur, an der verschiedenfarbige Fäden hingen. Jedem Knoten auf diesen Fäden wurde eine bestimmte Menge zugeordnet, und die unterschiedlichen Farben und Abstände gaben zusätzliche Informationen. Obwohl mit diesen Systemen eine Reihe von Kombinationen möglich war, blieben sie doch, was die inhaltlichen Ausdrucksmöglichkeiten betrifft, stark beschränkt. Die Art der Informationen ging wahrscheinlich nicht über reine **Mengenangaben** hinaus.

Ein wesentlicher Schritt, der zur Entwicklung der Schrift führte, war das Zuordnen von kleinen **Zeichnungen** (Piktogrammen) zu den reinen Mengenangaben. Damit konnte nicht nur eine bestimmte Zahl, sondern auch die Art des gezählten Gegenstandes festgehalten werden.
Im Laufe der Zeit benötigte man für komplexere Sachverhalte immer mehr Zeichen.

Mit der **Staatsentwicklung** und der Herausbildung von **Städten** entwickelten sich so Schrift und Zahlen. Gab es z. B. um 3500 v. Chr. in Ägypten noch weitgehend unabhängige Bauerndörfer, so wurden um 3000 v. Chr. diese Dörfer von König NARMER vereinigt. Innerhalb weniger Jahrhunderte bildete sich ein Zahlen- und Schriftsystem heraus, das die Verwaltung ermöglichte. Diese Schriften waren **Bilderschriften,** die einzelne Gegenstände darstellten.

## 2.2.1 Bilderschrift

### Piktografie/Ideografie (ca. 10 000–3 500 v. Chr.)

> Die **Bilderschrift,** bestehend aus vereinfachten Abbildungen, verdeutlichte nur den direkt dargestellten Gegenstand. Der Unterschied zur rein künstlerischen Abbildung besteht darin, dass die **Piktogramme** ausschließlich dem Zweck der **Informationsweitergabe** dienten.

Eine weitere Entwicklungsstufe innerhalb der Bilderschriften war die **Ideografie.** Das verwendete Bild stand nicht mehr nur für sich selbst, sondern wurde zum Informationsträger für allgemeinere, weiterführende Zusammenhänge. So steht das Zeichen „Sonne“ außerdem für Wärme, Sommer, Licht usw. Damit wird es zum **Ideogramm.**

Ein **Ideogramm** ist ein Schriftzeichen, das einen *ganzen Begriff* bildhaft darstellt. Es ist in der Hieroglyphen- und Keilschrift zu finden. Die Schrift, die aus Ideogrammen gebildet wird, ist eine *Begriffsschrift* (Ideografie).

### Hieroglyphen (ca. 3 000 v. Chr.)

> Das Zeichensystem der **Hieroglyphen** trägt sowohl piktografische, ideografische als auch phonetische Merkmale.

**Hieroglyphen**

| piktografisch | ideografisch | phonetisch |
|---|---|---|
| Zeichen steht für einen konkreten Gegenstand. | Zeichen steht für einen Gegenstand und eine abstraktere Idee. | Zeichen steht für den phonetischen Klang des abgebildeten Gegenstandes. |

Ein **Piktogramm** ist eine stilisierte Darstellung eines Begriffes, einer Information. Es ist ein eindeutiges, *einfaches Bildzeichen,* das noch heute zur Informationsvermittlung dient (z. B. auf Flughäfen, Bahnhöfen, in öffentlichen Gebäuden).

Zu den bekanntesten *Bilderschriften* gehören die **ägyptischen Hieroglyphen.** Obwohl sie schon feststehende Symbole verwendeten, bildeten sie noch kein einheitliches System.

Die Entschlüsselung der Hieroglyphen im Jahre 1822 geht auf den französischen Ägyptologen JEAN-FRANÇOIS CHAMPOLLION (1790–1832) zurück. Nach langer Zeit der Versuche gelang ihm mithilfe des **„Steins von Rosetta“,** auf dem sich ein Text in Hieroglyphen, in demotischer Schrift (eine Weiterentwicklung der Hieroglyphen) und in griechischer Schrift befand, die Entzifferung der ägyptischen Zeichen.

Anhand der Namenskartuschen (Kartuschen: im alten Ägypten Umrahmungen von Königsnamen) des PTOLEMAIOS und des Namens der Königin KLEOPATRA konnte CHAMPOLLION die ersten Schriftzeichen deuten und so die Entzifferung der Hieroglyphen vorantreiben. Die Schriftrichtung der Bilder war unterschiedlich – sie unterlag lediglich ästhetischen Regeln.

Dem Sprachwissenschaftler JEAN-FRANÇOIS CHAMPOLLION (1790–1832) gelang es, die altägyptischen Schriftzeichen des „Steins von Rosetta" zu entziffern. Dieser hat enorme Ausmaße: 1,14 m hoch, 72 cm breit und etwa 28 cm stark. Sein Gewicht beträgt 762 kg.

Dieser bedeutende Stein wurde Mitte Juli des Jahres 1799 von dem französischen Offizier PIERRE FRANÇOIS XAVIER BOUCHARD gefunden und nach seinem Fundort Rosette benannt.
Der historische Wert des **„Steins von Rosetta"** wurde sofort erkannt. Deshalb wurde er den Gelehrten für Forschungen zur Verfügung gestellt. Nach der Kapitulation der Franzosen in Alexandria gelangte der Stein 1802 nach London in das Britische Museum.

### 2.2.2 Phonetisierung

**Sumerische Keilschrift (ca. 5 500–1 900 v. Chr.)**

> Das Verfahren, die **Zeichen** nicht mehr nur auf den abgebildeten Gegenstand zu beziehen, sondern auf dessen phonetischen **Klang,** wird als **Phonetisierung** bezeichnet.

Da mit einem stärker werdenden Bedürfnis nach *dauerhafter Fixierung* von Verträgen, Abkommen usw. der Schriftverkehr stark anstieg, entwickelten die **Sumerer** (altorientalischer Volksstamm, siedelte etwa seit dem 4. Jahrtausend v. Chr. im mittleren und südlichen Babylonien) ein System von Zeichen, welches nicht von der Geschicklichkeit des Schreibers abhängig war und schneller benutzt werden konnte.

Die Sumerer nutzten den **phonetischen Klang** eines Zeichens und kombinierten daraus neue **Wörter.** So wurde zum Beispiel das Zeichen  für alle Wörter, die das Phonem „Ei" beinhalten, verwendet (Flüsterei, Verweichlichung, Eimer usw.). Dadurch konnten die piktografischen/ideografischen Zeichen so weit zusammengefasst werden, dass bereits 600 Zeichen genügten, den erforderlichen Wortschatz auszudrücken.
Mithilfe eines Stichels oder dreikantigen Metallstabs wurden die Zeichen in feuchte **Tontafeln** gedrückt und damit haltbar und transportierbar gemacht. Das Schreiben auf Tontafeln wurde von vielen anderen Völkern übernommen. Lange nach dem Untergang der sumerischen Kultur wurden noch heilige Texte zusätzlich in sumerischer Keilschrift verfasst (ähnlich unserem Brauch, auf Grabstätten lateinische Inschriften zu ver-

wenden). Dieses System war bereits so weit abstrahiert, dass es auch von anderen Kulturkreisen genutzt werden konnte. Die Perser vervollkommneten die **Keilschrift,** sodass sie mit nur **41 Zeichen** in der Lage waren, zu schreiben.

| Zeichen | sumerische Lautung | sumerische Bedeutung |
|---|---|---|
|  | A | Wasser |
|  | Uru | Stadt |
|  | AN; DINGIR | Himmel; Gott |
|  | E(DÈ.A) | Mensch |
|  | ZA | Mensch |

## 2.2.3 Alphabet

Unter Alphabet versteht man eine festgelegte Reihenfolge der *Schriftzeichen* einer Sprache.

**Das Silbenalphabet der Phönizier (ca. 1200 v. Chr.)**

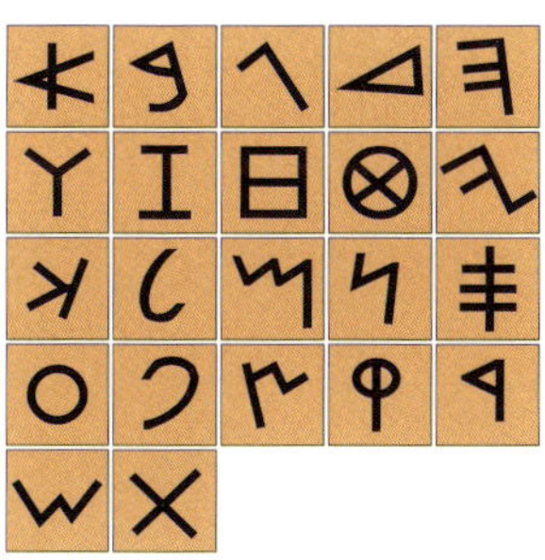

Das *Silbenalphabet* der Phönizier gilt als das erste **phonetische Alphabet** in der Geschichte der Schriftentwicklung. Da die Phönizier als ein Handelsvolk mit allen Kulturen rund um das Mittelmeer in Verbindung standen, konnten sie sowohl gesellschaftlich als auch kulturell deren fortschrittliche Vorstellungen übernehmen und in ihre eigene Kultur integrieren. Deshalb könnte sowohl die ägyptische als auch die sumerische Schrift als Vorlage für ihr Alphabet gedient haben. Bis heute ist der genaue Ursprung nicht geklärt.

Die Schaffung einer **Buchstabenschrift,** wie die der Phönizier, war ein komplizierter Prozess mit vielen Entwicklungsstufen und unterschiedlichen Varianten. Wichtigstes Merkmal bleibt, dass erstmals in einem Schriftsystem der piktografische und der ideografische Aspekt vernachlässigt wurden und nur noch die **Lautung** der abgebildeten Wörter von Bedeutung war.

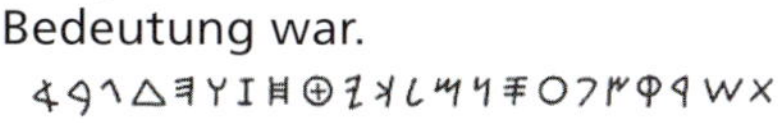 Das **phönizische Alphabet** bezeichnet man als *Silbenalphabet,* da die 22 Zeichen ausschließlich Konsonanten darstellten, während die Vokale nur gesprochen wurden. Da die

Sprache der semitischen Völker *vokalarm* war, stellte dies kein größeres Problem dar. Die geringe Anzahl der Zeichen machte es möglich, sie leichter zu erlernen, und damit wurde auch der Prozess der *Wissensaneignung,* der unmittelbar mit dem Schreiben zusammenhängt, für eine breitere Schicht möglich.

### Das griechische Alphabet und die Ausbreitung der griechischen Sprache

Die Schaffung des klassischen **griechischen Alphabets** (403 v. Chr.) geht auf die wahrscheinlich erste Schreibreform Europas, veranlasst durch den Politiker ACHINOS, zurück. Auf seinen Vorschlag hin wurde eine Schriftvariante mit 24 Buchstaben als Amts- und Schulschrift eingeführt.

ΑΒΓΔΕϜΗΘΙΚΛΜΝΟΠΡΣΤΥΦΨ Das erste **griechische Alphabet** lässt sich aufgrund deutlicher Übereinstimmungen bzw. Ähnlichkeiten auf das *phönizische Alphabet* zurückführen. Zu den Gemeinsamkeiten zählen die äußeren Gestaltmerkmale der Buchstaben, die vorläufige Schreibung von rechts nach links und die Abtrennung der einzelnen Wörter mit einem senkrechten Strich (bei frühen griechischen Schriften, z. B. Kretisch). Die Bedeutung des ersten griechischen Alphabets lag insbesondere darin, dass mit dem Einfügen von Buchstaben für Vokale das erste *vollständige Alphabet* entstand.
Die unterschiedlichen sprachlichen Voraussetzungen im Phönizischen und im Griechischen machten es möglich, dass *freie* (im Griechischen nicht existente) *Lautzeichen* neu besetzt werden konnten. So wurden die Zeichen für die phönizischen **Halbkonsonanten** in Zeichen für griechische Vokale umgewandelt (z. B. semitisch Aleph wird griechisch Alpha). Die Konsonanten b, g, d, z, k, l, m, n, p, r und t wurden aus dem Phönizischen übernommen. Andere sich äußerlich ähnelnde Zeichen wurden ohne Beziehung zum ursprünglichen Laut in das Griechische übertragen. Das *klassische griechische Alphabet* entwickelte sich etwa im 4. Jh. v. Chr., aber die bestehenden regionalen Varianten existierten auch über das 3. Jh. hinaus.

### Ausbreitung der griechischen Sprache

Man unterscheidet *vier Stufen* bei der Entwicklung der griechischen Sprache: Altgriechisch (bis 300 v. Chr.), Koine (300 v. Chr. bis 1), Mittelgriechisch (300 bis 1453) und Neugriechisch (1453 bis heute). **Neugriechisch** wird heute von etwa 10 Millionen Menschen in Griechenland sowie von Minderheiten in Bulgarien, den ehemaligen Sowjetrepubliken, Italien und Rumänien gesprochen.

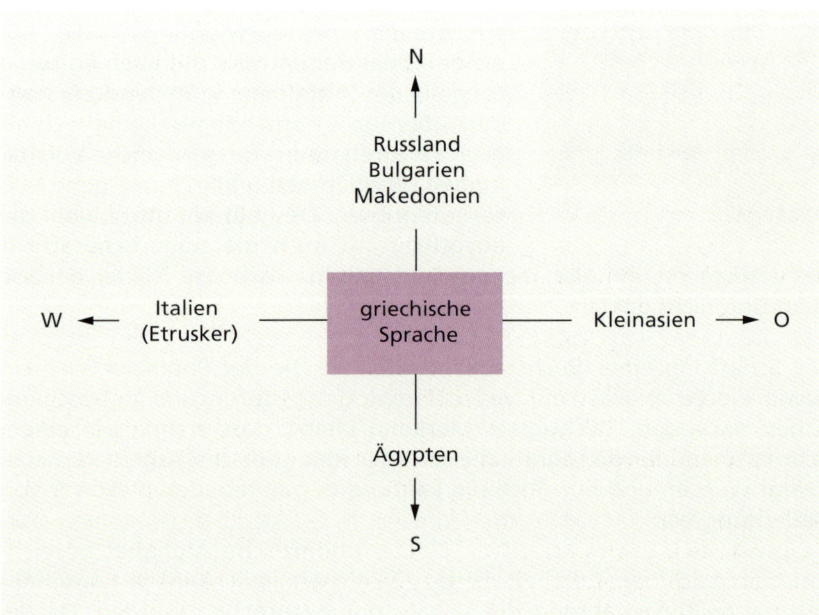

Der Prozess der Verbreitung des Griechischen erstreckte sich über viele Jahrhunderte. Eine besondere Bedeutung hatte das Griechische bei der Herausbildung des **kyrillischen** und des **lateinischen Alphabets.** *Griechisch ist die älteste Sprache* Europas. Die ältesten **Sprachdenkmäler** sind auf Kreta und auf dem Peloponnes gefundene Tontafeln. Diese Tafeln lassen sich in die Zeit 1400 bis 1200 v. Chr. datieren. Die älteste griechische – und somit europäische – Literatur besteht aus der **„Ilias“** und der **„Odyssee“,** zwei um 700 v. Chr. entstandenen Epen, die HOMER zugeschrieben werden (↗ S. 311).

### Das lateinische Alphabet

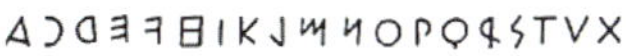 Die *westgriechische Variante* des griechischen Alphabets erzeugte das **lateinische Alphabet** durch den Kontakt griechischer Kolonisten mit Etruskern und Römern in Süditalien. Durch die Verbreitung des **Christentums** gelangte das lateinische Alphabet allmählich auch nach Mittel- und Nordeuropa. Osteuropa dagegen wurde von dem griechischsprachigen Byzantinischen Reich aus christianisiert, und deshalb wurde um 800 n. Chr. das sogenannte kyrillische Alphabet geschaffen, eine den slawischen Sprachen angepasste Schrift, die viele Ähnlichkeiten mit dem griechischen Alphabet aufweist und in der ehemaligen Sowjetunion, in Bulgarien und in einigen Balkanländern verwendet wird.

Die Entstehung des *lateinischen Alphabets* geht möglicherweise auf die um Rom siedelnden Latiner zurück. Außer der griechischen wird auch die etruskische Schrift als Grundlage gedient haben. Die **Schrifttafel von Marciliana** (1. Hälfte des 8. Jh.s v. Chr.) beweist, dass die **Etrusker** schon lange vor ihrer Ansiedlung in Italien die griechischen Schriftzeichen kannten. Die etruskische Schrift wird heute aus vergleichenden Forschungen heraus als eine Weiterentwicklung der westgriechischen Schrift angesehen. Beide Sprachen weisen starke Ähnlichkeiten auf und wurden vielleicht ans Lateinische angepasst.

Im 3. Jh. v. Chr. existierte nachweislich ein lateinisches Alphabet mit 19 Buchstaben (römisches Alphabet), welches aber noch mehrfache Veränderungen erfuhr.

So wurde der Buchstabe G durch das Hinzufügen eines Striches aus dem C geschaffen und ersetzte das nicht verwendete griechische Z. Weiterhin änderte sich auch die lautliche Nutzung der Buchstaben U und Y.

**A B C D E F G H I K L M N O P Q R S T U X Y Z**

Das *lateinische Alphabet* der klassischen Zeit besteht aus 23 Buchstaben, die beiden letzten (Y und Z) wurden erst in späterer Zeit aus dem griechischen Alphabet übernommen und am Ende angefügt. Das lateinische Alphabet hat fünf **Zeichen für Vokale** (A E I O U), die entweder kurz oder lang gesprochen werden. **Diphthonge** (AI AU EU UI) sind immer lang.

Diphthong = Doppellaut oder Zwielaut (↗ S. 43, 45, 57)

Die Ausdehnung des römischen Imperiums führte zu einer starken Verbreitung des Lateinischen.

Bis heute wird die lateinische Schrift fast überall in Europa in nur wenig geänderter Form genutzt.

Darstellung der **Schriftentwicklung** vom Bild zum Alphabet

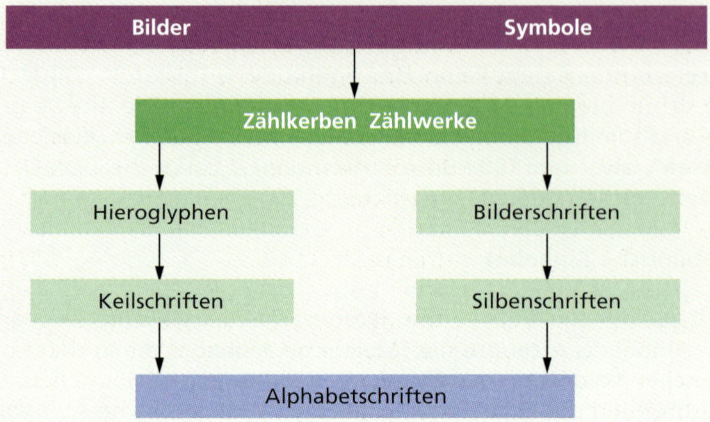


Eine Ausnahme bilden neben Griechenland heute vor allem die slawischen osteuropäischen Länder. In Anlehnung an das griechische Alphabet entwickelten 860 KYRILL und METHODIOS die kyrillischen Schriftzeichen.

А Б Д Є Г Л

Diese Schriftzeichen wurden vor allem aus den Großbuchstaben des griechischen Alphabets entwickelt. Das noch ältere **glagolitische Alphabet** (altslawisch; glagolati = sprechen) wurde für einige Dialekte aus den Kleinbuchstaben des griechischen Alphabets entwickelt. Diese Zeichen werden heute noch von den dalmatinischen Katholiken für ihre liturgischen Bücher verwendet.
Die französischen Könige wurden in Reims mit einem dem heiligen Hieronymus zugeschriebenen Evangelium aus glagolitischen Zeichen gekrönt.
Nach entsprechenden Veränderungen, Zusätzen oder Reformen wird das **kyrillische Alphabet** heute von den Russen, Bulgaren, Weißrussen, Ukrainern, Serben und Mazedoniern verwendet. (Dagegen übernahmen die Polen, Tschechen, Slowaken, Slowenen und Kroaten mit dem römisch-katholischen Glauben das lateinische Alphabet.)

Besonders Wörter einer Sprache mit nicht lateinischer Schrift werden mit lautlich ungefähr entsprechenden Zeichen des lateinischen Alphabets wiedergegeben (Lautschrift). Diesen Vorgang nennt man **Transkription.**
Die buchstabengetreue Umsetzung eines Textes in eine andere Schrift mit zusätzlichen Zeichen heißt **Transliteration.** Das gilt vor allem für nicht lateinische Schriften.

Stolz sind die Bulgaren bis heute auf KYRILL und METHODIOS, die zwei in Saloniki (dem heutigen Thessaloniki) geborenen Brüder, die das kyrillische Alphabet erfanden und damit zur Einigung der slawischen Völker beitrugen.

## 2.3 Deutsche Schriftsprache

Zwischen dem 8. und 10. Jh. kam das Wort „deutsch" auf. KARL DER GROSSE nannte die Sprachen des germanischen Frankenstammes und der anderen Germanenstämme „Lingua theudisca". Das war ein künstlich gebildetes Wort, abgeleitet aus dem germanischen theuda = das Volk. Um 1000 taucht die Bezeichnung „in diutscun" = „auf Deutsch" auf. Durch die **zweite Lautverschiebung,** die etwa im 6. Jh. einsetzte, trat eine *Spaltung* des **Hochdeutschen** in Ober- und Mitteldeutsch ein. Das **Niederdeutsche** blieb beim alten Lautstand der Konsonanten, wie ihn die anderen germanischen Sprachen aufweisen, und wurde erst nach 1500 durch das Hochdeutsche verdrängt. Es lebt in der Gegenwart, in verschiedene Mundarten gegliedert, als Plattdeutsch fort.
In zeitlicher Reihenfolge unterscheiden wir:
1. Althochdeutsch (ahd.), die Sprache vom Einsetzen der schriftlichen Überlieferung (etwa 750) bis 1050,
2. Mittelhochdeutsch (mhd.), die Sprache von 1050 bis 1350,
3. Frühneuhochdeutsch (frnhd.), die Sprache von 1350 bis 1650, und
4. Neuhochdeutsch (nhd.), die Sprache seit 1650.

**Althochdeutsch:** *alt* steht für die zeitliche Einordnung, *hoch* für den Sprachraum (im Gegensatz zu Niederdeutsch) und *deutsch* für die Sprache.

### 2.3.1 Althochdeutsch

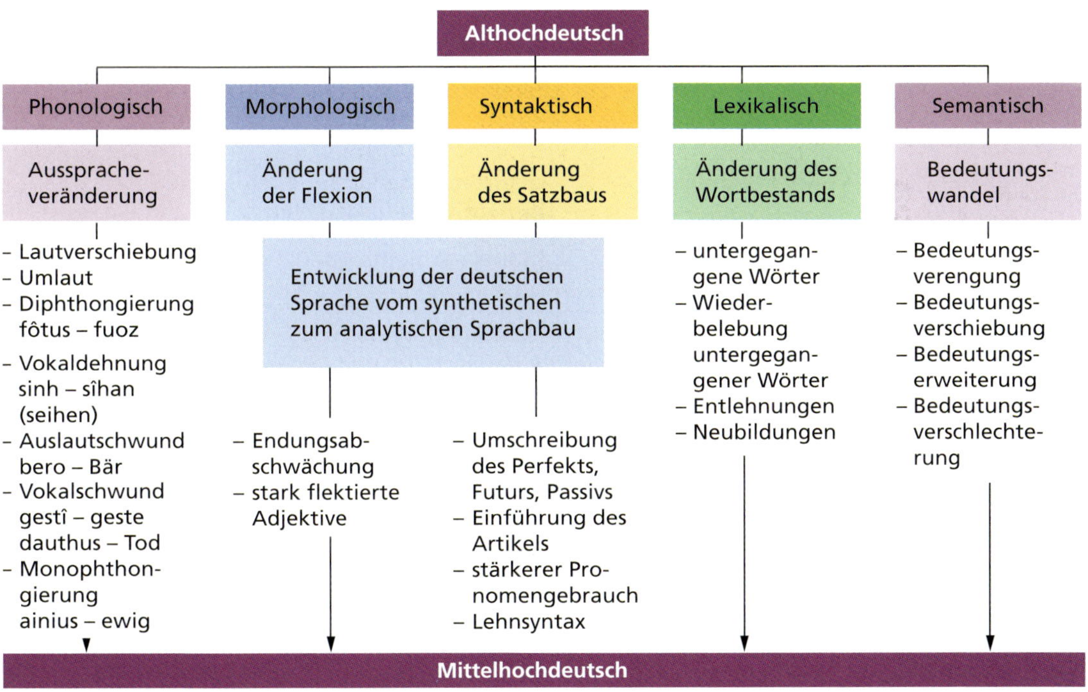


Althochdeutsch war von etwa 750 (zweite Lautverschiebung) bis etwa 1050 die Schreibsprache im hochdeutschen Raum.

**Runen:** aus einem norditalienisch-etruskischen Alphabet entlehnt, wahrscheinlich im Markomannenreich des MARBOD (1. Jh. n. Chr.) entstanden, dienten vor allem kultischen Zwecken (das althochdeutsch-gotische „runa“ bedeutet „Geheimnis“; vgl. neuhochdeutsch = raunen)

Bis zur Mitte des 1. Jahrtausends n. Chr. las und schrieb im deutschen Sprachraum fast niemand. Als Schriftzeichen benutzten die germanischen Stämme **Runen.** Nach den ersten Buchstaben wird dieses Alphabet auch Futhark genannt. Bereits um 400 ist der älteste germanische Stabreimvers belegt.

Die **Runeninschrift** auf dem **Goldenen Horn** von Gallehus (Dänemark, 5. Jh.) lautet:
Ek Hléwagastir Hóltijar / horna tawido.
Übersetzung: Ich Liegast der Holte (Sohn des Holt?) das Horn verfertigte.

Um 500 begann die **Christianisierung** der Franken unter CHLODWIG und ab 700 sind erste Schriften mit *lateinischen Lettern* meist religiösen Inhalts überliefert:
- Glossen und Übersetzungen,
- Stabreimdichtung,
- Endreimdichtung,
- Gebrauchsliteratur.

Das *Althochdeutsche* ist die älteste schriftlich überlieferte Sprachform der Völker, die sich als deutsch bezeichnen. Die Sprachentwicklung hängt auch von der sprachlichen Kommunikation ab und wird weitgehend von gesellschaftlichen Umständen bestimmt. Vor diesem Hintergrund wird die Periode des Althochdeutschen auch mit der Gründung des Reiches der *Merowinger* (482 bis 714) eingeleitet, also um 500 n. Christus.

Der **Abrogans** von 764/772 ist das älteste bekannte Schriftwerk in deutscher Sprache.

**Althochdeutsch** ist noch relativ klang- und silbenreich gegenüber späteren Hochsprachen des Deutschen. Die Komposita werden bis zum Neuhochdeutschen bis zur Unkenntlichkeit des Wortursprungs zusammengezogen (Kontraktionsgesetz):

| Althochdeutsch | ursprüngliche Bedeutung | Neuhochdeutsch |
|---|---|---|
| menn-isco | Mann + Ableitungssilbe | Mensch |
| wer-alti | Mann (vgl. Werwolf) + alt | Welt |
| eli-lenti | Land + ali (= anders), eigentl. Bedeutung: Ausland, Fremde | Elend |

Erstmals wird in althochdeutscher Zeit auch das Deutsche geschrieben. Zuvor war ausschließlich Latein Schriftsprache. Neben kirchlichen entstehen auch literarische Texte. So erreicht der Anteil des Deutschen im Vergleich zu lateinischen Texten etwa 5 Prozent.

### Zuordnung altdeutscher Dialekte (althochdeutsch)

Das *Altdeutsche* ist keine Einheitssprache. **Dialekte** werden von den Lebensbedingungen und Lebensformen geprägt. In althochdeutscher und altniederdeutscher Zeit waren die Dialekte ähnlich verteilt wie heute.

Der Fundort schriftlicher Quellen muss zudem nicht Schreibort gewesen sein. Althochdeutsche Texte wurden durch Abschreiben in Klosterschulen verbreitet. Im **Hildebrandslied** finden sich langobardische Reste neben bairischen, fränkischen und altsächsischen Formen.

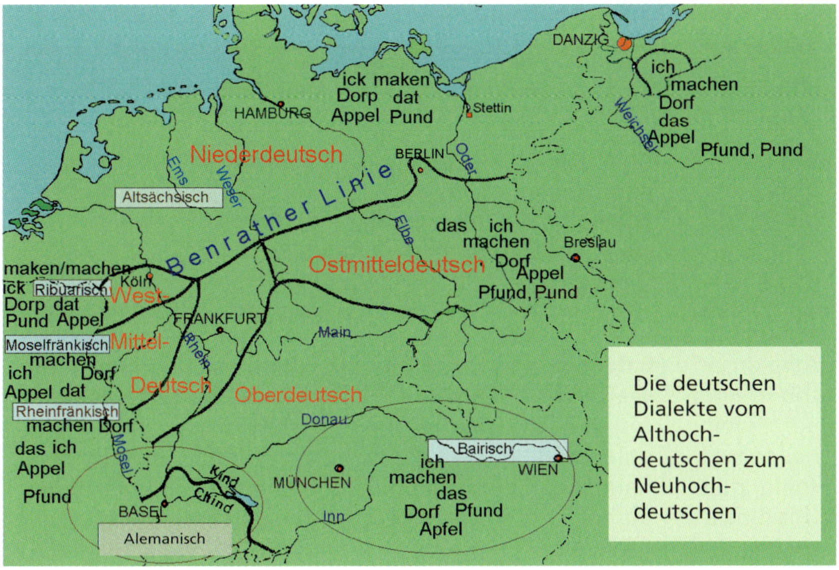


Die deutschen Dialekte vom Althochdeutschen zum Neuhochdeutschen

KARL DER GROSSE ließ bereits eine erste Grammatik der deutschen Sprache anfertigen (nach EINHARD).

Das **Wessobrunner Gebet,** auch als Wessobrunner Schöpfungsgedicht bekannt, ist ein frühes althochdeutsches Sprachdenkmal. Das Gedicht besteht aus neun Stabreimversen über die Weltschöpfung, gefolgt von einem Bittgebet in Prosa.
Wessobrunner Gebet in Altbairisch, im Kloster Wessobrunn bei Weilheim 814 aufgezeichnet (Ausschnitt):

Das erfuhr ich bei den Menschen
als der Wunder größtes:
Dass Erde nicht war
noch oben Himmel,
noch irgendein Baum
noch Berg nicht war,
noch irgendein (Stern)
noch Sonne nicht schien,
noch Mond nicht leuchtete,
noch das herrliche Meer ...

Dat gafregin ich mit firahim
firiuuizzo meista,
Dat ero ni uuas
noh ufhimil
no paum
noh pereg ni uuas,
ni sterro nohheinig
noh sunna ni scein,
no mano ni liuhta,
no der mar_o seo.

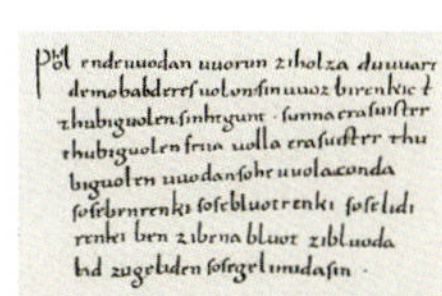

Die Merseburger Zaubersprüche werden an ihrem Fundort in Merseburg aufbewahrt.

Die Klosterschulen wirkten als Kulturträger. So sind vor allem Zaubersprüche wie die **Merseburger Zaubersprüche,** Segen, Rätsel, Gelöbnisse, Götter- und Heldensagen als Überlieferungen schreibender Mönche bekannt. Später kamen naturwissenschaftliche und weltliche Themen hinzu.

**Das Vaterunser im Vergleich**

Uater unſir. du in himile biſt. din namo werde giheiliget. din riche chome. din wille giſkehe in erda fon menniſgen. alſo in himile fon den engilen. Unſir tagelich prot gib unſ hiuto. unde unſere ſculde belazh unſ. alſo ouh uuir firlazhen unſeren ſculdenaren; unde in dia chorunga neleitiſt du unſih. ſuntir irloſe unſih fona demo ubile·

| Wulfila, 4. Jh., Gotisch | St. Galler Paternoster, Alemannisch, Ende 8. Jh. | Heliand, um 840, Altniederdeutsch | Vaterunser aus dem Tatian, Ostfränkisch, um 825 | Vaterunser, Bairisch, 9. Jh. |
|---|---|---|---|---|
| Atta unsar thu in himinam, weihnai namo thein. qimai thiudinassus theins. wairthai wilja theins. | Fater unseer, thû pist in himile, uuîhi namun dînan, qhueme rîhhi dîn, uuerde uuillo diin, sô in himile sôsa in erdu. | Fadar is ûsa firiho barno, the is an them hôhon himila rîkea. Geuuîhid si thîn namo uuordo gehuuilico. | Fater unser, thû bist in himile, sî giheilagôt thîn namo, queme thîn rîhhi, sî thîn uuillo, sô her in himile ist. | Fater unsêr, der ist in himilom, kæuuîhit uuerde dîn namo, piqueme rîhi dîn, uuesse uuillo dîn, sama ist in himile. |

Bereits TACITUS (55–117 n. Chr.) wusste von drei großen germanischen Stammesgruppen zu berichten: den **Ingwäonen,** den **Istwäonen** und den **Herminonen.** Danach werden die drei wesentlichen Mundarten benannt.

**Zuordnung der Mundarten**

| ingwäonische Mundarten | istwäonische Mundarten | herminonische Mundarten |
|---|---|---|
| Friesen<br>Angeln, Jüten<br>Sachsen<br>Dänen<br>Schweden<br>Norweger | Salier<br>Hessen<br>Rheinfranken:<br>– Ripuarisch<br>– Ripuarisch-Salisch<br>– Mittelfränkisch<br>– Oberfränkisch | Thüringer<br>Mainfranken<br>Bayern<br>Schwaben<br>Alemannen<br>Langobarden<br>Goten<br>Burgunder<br>Vandalen<br>Gepiden |

## Althochdeutsche Sprachperiode

### Sprachliche Aspekte

**Lautliche Entwicklung**

- Konsonantenverdoppelung
- Hochdeutsche Lautverschiebung
- Monophthongierung (z. B. wird aus ai der Vokal e)
- Diphthongierung (z. B. wird aus o der Doppellaut uo)
- i-Umlaut
  a > e (ä) (gast – gesti)
  a: > æ (ahd. mâri, mhd. mære – Erzählung)
  u > ü (ahd. kussen, mhd. küssen)
  u: > iu [y:] (ahd. hlûten, mhd. liuten „läuten")
  o: > œ [œ:] (ahd. skôni, mhd. schœne)
  ou > öu (ahd. loufit, mhd. löufet)
  uo > üe (ahd. guoti, mhd. güete)
- Endsilbenabschwächung (z. B. ginoman = genommen, warun = sie waren, zungam = den Zungen)
- Analytische Sprachbildung (als Folge der Endsilbenabschwächung)
- Entwicklung des Artikels
- Herausbildung der Umschreibung des Perfekts, Futurs und des Passivs

**Übergang zur Schriftlichkeit Lehnübersetzung**

- writan: ritzen, heute noch im Englischen als to write im Gebrauch, wird zu ahd. sriban von lateinisch scribere = schreiben
- Ablösung des Stabreims durch den Endreim (ahd.: Hildebrandslied, Tatian, mhd.: Der arme Heinrich)
- Lehnbildung (Aneignung fremder Vorstellungen, vor allem aus dem Latein, z. B. Pforte, später Portal aus porta, Ziegel, später Tiegel aus tegula, Katze aus catta, und aus dem Griechischen: Chiricha [Kirche] aus dem griechischen kyriakon, Priester aus Presbyter usw.)
- Silbenschwund
  Beispiel:
  Straßburger Eide

Schriftsprache ist nicht gleich Lautsprache! (↗ S. 59)

Die **Straßburger Eide** zählen zu den frühen althochdeutschen Schriften:

> „In godes minna ind in thes christânes folches ind unsêr bêdhero gehaltnissî" heißt heute:
> „Aus Liebe zu Gott und zu des christlichen Volkes und unser beider Heil …"

Die Straßburger Eide wurden in Altfranzösisch (lingua romana) und Althochdeutsch (lingua theudisca) verfasst.

Sie wurden von LUDWIG DEM DEUTSCHEN und KARL DEM KAHLEN am 14. Februar 841 als Treueeid geleistet.

## 2.3.2 Mittelhochdeutsch

Ab etwa 1050 sprechen wir von der **mittelhochdeutschen Sprachstufe.** Diese Periode wird unterteilt in Frühmittelhochdeutsch (1050–1170), klassisches Mittelhochdeutsch (1170–1250) und Spätmittelhochdeutsch (1250–1350).

Mit „Meier Helmbrecht" von WERNHER DER GARTENAERE entsteht die erste Dorfgeschichte.

Der Minnesang gehörte zur höfischen Kultur. Sein Höhepunkt wurde um 1190 erreicht.

„Mannessische Liederhandschrift" aus dem 14. Jahrhundert

Durch die **Ostexpansion** wurde die hochdeutsch-niederdeutsche Sprachscheide um die Punkte Wittenberg–Lübben–Frankfurt/Oder nach Osten hin verlängert. Allerdings kamen die Kolonisten aus verschiedenen Regionen Deutschlands, sodass eine *Vermischung* der **Dialekte** stattfand.

Genauso wenig, wie es ein einheitliches Althochdeutsch gab, gab es ein Mittelhochdeutsch als überregionale Schriftsprache. Auch blieben die Inhalte sprachlicher Überlieferungen nicht mehr nur auf das Religiöse beschränkt. Die **mittelalterliche Klassik** war geprägt durch höfische Literatur (Heldenlieder, Minnelieder) ebenso wie Gebrauchstexte (Stadtchroniken, Kochbücher, Geschichtsbücher), religiöse Texte (Meister ECKHART, Wiener Genesis) und Geschäftstexte (Urkunden, Rechtstexte).

Die sprachlichen Veränderungen ab 1050 müssen als ein Prozess gedacht werden, der sich regional sehr unterschiedlich durchsetzte. Der **Endsilbenschwund** beginnt z. B. im Fränkischen, während er sich im Alemannischen noch im 16. Jh. nicht vollzogen hatte (vgl. HULDRYCH ZWINGLI: Lieby statt Liebe, entledigot statt entledigt).

**Mittelhochdeutsch**

**Phonologisch**
- Schwächung der unbetonten Nebensilbenvokale zum Murmelvokal (mêrr**e**)
- Wegfall des Vokals im Wortinneren und im Auslaut (küniginne – Königin)
- Umlaut
- Ausprägung des sch-Lautes aus
  sk → sch
  st, sp → scht, schp
- Auslautverhärtung (tac – Tag/Tages)

**Morphologisch** / **Syntaktisch**

Weiterentwicklung der deutschen Sprache vom synthetischen zum analytischen Sprachbau

- Artikel
- Subjektpronomen wird erforderlich („**ich** wil nider an den sê")
- Ausprägung des Passivs
- neue Zeitformen: Perfekt, Plusquamperfekt

**Lexikalisch**
- slawische Ortsnamen
- Ausbildung neuer Mundarten durch Ostexpansion

**Semantisch**
- Bedeutungsveränderung mittelhochdeutscher Wörter

↓

**Frühneuhochdeutsch**

**Formen der sprachlichen Veränderungen**

- **Neue Wortbildungsmittel** wurden notwendig: Im Althochdeutschen konnte ein Adjektiv durch î substantiviert werden. Seit dem Mittelhochdeutschen ist dazu eine Nachsilbe notwendig, wie etwa -igkeit, -heit, -keit, -ung.
- Im Plural wurde der **Umlaut** zu einem wichtigen sprachlichen Merkmal.

■ bruoder – brüeder

- **Abschwächung** unbetonter Nebensilben: Zusammenfall der Vorsilben

■

| | | | | | |
|---|---|---|---|---|---|
| bi | → | be | ur, ir | → | er |
| ga, gi | → | ge | fur, fir | → | ver |
| za, zi | → | ze | | | |

- Der **Artikel** wird ein wichtiges grammatisches Mittel.

■ Ahd. zungun, zunguono, zungom, zungun wird zu mhd. die zungen, der zungen, den zungen, die zungen.

- Zusammenfall der verschiedenen **Flexionsendungen**

■ zala wird zu diu zal (die Zahl).

- Unbetonte **Mittelsilben** werden weggelassen.

■ kiricha > Kirche, himeles > himels

- Die **Diphthongierung** breitete sich von Kärnten über Österreich und Bayern aus und wanderte langsam nordwärts. In ihrem Ergebnis brachte sie der deutschen Sprache eine Zerdehnung des langen i, u, ü zu ei, au, eu (äu).

■ wip > weib

Die erste Strophe des **Nibelungenliedes** (die Doppelstriche in der Mitte verdeutlichen eine Zäsur):

Uns ist in alten mæren || wunders vil geseit
Von helden lobebæren || von grôzer arebeit,
von fröuden, hôchgezîten, || von weinen und von klagen,
von küener recken strîten || muget ir nu wunder hœren sagen.

Die Übersetzung:

In alten Geschichten wird uns viel Wunderbares
von ruhmreichen Helden, von hartem Streit, berichtet:

Auf der Grundlage älterer germanischer Überlieferung entstand dieses „unhöfische“, archaisch wirkende **Heldenepos** um 1200 im Donauraum. Die mehr als *30* **Handschriften** – davon 10 vollständig – lassen verschiedene Entstehungsphasen und mehrere Bearbeiter vermuten. Eine Endfassung des Nibelungenliedes entstand wohl 1190/1200, vielleicht unter dem Passauer Bischof WOLFGER.

von glücklichen Tagen und Festen, von Schmerz und Klage,
vom Kampf tapferer Recken: Davon könnt auch ihr jetzt
Wunderbares berichten hören.

Der **konsonantische Wechsel** von **s** zu **sch** in Verbindung mit sl, sw, sm, sn ist am augenfälligsten im Übergang vom Mittelhochdeutschen zum Neuhochdeutschen.

- slange > schlange, sniden > schneiden, smiden > schmieden

Nur in einigen Regionen Norddeutschlands (Hamburg) spricht man bis heute ßt und ßp.

Auch in Verbindung mit st und sp wird vielfach scht und schp gesprochen. Allerdings wurde hier die ursprüngliche Schreibweise beibehalten.

– Es tritt ein **Bedeutungswandel** mittelhochdeutscher Wörter ein:

- hôchgezîten = Fest, wird zu *Hochzeit,*
  maget = Mädchen, lebt in *Magd* weiter,
  arebeit = Mühsal, Anstrengung, bekommt als *Arbeit* eine neue Bedeutung,
  mild = freigebig, gibt es im heutigen Wortschatz noch in *mildtätig,*
  hôher muot = edle Gesinnung, hohes Selbstgefühl, wird *Hochmut.*

– Im Zuge der Ostexpansion werden alte **slawische Ortsnamen** übernommen. Erkennbar ist das an den Endungen -ow, -ig, -itz.

- Pankow, Koserow, Sassnitz, Görlitz, Danzig, Leipzig

### 2.3.3 Neuhochdeutsch

#### Frühneuhochdeutsch

Von etwa 1350 bis 1650 sprechen wir von der **frühneuhochdeutschen Sprachstufe.**

LUTHERS Bibelübersetzung 1522/1534 war bahnbrechend für die Herausbildung der neuhochdeutschen Sprache.

Das *Frühneuhochdeutsche* ist vor allem durch die Sprache des in den *Städten* aufkommenden Bürgertums geprägt. Der Einfluss der großen Kanzleien (Schreibstuben), die Ausweitung des Handels und die Erfindung des **Buchdrucks** waren die wichtigsten Faktoren für eine sich ausprägende Standardschriftsprache auf ostmitteldeutscher Basis. Kanzleien und Drucker hatten das gemeinsame Interesse, die Sprache so zu gestalten, dass sie überall verstanden wurde. Das führte zur Aufnahme auch möglichst vieler überregionaler, nicht dialektgebundener Sprachformen. Mit LUTHERS **Bibelübersetzung** auf der Grundlage der ostmitteldeutschen Kanzleisprache beginnt sich das Hochdeutsche auch als Volkssprache zu etablieren. LUTHER ist der Schöpfer neuer Wörter wie *gastfrei, Herzenslust, übertünchen, wetterwendisch;*
neuer Inhalte: *Gnade, Glaube, fromm;*
zudem hat er *Lippe* und *schüchtern* in die deutsche Hochsprache überführt.

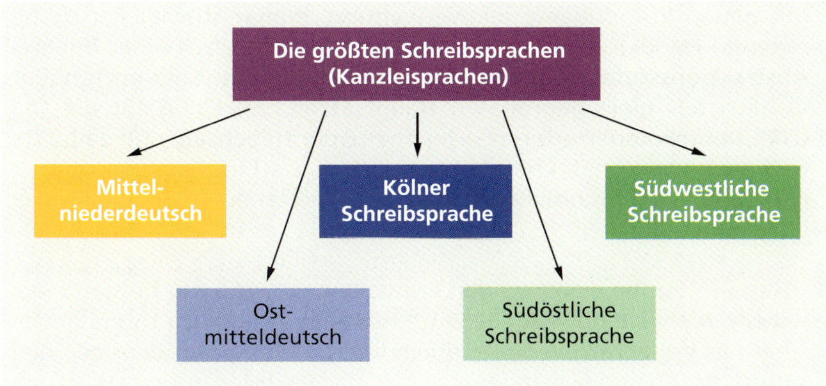


Vergleich einer Passage der Luther-Bibel mit der älteren Koburger-Bibel:

| Koburger-Bibel (1483) | Luther-Bibel (1524) |
|---|---|
| Der herr regieret mich vnnd mir gebrist nichts. Vnd an der stat d' weyde de satzt er mich.<br>Er hat mich gefueret auff dem wasser der widerbringung. Er bekeret mein sed. Er füret mich auß auff die steyg der gerechtigkeit. Vmb seinen namen. Wann ob ich gee in mitt der schatten des todes. Ich fuercht nit die vbeln ding wann du bist bey mir. Dein rut vnd dein stab. Die selb haben mich getroestet. | Der herr ist meyn hirrte, myr wirt nichts mangeln. Er lesst mich weyden da viel gras steht vnd furet mich zum wasser das mich erkulet. Er erqeickt meyne seele er furet mich auff rechter strasse vmb seyns namens willen. Vnd ob ich schon wandert ym finstern tal, furcht ich keyn vngluck denn du bist bey myr Deyn stecken vnd stab trosten mich. |

ANTON KOBERGER (auch ANTHONI KOBURGER genannt) war Buchdrucker, Buchhändler und Verleger und lebte von ca. 1440 bis 1513 in Nürnberg. 1483 druckte er die zweibändige deutsche Bibel.

KOBERGER setzte entscheidende Maßstäbe für eine Buchkonzeption, die von einer künstlerischen Einheit von Illustration und Textgestaltung ausging. Als Illustrationsvorlagen verwendete er für den Druck die niederdeutsche Bibel, die 1478 bei HEINRICH QUENTELL in Köln gedruckt wurde.

**Formen der sprachlichen Veränderungen**

– **Diphthongierung** der drei langen geschlossenen Vokale

- mîn niuwez hus > mein neues Haus

– **Monophthongierung** kurzer Vokale in offener Silbe

- lieben guoten brüeder > liebe gute Brüder

– **Dehnung** kurzer Vokale

- faren > fahren, vogel > Vogel

Das Lateinische war bis ins 17. Jh. die offizielle Wissenschaftssprache. Die **Humanisten** sprachen häufig ein Gemisch aus Latein und Deutsch.

– Mit neuen Erfindungen, der Verwaltung, humanistischer Forschung, regerem Handel verlangte die deutsche Sprache nach einer höheren **Abstraktionsstufe.** Bestand der mittelhochdeutsche Satz noch hauptsächlich aus gleichgeordneten **Hauptsätzen,** wird nun für die Umschreibung komplizierterer Sachverhalte der **Nebensatz** und damit der Gebrauch von Konjunktionen (dass, indem usw.) immer dringender. **Partizipial-** und **Infinitivkonstruktionen** werden aus dem Lateinischen übernommen.

Hat also Strabo vrsache / den Eratosthenes lügen zue heissen / welcher / wie viele unwissende leute heutiges tages auch thun / gemeinet / es begehre kein Poete durch vnterrichtung / sondern alle bloß durch ergetzung sich angeneme zue machen (Martin Opitz: Buch von der deutschen Poeterey, 1624).

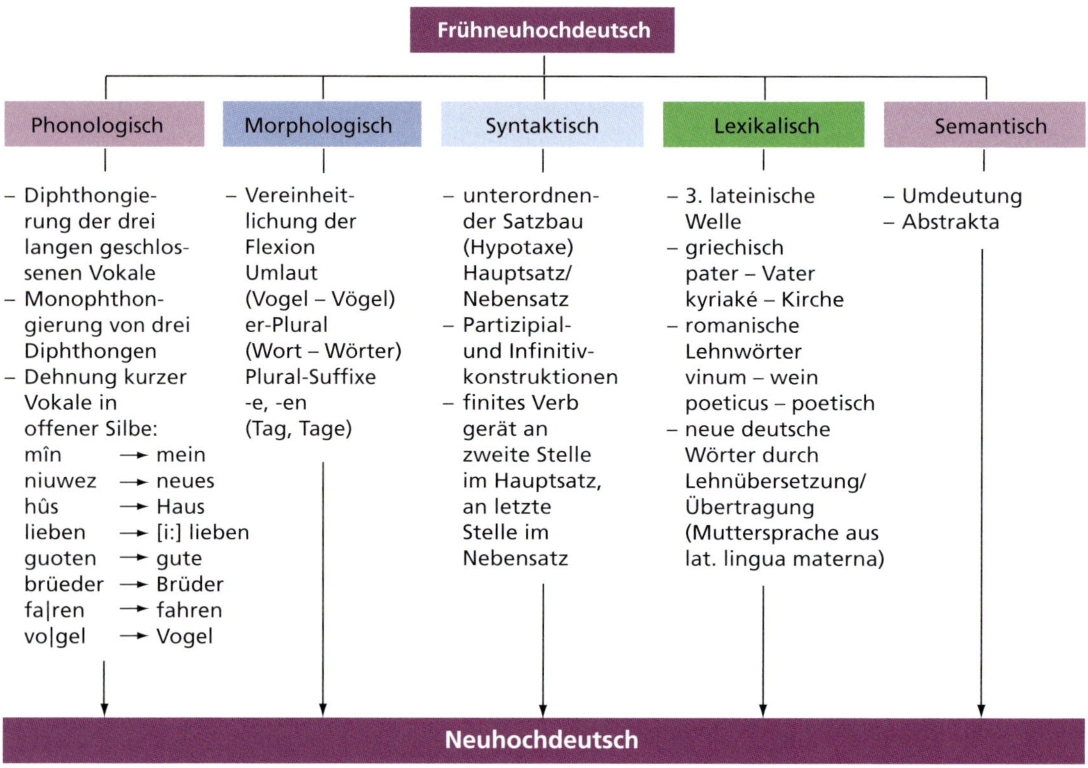


### Neuhochdeutsch (ab 1650)

Die **Strukturveränderungen** des **Neuhochdeutschen** gegenüber dem Frühneuhochdeutschen betrafen vor allem die **Flexionsformen,** während die **Laute** zunächst nahezu unverändert blieben. Bei den Substantiven stand im Vordergrund die Unterscheidung zwischen Singular und Plural durch Artikel, Endungen und Umlaut sowie der Ersatz des Genitivs und Dativs durch die Akkusativ- und Präpositionalgefüge. Für das **Verb** ist das Vordringen *schwacher Formen* typisch. Die Verwendung des **Konjunktivs** ist rückläufig.

Versuche einer theoretischen Beschreibung der deutschen Sprache führten zu Normierungsansätzen in Form **deutscher Grammatiken.** Die ersten waren die „Teutsche Sprachkunst" 1641 und die „Ausführliche Arbeit von der Teutschen Haubt Sprache" 1663 von J. G. SCHOTTEL.
Die **Grammatiker** des 18. Jh.s setzten diese Arbeiten fort. Nach Vereinheitlichungen der Wortformen und der **Rechtschreibung** durch Lexikografen sowie der Ausbildung der Sprache durch Dichterpersönlichkeiten wie KLOPSTOCK, GOETHE und SCHILLER fand erst im 19. Jh. durch die Brüder GRIMM die eigentliche philologische Auseinandersetzung mit der deutschen Sprache statt.

Die Brüder GRIMM erarbeiteten 1819 bis 1837 eine vierbändige Ausgabe der „Deutschen Grammatik" und ab 1838 das „Deutsche Wörterbuch".

JACOB (1785–1863) und WILHELM (1786–1859) GRIMM

Bahnbrechend für die einheitliche Regelung der *Rechtschreibung* der deutschen Sprache wirkte KONRAD DUDEN mit seinem 1880 erschienenen Wörterbuch.

Die Rechtschreibreform wurde 1996 mit der in Wien von den Vertretern der deutschsprachigen Staaten und von Ländern mit deutschsprachiger Minderheit unterzeichneten Absichtserklärung eingeleitet. Mit dem Beschluss der Ministerpräsidentenkonferenz am 30. März 2006 wurde die Reform in Deutschland rechtskräftig und an allen Schulen ab 1. August 2006 eingeführt.

KONRAD DUDEN (1829–1911)

Die deutsche Sprache wurde und wird auch durch andere Sprachen beeinflusst. In der Frühzeit geschah das vor allem durch das Lateinische. Das zeigen Wörter wie Fenster (lat. fenestra), Mauer (lat. murus) und Wein (lat. vinum). Später wurden viele Wörter aus dem Französischen ins Deutsche übernommen (z. B. Mode, Möbel, Adresse).
Im 20. Jh. beginnt der starke Einfluss des amerikanischen Englisch, der bis heute anhält. Besonders aus den Bereichen Wirtschaft, Popkultur und Mode werden viele Wörter in das Deutsche übernommen. Beispiele für englische Wörter in der deutschen Sprache sind Joint Venture, Manager, Marketing, Holding, Ticket, Business, Musical usw. Neben den vielen (meist englischen Wörtern) aus dem Modebereich (Sweatshirt, Moonboots etc.) werden mehr und mehr Wörter aus der Computersprache übernommen (chatten, downloaden, crunchen).

Die *Änderungen* betreffen

- die Laut-Buchstaben-Zuordnung (einschl. Fremdwortschreibung),
- die Getrennt- und Zusammenschreibung,
- die Schreibung mit Bindestrich,
- die Groß- und Kleinschreibung,
- die Zeichensetzung und
- die Worttrennung am Zeilenende.

## 2.4 Grundfragen der Kommunikation

Kommunikation; lat. communicatio = Unterredung, Mitteilung. **Kommunikation** bezeichnet den Prozess des Informationsaustausches zwischen zwei oder mehreren Personen.

Allgemein versteht man unter **Kommunikation** den Prozess der Übertragung von Nachrichten in Form von Zeichen zwischen einem **Sender** und einem oder mehreren **Empfängern.**

Im sozialen Sinne versteht man unter Kommunikation die Verständigung zwischen verschiedenen Personen mithilfe von Sprache und Zeichen. Die kommunizierenden Personen werden meist **Kommunikator** (Sprecher, Schreiber) und **Rezipient** (Hörer, Leser) genannt. Die zwischen beiden vermittelte Nachricht wird als **Mitteilung** oder allgemein **Zeichen** bezeichnet. Die Analyse von Kommunikations- und Zeichenprozessen erfolgt durch die **Semiotik.**

Semiotik; griech. sêma = Zeichen; Lehre von den Zeichen. Semiotik wird gegliedert in Syntaktik (Beziehung der Zeichen untereinander), Semantik (Beziehung zwischen Bezeichnetem und Zeichen) und Pragmatik (Beziehung zwischen Bezeichnetem, Zeichen und Benutzer; ↗S. 22).

### 2.4.1 Sprache ist das wichtigste Kommunikationsmittel

Sprache ist ein Medium, ein Mittel der Kommunikation. Sie ist das wichtigste und älteste **Kommunikationsmittel** des Menschen. Mit ihr gelingt es, Begriffe und Definitionen, Erlebnisse und Emotionen und Gedanken zu formulieren sowie Normen und Regeln auszubilden.
Sprache kann in verschiedene Kategorien eingeteilt werden:

| | |
|---|---|
| **Lautsprache** | überträgt akustische Signale |
| **Schriftsprache** | dient der schriftlichen Kommunikation mit grafischen Zeichen |

Nach dem **Verwendungszweck** kann Sprache unterteilt werden in:

| | |
|---|---|
| **Humansprache** | natürliche Sprache, mit der Menschen untereinander kommunizieren |
| **Fachsprache** | baut auf natürlicher Sprache auf unter Verwendung künstlicher Zeichen/Wörter zum Zwecke der Eindeutigkeit für eine effektive fachliche Kommunikation |
| **Programmiersprache** | dient der Übermittlung von Anweisungen an eine EDV-Anlage |
| **Maschinensprache** | dient dem direkten Ansprechen der technischen Grundoperationen einer EDV-Anlage |

Im alltäglichen Umgang mit der **Kommunikation** sind Sprache und Schrift in hohem Maße standardisiert (grammatisch, lexikalisch, in der Form ihrer Anwendung). So werden je nach Gattungen und Genres Sprache und Schrift spezifisch bei der Gestaltung von Texten gebraucht, z.B. in der

Nachricht, in der Reportage, im Bericht, im Aufsatz, in einer Anweisung oder im Feuilleton.

Sprache ist nicht nur einfache Wortwahrnehmung. Die mit Sprache beabsichtigte Information oder Mitteilung muss auch richtig aufgenommen, verstanden werden. Sonst findet keine Kommunikation statt. Verstehen ist dabei ein Vorgang, der die aufgenommenen Lautzeichen ordnet, denn Sprache kann mehrdeutig sein.

Grundsätzlich werden zwei Formen der Kommunikation unterschieden: mündliche und schriftliche. Eine Kommunikation findet erst statt, wenn der Empfänger auf die Nachricht reagiert. Dieser Prozess heißt **Kommunikationsprozess.**

■ Fritz ist einsilbig.
Das kann heißen: Fritz spricht nicht viel, oder der Name ist gemeint, da er nur aus einer Silbe besteht.

Wie der Kommunikationsprozess funktioniert, zeigt das **Kommunikationsmodell.**

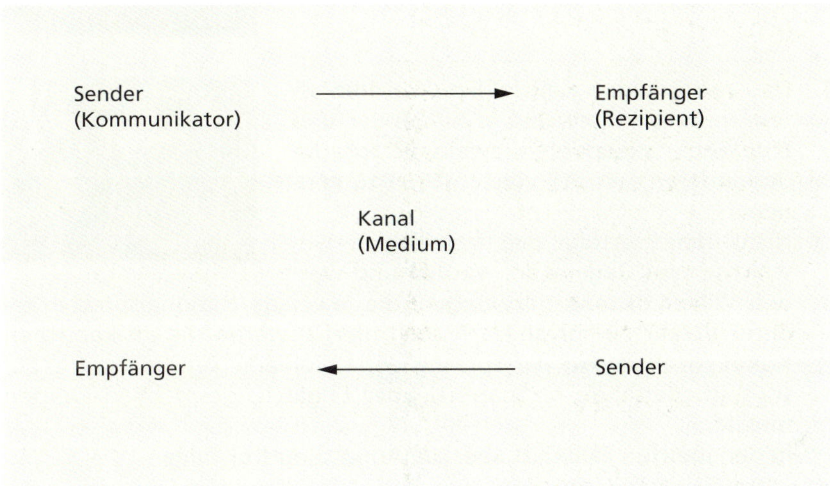


Mit **Sender** ist der Sprecher oder Schreiber gemeint, mit **Empfänger** der Zuhörer oder Leser. Der **Kanal** ist der Übertragungsweg (Schallwellen, Tonträger, Papier u. a.), während das Medium das eigentliche Verständigungsmittel (Sprache, Zeichen) ist. Wesentlich für eine funktionierende Kommunikation sind:

1. das Vorhandensein eines Senders und eines Empfängers. (Wenn der Empfänger zurückmeldet, wie er die Nachricht entschlüsselt hat, wie sie bei ihm angekommen ist und was sie bei ihm ausgelöst hat, kann der Sender überprüfen, ob seine Sendeabsicht mit dem Empfangsresultat übereinstimmt. Eine solche Rückmeldung heißt auch **Feedback.**)

*Feedback;* engl. feedback = Rückkopplung. Wird als ein Prinzip in dem Sinn verstanden, dass eine Rückmeldung über den tatsächlichen Zustand bzw. das Ergebnis eines beabsichtigten Vorgangs gegeben wird.

2. Für mündliche Kommunikation müssen Sender und Empfänger (Sprecher und Zuhörer) zur selben Zeit am selben Ort sein.

Erst die Technik erschließt die Möglichkeit, auch *zeitversetzt* zu kommunizieren: Was heute auf Papier geschrieben oder auf Band gesprochen wird, kann später gelesen oder gehört werden.

3. Kommunikation kann einseitig sein, wenn einer spricht und andere zuhören (*Radio*, Erzählung), oder *gegenseitig,* wenn der Zuhörer antwortet.
   Typische Beispiele hierfür sind Vorlesungen, Unterrichtslektionen, aber auch Fernsehen oder Konzertbesuche. Eine einseitige Kommunikation kann natürlich auch von einer Gruppe ausgehen, wie es das Beispiel Konzert oder auch der Auftritt eines Chores, ein Theaterstück (Schauspieler – Publikum) zeigen.

4. Das Verständigungsmittel bzw. Zeichensystem muss identisch sein, d. h., Sender und Empfänger akzeptieren jeweils die Sprache des anderen, um sich verständigen zu können.
   Nicht immer erfolgt dies freiwillig. In Geschichte und Gegenwart wurden und werden Völker oftmals gezwungen, die jeweilige **Nationalsprache** anderer Völker zu sprechen. Typisch hierfür waren die afrikanischen Kolonien, in denen die Sprache der Kolonialherren, meist Französisch, Niederländisch, Spanisch oder Englisch, gesprochen werden musste.
   In den meisten Fällen ist aber die Anpassung freiwillig.

Es werden folgende *Grundfunktionen* des **Kommunikationsprozesses** unterschieden:

| | | |
|---|---|---|
| **Darstellungs-funktion** | bezogen auf Objekte oder Sachverhalte | z. B. Gebrauchsanweisung, Bericht über ein Ereignis, Versuchsprotokoll (↗ S. 238, 241) |
| **Ausdrucksfunktion** | bezogen auf Eigenschaften oder Wahrnehmungen zu einer Sache | z. B. Roman, Gedicht, Artikel (↗ S. 248) |
| **Appellfunktion** | bezogen auf Reaktionen des Rezipienten, beinhaltet eine Aufforderung an ihn | z. B. Aufruf, Appell, Mahnung |

Jede Mitteilung hat einen **sozialen Aspekt.** Sie erklärt und regelt die sozialen Beziehungen zwischen Sender und Empfänger.
Zum Wesen der **Mitteilung** gehört, dass sie *sinnlich* erfahrbar ist.

- Sie kann über *akustische/auditive* oder *optische/visuelle* Signale abgegeben bzw. aufgenommen werden, also durch Sprache, Musik, Tonsignale (z.B. Martinshorn, Sirenen), aber auch durch Bilder, Symbole, Mimik.
- Mitteilungsinhalte können *sprachlich (verbal),* also durch Sprache oder Schrift, und *außersprachlich (nonverbal),* also durch Bilder, Musik, Körpersprache, Gestik, übermittelt werden. Auch wenn Gestik und Körperhaltung das Sprechen begleiten, sind **verbale** und **nonverbale Kommunikation** nicht unbedingt kongruent. So können Aussagen verstärkt oder abgeschwächt werden durch nonverbale Kommunikation; der verbalen Aussage kann sogar widersprochen werden, z.B. durch ein Augenzwinkern.
- Jeder Informationsaustausch ist *situationsabhängig.* Wird z.B. nicht der „richtige Ton" getroffen, können manchmal aus kleinen Störungen folgenreiche Schwierigkeiten entstehen. Bei einem Vorstellungsgespräch oder in einem Bewerbungsschreiben spricht bzw. schreibt man anders als in einem Gespräch mit Freunden oder in einem Brief an die Eltern (↗ S. 266).

Ohren zuhalten – eine nonverbale Geste

Werden visuelle oder auditive Signale kombiniert, wird auch von **audiovisueller Kommunikation** gesprochen.

Nonverbale Äußerung – Staunen

**Sprache** und **Kommunikation** existieren nicht nur in Form von Wörtern, Text- und Gesprächsstrukturen; sie sind eng mit Verhaltensweisen und Konventionen des Lebens verbunden.

### 2.4.2 Sprache ist mehr als ein Kommunikationsmittel

Die **Sprache** ist grundsätzlich an *Realität* gebunden, d.h., es kann nichts beschrieben werden, was aufgrund der Realität und der Vorstellung von ihr nicht begreifbar ist.

Daraus folgt, dass der Mensch auch nichts denken kann, was nicht in irgendeiner Form existiert. (Alle Science-Fiction-Filme und -Erzählungen setzen Bekanntes zu Neuem zusammen, vgl. Außerirdische in „Star Trek", Laserschwert und Roboter mit menschlichen Eigenschaften in „Star Wars".)

Für die sprachliche Erfassung einer neuen „Realität" gibt es verschiedene Möglichkeiten:
- Analogie: Verwenden von etwas Ähnlichem.
- Opposition: Verwenden des Gegenteils.
- Wortbildung: Bilden neuer Wörter aus bekannten Silben und Wortstämmen.
- Ummünzen: Belegen eines Wortes mit einer neuen Bedeutung/einem neuen Inhalt („Ausländer", „konservativ", „Elite").
- Wortneuschöpfung: Verwenden von Laut- und Buchstabenkombinationen, die entweder wesentliche Bestandteile bestehender Begriffe sind („nussig", ein Problem „aussitzen"), die eingedeutscht werden („vermarkten") oder die mit Bestandteilen von Fremdwörtern gebildet werden („Crunchies" ⟶ to crunch).

  Neuschöpfungen beruhen meistens auf bereits vorhandenem Sprachmaterial – entweder der eigenen Sprache oder der Übernahme aus anderen Sprachen – oder ahmen klanglich (Onomatopoesie) das sprachlich zu erfassende Objekt oder den Vorgang nach.

Damit ist Sprache neben **Kommunikation** eine Widerspiegelung des Verständnisses und der Auffassung der die Menschen umgebenden Realität. Gleichzeitig wird mit der Sprache wiederum Realität geschaffen.

Alle **Hochkulturen** besitzen eine **Schriftsprache** als Kommunikationsmittel. Mit der Erfindung der Schrift ging eine völlig neue Vergangenheitsdarstellung einher. Die Kommunikation mittels Schrift wurde unpersönlicher. Die Erfindung des **Buchdrucks** im 15. Jh. führte zu einer enormen Vermehrung der Bücher und damit zu einer Explosion des Wissens. Gedruckte Schriften waren auf jeden Fall preisgünstiger als die Abschriften und waren in kürzerer Zeit für die Öffentlichkeit verfügbar. Der bis dahin eingeschränkte Zugang zur Schrift wurde nun auch breiteren Schichten möglich. Es entstanden völlig neue Kommunikationsbedingungen. Buchdruck und Zeitungen förderten die Ausprägung einer einheitlichen Schriftsprache. So ist das „Hochdeutsch" im deutschen Sprachraum ein wesentliches Verdienst der Schriftsprache. Mit der Schriftsprache entstand zudem eine literarische Öffentlichkeit.

### 2.4.3 Wachsende Bedeutung der Kommunikation

**Kommunikationsprozesse** werden vor allem in den Sozialwissenschaften und in der Psychologie untersucht. Dabei werden drei Formen der Kommunikation unterschieden, die nicht nur vom Inhalt abhängig sind:

1. **Intrapersonale Kommunikation**
Sie bezeichnet den *internen Vorgang,* d. h., wie der Einzelne sich mit Informationen der Umwelt auseinandersetzt. Dieser Prozess interessiert vor allem die Psychologen. Er ist natürlich wesentlich für den Einzelnen selbst. Diesem Prozess kommt z. B. große Bedeutung zu für die persönliche *Gestaltung des* **Lernprozesses,** für die Ausprägung von Emotionen, Verhaltensmustern durch bestimmte Medien, die die Einzelperson „konsumiert".

Das Problem der *Zeitgleichheit bzw. Zeitungleichheit* kann durch neue Techniken (Internet, Intranet, E-Mail u. a.) hinsichtlich der interpersonalen Kommunikation fast vernachlässigt werden.

2. **Interpersonale Kommunikation**
Unter interpersonaler Kommunikation versteht man den *Informationsaustausch* zwischen mindestens zwei oder mehreren Einzelpersonen. Die bei der Kommunikation benutzten Zeichensysteme müssen dazu den Beteiligten bekannt sein. Während bei der ersten Form *keine* **Zeitgleichheit** von Sendung und Empfang besteht, können bei dieser Form sowohl *Zeitgleichheit* als auch zeitliche Unterschiede im Austausch der Informationen bestehen.
Für Gespräche, Diskussionen wird immer Zeitgleichheit bestehen, für Problemdiskussionen, die schriftlich geführt werden, schließt sich Zeitgleichheit aus (Briefwechsel).
3. **Mediengebundene Kommunikation**

Hier findet weniger ein Austausch statt, sondern vor allem das Aufnehmen von **Mitteilungen** und **Informationen,** die den Medienkonsumenten von den Journalisten, Funk- und Fernsehproduzenten angeboten werden. Medienkommunikation wird auch als **Massenkommunikation** bezeichnet. Die Aussagen, Mitteilungen, Informationen erfolgen öffentlich, d.h., sie sind allgemein zugänglich, z.B. in Form von Zeitungen, Zeitschriften, Flugblättern, Plakaten, Hörfunk, Fernsehen u.a.

## Anteile der Medien am Medienzeitbudget 2019

(Personen ab 14 Jahren, Quelle VAUNET)

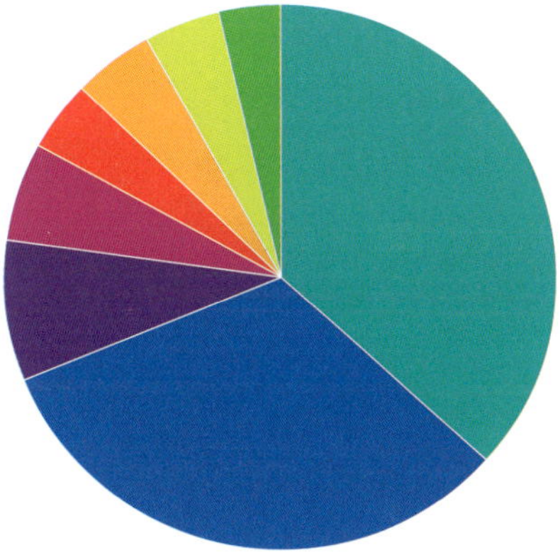

- Fernsehen 227
- Radio 197

- Video (Streaming, DVD, Blu-Ray) 52
- Musik (Streaming, CD) 36
- Internet (ohne Streaming und Kommunikation) 25
- Videospiele 30

- Bücher (inkl. E-Book) 26
- Zeitungen (inkl. E-Paper) 22

Gesamtbudget täglich im Durchschnitt 616 Minuten

Für die Mehrzahl der Menschen ist die **Medienkommunikation** Hauptquelle politischer und gesellschaftlicher Informationen und stellt die Grundlage für die **Meinungsbildung** dar. Aus diesem Grund haben die Massenmedien eine hohe und zunehmende Bedeutung für die politische Kultur eines Landes.

Die sogenannten **neuen Medien** schaffen neuartige Kommunikationsverhältnisse und Textformen. Das zeigt sich besonders in Folgendem:

- Es werden *neue Wörter* und Wendungen hervorgebracht. Viele englische Begriffe und Abkürzungen wie Fax, CD, ISDN, Onlinekonferenz oder chatten gehören heute bereits zum allgemeinen Sprachgebrauch.
- Neben dem Briefwechsel und dem fernmündlichen Gespräch werden **elektronische Konferenzen** immer stärker genutzt. Der simultane Austausch schriftlicher Botschaften vollzieht sich hier bereits in der Geschwindigkeit mündlicher Gespräche.
- In den Chatrooms haben sich in den letzten Jahren ein gemeinsamer Slang und eine gewisse **Netzwerkethik** herausgebildet. Sie geben der Kommunikation in den virtuellen Räumen einen eigenen Rahmen. Obwohl geschrieben wird, erscheint dem Nutzer die Kommunikation mündlich.
- Nonverbale Elemente werden verschriftlicht, z.B. durch **Emoticons** oder **Smileys** ☺.
- Zum Zwecke der *Sprachökonomie* wird mitunter auf die Großschreibung der Wörter verzichtet, Satzteile werden ausgelassen und Wörter abgekürzt.

Wichtig für die Massenmedien ist die Form der Sprache. „Wer die Sprache nicht dem jeweiligen Durchschnittspublikum anpassen kann, muss dies lernen. Straßengängig reden heißt: die Sprachebene der normalen, alltäglichen Umgangssprache wählen, einfach, konkret und verständlich (wie auf einer Party). In der Praxis zeigt sich tagtäglich: Das Einfache ist deshalb für viele nicht einfach, weil zu kompliziert und mitunter mit zu vielen Substantiven gesprochen wird. Obschon bekannt ist: Verben, Verben, Verben benutzen." (Dieser Beitrag ist in der Zeitschrift „Achtung Sendung", Nr. 8/2000 erschienen.)

2

## Entwicklung der Medien

|  |  |
|---|---|
| 5000 v. Chr. | erste schriftliche Aufzeichnungen |
| 4000 v. Chr. | Bilderschrift |

|  |  |
|---|---|
| 3000 v. Chr. | Hieroglyphen |
| 2000 v. Chr. | |

|  |  |
|---|---|
| | Silbenalphabet |
| 1000 v. Chr. | |

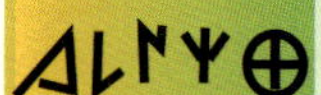

ABCDE

|  |  |
|---|---|
| 403 v. Chr. | klassisches griechisches Alphabet |
| 300 v. Chr. | lateinisches Alphabet |
| **0 (Christi Geburt)** | |

БЄДГ

|  |  |
|---|---|
| 800 | kyrillisches Alphabet |
| 1000 | |

|  |  |
|---|---|
| 15. Jh. | Erfindung des Buchdrucks |
| 19. Jh. | Telefon |
| 2000 | neue Medien<br>– Radio<br>– Fernsehen<br>– Telefax<br>– Computer |

# Grammatik und Rechtschreibung

# 3

3

## 3.1 Grundlagen und Voraussetzungen

### 3.1.1 Buchstabe

Das **deutsche Alphabet** beruht auf dem lateinischen Alphabet und umfasst **26 Buchstaben.** Der Buchstabe ist die kleinste Einheit der **Schriftsprache.**

Die Buchstaben, die ohne Hilfe eines anderen Lautes gesprochen werden, bezeichnet man als **Vokale** (Selbstlaute).

| Aa | Ee | Ii | Oo | Uu |
|---|---|---|---|---|

Buchstaben, die mithilfe von Vokalen gesprochen werden, heißen **Konsonanten** (Mitlaute).

| Bb | Cc | Dd | Ff | Gg | Hh | Jj |
|---|---|---|---|---|---|---|
| bee | zee | dee | eff | gee | ha | jott |
| Kk | Ll | Mm | Nn | Pp | Qq | Rr |
| ka | ell | em | en | pee | ku | er |
| Ss | Tt | Vv | Ww | Xx | Yy | Zz |
| es | tee | fau | wee | iks | üpsilon | zett |

Außerdem beinhaltet das deutsche Alphabet die **Umlaute**

| Ää | Öö | Üü |
|---|---|---|

und das **Sonderzeichen**

| ß |
|---|

Seit dem 29. Juni 2017 ist auch das große „ẞ" (Eszett) Bestandteil der amtlichen deutschen Rechtschreibung.

*Codex*: Vorläufer der heutigen Buchform, der im 4./5. Jh. die Papyrusrolle ablöste

Die Herkunft und Grundbedeutung der Bezeichnung Buchstabe ist umstritten. Meist werden die Runen (Stab mit Runenzeichen) und der Codex als Ursprünge angesehen.

### 3.1.2 Laut

Die kleinste Einheit der **gesprochenen Sprache** ist der **Laut.**

Neben den einzelnen Lauten gibt es in der deutschen Sprache die **Diphthonge** (Doppellaute) ai, au, äu, ei, eu und die **Buchstabenkombinationen** ck, sch und ch. Für einen Laut kann es verschiedene Zeichen (Grapheme) geben, wie Laut ai; Graphem ai oder ei: Mai, Leim.

**Phonetik** (Lautlehre) ist ein Teilgebiet der *Sprachwissenschaft,* welches die gesprochene Sprache in ihrer kommunikativen Funktion untersucht. Sie geht davon aus, dass *gesprochene Sprache* durch messbare Signale, die physiologisch und artikulatorisch erzeugt werden, als *Schall* (akustisch) übermittelt und vom Hörer aufgenommen werden.

**Lautarten**

| Bestimmung | Bezeichnung | Beispiele |
|---|---|---|
| der Wortstellung | **Anlaute**<br>**Auslaute**<br>**Inlaute** | Bein<br>Beine<br>Beine, Biene |
| der gesprochenen Länge bzw. Kürze | **Kurzlaute**<br>**Langlaute** | offen, miss, Gasse<br>Ofen, mies, Gase |
| der Beanspruchung der Stimmbänder | **stimmhafte Laute**<br>**stimmlose Laute** | alle Vokale und **b,**<br>**d, g, f, h, p, sch, ss** |
| der Aussprache | **Explosivlaute** (Verschlusslaute)<br>**Frikativlaute** (Reibelaute, Engelaute)<br>**Liquidlaute** (Gleitlaute)<br>**Nasallaute** | **b, d, g, k, p, t**<br>**f, sch**<br>**l, r**<br>**m, n, ng** |
| des Bildungsortes | **Dentallaute** (mit den Zähnen gebildet)<br>**Labiallaute** (mit den Lippen gebildet)<br>**Nasallaute** (mit der Nase gebildet)<br>**Palatallaute** (am vorderen Gaumen gebildet)<br>**Velarlaute** (am hinteren Gaumen gebildet) | **d, s, sch, t**<br>**b, m, p**<br>**m, n, ng**<br>**ç, j**<br>**g, k** |

### 3.1.3 Phonem

Die kleinste *bedeutungsunterscheidende* Einheit des gesprochenen Wortes ist das **Phonem.** Das bedeutet, dass sich durch Austausch eines Phonems durch ein anderes Phonem die Bedeutung des Wortes verändert.

Das kleinste bedeutungsunterscheidende **grafische Symbol,** das ein oder mehrere Phoneme wiedergibt, ist ein **Graphem.**
Laut: ai;
Graphem: Eis, Hai
Laut: au;
Graphem: Auge, Kakao

| | |
|---|---|
| Mode – Made | Phonemaustausch im Inlaut |
| Ratte – Matte | Phonemaustausch im Anlaut |
| Ruhe – Ruhm | Phonemaustausch im Auslaut |

Diese Beispiele zeigen, dass ein Phonem keine bedeutungstragende Einheit darstellt, sondern nur Bedeutungsunterschiede.

### 3.1.4 Silbe

Die **Silbe** ist eine rhythmische Grundeinheit der Sprache, die auch als *kleinste* **Lautgruppe** bezeichnet wird. In der deutschen Sprache werden **Sprechsilben** (phonologische Silben) und **Sprachsilben** (morphologische Silben) unterschieden.

| **Sprechsilben** | |
|---|---|
| Den Silbenkern der **Sprechsilben** bildet immer ein Vokal oder ein Diphthong. | Huhn, Maus |
| Werden **zwei Silbenkerne** durch einen Konsonanten getrennt, wird er der nachfolgenden Silbe zugeordnet. | ru-fen, ha-ben |
| *Aufeinanderfolgende* **Vokale** werden getrennt. | be-ach-ten, ge-eig-net |
| Trennen die *Silbenkerne* jedoch *mehrere* **Konsonanten,** gehört nur der letzte zur nachfolgenden Silbe. | kämpf-ten |
| Bei Zusammensetzungen erfolgt die Trennung in der **Wortfuge.** | Ver-gnügen |

In der deutschen Sprache gibt es etwa 3 000 lexikalische Morpheme, 16 unterschiedliche grammatische Morpheme und 100 Wortbildungsmorpheme (↗S. 114, 123).

#### Sprachsilben (Morpheme)

Das **Morphem** ist die kleinste lautliche Einheit, welche in unterschiedlichen sprachlichen Zusammenhängen die gleiche Bedeutung trägt. Man unterscheidet **freie** – auch als selbstständige Wörter vorkommende – und **gebundene Morpheme,** die nur innerhalb von Wörtern auftreten können.

| | |
|---|---|
| Freie Morpheme: | Tisch, Wand, Witz |
| Gebundene Morpheme: | Fisch-lein<br>Stamm + Verkleinerung |
| | Kind-er<br>Stamm + Pluralendung |

| Klassifizierung | |
|---|---|
| **Lexikalisches Morphem**<br>Stamm-Morphem | **Freund, freund**-lich, be-**freund**-en, **Freund**-lichkeit, **Freund**-e, **Freund**-schaft, an-**freund**-en |
| ausschlaggebend für die inhaltliche Bestimmung | **Bau, bau**-en, an-**bau**-en, **Bau**-ten, be-**bau**-en, ver-**bau**-en, ge-**bau**-t, Be-**bau**-ung |
| **Grammatisches Morphem**<br>Konjugationsendungen | geh-**st,** sieh-**st,** lern-**st,** schreib-**st,** hör-**st** |
| Deklinationsendungen, Singular- und Pluralendungen usw. | des Mann-**es,** des Kind-**es,** die Männ-**er,** den Kind-**ern,** klein-**er,** klein-**ere,** klein-**eren,** klein-**sten** |
| **Wortbildungsmorpheme**<br>Präfixe (Vorsilben, z. B. be-, ent-, ge-, ver- usw.) | **be**-leben, **be**-tonen, **ent**-fernen, **ent**-rinnen, **ent**-laufen, **ge**-rinnen, **ver**-gessen, **ver**-laufen |
| Suffixe (Nachsilben, z. B. -keit, -lich, -ig, -heit, -ung usw.) | Sauber-**keit,** Kind-**heit,** gier-**ig,** ärger-**lich,** höf-**lich,** Bild-**ung,** Deut-**ung,** Entfern-**ung,** Gerinn-**ung** |
| | |
| **Fugenelemente**<br>z. B. Fugen-s (↗ S. 133) | Haltung-**s**-noten, Hemd-**s**-ärmel, richtung-**s**-weisend, Handlung-**s**-bedarf |

Der Inhalt des *Befragungsbogens* war schwer zu verstehen.

| Be | frag | ung | s | bogen | s |
|---|---|---|---|---|---|
| Wortbildungsmorphem | lexikalisches Morphem | Wortbildungsmorphem | Fugenelement | lexikalisches Morphem | grammatisches Morphem |

### 3.1.5 Warum wir nicht so schreiben, wie wir sprechen

Obwohl die **Lautsprache** gegenüber der **Schriftsprache** vorherrscht, steht die geschriebene Form doch in erheblich mehr gesellschaftlich-kulturellen Zwängen als ihre mündliche Schwester (Regeln der deutschen Rechtschreibung, Regelungen bestimmter Formmerkmale bei Gebrauchstexten usw.).

Das ist auch folgerichtig, da die Schriftsprache zur **Speicherung** dauerhafterer Kommunikation dient und damit verbindlichen Charakter trägt. Die **gesprochene Sprache** dagegen funktioniert viel spontaner und unter Zuhilfenahme der **Mimik, Gestik, Tonmodulation** (Heben und Senken der Stimme) und verschiedenster emotionaler Füllwörter („ähm"). Sie ist auch flexibler, was die Aufnahme neuer Lehn- und Fremdwörter in das Sprachgut betrifft, und damit in einer ständigen Entwicklung. In der Regel ist sie weniger verbindlich als die Schriftsprache.
Eine weitere Hürde, um ein Eins-zu-eins-Verhältnis zwischen Sprache und Schrift zu realisieren, stellt die **Codierung** der Sprache an sich dar. Durch den hohen Grad der **Abstraktion** (nur 26 Zeichen) kommt es vor, dass mehrere Laute durch nur einen Buchstaben oder eine feststehende Buchstabenkombination ausgedrückt werden.
Zum Beispiel „w**e**ggehen" (kurzer Vokal **e** im Inlaut), aber „der W**e**g" (langer Vokal im Inlaut). Leider funktioniert es auch andersherum, gleich gesprochene Laute werden unterschiedlich geschrieben. Vergleiche „**F**olklore" und „**V**olk"!
Auch die sprachlich überlieferten **Mundarten** finden in der Schriftsprache nur selten Berücksichtigung, können sie aber sehr stark bereichern.

**Der abgeknabberte Rest des Apfels**

Butz oder Butzen, Grotzen und Griebs – diese Begriffe für den Apfelrest hat der Duden aufgenommen. Ähnlich wie beim Brot herrscht auch beim Kernobst keine Einigkeit. Auch die Vielfalt an Ausdrücken ist ähnlich groß.

## 3.2 Wortarten

Das **Wort** gehört zu den Grundbausteinen der Sprache. Jedes Wort hat eine Form- und eine Inhaltsseite. Das gesprochene Wort ist eine Folge von Lauten, das geschriebene eine Folge von Buchstaben (bei Alphabetschrift). Die **Grammatik** beschreibt die Form und Bedeutung der Wörter sowie ihre Funktion im Satz nach einem Regelwerk.

> *Wörter mit gleichen Merkmalen* in der Bedeutung (**Adjektive** – sie bezeichnen Eigenschaften) oder in der äußeren Form (**Substantive** – sie werden großgeschrieben) werden als **Wortarten** bezeichnet. Ein wichtiges Merkmal einer Wortart ist, ob und wie sich die Wörter in ihrer Form verändern können. Diese **Formveränderung** nennt man **Flexion.**

### Flexionsmöglichkeiten

In der deutschen Sprache gibt es *drei verschiedene* **Flexionsmöglichkeiten:**

1. **Deklination:** Beugung des Substantivs, seiner Stellvertreter (z. B. Pronomen), Begleiter und des Adjektivs in einem bestimmten Kasus (Fall)

Das Deutsche unterscheidet vier Fälle: Nominativ, Genitiv, Dativ und Akkusativ (↗ S. 67 ff.).

2. **Konjugation:** Beugung des Verbs. Mithilfe der Konjugation kann Folgendes ausgedrückt werden:

| | | |
|---|---|---|
| **Person** und **Zahl** | ich fange<br><br>wir fangen | **1. Person Singular** (Einzahl)<br>**1. Person Plural** (Mehrzahl) |
| **Zeit** (Tempus) | ich fange<br>ich fing | **Präsens** (Gegenwart)<br>**Präteritum** (Vergangenheit) |
| **Aussageweise** (Modus) | ich fange<br><br>ich hätte gefangen | **Indikativ** (Wirklichkeitsform)<br>**Konjunktiv** (Wunsch-, Möglichkeitsform) |
| **Handlungsrichtung** (Genus) | ich fange<br>ich wurde gefangen | **Aktiv** (Tatform)<br>**Passiv** (Leideform) |

3. **Komparation:** Steigerung des Adjektivs in drei Stufen – Grundstufe, Vergleichsstufe, Höchststufe: hoch, höher, am höchsten

Grundstufe = *Positiv*
Vergleichsstufe = *Komparativ*
Höchststufe = *Superlativ*
(↗ S. 89 ff.)

Wörter, die sich in ihrer Form verändern können, werden als *flektierbare* Wörter bezeichnet, unveränderliche Wörter als *nicht flektierbare.*
Innerhalb der indoeuropäischen Sprachen stellt die Sprachwissenschaft eine Tendenz zum *Abbau der Flexion* fest.

Das **Adverb** ist prinzipiell nicht flektierbar. Es gibt jedoch einige wenige flektierbare Ausnahmen (↗ S. 111).

**Übersicht über die wichtigsten Wortarten und ihre Möglichkeiten zur Formveränderung**

| **Wortarten** | | | |
|---|---|---|---|
| **flektierbar** | | | **nicht flektierbar** |
| *deklinierbar* | *konjugierbar* | *komparierbar* | |
| Substantiv | Verb | Adjektiv | Präposition |
| Pronomen | | z. T. Adverb | Konjunktion |
| Adjektiv | | | Interjektion |
| Artikel | | | Adverb |
| Numerale | | | |

### 3.2.1 Substantive

Substantive werden auch *Nomen* genannt.

**Substantive** bezeichnen Lebewesen und Gegenstände **(Konkreta)**, welche mit den Sinnen wahrgenommen werden (Blume, Hund), oder etwas, was ausgedacht wurde und wie wirklich existierend betrachtet wird (Riese, Märchenfee).
Substantive können außerdem Nichtgegenständliches und Begriffe (Ruhe, Liebe) bezeichnen **(Abstrakta).** (↗ S. 131 f., 183)

Die Übernahme aus fremden Sprachen wird **Entlehnung** genannt (vgl. Lehnwörter; ↗ S. 200).

Das **Genus** (das Geschlecht) des Substantivs wird durch seinen **Artikel** bestimmt (der Hund – Maskulinum, die Blume – Femininum, das Haus – Neutrum). Substantive können im Satz mit einem bestimmten Artikel (der, die, das), mit einem unbestimmten Artikel (ein, eine, ein) oder ohne Artikel verwendet werden.
Substantive können außerdem durch **Deklination** verschiedene Numerus- und Kasusformen bilden.
(Numerus: der Hund – Singular, die Hunde – Plural; Kasus: des Hundes – Genitiv, dem Hund – Dativ).

Im Satz kann das Substantiv verschiedene Funktionen haben:

| | |
|---|---|
| 1. Subjekt | *Die Frau* wohnt hier. |
| 2. Objekt | Er gibt mir *Mut.* |
| 3. Adverbiale Bestimmung | *Dienstagnachmittag* gehen wir ins Kino. |
| 4. Attribut | Der Ball *meines Freundes* ist besser. |

Etwa die Hälfte des deutschen Wortschatzes besteht aus Substantiven. Sie sind ständigen Veränderungen unterworfen, da neue Wörter auftreten und andere veralten. So hat heute fast jede Sprache vielfältigen Kontakt mit anderen Sprachen, die sich auch gegenseitig beeinflussen.

**Bedeutungsgruppen des Substantivs**

| Konkreta | | Abstrakta | |
|---|---|---|---|
| *Eigennamen* für bestimmte Lebewesen oder Dinge | Simone, Berlin, Irland, Elbe, Matterhorn | *Vorstellungen* | Seele, Bewusstsein |
| *Gattungsnamen* für Lebewesen oder Dinge mit gleichen Merkmalen | Mensch, Tier, Spielzeug, Frau, Berg, Haus, Auto | *Vorgänge* | Zubereitung, Klärung |
| – *Sammelnamen* als zusammenfassender Begriff für eine Anzahl von Lebewesen oder Dingen | Schmuck, Herde, Gewässer, Gebirge, Staaten, Besteck, Wetter | *Eigenschaften* | Klugheit, Härte |
| – *Stoffnamen* für Stoffe/Massen, die sich aus mehreren Bestandteilen zusammensetzen, und Materialbezeichnungen | Saft, Luft, Wasser, Teig, Papier, Porzellan, Ölfarbe, Leder, Ton, Salz | *Zustände* | Jugend, Leid, Freude |
| | | *Beziehungen* | Freundschaft, Partner, Liebe |
| | | *Maße und Zeiteinheiten* | Meter, Liter, Stunde, Jahr |
| | | *Wissenschaften/ Künste* | Mathematik, Musik, Literatur, Kunst |

**Genus des Substantivs** (Geschlecht)

In der deutschen Sprache gibt es für die Substantive drei **Geschlechterzuordnungen.** Als Kennzeichen des Geschlechts tritt vor das Substantiv der bestimmte Artikel.

Im Niederdeutschen gibt es nur zwei Artikel:
de Mann
de Fru
dat Kind
de Kinners

1. weibliches Geschlecht (Femininum) – *die* Frau, *die* Kanne, *die* Blume, *die* Schreibmaschine
2. männliches Geschlecht (Maskulinum) – *der* Mann, *der* Hof, *der* Mond
3. sächliches Geschlecht (Neutrum) – *das* Kind, *das* Haus, *das* Wetter

Bei einigen Substantiven, meist Personenbezeichnungen, stimmt das natürliche mit dem grammatischen Geschlecht überein (der Mann, die Frau). Dinge, die weder als männlich noch als weiblich eingestuft werden konnten, wurden im Deutschen meist sächlich (das Bett, das Haus). Viele Substantive verdanken ihre Genuszuordnung der Gleichsetzung oder Symbolisierung mit dem Weiblichen oder Männlichen. Der Kampf, der Krieg usw. wurden eher mit männlichen Merkmalen besetzt und daher grammatikalisch männlich. Die Blume, die Liebe usw. sah man als typisch weiblich an.

Gekennzeichnet wird das **Genus** durch den zum Substantiv gehörenden **Artikel** (der, die, das). Eine feste Regelung, welcher Artikel einem bestimmten Substantiv zugeordnet wird, gibt es in der deutschen Sprache nicht.

Die Zuordnung der einzelnen Geschlechter ist heute meist nicht mehr nachvollziehbar. Jedoch ist es möglich, das Genus des Substantivs mithilfe einiger *Endungen* zu bestimmen.

**Typische Endungen**

| Maskulinum | | Femininum | | Neutrum | |
|---|---|---|---|---|---|
| -ant | der Spekulant<br>der Musikant | -in | die Schülerin<br>die Hündin | -chen | das Hündchen<br>das Wäldchen |
| -iker | der Physiker<br>der Komiker | -ung | die Hoffnung<br>die Meinung | -lein | das Männlein<br>das Fräulein |
| -ismus | der Egoismus<br>der Nationalismus | -heit | die Freiheit<br>die Kindheit | -icht | das Dickicht<br>das Gesicht |
| -(i)ent | der Student<br>der Patient | -keit | die Dankbarkeit<br>die Bitterkeit | -tum | das Brauchtum<br>das Heldentum |
| -s | der Klops<br>der Dachs<br>der Fuchs | -schaft | die Freundschaft<br>die Bürgschaft<br>die Knappschaft | -(i)um | das Album<br>das Herbarium<br>das Aquarium |
| -ig | der Honig<br>der König | -ion | die Nation<br>die Flexion | -ment | das Dokument<br>das Experiment |
| -ling | der Zwilling<br>der Häftling<br>der Schmetterling | -ur | die Natur<br>die Klausur<br>die Rasur | -nis | das Zeugnis<br>das Vermächtnis<br>das Ereignis |

### Genus bei zusammengesetzten Substantiven

**Zusammengesetzte Substantive** bilden sich aus **Grund-** und **Bestimmungswort.**
Ausschlaggebend für das Genus ist dabei das Geschlecht des *Grundwortes.*

**Zusammengesetzte Substantive** nennt man auch Sing.: Kompositum, Plur.: Komposita (↗ S. 126, 131 ff.).

| Artikel | Bestimmungswort (nähere Bezeichnung des Grundwortes) | Grundwort | Genus |
|---|---|---|---|
| der | Haus- (Neutr.) | bau (Mask.) | Maskulinum |
| die | Schüler- (Mask.) | zeichnung (Femin.) | Femininum |
| das | Wind- (Mask.) | licht (Neutr.) | Neutrum |

### Schwankendes Genus

In vielen Sprachräumen haben sich ältere Genusbezeichnungen für Wörter mit gleicher Bedeutung erhalten und existieren, ihrer **Mundart** entsprechend, neben der üblicherweise gebräuchlichen Form.

*der* Bast – *das* Bast,
*der* Dschungel – *das* Dschungel
*der* Bonbon – *das* Bonbon
*das* Knaul – *der* Knaul
*der* Looping – *das* Looping

Bei gleichem Wortlaut können unterschiedliche Artikel die unterschiedliche Bedeutung kennzeichnen.

*der* Bauer – der in der Landwirtschaft Tätige
*das* Bauer – der Vogelkäfig
*der* Kunde – der Käufer
*die* Kunde – die Nachricht
*der* Heide – der Nichtchrist
*die* Heide – die Landschaft

Substantive mit gleichem Wortlaut und gleichem Artikel können trotzdem unterschiedliche Bedeutung tragen.

Gleichlautende Substantive mit unterschiedlicher Bedeutung werden als **Homonyme** bezeichnet (↗ S. 197).

*der* Ball – das Spielzeug
*der* Ball – das festliche Ereignis

*die* Presse – das Zeitungswesen
*die* Presse – Maschine zum Pressen

3

### Numerus des Substantivs

> Durch den **Numerus** wird angegeben, ob es das Bezeichnete nur einmal oder mehrfach gibt. Stellt das Substantiv etwas dar, was nur einmal vorhanden ist, steht es im **Singular** (Einzahl). Ist etwas mehrfach vorhanden, wird der **Plural** (Mehrzahl) des Substantivs benutzt.

### Kennzeichnung des Plurals

1. Durch den Artikel:

| | | | |
|---|---|---|---|
| | der Mann | – | die Männer |
| | die Frau | – | die Frauen |
| | das Kind | – | die Kinder |

2. Durch die *Pluralendungen* (im Nominativ)

| | | | |
|---|---|---|---|
| -e und -er | Hund | – | Hunde |
| | Blatt | – | Blätter |
| -n und -en | Taube | – | Tauben |
| | Frau | – | Frauen |
| -s, -a, -i, -en, -ien | Kino | – | Kinos |
| (bei Fremdwörtern) | Lexikon | – | Lexika |
| | Tempo | – | Tempi |
| | Atlas | – | Atlanten (Atlasse) |
| | Adverb | – | Adverbien |

### Besonderheiten des Numerus

1. Es gibt Substantive, die in der Regel nur einmal vorkommen und deshalb in der deutschen Sprache im Allgemeinen *nur im Singular* verwendet werden (Singularetantum).
   Dazu gehören:
   - Eigennamen: Friedrich Schiller, Düsseldorf, Spree, Zeus (etwas Einmaliges wird bezeichnet),
   - Sammelbezeichnungen: Herde (als Sammelbegriff für viele Tiere), das Spielzeug,
   - Stoffbezeichnungen: Glas, Papier, Ton, Milch, Fett, Sand, Pappe, Gips,
   - Abstrakta: das Wetter, der Hass, die Eitelkeit, der Glaube,
   - Maß- und Mengenbezeichnungen: 10 *Kilometer,* 20 *Paar* Strümpfe, 90 *Gramm* Mehl

2. Es gibt Substantive, die meist oder *nur im Plural* verwendet werden (Pluraletantum).

   ■ die Ferien, die Leute,
   die Kosten, die Gebrüder

3. Bei manchen Substantiven, die im **Singular** und im **Plural** verwendet werden, gibt es keine Unterschiede in der Form. Der Numerus wird nur durch die Ankopplung des Artikels, andere zugeordnete Wörter oder durch den Satzzusammenhang deutlich.

■ *der* Deckel – *die* Deckel
*der* Kalender – *die* Kalender
*das* Kissen – *die* Kissen
*bestickte* Kissen
Auf dem Sofa *liegen* Kissen.

4. **Gleichlautende Substantive** mit unterschiedlicher Bedeutung können sich auch in der **Pluralbildung** unterscheiden.

■ die Bank (die Sitzgelegenheit) – *die Bänke*
die Bank (das Geldinstitut) – *die Banken*

der Strauß (der Vogel) – *die Strauße*
der Strauß (der Blumenstrauß) – *die Sträuße*

Es sind aber auch gleiche Pluralbildungen bei unterschiedlicher Bedeutung des Substantivs möglich – der Ball (das Spielzeug, das festliche Ereignis), die Bälle.

**Kasus (der Fall) und Deklination des Substantivs**

Die *Beugung* des Substantivs in einen bestimmten **Kasus** richtet sich nach seiner Funktion im Satz (Subjekt, Objekt, adverbiale Bestimmung) und wird durch festgelegte *Formveränderungen* gekennzeichnet (z. B. Anhängen von Endungen an den Singular Nominativ, der Mann – des Mann**es**).

In der deutschen Sprache gibt es *vier Fälle:*
- Nominativ,
- Genitiv,
- Dativ,
- Akkusativ,

welche die unterschiedlichen Beziehungen des Substantivs zu den anderen Satzgliedern ausdrücken.
In welchem Fall das Substantiv im Satz verwendet wird, richtet sich oft nach dem Wort (Verb, Adjektiv, Präposition), von dem es abhängig ist. Dieses Wort verlangt einen bestimmten Fall, dem das Substantiv folgt.

■ *Ich begegne den Freunden.*
Das Verb *begegnen* verlangt den *Dativ*. Daraus folgt: *den Freunden* muss im *Dativ* stehen.

*Ich verreise ohne den Freund.*
Die Präposition *ohne* verlangt den *Akkusativ*. Daraus folgt: *den Freund* muss im *Akkusativ* stehen.

### Übersicht über die wichtigsten Deklinationen

| Kasus | Fragewort | Beispiel |
|---|---|---|
| 1. Fall (Nominativ) | Wer?/Was? | Das Kind geht zur Schule.<br>Wer geht zur Schule? – das Kind<br>Der Ball fliegt in das Fenster.<br>Was fliegt in das Fenster? – der Ball |
| 2. Fall (Genitiv) | Wessen? | Er wird des Betruges angeklagt.<br>Wessen wird er angeklagt? – des Betruges |
| 3. Fall (Dativ) | Wem?/Wo? | Ich helfe dem Freund.<br>Wem helfe ich? – dem Freund<br>Sie ist in der Schule.<br>Wo ist sie? – in der Schule |
| 4. Fall (Akkusativ) | Wen?/Was?/Wohin? | Ich sehe das Kind.<br>Wen sehe ich? – das Kind<br>Ich nehme das Buch.<br>Was nehme ich? – das Buch<br>Ich fahre in die Berge.<br>Wohin fahre ich? – in die Berge |

Je nach Art der Formveränderung in den einzelnen Fällen unterscheidet man in der deutschen Sprache *starke, schwache* und *gemischte* **Deklinationen.**

Bei den Maskulina kommen alle drei Deklinationsarten vor.

Besonderheit: Einige Maskulina gehörten früher der schwachen Deklination an und sind erst im Laufe der Sprachentwicklung zur starken Deklination übergetreten. Daraus ergeben sich Schwankungen.

- Schwan – Schwäne

**Maskulinum**

| Deklinationstyp | Merkmale | Beispiele | | |
|---|---|---|---|---|
| | | Kasus | Singular | Plural |
| **starke Deklination** | Endung im Genitiv Singular -s oder -es<br>Endung im Nominativ Plural -e, -er oder endungslos<br>Endung im Dativ Plural -(e)n | Nominativ<br>Genitiv<br>Dativ<br>Akkusativ | der Baum<br>des Baumes<br>dem Baum(e)<br>den Baum | die Bäume<br>der Bäume<br>den Bäumen<br>die Bäume |

| Deklinationstyp | Merkmale | Beispiele | | |
|---|---|---|---|---|
| | | Kasus | Singular | Plural |
| **schwache Deklination** | Endungen -en oder -n in allen Formen außer Nominativ Singular | Nominativ<br>Genitiv<br>Dativ<br>Akkusativ | der Student<br>des Studenten<br>dem Studenten<br>den Studenten | die Studenten<br>der Studenten<br>den Studenten<br>die Studenten |
| **gemischte Deklination** | Deklination im Singular stark und im Plural schwach | Nominativ<br>Genitiv<br>Dativ<br>Akkusativ | der Garten<br>des Gartens<br>dem Garten<br>den Garten | die Gärten<br>der Gärten<br>den Gärten<br>die Gärten |

**Femininum**

| Deklinationstyp | Merkmale | Beispiele | | |
|---|---|---|---|---|
| | | Kasus | Singular | Plural |
| **starke Deklination** | endungslos im Singular,<br>im Plural Endung -e im Nominativ, Genitiv und Akkusativ;<br>im Dativ Endung -(e)n | Nominativ<br>Genitiv<br>Dativ<br>Akkusativ | die Macht<br>der Macht<br>der Macht<br>die Macht | die Mächte<br>der Mächte<br>den Mächten<br>die Mächte |
| **schwache Deklination** | endungslos im Singular;<br>Endung im Plural -en | Nominativ<br>Genitiv<br>Dativ<br>Akkusativ | die Spur<br>der Spur<br>der Spur<br>die Spur | die Spuren<br>der Spuren<br>den Spuren<br>die Spuren |

Es gibt keine *gemischte Deklination* bei den femininen Substantiven.

**Neutrum**

| Deklinationstyp | Merkmale | Beispiele | | |
|---|---|---|---|---|
| | | Kasus | Singular | Plural |
| **starke Deklination** | gleiche Merkmale wie starke maskuline Deklination;<br>alle Neutra im Singular stark dekliniert | Nominativ<br>Genitiv<br>Dativ<br>Akkusativ | das Haus<br>des Hauses<br>dem Haus<br>das Haus | die Häuser<br>der Häuser<br>den Häusern<br>die Häuser |
| **gemischte Deklination** | im Plural Endung -en | Nominativ<br>Genitiv<br>Dativ<br>Akkusativ | das Auge<br>des Auges<br>dem Auge<br>das Auge | die Augen<br>der Augen<br>den Augen<br>die Augen |

Es gibt keine *schwache Deklination* bei den Neutra.

3

### Besonderheiten bei der Deklination

Deklination von Eigennamen

1. Stehen Personen-, Vor- und Familiennamen ohne Artikel im Genitiv Singular, so erhält der letzte Bestandteil des Namens ein Genitiv-s.

- Frau Liselotte Müllers Laden
  Johann Wolfgang Goethes Dramen

2. Werden die Eigennamen ohne Artikel verwendet, bleiben sie in der Regel endungslos.

- Ich treffe mich mit Peter Groß.

3. Sind Personennamen mit einem Titel verbunden, wird nur der Name dekliniert.

- mit dem Sieg König Philipps von Makedonien
  durch den Tod Kaiser Maximilians

Alle Zusammensetzungen mit -bach, -berg, -gebirge, -fluss, -strom, -wald werden immer gebeugt (↗ S. 126 f., 188).

Deklination von geografischen Namen

1. Länder und Ortsnamen, welche ohne Artikel gebraucht werden, haben im Genitiv die Endung -s, sonst sind sie endungslos.

- die Außenpolitik Deutschlands, innerhalb Europas,
  die Geschichte Berlins

2. Das Genitiv-s gibt es auch bei maskulinen und neutralen geografischen Angaben, die mit dem Artikel verwendet werden. Es wird jedoch bei ungeläufigen Namen oft weggelassen. Bei geografischen Namen auf s, ß, z oder x steht in der Regel kein Genitiv-s.

- die Ausmaße des Grand Canyon
  die Gebirge der Schweiz

Deklination von Fremdwörtern

Die meisten **Fremdwörter** werden wie die deutschen Wörter dekliniert.

| | | |
|---|---|---|
| **starke Deklination** | Fremdwörter auf -ar, -al, -eur | Honorar (Entgelt), Regal, Malheur (Unglück) |
| **schwache Deklination** | weibliche Fremdwörter, Wörter auf -oge, -arch, -ik, -tät | Geologe, Monarch, Musik, Fakultät |
| **gemischte Deklination** | Fremdwörter auf -or, -um (ohne Dativ) | Diktator, Datum, Organisator, Signum, Mentor, Antibiotikum |

**Die grammatischen Leistungen des Substantivs im Satz**

Welche Funktion das Substantiv im Satz übernimmt, wird oft durch den Kasus des Substantivs angezeigt.

| Kasus des Substantivs | Funktion des Substantivs | Beispiel |
|---|---|---|
| **Nominativ** | **Subjekt**<br>– Träger einer Handlung oder eines Zustandes | Der *Motor* läuft.<br>Der *Motor* wird gestartet. |
| **Genitiv** | **Attribut,** *selten Objekt*<br>– bezeichnet etwas, was mit dem Träger des Geschehens unmittelbar verbunden ist. | *Peters* Schule ist weit weg.<br>Der Vortrag des *Schülers* war gut. |
| **Dativ** | **Objekt,** *adverbiale Bestimmung*<br>– bezeichnet die Person, an die sich der Träger des Geschehens wendet,<br>– bezeichnet den Ort des Geschehens. | Ich helfe *dem Kind* beim Lernen.<br>Ich gehe *im Park* spazieren. |
| **Akkusativ** | **Objekt,** *adverbiale Bestimmung*<br>– bezeichnet das Ziel einer Handlung oder den Gegenstand, mit dem etwas geschieht,<br>– bezeichnet den Zielort. | Ich nehme mir *das Buch.*<br>Du siehst *den Freund.*<br>Ich fahre *nach Stuttgart.* |

## 3.2.2 Verben (Zeit- oder Tätigkeitswörter)

Das **Verb** ist die Wortart, welche eine *Tätigkeit,* einen *Vorgang* oder einen *Zustand* ausdrücken kann. Das Verb gehört zu den *flektierbaren* Wortarten, d.h., es ist veränderbar. Die Formveränderung des Verbs ist die **Konjugation.**

Das Verb kommt in der deutschen Sprache in seinen ungebeugten Formen (infinit) und in seinen gebeugten Formen (finit) vor. Verben, die nur mithilfe eines Substantivs und eines Pronomens einen vollständigen Satz bilden können, nennt man **Vollverben** (Ich *male* ein Bild.). **Hilfsverben** benötigen für die vollständige Satzaussage ein anderes Verb oder eine andere Ergänzung (Ich *werde* das Bild malen.). Verben werden in der Regel (nicht am Satzanfang) kleingeschrieben (↗ S. 135 ff.).

3

### Einteilung der Verben

#### – nach Bedeutungsgruppen

Tätigkeitsverben

hören, schreiben, malen, helfen, arbeiten, lernen, kämmen,
waschen, essen, gießen, tragen, lesen, reden,
sehen, spielen, lachen, schreien,
kaufen, schenken, heben,
fangen, besuchen,
werfen

VERBEN

| | |
|---|---|
| rennen | sorgen |
| abheben | bevorzugen |
| fliegen, wechseln | frieren, denken |
| abstürzen, weggehen | schlafen, träumen, leben |
| aufstehen, beginnen, beenden | erstarren, genießen, vergessen |
| rasen, kommen, fahren, losgehen | bleiben, liegen, lieben, glauben |
| Verlaufsverben | Zustandsverben |

Modifizierende Verben sind Vollverben, die, ähnlich den Modalverben, die Art und Weise eines Geschehens genauer bestimmen können (Nach dem Essen pflegte er zu schlafen.). Modifizierende Verben sind immer mit einem Infinitiv mit „zu“ verbunden.

#### – nach ihrer Selbstständigkeit

| **Vollverben** | **Hilfsverben<br>haben, sein, werden** | **Modalverben** |
|---|---|---|
| – tragen alle eine Bedeutung und können ohne Zusatz das Prädikat bilden | – weitestgehend unselbstständig<br>– mit einer infiniten Verbform bilden sie die zusammengesetzten Zeitformen, einige Passivformen und ein mehrteiliges Prädikat<br>– können aber auch als Vollverb gebraucht werden | *dürfen, können, mögen, müssen, sollen, wollen*<br>– erklären genauer, in welcher Weise eine Person tätig ist<br>– bezeichnen ein anderes Verb näher (modifizieren) |
| Ich **lese** das Buch.<br><br>Ich **nehme** das Buch.<br><br>Ich **gehe** nach Hause. | Ich *habe* das Buch gelesen.<br><br>Ich *werde* das Buch nehmen.<br><br>Ich *bin* nach Hause gegangen.<br><br>Ich bin. | Ich *muss* das Buch lesen. (der Wille eines anderen)<br>Ich *möchte* das Buch lesen. (der eigene Entschluss)<br>Ich *darf* nach Hause gehen. (sowohl der Wille eines anderen als auch der eigene Entschluss) |

- **nach der Verbindung mit anderen Wortarten (Valenz der Verben)**

| transitive Verben | intransitive Verben | reflexible Verben |
|---|---|---|
| – werden mit Akkusativobjekt verbunden | – Verben ohne Ergänzung | – Verben, die sich mit einem Reflexivpronomen verbinden |
| Ich *nehme* das Buch.<br>Ich *suche* den Stift.<br>Ich *höre* die Musik. | Ich *esse*.<br>Ich *lerne*.<br>Ich *lache*. | Ich *erhole mich.*<br>Du *erkältest dich.*<br>Ich *freue* mich. |

Verben, die eine oder mehrere Ergänzungen benötigen, nennt man *relative Verben.*

Einige Verben können, je nach Satzaussage, *transitiv* oder *intransitiv* sein (Ich lese den Roman. Ich lese.).

**Formen des Verbs**

**Stammformen des Verbs**

Der **Infinitiv,** das **Präteritum** und das **Partizip II** bilden sogenannte **Stammformen.** Von diesen lassen sich alle anderen Konjugationsformen ableiten.

| Verb | Infinitiv | 1. Person Singular Präteritum | Partizip II |
|---|---|---|---|
| stark | gehen<br>laufen<br>lesen | ging<br>lief<br>las | gegangen<br>gelaufen<br>gelesen |
| schwach | sagen<br>legen<br>merken | sagte<br>legte<br>merkte | gesagt<br>gelegt<br>gemerkt |

**Infinite und finite Verbformen** (ungebeugte und gebeugte Formen)

Verben ohne Personal- und Tempusendungen bezeichnet man als *infinite Verbformen,* die Verben mit Endungen (geht, werdet, lest) heißen *finite Verbformen.*

**Infinite Verbformen – Infinitiv und Partizip**

*Infinit* nennt man die Verbformen, die *unabhängig* vom Subjekt sind, also in ihrer Form nicht verändert werden.
Fast alle Infinitive enden auf -en, z. B. trennen, fliegen, helfen.
Ausnahmen sind: tun und sein.
Wenige enden auf -eln, z. B. zischeln, hecheln, hoppeln,
oder auf -ern, z. B. ballern, hungern.
Der **Infinitiv** wird auch als Grundform oder Nennform bezeichnet.

Es werden **drei infinite Verbformen** unterschieden:

| **Infinitiv (Nennform)** | **Partizip I (Mittelwort der Gegenwart)** | **Partizip II (Mittelwort der Vergangenheit)** |
|---|---|---|
| Er wird das Bild *malen*. | | Er hat das Bild *gemalt*. |
| Wir wollen *schwimmen*. | *Schwimmend* erreichen wir das Ufer. | Wir sind *geschwommen*. |
| *Infinite Verbformen* werden nicht nur als Prädikatsteile gebraucht, sondern häufig wie Adjektive und Substantive. | | |
| | der *malende* Künstler der *schwimmende* Sportler, das *schwimmende* Schiff | das *gemalte* Bild die *geschwommene* Zeit (messen) |
| das *Malen* des Bildes das *Schwimmen* des Schiffes | die *Malenden* die *Schwimmenden* | das *Gemalte* ansehen |

**Finite Verbformen – Person und Numerus**

Die Verbform, die in **Person** und **Numerus** bestimmt ist, heißt Personalform, finite (bestimmte) Verbform oder Finitum. Die Veränderung (Beugung) beim Verb nennt man *Konjugation*. Die Wahl dieser Verbform richtet sich in Person und Numerus immer nach dem *Subjekt*.

**Konjugation**

Verben können *stark* oder *schwach* konjugiert werden. Von einigen Verben gibt es nebeneinander starke und schwache **Konjugationsformen.** Im deutschen Sprachgebrauch setzte sich immer mehr die *schwache Konjugation* durch (backen – buk = stark konjugiert und backte = schwach konjugiert).

| | **starke Konjugation** | **schwache Konjugation** |
|---|---|---|
| **Merkmale** | – Wechsel des Stammvokals im Präteritum (Ablaut)<br>– Partizip-II-Endung -en | – gleicher Stammvokal<br>– Endung -(e)te im Präteritum<br>– Partizip-II-Endung -(e)t |

Verben werden nach Person, Numerus, Tempus, Modus abgewandelt, d.h. gebeugt (↗ S. 76). Der Begriff Konjugation wurde als grammatischer Terminus im 16. Jh. aus lat. coniugare = verbinden entlehnt.

**Schwache Konjugation** (Aktiv) *legen*

| | 1. Pers. Sing. | 2. Pers. Sing. | 3. Pers. Sing. | 1. Pers. Plural | 2. Pers. Plural | 3. Pers. Plural |
|---|---|---|---|---|---|---|
| | ich | du | er, sie, es | wir | ihr | sie |
| **Präsens** | lege | legst | legt | legen | legt | legen |
| **Präteritum** | legte | legtest | legte | legten | legtet | legten |
| **Perfekt** | habe gelegt | hast gelegt | hat gelegt | haben gelegt | habt gelegt | haben gelegt |
| **Plusquamperfekt** | hatte gelegt | hattest gelegt | hatte gelegt | hatten gelegt | hattet gelegt | hatten gelegt |
| **Futur I** | werde legen | wirst legen | wird legen | werden legen | werdet legen | werden legen |
| **Futur II** | werde gelegt haben | wirst gelegt haben | wird gelegt haben | werden gelegt haben | werdet gelegt haben | werden gelegt haben |
| | | | | | | |
| **Partizip I** | legend | | | | | |
| **Partizip II** | gelegt | | | | | |

**Starke Konjugation** (Aktiv) *laufen*

| | 1. Pers. Sing. | 2. Pers. Sing. | 3. Pers. Sing. | 1. Pers. Plural | 2. Pers. Plural | 3. Pers. Plural |
|---|---|---|---|---|---|---|
| | ich | du | er, sie, es | wir | ihr | sie |
| **Präsens** | laufe | läufst | läuft | laufen | lauft | laufen |
| **Präteritum** | lief | liefst | lief | liefen | lieft | liefen |
| **Perfekt** | bin gelaufen | bist gelaufen | ist gelaufen | sind gelaufen | seid gelaufen | sind gelaufen |
| **Plusquamperfekt** | war gelaufen | warst gelaufen | war gelaufen | waren gelaufen | wart gelaufen | waren gelaufen |
| **Futur I** | werde laufen | wirst laufen | wird laufen | werden laufen | werdet laufen | werden laufen |
| **Futur II** | werde gelaufen sein | wirst gelaufen sein | wird gelaufen sein | werden gelaufen sein | werdet gelaufen sein | werden gelaufen sein |
| | | | | | | |
| **Partizip I** | laufend | | | | | |
| **Partizip II** | gelaufen | | | | | |

3

## Bildung der Verben

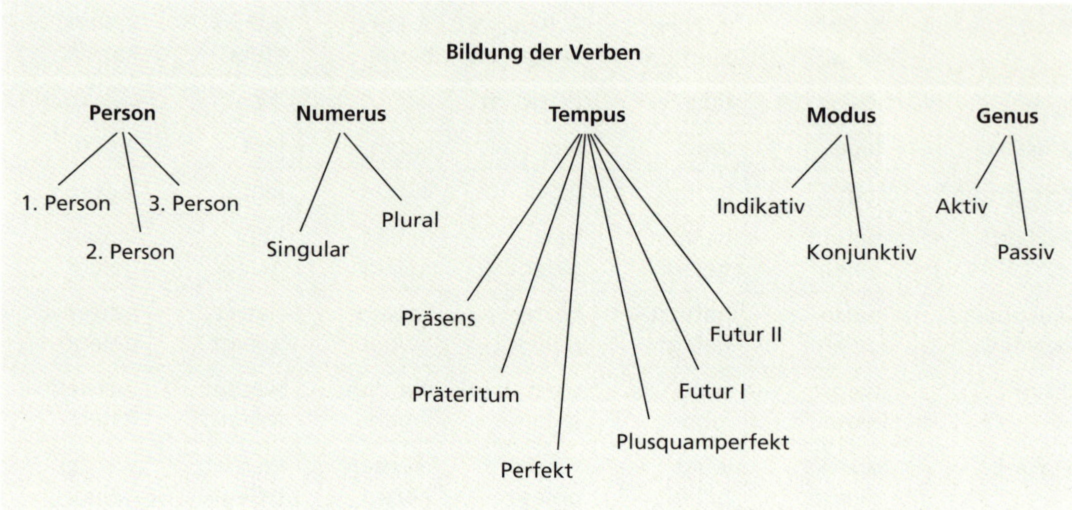


Das „es" der 3. Person des Singulars wird sowohl persönlich als auch unpersönlich gebraucht:
Es sieht (das Kind).
Es sieht nicht gut aus (das Bild).

### **Person und Numerus** (Zahl)

Die Konjugation der Verben kennt zwei Numeri (Singular und Plural) und jeweils drei Personen.

| **Person** | **Numerus** | |
|---|---|---|
| | Singular | Plural |
| 1. Person („sprechende" Person) | ich sehe | wir sehen |
| 2. Person („angesprochene" Person) | du siehst | ihr seht |
| 3. Person („besprochene" Person/Sache) | er, sie, es sieht | sie sehen |

### Tempus (Zeitform)

In der deutschen Sprache gibt es *sechs Tempora,* welche die **Gegenwart,** die **Vergangenheit** und die **Zukunft** ausdrücken können. Das gewählte Tempus richtet sich nicht nach einer kalendarischen Einteilung, sondern hängt immer mit dem *Zeitpunkt,* an dem die Aussage getroffen wurde, mit dem Stil des Textes oder mit der angestrebten Aussageabsicht des **Sprechers** oder **Schreibers** zusammen.

Das **Präsens** bezieht sich z. B. in erster Linie auf die Gegenwart. Es kann aber auch Zukünftiges ausdrücken (Übermorgen habe ich Geburtstag.).

### Das Präsens

> Das **Präsens** wird verwendet, wenn ein gerade ablaufendes Geschehen, eine feststehende Regel, eine Lebensweisheit, ein Sinnspruch oder Ähnliches ausgedrückt werden sollen.

Ich *fahre* gerade nach Hause.
Noch *behalten* die Verteidiger die Oberhand.
(STEFAN ZWEIG)
Die Würde des Menschen *ist* unantastbar.
Der frühe Vogel *fängt* den Wurm.

Das Präsens kann auch auf ein zukünftiges und auf ein bereits vergangenes Geschehen hinweisen.

Nächstes Jahr *fahre* ich nach England.
Am 5. Februar 1459 *bringt* ein geheimer Bote …
(STEFAN ZWEIG) – episches Präsens

Boulevardzeitungen verwenden häufig für schon vergangene Ereignisse das Präsens, um die *Aktualität* ihres Berichts zu betonen. Zum Beispiel: Taschendieb schlägt wieder zu. Wer ist das nächste Opfer?

### Das Präteritum

> Das **Präteritum** wird verwendet, wenn ein Geschehen bereits als abgeschlossen betrachtet wird.

Gestern *lief* ein guter Film im Kino. (Das Abspielen des Films ist beendet.)
Was er *suchte, war* das Fremdartige und Bezuglose.
(THOMAS MANN)

### Das Perfekt

> In erster Linie wird das **Perfekt** gebraucht, um ein zum Zeitpunkt der Äußerung abgeschlossenes Geschehen (Handlung, Tatsache, Zustand) auszudrücken; es ist damit ein **Tempus der Vergangenheit.** Es wird gebildet mit einer **finiten Form** der Verben **haben** oder **sein** im Präsens und dem Partizip II.

Voriges Jahr *habe* ich die Schule *gewechselt.*
Vorsichtig *sind* wir in das Haus *gegangen.*

Das Perfekt kann auch eine Allgemeingültigkeit ausdrücken oder auf Zukünftiges weisen.

Eine gute Tat *ist* schnell *getan.*
Wenn ich morgen komme, *ist* die Aufgabe *erledigt.*

3

### Das Plusquamperfekt

Das **Plusquamperfekt** dient ausschließlich der Bezeichnung in der **Vergangenheit** abgeschlossener Vorgänge, Tatsachen oder Zustände. Es wird häufig in Verbindung mit anderen Vergangenheitstempora gebraucht, um *Vorzeitigkeit* auszudrücken. Es wird gebildet mit einer finiten Form von **haben** oder **sein** im Präteritum und dem **Partizip II.**

Der Junge bedauerte, als er wegging, dass er das Huhn nicht *mitgenommen hatte.*
(BERTOLT BRECHT)
Uns *war* plötzlich *eingefallen,* dass wir nicht genügend Geld hatten.

### Futur I

Das **Futur I** beschreibt Vorgänge in ihrem Verlauf, welche zum Zeitpunkt der Äußerung noch nicht stattgefunden haben. Es wird auch verwendet, um eine *Vermutung oder eine Ankündigung* auszudrücken.
Es wird gebildet mit der finiten Form des Verbs **werden** im Präsens und einem Infinitiv.

Unser Aufenthalt in Rom *wird* wunderbar *sein.*
Du *wirst* dich *erkälten.*

Das Futur I bezieht sich auch auf **Gegenwärtiges,** wenn die Aussage für den Ablauf des Geschehens (Präsens) von Bedeutung ist.

Es *wird* doch möglich *sein,* die Aufgabe jetzt zu besprechen.
Ihr *werdet* doch *wissen,* dass ich jetzt nicht kommen kann.

### Futur II

Das **Futur II** bezieht sich auf Vorgänge, die in der Zukunft bereits abgeschlossen sind. Sie können auch eine Vermutung über das spätere Geschehen ausdrücken. Es wird gebildet mit einer **finiten Form** des Verbs *werden* im Präsens, einem *Partizip II* und einer **infiniten Form** der Verben *haben* oder *sein.*

Wenn der Trubel losgeht, *werde* ich gerade auf dem Bahnhof *angekommen sein.*
Vielleicht *werde* ich in einem Jahr mein Ziel *erreicht haben.*
Die Rechnung *wird gestimmt haben.*
Er *wird* nicht *aufgepasst haben.*

Das Futur II wird meist nur noch gebraucht, um eine Vermutung auszudrücken, die sich auf eine abgeschlossene Handlung bezieht.

### Übersicht über die Tempora

Früher unterschied das Deutsche nur zwei Tempora – Gegenwart und Vergangenheit. Erst mithilfe der Hilfsverben *haben, sein* und *werden* wurden weitere Zeitformen gebildet. Durch Teilung des Präteritums (= Bezeichnung für alle Vergangenheitsformen) und des Futurs ergaben sich die heutigen sechs Zeitformen.

| **Bildung** | **Präsens** | | **Präteritum** | |
|---|---|---|---|---|
| | **finite Verbform** | | **finite Verbform** | |
| | stark | schwach | stark | schwach |
| *Singular*<br>ich<br>du<br>er, sie, es | <br>gehe<br>gehst<br>geht | <br>höre<br>hörst<br>hört | <br>ging<br>gingst<br>ging | <br>hörte<br>hörtest<br>hörte |
| *Plural*<br>wir<br>ihr<br>sie | <br>gehen<br>geht<br>gehen | <br>hören<br>hört<br>hören | <br>gingen<br>gingt<br>gingen | <br>hörten<br>hörtet<br>hörten |

| **Bildung** | **Perfekt** | | **Plusquamperfekt** | |
|---|---|---|---|---|
| | **finite Verbform haben oder sein (Präs.) + Partizip II** | | **finite Verbform haben oder sein (Prät.) + Partizip II** | |
| | stark | schwach | stark | schwach |
| *Singular*<br>ich<br>du<br>er, sie, es | <br>bin gegangen<br>bist gegangen<br>ist gegangen | <br>habe gehört<br>hast gehört<br>hat gehört | <br>war gegangen<br>warst gegangen<br>war gegangen | <br>hatte gehört<br>hattest gehört<br>hatte gehört |
| *Plural*<br>wir<br>ihr<br>sie | <br>sind gegangen<br>seid gegangen<br>sind gegangen | <br>haben gehört<br>habt gehört<br>haben gehört | <br>waren gegangen<br>wart gegangen<br>waren gegangen | <br>hatten gehört<br>hattet gehört<br>hatten gehört |

Das *Präsens* drückt das gegenwärtige Geschehen aus, kann aber auch zukünftiges Geschehen bezeichnen, vor allem in Verbindung mit Zeitangaben.

Wer rastet, der rostet.
Kommt er (am Montag)? Ja, er kommt.
Ich spiele am Sonntag Fußball.
Ich gehe übermorgen ins Kino.
In drei Tagen treffe ich mich mit Carla.

▶ Der Junge *bedauerte*, dass er das Huhn nicht *mitgenommen hatte.* (Plusquamperfekt)
Bis morgen Abend ist das Auto repariert. (Perfekt)
(↗ S. 82)

*Präteritum, Perfekt* und *Plusquamperfekt* sind die Vergangenheitsformen. Das Perfekt kann den Abschluss auch in die Zukunft verlegen. Das Plusquamperfekt stellt stets den Abschluss in der Vergangenheit fest.

| Bildung | Futur I | | Futur II | |
|---|---|---|---|---|
| | **finite Verbform werden + Infinitiv** | | **finite Verbform werden + Partizip II + Infinitiv haben oder sein** | |
| | stark | schwach | stark | schwach |
| *Singular* | | | | |
| ich | werde gehen | werde hören | werde gegangen sein | werde gehört haben |
| du | wirst gehen | wirst hören | wirst gegangen sein | wirst gehört haben |
| er, sie, es | wird gehen | wird hören | wird gegangen sein | wird gehört haben |
| *Plural* | | | | |
| wir | werden gehen | werden hören | werden gegangen sein | werden gehört haben |
| ihr | werdet gehen | werdet hören | werdet gegangen sein | werdet gehört haben |
| sie | werden gehen | werden hören | werden gegangen sein | werden gehört haben |

**Modus** (Aussageweise)

**Verben** können in ihrer *Form* so verändert werden, dass sie ausdrücken, ob es sich um eine Tatsache, um einen Wunsch oder um eine Aufforderung handelt.

**Indikativ** (Modus der Wirklichkeit)

Der **Indikativ** wird verwendet, um *tatsächliche* Begebenheiten darzustellen, kann aber auch Ausgedachtes, Mögliches und Allgemeingültiges ausdrücken.

Der Kühlschrank *ist* bis auf ein paar Reste leer. (wirklicher Zustand)
Die Fee *hob* ihren Zauberstab. (Ausgedachtes)
Wenn ich gut *lerne, bekomme* ich eine Eins. (Mögliches)
Reden *ist* Silber, Schweigen *ist* Gold. (Allgemeingültiges)

**Konjunktiv** (Modus des Wunsches, der Möglichkeit)

Es gibt zwei Formen, um den Konjunktiv auszudrücken: den **Konjunktiv I** und den **Konjunktiv II.** Der *Konjunktiv I* kann den Wunsch, die Möglichkeit oder eine Aufforderung ausdrücken, wird häufig in der indirekten Rede verwendet, aber findet sich auch in Anleitungen und Anweisungen (z. B. Kochrezepten). Der *Konjunktiv II* wird verwendet, um eine gedankliche Vorstellung auszudrücken. Beide Modi können sich auf die Gegenwart, Vergangenheit oder Zukunft beziehen.

- für **Konjunktiv I:** Man **nehme** ein halbes Pfund Mehl und zwei Eier.
  Er sagt, dass er wahrscheinlich schon morgen **komme.**
  Der Schüler sagt, er **lese** das Buch gleich.
  Der Nachrichtensprecher sagt, das Wasser der Oder **sei** gestiegen.
  Der Arzt teilt dem Patienten mit, er **helfe** ihm.

- für **Konjunktiv II:** Ich dachte, er **bekäme** das Buch.
  Ich dachte, er **hätte** das Buch bereits gestern **bekommen.**
  Der Nachrichtensprecher sagte, das Wasser der Oder **wäre** gestiegen.

**Bildung des Konjunktivs I**

Präsens (aktiv)

| | **haben** | **sein** | **nehmen (stark)** | **Bildungsmuster** |
|---|---|---|---|---|
| ich | habe | sei | nehme | e |
| du | habest | seiest | nehmest | st |
| er, sie, es | habe | sei | nehme | Präsensstamm (e) |
| wir | haben | seien | nehmen | n |
| ihr | habet | seiet | nehmet | t |
| sie | haben | seien | nehmen | n |

Perfekt (aktiv)

| | **haben** | **sein** | **nehmen (stark)** | **Bildungsmuster** |
|---|---|---|---|---|
| ich | habe gehabt | sei gewesen | habe genommen | finite Verbform des Konjunktivs Präsens von haben oder sein + Partizip II |
| du | habest gehabt | seiest gewesen | habest genommen | |
| er, sie, es | habe gehabt | sei gewesen | habe genommen | |
| wir | haben gehabt | seien gewesen | haben genommen | |
| ihr | habet gehabt | seiet gewesen | habet genommen | |
| sie | haben gehabt | seien gewesen | haben genommen | |

Zukünftiges kann auch im Perfekt ausgedrückt werden (Bis morgen ist das Auto repariert.).

Futur I (aktiv)

| | **haben** | **sein** | **nehmen (stark)** | **Bildungsmuster** |
|---|---|---|---|---|
| ich | werde haben | werde sein | werde nehmen | finite Verbform des Konjunktivs Präsens von werden + Infinitiv |
| du | werdest haben | werdest sein | werdest nehmen | |
| er, sie, es | werde haben | werde sein | werde nehmen | |
| wir | werden haben | werden sein | werden nehmen | |
| ihr | werdet haben | werdet sein | werdet nehmen | |
| sie | werden haben | werden sein | werden nehmen | |

Der Nachrichtensprecher sagte, das Wasser werde bis morgen um zwei Meter gestiegen sein.
Ihr werdet den Mittleren Abschluss bald bekommen haben.

Futur II

| | **haben** | **sein** | **nehmen (stark)** | **Bildungsmuster** |
|---|---|---|---|---|
| ich | werde gehabt haben | werde geworden sein | werde genommen haben | finite Verbform des Konjunktivs Präsens von werden + Partizip II + Infinitiv von haben oder sein |
| du | werdest gehabt haben | werdest geworden sein | werdest genommen haben | |
| er, sie, es | werde gehabt haben | werde geworden sein | werde genommen haben | |
| wir | werden gehabt haben | werden geworden sein | werden genommen haben | |
| ihr | werdet gehabt haben | werdet geworden sein | werdet genommen haben | |
| sie | werden gehabt haben | werden geworden sein | werden genommen haben | |

### Bildung des Konjunktivs II

Präteritum (aktiv)

| | haben | sein | nehmen (stark) | Bildungs-muster |
|---|---|---|---|---|
| ich | hätte | wäre | nähme | e |
| du | hättest | wärest | nähmest | st |
| er, sie, es | hätte | wäre | nähme | Präsens-stamm (e) |
| wir | hätten | wären | nähmen | n |
| ihr | hättet | wäret | nähmet | t |
| sie | hätten | wären | nähmen | n |
| | | | | (wenn möglich, mit Umlaut) |

Bei unregelmäßigen (starken) Verben ist die Umlautbildung zwingend. Altertümlich bzw. gestelzt klingende Konjunktiv-II-Formen, wie hülfe, stürbe, sollten im alltäglichen Sprachgebrauch gemieden werden.

Plusquamperfekt (aktiv)

| | haben | sein | nehmen (stark) | Bildungs-muster |
|---|---|---|---|---|
| ich | hätte gehabt | wäre gewesen | hätte genommen | finite Verbform des Konjunktivs Präteritum von werden oder haben + Partizip II |
| du | hättest gehabt | wärest gewesen | hättest genommen | |
| er, sie, es | hätte gehabt | wäre gewesen | hätte genommen | |
| wir | hätten gehabt | wären gewesen | hätten genommen | |
| ihr | hättet gehabt | wäret gewesen | hättet genommen | |
| sie | hätten gehabt | wären gewesen | hätten genommen | |

Vor allem wenn sich die Formen des Konjunktivs nicht von denen des Indikativs unterscheiden, wird der deutlichere Konjunktiv des Präteritums oder des Plusquamperfekts gebraucht.

Sie dachte, alle anderen *hätten* (statt haben) schon gegessen.

„Ilse hatte bereits die Holzläden in die zwei Eckfenster eingesetzt; und hätte sie über Vorhänge zu gebieten gehabt, sie wären sicher auch undurchdringlich übereinander gezogen gewesen."
(EUGENIE MARLITT: Das Heideprinzeßchen)

**Flexionstabelle für die Konjunktivbildung eines schwachen Verbs – Beispiel: lernen** (aktiv)

| | Indikativ | Konjunktiv I | | | |
|---|---|---|---|---|---|
| | Präsens | Präsens | Perfekt | Futur I | Futur II |
| ich | *lerne* | lerne | habe gelernt | werde lernen | werde gelernt haben |
| du | *lernst* | lernest | habest gelernt | werdest lernen | werdest gelernt haben |
| er, sie, es | *lernt* | lerne | habe gelernt | werde lernen | werde gelernt haben |
| wir | *lernen* | lernen | haben gelernt | werden lernen | werden gelernt haben |
| ihr | *lernt* | lernet | habet gelernt | werdet lernen | werdet gelernt haben |
| sie | *lernen* | lernen | haben gelernt | werden lernen | werden gelernt haben |

| | Konjunktiv II | |
|---|---|---|
| | Präteritum | Plusquamperfekt |
| ich | lernte | hätte gelernt |
| du | lerntest | hättest gelernt |
| er, sie, es | lernte | hätte gelernt |
| wir | lernten | hätten gelernt |
| ihr | lerntet | hättet gelernt |
| sie | lernten | hätten gelernt |

Die Formen des Imperativs werden aus dem *Präsensstamm* gebildet. Im Imperativsatz, der meist nur aus einer Verbform besteht (Komm! / Kommt!), ist das Subjekt in der Verbalform des Prädikats enthalten.

**Imperativ** (Modus des Befehls oder der Aufforderung)

> Der **Imperativ** kann eine Bitte, eine Aufforderung oder einen Befehl, aber auch einen Ratschlag oder eine Einladung direkt an eine oder mehrere Personen ausdrücken.

Der Imperativ (lat. imperare = befehlen) wendet sich mit seiner Aufforderung im Singular und im Plural an die zweite (= angesprochene) Person.

Während in der 2. Person Singular und in der 2. Person Plural das Personalpronomen üblicherweise weggelassen wird, behält man es in der 3. Person Plural bei.

Geh endlich! Sehen wir uns das einmal an! Geht endlich!
aber: Gehen Sie endlich!
(Aufforderung wendet sich an eine oder mehrere Personen)

**Genus** (Handlungs- und Verhaltensrichtung)

Das **Genus** des Verbs kann anzeigen, ob das Geschehen vom Handlungsträger (Subjekt) ausgeht – **Aktiv** – oder ob etwas mit ihm geschieht – **Passiv.**

Aktiv („Tätigkeitsform") Ich gieße die Blumen.

Passiv („Leideform") Die Blumen werden (von mir) gegossen.

*Nicht* alle **Verben** können ein *sinnvolles Passiv* bilden.

- Verben in Verbindung mit einem Körperteil:
  Ich hebe die Hand.
  aber nie: Die Hand wird von mir gehoben.

- Verben in Verbindung mit einer Mengenangabe:
  Die Tüte enthält vier Bonbons.
  aber nie: Vier Bonbons werden von der Tüte enthalten.

- Das Verb haben + Akkusativobjekt:
  Ich habe ein Kind.
  aber nie: Das Kind wird von mir gehabt.

- Unpersönliche, allgemeine Angaben:
  In der Wüste gibt es wenig Wasser.
  aber nie: Wenig Wasser wird in der Wüste gegeben.

**Bestimmung der Verbformen eines Prädikats in allen Kategorien**

(Person, Zahl, Tempus, Modus, Genus)

Tina *ist* gestern von ihren Eltern vom Bahnhof *abgeholt worden.*

*ist abgeholt worden*

*Person:* 3. Person
*Zahl:* Singular
*Tempus:* Perfekt
*Modus:* Indikativ
*Genus:* Passiv

3

### 3.2.3 Adjektive (Eigenschaftswörter)

**Adjektive** bezeichnen *Eigenschaften, Merkmale* oder *Besonderheiten* von Personen, Sachverhalten, Zuständen oder Vorgängen. Außerdem kann mit Adjektiven eine *Bewertung* oder ein *Vergleich* ausgedrückt werden.

Das Adjektiv verwendet man, um zu unterscheiden und zu bewerten sowie um zu verdeutlichen und zu beschreiben (↗ S. 140 ff.).
Die **Flexionen** des Adjektivs sind die **Deklination** und die **Komparation** (Steigerung). Adjektive können im Satz *attributiv* gebraucht werden (nähere Bestimmung des Substantivs) und sind dann in der Regel dekliniert. Werden die Adjektive *prädikativ* gebraucht (nähere Bestimmung des Prädikats), werden sie nicht dekliniert.

**Bedeutungsgruppen des Adjektivs**

| **Eigenschaften** | | | |
|---|---|---|---|
| **sensorisch** (mit den Sinnen aufnehmbar) | **qualifizierend** (bewertend) | **relational** (eine Zugehörigkeit ausdrückend) | **klassifizierend** (eine Klasse/ einen Typ bezeichnend) |
| *Farben:* blau, dunkel | *Ästhetik:* schön, elegant | *Geografie:* europäisch, regional | *Bereich:* schulisch, organisch |
| *Form:* rund, quadratisch | *Moral:* listig, ehrlich | *Volk/Sprache:* deutsch, französisch | *Beruf:* ärztlich, polizeilich |
| *Geschmack/Geruch:* sauber, aromatisch | *Intellekt:* gewissenhaft, klug | *Religion:* evangelisch, moslemisch | *Epoche:* mittelalterlich, gotisch |
| *Laut/Ton:* leise, schrill | *Physis:* sportlich, dick | | |
| *Tastsinn:* rau, glatt | *Dimension:* hoch, breit | | |
| *Anzahl:* viel, wenig | | | |

Einige Adjektive können *gegensätzliche* **Wortpaare** bilden, wobei die bezeichnete Eigenschaft (kurz – lang) keine festgelegte Größe ausdrückt – sie ist relativ. Die Bezeichnungen „ein *langer* Mensch, ein *langer* Faden" ergeben sich aus dem zu vergleichenden Zusammenhang (z. B. die durchschnittliche Größe der Menschen). Diese Adjektive bezeichnet man als **relative Adjektive** im Gegensatz zu den **absoluten** (schwanger, gelb), deren Bedeutung nicht von einem Vergleich abhängt.

### Deklination des Adjektivs

Die **Deklination** des Adjektivs ist abhängig vom **Numerus, Genus** und **Kasus** des dazugehörigen **Substantivs.** Ein Adjektiv kann entweder stark oder schwach dekliniert werden, je nachdem, ob es mit oder ohne bestimmten Artikel oder hinter „kein" (Maskulinum und Neutrum), „keine" (Femininum) steht.

der schwache Mensch
ein schwacher Mensch
kein schwacher Mensch

### Starke Deklination bei Adjektiven ohne bestimmten Artikel

Adjektive als Attribute vor Substantiven werden *stark* dekliniert, wenn kein bestimmter Artikel, Pronomen oder Numerale verwendet wird.

| | Maskulinum | Femininum | Neutrum |
|---|---|---|---|
| *Singular* | | | |
| Nominativ | kleiner Hund | kleine Tür | kleines Haus |
| Genitiv | kleinen Hundes | kleiner Tür | kleinen Hauses |
| Dativ | kleinem Hund(e) | kleiner Tür | kleinem Haus(e) |
| Akkusativ | kleinen Hund | kleine Tür | kleines Haus |
| *Plural* | | | |
| Nominativ | kleine Hunde | kleine Türen | kleine Häuser |
| Genitiv | kleiner Hunde | kleiner Türen | kleiner Häuser |
| Dativ | kleinen Hunden | kleinen Türen | kleinen Häusern |
| Akkusativ | kleine Hunde | kleine Türen | kleine Häuser |

### Schwache Deklination bei Adjektiven mit bestimmtem Artikel (nominale/attribuierende Deklination)

Adjektive als Attribut vor Substantiven werden **schwach** dekliniert, wenn sie nach einem bestimmten Artikel, Pronomen oder Numerale stehen.

| | Maskulinum | Femininum | Neutrum |
|---|---|---|---|
| *Singular* | | | |
| Nominativ | der kleine Hund | die kleine Tür | das kleine Haus |
| Genitiv | des kleinen Hundes | der kleinen Tür | des kleinen Hauses |
| Dativ | dem kleinen Hund(e) | der kleinen Tür | dem kleinen Haus(e) |
| Akkusativ | den kleinen Hunden | die kleine Tür | das kleine Haus |
| *Plural* | | | |
| Nominativ | die kleinen Hunde | die kleinen Türen | die kleinen Häuser |
| Genitiv | der kleinen Hunde | der kleinen Türen | der kleinen Häuser |
| Dativ | den kleinen Hunden | den kleinen Türen | den kleinen Häusern |
| Akkusativ | die kleinen Hunde | die kleinen Türen | die kleinen Häuser |

3

Gleicher Deklinationstyp (schwach) auch nach: derselbe, derjenige, diese, -r, -s, jeder, -e, -s, jeglicher, -e, -s, jener, -e, -s.

**Besonderheiten**

**Gemischte Deklination bei Adjektiven nach kein, keine u. a.**

| | Maskulinum | Femininum | Neutrum |
|---|---|---|---|
| *Singular* | | | |
| Nominativ | kein kleiner Hund | keine kleine Tür | kein kleines Haus |
| Genitiv | keines kleinen Hundes | keiner kleinen Tür | keines kleinen Hauses |
| Dativ | keinem kleinen Hund(e) | keiner kleinen Tür | keinem kleinen Haus(e) |
| Akkusativ | keinen kleinen Hund | keine kleine Tür | kein kleines Haus |
| *Plural* | | | |
| Nominativ | keine kleinen Hunde | keine kleinen Türen | keine kleinen Häuser |
| Genitiv | keiner kleinen Hunde | keiner kleinen Türen | keiner kleinen Häuser |
| Dativ | keinen kleinen Hunden | keinen kleinen Türen | keinen kleinen Häusern |
| Akkusativ | keine kleinen Hunde | keine kleinen Türen | keine kleinen Häuser |

Das Adjektiv kann auch in nicht deklinierter Form auftreten, z. B. bei

| | |
|---|---|
| – Redewendungen: | auf gut Glück |
| – Vornamen: | Jung Siegfried |
| – Farben aus fremden Sprachen: | ein lila Kleid |
| – Wörter fremden Ursprungs: | ein prima Fahrrad |
| – prädikativ/adverbial gebrauchte Adjektive: | Der Junge ist/schreit laut. |

| | |
|---|---|
| – **Tilgung** des unbetonten e in der Endsilbe bei Adjektiven auf -abel, -el, -ibel | nicht: eine dunkele Farbe<br>sondern: dunkle Farbe<br>nicht: ein passabeles Angebot<br>sondern: ein passables Angebot<br>nicht: ein kompatibeles System<br>sondern: ein kompatibles System |
| – **starke Deklination** nach Personalpronomen ohne „als“ | Das passiert mir unglücklichem Kind.<br><br>Ich lasse mir von dir unerfahrenem Kind nichts vormachen.<br>Ich schulde dir unvergessenem Freund viel. |
| – **schwache Deklination** besonders nach „nur“ und bei dem Adjektiv „arm“ | Nur keinen Neid.<br>Helft dem armen Hund. |

| | |
|---|---|
| – *schwache Deklination im Genitiv* (Mask., Neutr.) statt starker | nicht: gutes Mutes<br>sondern: guten Mutes<br>nicht: besseres Wissens<br>sondern: besseren Wissens |
| – *mehrere Adjektive* hintereinander werden in der Regel *stark* oder *schwach* dekliniert | Er half dem kleinen blonden Mädchen. *(schwach)*<br>Mich interessieren vergessene alte Märchen. *(stark)* |

**Vergleichsformen (Steigerungsformen) des Adjektivs (Komparation)**

Die Komparation ist eine bestimmte Form des Adjektivs.
Mithilfe der **Vergleichsformen** können verschiedene Grade/Stufen einer Eigenschaft im Vergleich ausgedrückt werden. Während der lateinische Ausdruck Komparation = Vergleichung das Vergleichen der Eigenschaft betont, deutet das deutsche Wort „Steigerung" darauf hin, dass der Grad der Eigenschaft verschieden hoch sein kann.

| | |
|---|---|
| **Positiv**<br>(Grundstufe – gleicher Grad) | Das Haus ist *hoch*.<br>Das Haus ist genauso *hoch* wie das Haus daneben. |
| **Komparativ**<br>(Steigerungsstufe – ungleicher Grad) | Das Haus ist *höher*.<br>Das Haus ist *höher* als das Haus dahinter. |
| **Superlativ**<br>(Höchststufe – höchster Grad) | Das Haus ist das *höchste* von allen in der Straße. |

Als vierte Steigerungsstufe bezeichnet man den **Elativ,** der einen **absoluten Superlativ** ausdrückt, sich aber in der Form nicht von diesem unterscheidet (z. B. *modernste* Technik). Dazu gehören auch viele Höflichkeitsformen wie: freundlichst, ergebenst, baldigst usw.

**Bildung der Komparationsstufen**

| Positiv | Komparativ | Superlativ |
|---|---|---|
| *Wortstamm*<br>+ Deklinationsendung der schwachen, starken oder gemischten Deklination | *Wortstamm* + -er<br>+ Deklinationsendung der schwachen, starken oder gemischten Deklination | *Wortstamm* + -e(st)<br>+ Deklinationsendung der schwachen, starken oder gemischten Deklination |
| – *klein* + es Haus<br>– am *klein* + en Haus<br>– *klein* + e Häuser | – *klein* + er + es Haus<br>– am *klein* + er + en Haus<br>– *klein* + er + e Häuser | – *klein* + st + es Haus<br>– am *klein* + st + en Haus<br>– *klein* + st + e Häuser |

„Robert schob den Vorhang ganz zurück; kein Stern, nicht das winzigste Fünkchen war mehr zu erblicken am Himmel und auf Erden." (WILHELM RAABE: Die Leute aus dem Walde, ihre Sterne, Wege und Schicksale, 1863)

3

**Besonderheiten**

| | Positiv | Komparativ | Superlativ |
|---|---|---|---|
| – **Tilgung** des e in Adjektiven auf -el im Komparativ | edel<br>übel<br>eitel<br>dunkel<br>heikel<br>nobel | edler<br>übler<br>eitler<br>dunkler<br>heikler<br>nobler | edelsten<br>übelsten<br>eitelsten<br>dunkelsten<br>heikelsten<br>nobelsten |
| – **Tilgung** des -e im Komparativ bei fremdsprachlichen Adjektiven, bei Adjektiven mit Diphthong im Wortstamm | makaber<br>sauer<br>teuer | makabrer<br>saurer<br>teurer | makabersten<br>sauersten<br>teuersten |
| – **Erweiterung** des Superlativs durch e bei Stammendung d, s, sk, ss, ß, t, x, z | wild<br>mutlos<br>gewagt | wilder<br>mutloser<br>gewagter | wildesten<br>mutlosesten<br>gewagtesten |
| – **Superlativbildung** mit st und est bei Adjektiven mit der Endung -sch<br>oder Diphthongendung | frisch<br>neu | frischer<br>neuer | frischsten u. frischesten<br>neusten u. neuesten |
| – häufig **Umlautung** der Stammvokale a, o, u in ä, ö, ü im Komparativ und im Superlativ | jung<br>arm<br>hoch | jünger<br>ärmer<br>höher | jüngsten<br>ärmsten<br>höchsten |
| – Bildung des *Superlativs* mit am | | | Ich kaufe nur die frischesten Kirschen.<br>*oder:*<br>Ich kaufe nur die Kirschen, die am frischesten sind. |
| – Bildung des *Superlativs* mit mehr, meist, besonders, außerordentlich | | | Sie war eine außerordentlich kluge Schülerin.<br>*für:*<br>Sie war die klügste Schülerin. |

Einige Adjektive werden mithilfe *anderer Wortstämme* gesteigert.

**Unregelmäßige Vergleichsformen**

| Positiv | Komparativ | Superlativ |
|---|---|---|
| gut | besser | beste |
| viel | mehr | meiste |
| wenig | minder | mindeste |
| aber auch: wenig | weniger | wenigste |

Bei einigen Adjektiven können Positiv und Komparativ fehlen (letzte, erste), oder es fehlt nur der Komparativ (innere – innerste, untere – unterste).

| **Nicht steigerbare Adjektive** | |
|---|---|
| – Adjektive, die *keinen Vergleich ausdrücken* können | mündlich, ledig, rund, taub … |
| – (zusammengesetzte) Adjektive, die schon eine *Steigerung* enthalten | knallhart, todsicher, superschlau … |
| – Adjektive, die bereits den höchsten *Steigerungsgrad* ausdrücken | minimal, maximal, absolut, leer, kein … |
| – Adjektive, die durch das Präfix *un-* eine Verneinung ausdrücken (mit Ausnahmen) | unverrückbar, unerklärbar, unverkennbar … |
| – Adjektive mit dem Suffix *-los* (mit Ausnahmen) | obdachlos, arbeitslos, kinderlos … |
| – Adjektive, die Mengen ausdrücken (Zahladjektive) | halb, ganz, dreifach, viertel … |
| – Adjektive, die Farben bezeichnen (indeklinable Farbadjektive) | rosa, oliv, umbra, beige … |

**Steigerung von Partizipien, als Adjektiv gebraucht**

Die als Adjektiv verwendeten Partizip-I-Formen sind in der Regel steigerbar, aber dies erscheint im Satzzusammenhang nur selten sinnvoll. Das Partizip II, als Adjektiv verwendet, wird in der Regel nicht gesteigert. Beide Formen können mitunter durch Umschreibungen (am meisten, mehr …) gesteigert werden.

Zusammengesetzte Partizipien können im ersten oder zweiten Teil gesteigert werden. Der erste Teil der Zusammensetzung wird gesteigert, wenn jeder Teil seinen Wortsinn bewahrt hat.

die bestversorgten Kinder
das höchstgelegene Dorf
die meistverkaufte CD
die bestbewachte Grenze

3

Der zweite Teil wird gesteigert, wenn die Zusammenschmelzung einen neuen Wortinhalt ergibt oder als Ganzes gesteigert wird.

- das naheliegendste Argument

| | Positiv | Superlativ |
|---|---|---|
| **Partizip I** | der wartende Patient<br>das schreiende Kind<br>aber:<br>die schreienden Farben | –<br>–<br><br>die schreiendsten Farben |
| | der betreffende Mensch<br>das entscheidende Gespräch<br>aber:<br>der entscheidende Schlag | –<br>–<br><br>der entscheidendste Schlag |
| **Partizip II** | das getauschte Buch<br>der gekaufte Schmuck<br>die genähte Kleidung<br>aber:<br>der gebildete Mensch | –<br>–<br>–<br><br>der gebildetste Mensch |

### Substantivierung des Adjektivs

> *Adjektive* werden zum **Substantiv,** wenn ein **Pronomen** oder ein **Artikel** davorsteht und das dazugehörige Substantiv fehlt. Sie werden dann großgeschrieben. Nach den Pronomen kein, ein, mein usw. werden die substantivierten Adjektive schwach dekliniert, bilden aber einen starken Nominativ.

| | | | Deklination |
|---|---|---|---|
| **Nominativ** | mein, kein, ein | Guter<br>Kleiner<br>Kluger | stark<br>stark<br>stark |
| **Genitiv** | (es bedarf)<br>meines, keines, eines | Guten<br>Kleinen<br>Klugen | schwach<br>schwach<br>schwach |
| **Dativ** | (ich helfe)<br>meinem, keinem, einem | Guten<br>Kleinen<br>Klugen | schwach<br>schwach<br>schwach |
| **Akkusativ** | (ich sehe)<br>meinen, keinen, einen | Guten<br>Kleinen<br>Klugen | schwach<br>schwach<br>schwach |

Werden **substantivierte Adjektive** attributiv gebraucht (nähere Bestimmung des Substantivs besonders im Genitiv), werden sie nach einem stark deklinierbaren Substantiv schwach dekliniert:
- das Buch des Klugen,
- die Kraft des Schwachen,
- das Glück des Verliebten.

Substantivierte Adjektive in **Gegensatzpaaren** werden meist **ohne Deklinationsendungen** gebraucht, z. B.: Jung und Alt.

**Die grammatischen Leistungen des Adjektivs im Satz**

| **Adjektiv** | |
|---|---|
| attributiv | prädikativ |
| – einem Substantiv beigefügt<br>– nähere Bestimmung eines Substantivs<br>– Abhängigkeit von Genus, Kasus und Numerus des Substantivs | – einem Verb oder Hilfsverb zugeordnet<br>– selbstständiges Satzglied<br>– unveränderbar |
| Beispiel:<br>Ich höre die *frohe* Botschaft.<br>Der *spannende* Film kam gestern im Fernsehen. | Die Botschaft macht mich *froh*.<br>Der Film, der gestern im Fernsehen lief, war *spannend*. |

## 3.2.4 Artikel (Geschlechtswörter)

Der **Artikel** ist ein Begleiter des Substantivs und stimmt im Kasus, Genus und Numerus mit ihm überein (grammatische Kongruenz). Die Artikel *der, die, das* werden als bestimmte Artikel bezeichnet. Sie weisen auf ein nachfolgendes Substantiv hin oder zeigen etwas schon Erwähntes an.
*Ein* und *eine* sind die unbestimmten Artikel, sie bezeichnen Lebewesen oder Gegenstände ohne nähere Kennzeichnung.

**Artikel und Substantiv**

- Maskulinum (männlich): der/ein Mensch
- Femininum (weiblich): die/eine Frau
- Neutrum (sächlich): das/ein Kind

Der Artikel steht in der Regel *vor* dem Substantiv und bildet mit ihm eine Einheit. Das lässt sich auch durch die **Verschiebeprobe** nachweisen:

*Das Haus* steht am Waldrand.
oder:
Am Waldrand steht *das Haus.*

Die **Verschiebeprobe** (Permutation) ist die Umstellung einzelner Wörter oder Wortgruppen, ohne dass sich eine Veränderung im Sinn des Satzes ergibt. Sie dient der Analyse von Sätzen und dem Erkennen der einzelnen Satzglieder. Es lassen sich nur vollständige Satzglieder ohne Sinnentstellung verschieben.

### Deklination des Artikels

#### Starke Deklination des Artikels

| | **Maskulinum** | **Femininum** | **Neutrum** |
|---|---|---|---|
| *Singular* | | | |
| Nominativ | der Mensch | die Frau | das Kind |
| Genitiv | des Menschen | der Frau | des Kindes |
| Dativ | dem Menschen | der Frau | dem Kind(e) |
| Akkusativ | den Menschen | die Frau | das Kind |
| *Plural* | | | |
| Nominativ | die Menschen/Frauen/Kinder | | |
| Genitiv | der Menschen/Frauen/Kinder | | |
| Dativ | den Menschen/Frauen/Kindern | | |
| Akkusativ | die Menschen/Frauen/Kinder | | |

Da die Artikel im Plural einheitlich sind, ist eine Genusunterscheidung nur durch die Rückführung in den Singular möglich.

#### Gemischte Deklination des unbestimmten Artikels

| | **Maskulinum** | **Femininum** | **Neutrum** |
|---|---|---|---|
| *Singular* | | | |
| Nominativ | *ein* Mensch | *eine* Frau | *ein* Kind |
| Genitiv | *eines* Menschen | *einer* Frau | *eines* Kindes |
| Dativ | *einem* Menschen | *einer* Frau | *einem* Kind(e) |
| Akkusativ | *einen* Menschen | *eine* Frau | *ein* Kind |

Der Plural fehlt in der deutschen Sprache.

### Die Verwendung des Artikels im Satz

Je nach der darzustellenden Situation, Begebenheit, Vorstellung usw. muss der Sprecher/Schreiber eine Entscheidung über Gebrauch oder Nichtgebrauch des Artikels treffen.
Hat er die freie Wahl, spricht man vom *freien Gebrauch des Artikels.*

> Die Ausstellung war gut besucht, *die* Besucher gingen ein und aus.
> oder:
> Die Ausstellung war gut besucht, Besucher gingen ein und aus.

Wenn dem Sprecher/Schreiber keine Wahlmöglichkeit bleibt, verwendet er das *Substantiv ohne Artikel.*

Werden bestimmte oder unbestimmte Elemente einer Gattung oder Klasse bezeichnet, wird in der Regel ein Artikel verwendet.

Ich arbeite in *der* Stadt.

Ich arbeite in *einer* Stadt.

### Verwendung des Substantivs ohne Artikel

| | |
|---|---|
| – Eigennamen | Ich musste an *Thomas* denken. |
| – Stoffbezeichnungen ohne genauere Bestimmung | Das Kind bekommt zum Geburtstag *Spielzeug*. |
| – Angaben nach Maß- und Mengenbezeichnungen | Er trank ein Glas *Milch*. |
| – oft bei Verwendung von Substantiven und Präpositionen | *ohne* Mut, *nach* Ablauf, *auf* Druck |
| – Wortpaare, die mit „und" verbunden sind | wie Feuer *und* Wasser sein<br>Himmel *und* Erde in Bewegung setzen<br>Tag *und* Nacht arbeiten |

### Verwendung des Substantivs mit bestimmtem und unbestimmtem Artikel

| | |
|---|---|
| – geografische Bezeichnungen | *die* Mecklenburger Seenplatte |
| – Flüsse und Berge | *die* Spree, *der* Mount Everest |
| – manche Staatsnamen | *der* Jemen |
| – konkrete Bauwerke, Plätze, Straßen | *das* Ulmer Münster<br>*der* Potsdamer Platz<br>*die* Gürtelstraße |
| – Werke der Literatur und Kunst | *die* Sixtinische Kapelle |
| – geschichtliche Epochen, Ereignisse | *die* Neuzeit<br>*die* Novemberrevolution |
| – Etwas Unbekanntes wird neu eingeführt. | Sie bekommt *ein* Baby. |
| – Es wird nicht nur auf eine Person oder einen Gegenstand bezogen. | Die Tanne ist *ein* Nadelbaum. |

**Besonderheiten**

- In manchen *Sinnzusammenhängen* ist es üblich, den Artikel wegzulassen, um einen besonders *knappen Ausdruck* zu erhalten.

Eintritt erst nach Aufforderung.
Nur Barzahlung möglich.

- Oft *verschmilzt* der bestimmte **Artikel** mit einer **Präposition:**

*zum* (zu dem) Haus gehen,
*zur* (zu der) Schule gehen,
*am* (an dem) Abend ankommen.

- Bei feststehenden Redewendungen ist vorgegeben, ob ein bestimmter, unbestimmter oder kein Artikel verwendet wird.

*den* Mund zu voll nehmen,
*ein* Auge zudrücken,
*auf* Granit beißen.

### 3.2.5 Pronomen (Fürwörter)

Das **Pronomen** (lat.: pro nomine = für ein Nomen) wird als Stellvertreter des Substantivs (Nomen) oder dessen Begleiter bezeichnet. Die verschiedenen Pronomen werden in der Regel mit kleinem Anfangsbuchstaben geschrieben (Ausnahmen bilden die Anredepronomen Sie, Ihnen usw.) und sind deklinierbar. Pronomen übernehmen im Satz unterschiedliche **Funktionen** und können deshalb in verschiedene **Untergruppen** eingeteilt werden.

Die Pronomen spielen eine wichtige Rolle im Aufbau eines Textes, indem sie *unnötige Wiederholungen* vermeiden können (Pronominalisierung). Als **Pronominalisierung** bezeichnet man den Ersatz eines Substantivs durch ein **Personalpronomen** bei gleichen inhaltlichen Bezügen.

statt: Thomas sagte, dass Thomas später kommt.
besser: Thomas sagte, dass er später kommt.

Oft ist die Pronominalisierung nicht nur erwünscht, sondern für einen geschlossenen Textaufbau unbedingt erforderlich.
Die hinweisenden Fürwörter „dieser" und „jener" werden im Text häufig falsch gebraucht.

falsch: Wir arbeiten mit dem Computer.
*Jener* hat eine 500-GB-Festplatte.
richtig: *Er* hat eine 500-GB-Festplatte.
oder: *Dieser* hat eine 500-GB-Festplatte.

### Funktionen der Pronomen

| Funktion | Bedeutung | Beispiel |
|---|---|---|
| Rückweisung (anaphorisch) | – Pronomen beziehen sich auf etwas *schon Bezeichnetes.* | *Das Mädchen* war allein. *Es* langweilte sich. |
| Vorausweisung (kataphorisch) | – Pronomen bezieht sich auf etwas *noch zu Bezeichnendes.* | *Es* war nicht auszuschließen, dass *das Wetter noch schlechter wird.* |
| hinweisende und zeigende Funktion (deiktisch) | – Pronomen weisen auf *Rollenverteilung* als Sprecher oder Hörer hin.<br>– Pronomen heben *Sachverhalte* besonders aus der Situation heraus. | *Ich* (Sprecher) meine, dass *ihr* (Hörer) *mir* (Sprecher) helfen könnt.<br>In *dieses* Haus würde ich nie einziehen. |
| Mengenangaben (quantifizierend) | – Pronomen geben *Mengen* (meist) bei Gattungsnamen an. | *Jedes* Kind konnte mitspielen, aber *einige* Mädchen hatten *wenig* Lust. |
| besitz- oder Zusammenhänge anzeigende Funktion (possessiv) | – Pronomen geben ein *Besitzverhältnis* an.<br>– Pronomen geben eine *Zusammengehörigkeit* an. | *Mein* Hund ist älter als *deiner.*<br>Ich gehe *hinter den Frauen* und muss *deren* Gerede mit anhören. |
| bestimmende Funktion (determinierend) | – Pronomen *bestimmen* eine *Person,* einen *Gegenstand* oder einen *Sachverhalt,* ohne ihn näher zu bezeichnen. | *Niemand* war schuld, aber *jemand* musste die Verantwortung übernehmen. |
| verneinende Funktion (negierend) | – Pronomen *verneinen* einen *Sachverhalt* (oft im Zusammenhang mit anderen Funktionen). | *Keiner* hatte sie gesehen.<br>„Man soll in *keiner* Stadt länger bleiben als ein halbes Jahr.“ (KLABUND)<br>„Von *keiner* Not besiegt und keiner Liebe / hab ich genossen früh und stets genossen.“ (OTTO ERICH HARTLEBEN) |

### Einteilung der Pronomen

1. Personalpronomen
2. Reflexivpronomen
3. Possessivpronomen
4. Demonstrativpronomen
5. Relativpronomen
6. Interrogativpronomen
7. Indefinitpronomen

3

anaphorisch (griech.) = rückweisend; deiktisch (griech.) = hinweisend, auf Beispiele gegründet; kataphorisch (griech.) = auf nachfolgende Information verweisend

**Personalpronomen** (persönliches Fürwort)
**ich, du, er, sie, es, wir, ihr, sie**

**Personalpronomen** stehen als **Stellvertreter** für Personen, Gegenstände, Zustände oder Sachverhalte.
Man unterscheidet jeweils eine 1., 2. und 3. Person im Singular und im Plural. Sie können im Satz anaphorische oder kataphorische Funktion haben. Die 1. und 2. Person haben immer deiktische Funktion, da sie die Sprecher- oder Hörerrolle (angesprochene Person) bestimmen.

| | **Singular** | **Plural** |
|---|---|---|
| 1. Person (Sprecher) | ich | wir |
| 2. Person (angesprochene Person) | du | ihr |
| 3. Person (Besprochenes) | er, sie, es | sie |

| | |
|---|---|
| Der Schüler geht nach Hause.<br>*Er* geht nach Hause. | Stellvertreter für Person |
| Die Bücher liegen auf dem Tisch.<br>*Sie* liegen auf dem Tisch. | Stellvertreter für Gegenstände |
| Die Musik war noch zu hören,<br>und *es* ging ihm auf die Nerven. | Stellvertreter für einen Zustand oder Sachverhalt |

**Deklination**

| | **Nominativ** | **Genitiv** | **Dativ** | **Akkusativ** |
|---|---|---|---|---|
| *Singular* | | | | |
| 1. Person | ich | meiner | mir | mich |
| 2. Person | du | deiner | dir | dich |
| 3. Person | er<br>sie<br>es | seiner<br>ihrer<br>seiner | ihm<br>ihr<br>ihm | ihn<br>sie<br>es |
| *Plural* | | | | |
| 1. Person | wir | unser | uns | uns |
| 2. Person | ihr | euer | euch | euch |
| 3. Person | sie | ihrer | ihnen | sie |

**Besonderheiten im Gebrauch der Personalpronomen**

- Die Personalpronomen *du* und *ihr* werden vor allem für die *persönliche Kommunikation* als Anredepronomen benutzt (Familie, Freunde, Verwandte ...) und in der Beziehung von Erwachsenen zu Kindern.

- Das Personalpronomen *sie* verwendet man auch als höfliche *Anrede* für Fremde, sei es für eine oder für mehrere Personen (großgeschrieben).

- Wenn *wir* als Anredepronomen verwendet wird und nur ausdrücklich *eine Person* angesprochen ist, kann es ein überhebliches Abhängigkeitsverhältnis zum Ausdruck bringen.

■ Arzt zum Patient:
Jetzt wollen *wir* mal schön die Tablette nehmen.

Mutter zum Kind:
Wollen *wir* der Tante nicht mal Guten Tag sagen?

- Das Personalpronomen *es* bezeichnet häufig nicht näher zu bestimmende Zusammenhänge oder einen Zustand, der nicht näher bestimmt werden kann.

■ Ich bin *es* satt.
*Es* regnet.
Ich glaube *es* nicht.

- Im Genitiv der Personalpronomen in Verbindung mit dem Wort *wegen* wird das -r mit einem -t vertauscht.

■ statt: meinerwegen – meinetwegen
ihrerwegen – ihretwegen
seinerwegen – seinetwegen
euerwegen – euretwegen

**Reflexivpronomen** (rückbezügliches Fürwort)
**mir, dir, sich, uns, euch, sich**

> Das **Reflexivpronomen** weist auf den Handlungsträger (Subjekt) zurück (anaphorische Funktion).
> Da es keine eigenen Formen außer *sich* bildet, gilt es nicht als selbstständige Wortart. Im Satz stimmt das Reflexivpronomen in Person und Numerus mit dem Subjekt überein und kann entweder im Dativ oder Akkusativ, seltener im Genitiv stehen.

■ *Du* widersprichst *dir* selbst.

2. Pers. Singular *Nominativ* 2. Pers. Singular *Dativ*

| *Ich* | wasche | *mich*. |
|---|---|---|
| 1. Pers. Singular<br>*Nominativ* | | 1. Pers. Singular<br>*Akkusativ* |

Reflexivpronomen sind Bestandteile reflexiver Verben. Dabei werden echte und unechte reflexive Verben unterschieden.

**Echte und unechte reflexive Verben**

| echte reflexive Verben | unechte reflexive Verben |
|---|---|
| Das Reflexivpronomen bildet einen notwendigen Bestandteil des Verbs. | Das Reflexivpronomen bildet eine mögliche Ergänzung, die festlegt, dass sich das Geschehen nicht auf jemand anders bezieht. |
| Er beeilt *sich* zu springen.<br>Wir ergeben *uns* dem Feind.<br>Ich schäme *mich* dafür. | Ich kaufe das Buch.<br>Ich kaufe *mir* das Buch.<br>Sie retten die Stadt vor dem Untergang.<br>Sie retten *sich* vor dem Untergang. |

**Deklination**

| | Nominativ | Genitiv | Dativ | Akkusativ |
|---|---|---|---|---|
| *Singular* | | | | |
| 1. Person | – | meiner | mir | mich |
| 2. Person | – | deiner | dir | dich |
| 3. Person | –<br>–<br>– | seiner<br>ihrer<br>seiner | sich<br>sich<br>sich | sich<br>sich<br>sich |
| *Plural* | | | | |
| 1. Person | – | unser | uns | uns |
| 2. Person | – | euer | euch | euch |
| 3. Person | – | ihrer | sich | sich |

**Besonderheiten im Gebrauch der Reflexivpronomen**

– Das *Reflexivpronomen* kann sich auch auf das **Akkusativobjekt** beziehen.

Wir hörten die Musiker sich einstimmen.
Wir hörten die Musiker. Die Musiker stimmten sich ein.

– Das **Reflexivpronomen** wird auch verwendet, wenn die Handlung vom Akkusativobjekt ausgeht und sich auf das Subjekt zurückbezieht. Es wird dann mit einer **Präposition** verbunden.

Er sah die Kinder *auf sich* zu rennen.
Wir glaubten, der Redner spräche *für uns.*

– Das *Reflexivpronomen* kann auch *Bestandteil* eines **partizipialen Attributs** sein und sich auf dieses beziehen.

Sie rief *die sich entfernenden Kinder.*
Du beobachtest *den sich schließenden Kreis.*

– Das *Reflexivpronomen* kann *Bestandteil* des **erweiterten Infinitivs** sein.

Er hatte kaum noch Zeit, *sich zu erklären.*
„Jetzt bedurfte es keiner Überredung, *um mich von Neapel zu entfernen,* und schon am folgenden Tag waren wir auf dem Wege nach Rom …"
(CAROLINE AUGUSTE FISCHER: Gustavs Verirrungen).

**Possessivpronomen** (besitzanzeigendes Fürwort)
**mein, dein, sein, ihr, sein, unser, euer, ihr**

Mithilfe der **Possessivpronomen** wird die Zugehörigkeit eines Sachverhalts zu etwas anderem oder ein konkretes *Besitzverhältnis* ausgedrückt.

Jedem *Personalpronomen* kann ein Possessivpronomen zugeordnet werden.
Obwohl sie im Satz auch allein stehen können, haben sie anaphorische Funktion und sind in ihrer Flexion vom jeweiligen Nomen oder Pronomen abhängig. Werden sie attributiv verwendet, werden sie wie die unbestimmten Artikel dekliniert. Im prädikativen Gebrauch können sie entweder dekliniert oder undekliniert verwendet werden.

**Zuordnung der Possessivpronomen im Nominativ**

| Personalpronomen | | Possessivpronomen |
|---|---|---|
| *Singular* | | |
| ich | habe eine Schwester | meine Schwester |
| du | hast eine Schwester | deine Schwester |
| er/sie/es | hat eine Schwester | seine/ihre Schwester |
| *Plural* | | |
| wir | haben eine Schwester | unsere Schwester |
| ihr | habt eine Schwester | eure Schwester |
| sie | haben eine Schwester | ihre Schwester |

3

### Attributiver und prädikativer Gebrauch

| attributiv (einem Substantiv zugeordnet) | prädikativ (einem Verb zugeordnet) |
|---|---|
| Das ist *mein Hund.* | Das ist *meiner.* (dekliniert, Nom.)<br>Er ist *mein.* (undekliniert) |
| Ist das *dein* Fahrrad? | Ja, das ist *meines.*<br>Es ist *mein.* |

### Deklination

**Starke Deklination (1. Person)**
**(Possessivpronomen, die mit einem Substantiv verbunden sind)**

| | Maskulinum | Femininum | Neutrum |
|---|---|---|---|
| *Singular* | | | |
| Nominativ | mein Hut | meine Hose | mein Haus |
| Genitiv | meines Hutes | meiner Hose | meines Hauses |
| Dativ | meinem Hut | meiner Hose | meinem Haus |
| Akkusativ | meinen Hut | meine Hose | mein Haus |
| *Plural* | | | |
| Nominativ | meine Hüte | meine Hosen | meine Häuser |
| Genitiv | meiner Hüte | meiner Hosen | meiner Häuser |
| Dativ | meinen Hüten | meinen Hosen | meinen Häusern |
| Akkusativ | meine Hüte | meine Hosen | meine Häuser |

Beachte Besonderheiten des Possessivpronomens!

Wird das *Possessivpronomen prädikativ* oder ohne Substantiv verwendet und es ist *kein* Artikel vorangestellt, erhält der Nominativ Singular Maskulinum ein -er und der Nominativ und Akkusativ Singular Neutrum ein -(e)s.

*Meiner* kann schneller rennen. (Nominativ Singular Maskulinum)
*Mein(e)s* wird bald fertig. (Nominativ Singular Neutrum)
Ich sehe *dein(e)s.* (Akkusativ Singular Neutrum)

Im Allgemeinen wird aber das prädikativ gebrauchte Possessivpronomen nicht dekliniert. Nur wenn das Subjekt durch ein unpersönliches „es" oder „das" ersetzt wird, wird das Pronomen stark dekliniert.

Hier liegt eine Säge – es ist meine.
Dort hängt ein Rucksack – das ist deiner.
Ich bügle die Hosen – es sind eure.

**Schwache Deklination (1. Person)**
**(Possessivpronomen, die mit einem Artikel verbunden sind)**

| | **Maskulinum** | **Femininum** | **Neutrum** |
|---|---|---|---|
| *Singular* | | | |
| Nominativ | der meine | die meine | das meine |
| Genitiv | des meinen | der meinen | des meinen |
| Dativ | dem meinen | der meinen | dem meinen |
| Akkusativ | den meinen | die meine | das meine |
| *Plural* | | | |
| Nominativ | die meinen | | |
| Genitiv | der meinen | | |
| Dativ | den meinen | | |
| Akkusativ | die meinen | | |

**Demonstrativpronomen** (hinweisendes Fürwort)
**der, die, das, dieser, diese, dieses, jener, jene, jenes, solch, solcher, solche, solches, derselbe, dieselbe, dasselbe, selbst, selber**

> **Demonstrativpronomen** dienen der **Hervorhebung** eines Sachverhalts, eines Gegenstandes oder einer Person. Die Hervorhebung kann sich außerdem auf einen vollständigen Satz beziehen. Sie können im Satz als Stellvertreter oder Begleiter des Substantivs gebraucht werden.

| **Demonstrativpronomen** | **der, die, das** |
|---|---|
| Kennzeichen | Besondere Hinweisung auf etwas Vorhergehendes (Personen, Gegenstände …) oder noch Nachfolgendes |
| Beispiele | *Das* ist es, das Haus, von dem ich sprach.<br>Er gab mir die Aufgabe. *Die* hatte es aber in sich.<br>Ich habe dir doch von dem Jungen erzählt.<br>*Der* dort drüben war es. |
| Besonderheiten | – Verstärkung durch Adverbien und Artikel (der dort, das hier, die eben …)<br>– „das“ bei unpersönlichem Gebrauch (Wie sich *das* anhört.)<br>– Ersatz von „derer“ und „dessen“ durch ein entsprechendes Personalpronomen möglich (Ich spreche mit *deren*/ihren Kindern.) |

| | Maskulinum | Femininum | Neutrum |
|---|---|---|---|
| *Singular* | | | |
| Nominativ | der | die | das |
| Genitiv | dessen | deren | dessen |
| Dativ | dem | der | dem |
| Akkusativ | den | die | das |
| *Plural* | | | |
| Nominativ | die | | |
| Genitiv | deren | | |
| Dativ | denen | | |
| Akkusativ | die | | |

| **Demonstrativpronomen** | **dieser, diese, dieses** | **jener, jene, jenes** |
|---|---|---|
| Kennzeichen | – Hinweise auf eine Sache, die dem Sprecher/Schreiber näher ist<br>– Können, in einem Satz verwendet, einen Vergleich ausdrücken | – Hervorhebung eines entfernteren Sachverhalts |
| Beispiele | Ich hatte eine große Bildauswahl, *dieses* habe ich genommen.<br>*Dieses* Bild gefällt mir besonders, *jenes* überhaupt nicht. | |
| Besonderheiten | – Bei Wiederholung von zwei Sachverhalten wird der zuletzt genannte mit *dieser* gekennzeichnet und der zuerst genannte mit **jener.** (Ich musste einen Text übersetzen und einen schreiben. *Jenes* [= das Übersetzen] war nicht so schwer.)<br>– Ersatz des Demonstrativpronomens durch ein entsprechendes Personalpronomen ist durchaus zulässig.<br>– *Dies(es)* und *jenes* steht bei Gleichsetzung auch für mehrere Substantive. (Das linke und das Bild daneben, *dies* sind meine Werke.)<br>– Kennzeichnung von etwas Unbestimmtem mit der Wortkombination *dieses* und *jenes*. (Sie sagte so *dieses* und *jenes*.) | |

**Deklination**

| | Maskulinum | Femininum | Neutrum |
|---|---|---|---|
| *Singular* | | | |
| Nominativ | dieser/jener | diese/jene | dies[es]/jenes |
| Genitiv | dieses/jenes | dieser/jener | dieses/jenes |
| Dativ | diesem/jenem | dieser/jener | diesem/jenem |
| Akkusativ | diesen/jenen | diese/jene | dies[es]/jenes |
| *Plural* | | | |
| Nominativ | diese/jene | | |
| Genitiv | dieser/jener | | |
| Dativ | diesen/jenen | | |
| Akkusativ | diese/jene | | |

| **Demonstrativpronomen** | **solch, solcher, solche, solches** |
|---|---|
| Kennzeichen | – beziehen sich wie die anderen Demonstrativpronomen auch auf schon beschriebene Personen/Sachverhalte u. Ä.<br>– treten als Vertreter oder Begleiter des Substantivs auf und tragen anaphorische Funktion |
| Beispiele | Er wollte sie mit *Blumen* überraschen, wusste aber nicht, ob sie *solche* mag.<br>Er erzählte ihr eine *fantastische Geschichte. Solchen* Blödsinn hatte sie noch nie gehört. |
| Besonderheiten | – Sind diese Pronomen mit einem unbestimmten Artikel verbunden, werden sie schwach dekliniert.<br>– Ohne Artikel verwendet, werden sie stark dekliniert.<br>– „Solch" vor einem unbestimmten Artikel bleibt unverändert (solch ein Wetter, solch eine Tat). |

**Deklination**

| | Maskulinum | Femininum | Neutrum |
|---|---|---|---|
| *Singular* (schwach) | | | |
| Nominativ | ein solcher | eine solche | ein solches |
| Genitiv | eines solchen | einer solchen | eines solchen |
| Dativ | einem solchen | einer solchen | einem solchen |
| Akkusativ | einen solchen | eine solche | ein solches |

Wird mit „solch" auf die Beschaffenheit oder Intensität einer Sache hingewiesen, trägt es den Charakter eines *demonstrativen Adjektivs,* ähnlich wie „derartig".

| *Singular* (stark) | | | |
|---|---|---|---|
| Nominativ | solcher | solche | solches |
| Genitiv | solches | solcher | solches |
| Dativ | solchem | solcher | solchem |
| Akkusativ | solchen | solche | solches |
| *Plural* | | | |
| Nominativ | solche | | |
| Genitiv | solcher | | |
| Dativ | solchen | | |
| Akkusativ | solche | | |

| **Demonstrativpronomen** | **derselbe, dieselbe, dasselbe** |
|---|---|
| Kennzeichen | – Zusammengesetzte Pronomen aus dem bestimmten Artikel der, die, das und dem Wortbestandteil -selbe, welcher wie ein Adjektiv nach bestimmtem Artikel dekliniert wird<br>– Gibt eine Übereinstimmung mit einer einzelnen Person/Sache oder einer Gruppe an |
| Beispiele | Ein Mann kam auf mich zu, *derselbe,* mit dem ich mich gestern unterhalten hatte.<br>Wir treffen uns im Raum, in *demselben* wie letzte Woche.<br>Hatte er gestern *dieselbe* Jacke an? |
| Besonderheiten | – Die Demonstrativpronomen geben nur die Übereinstimmung einer Person/Sache mit sich selbst an; mit „der gleiche, die gleiche, das gleiche" dagegen wird die Gleichheit einer Gruppe angezeigt. (Die beiden Mädchen tragen *dasselbe* Kleid. Es gehört Marie, aber manchmal borgt sie es ihrer Schwester. Die beiden Mädchen haben das *gleiche* Kleid. Maries ist aber eine Nummer größer als das ihrer Schwester.)<br>– Veraltete Formen: selbig, derselbige, dieselbige, dasselbige |

| | **Maskulinum** | **Femininum** | **Neutrum** |
|---|---|---|---|
| *Singular* | | | |
| Nominativ | derselbe | dieselbe | dasselbe |
| Genitiv | desselben | derselben | desselben |
| Dativ | demselben | derselben | demselben |
| Akkusativ | denselben | dieselbe | dasselbe |

| *Plural* | | | |
|---|---|---|---|
| Nominativ | dieselben | | |
| Genitiv | derselben | | |
| Dativ | denselben | | |
| Akkusativ | dieselben | | |

**Relativpronomen** (bezügliches Fürwort)
**der, die, das, wer, was, welcher, welche, welches**

> **Relativpronomen** werden als **Stellvertreter** des Substantivs gebraucht. Sie leiten einen Gliedsatz (Relativsatz) ein und verknüpfen ihn mit einem Substantiv (oder Pronomen) aus dem übergeordneten Hauptsatz. Die Relativpronomen stimmen im *Genus* und *Numerus* mit diesem Substantiv überein (↗S. 152).

| **Hauptsatz** | | **Relativsatz** |
|---|---|---|
| Ich kaufe mir **das Buch,** | → | **das** du mir empfohlen hast. |
| | → | **welches** du mir empfohlen hast. |
| Es war **etwas Gemeines,** | → | **was** er vorhatte. |

**Deklination** (der, die, das)

| | **Maskulinum** | **Femininum** | **Neutrum** |
|---|---|---|---|
| *Singular* | | | |
| Nominativ | der | die | das |
| Genitiv | dessen | deren | dessen |
| Dativ | dem | der | dem |
| Akkusativ | den | die | das |
| *Plural* | | | |
| Nominativ | die | | |
| Genitiv | deren (derer) | | |
| Dativ | denen | | |
| Akkusativ | die | | |

**Deklination** (welcher, welche, welches)

| | **Maskulinum** | **Femininum** | **Neutrum** |
|---|---|---|---|
| *Singular* | | | |
| Nominativ | welcher | welche | welches |
| Genitiv | – | – | – |
| Dativ | welchem | welcher | welchem |
| Akkusativ | welchen | welche | welches |
| | | | |
| Nominativ | welche | | |
| Genitiv | – | | |
| Dativ | welchen | | |
| Akkusativ | welche | | |

**Besonderheiten im Gebrauch der Relativpronomen**

– Der *fehlende* **Genitiv** von „welcher, welche, welches" kann durch *dessen* und *deren* ersetzt werden, beide Formen sind unveränderlich.

*Die Eltern, deren Kinder* in das Ferienlager fahren, treffen sich am Dienstag.
*Der Junge, dessen* Fußball die Schaufensterscheibe zertrümmert hatte, musste sich entschuldigen.
*Sabine, deren* Katze ich hütete, war verreist.

– *Wer* bezieht sich *nur auf Personen* und trägt kataphorische (vorausweisende) Funktion.

*Wer* das gewesen ist, *wissen wir nicht.*
*Wer* mir nicht glaubt, *kann ja die anderen fragen.*
*Wer* nicht für uns ist, *ist gegen uns.*

– *Was* kann sich entweder auf ein **substantiviertes Adjektiv,** ein **Pronomen** im **Neutrum** oder einen ganzen **Satz** beziehen.

Das war *das Beste, was* er tun konnte.
*Es* gefiel ihm nicht, *was* ich ihm sagte.
*Sie kam viel zu spät, was* ihm aber egal war.

– *Das* bezieht sich nur auf **Substantive** oder *substantivierte Adjektive,* die etwas Bestimmtes ausdrücken.

*Das Bild, das* ich malte, wollte ich verschenken.
*Das Sicherste, das* ich tun konnte, war stillzuhalten.

**Interrogativpronomen** (fragendes Fürwort)
**wer?, was?, welcher?, welche?, welches?, was für ein(er)?, was für eine?, was für ein(es)?**

Werden diese Pronomen in einem Fragesatz gebraucht, werden sie als *Interrogativpronomen* bezeichnet. *Wer* fragt nach Personen, *was* nach Sachen. Beide werden wie *was für einer, was für eine, was für eines* allein stehend gebraucht. Dagegen können *was für ein, was für eine, was für ein* auch in Verbindung mit einem Substantiv (attributiv) gebraucht werden. *Welcher, welche, welches* können allein stehend und attributiv gebraucht werden und fragen nach einer bestimmten Person oder Sache unter mehreren.

*Wer* war das?
*Was für eine* Farbe brauchst du?
Ich möchte ein Buch verschenken. *Welches* soll ich nehmen?

**Deklination** (wer?, was?)

| | **Maskulinum + Femininum** | **Neutrum** |
|---|---|---|
| *Singular* | | |
| Nominativ | wer? | was? |
| Genitiv | wessen? | wessen? |
| Dativ | wem? | – |
| Akkusativ | wen? | was? |

**Deklination** (welcher?, welche?, welches?)

| | **Maskulinum** | **Femininum** | **Neutrum** |
|---|---|---|---|
| *Singular* | | | |
| Nominativ | welcher? | welche? | welches? |
| Genitiv | welches? | welcher? | welches? |
| Dativ | welchem? | welcher? | welchem? |
| Akkusativ | welchen? | welche? | welches? |
| *Plural* | | | |
| Nominativ | welche? | | |
| Genitiv | – | | |
| Dativ | welchen? | | |
| Akkusativ | welche? | | |

**Deklination**
(was für einer?, was für eine?, was für eines? allein stehend)

| | Maskulinum | Femininum | Neutrum |
|---|---|---|---|
| *Singular* | | | |
| Nominativ | was für einer? | was für eine? | was für ein(e)s? |
| Genitiv | was für eines? | was für einer? | was für eines? |
| Dativ | was für einem? | was für einer? | was für einem? |
| Akkusativ | was für einen? | was für eine? | was für ein(e)s? |
| *Plural* | was für welche? | | |

**Deklination**
(was für ein?, was für eine?, was für ein? + Substantiv)

| | Maskulinum | Femininum | Neutrum |
|---|---|---|---|
| *Singular* | | | |
| Nominativ | was für ein? | was für eine? | was für ein? |
| Genitiv | was für eines? | was für einer? | was für eines? |
| Dativ | was für einem? | was für einer? | was für einem? |
| Akkusativ | was für einen? | was für eine? | was für ein? |
| *Plural* | was für? | | |

**Besonderheiten im Gebrauch der Interrogativpronomen**

– In Verbindung *mit einem* **Substantiv** hat „welcher?“, „welche?“, „welches?“ *auswählende Bedeutung.*

■ *Welches* Kleid soll ich anziehen? Das rote wäre schön.

– „Was für ein(e)?“ fragt nach bestimmten Eigenschaften oder Merkmalen.

■ *Was für ein* Mensch ist das?
*Was für ein* Boot willst du ausleihen?
*Was für eine* Farbe hast du gewählt?

– *Wegfall* von „ein“ im *Plural* und mögliche *Trennung* von „was“ und „für“

■ *Was für* Gedanken sind das? *Was* sind das *für* Gedanken?
*Was für* Leute kennst du? *Was* du *für* Leute kennst?

**Indefinitpronomen** (unbestimmtes Fürwort)
**man, etwas, nichts, irgendeiner, keiner, niemand, jemand, jedermann, mancher, all(e), andere, beide, einer, einige, ein paar, etliche, mehrere, sämtliche, viel, wenig, welcher, wer**

> **Indefinitpronomen** werden dann verwendet, wenn eine *nähere* **Bezeichnung** von Personen oder Sachen *nicht* nötig ist oder eine begrenzte Menge nicht genau bestimmt ist.
> Sie treten im Satz als **Stellvertreter** des **Substantivs** oder als sein **Begleiter** auf. Die **Deklination** der Indefinitpronomen ist nicht einheitlich und wird auch durch das jeweils herrschende **Sprachgefühl** geregelt.

Ich gebe ein Zeichen, und *alle* fangen an.
*Sämtliche* Urlauber fuhren sofort ab.
Das Geheimnis wurde nicht bekannt, da *niemand* redete.

**Besonderheiten im Gebrauch der Indefinitpronomen**

– „Man“, „etwas“ und „nichts“ sind unveränderbar.

Es gibt *etwas,* was ich dir sagen muss.
*Etwas* musst du wissen.
Es gibt *etwas* Neues, was du wissen musst.
Es gibt *nichts,* was ich nicht schon wüsste.
Bei klarem Wetter kann *man* die Ostsee sehen.
*Man* sagte mir, dass ich Frau Berg hier träfe.

### 3.2.6 Adverbien (Umstandswörter, Beiwörter)

**dort, drüben, einst, bald, infolgedessen, trotzdem …**

> Das **Adverb** (lat. adverbium) wird als **Beiwort** zum Verb bezeichnet, kann aber auch als nähere Bestimmung eines Substantivs auftreten. Es gibt die näheren Umstände eines Geschehens an und ist nicht flektierbar.

Da die Adverbien verschiedene Aufgaben im Satz übernehmen können, sind sie manchmal *nicht eindeutig* vom Adjektiv oder von der Präposition *zu unterscheiden.* Werden sie als **adverbiale Bestimmung** (Adverb + Verb) gebraucht, bilden sie ein *selbstständiges* **Satzglied.** Als Attribut sind sie Bestandteil eines Satzgliedes.

**Arten des Adverbs**

Die einzelnen Arten des Adverbs kennzeichnen, welchen Umstand des Geschehens sie genauer bestimmen. Die wichtigsten Arten sind:

1. **Lokaladverbien** – Adverbien des Ortes
2. **Temporaladverbien** – Adverbien der Zeit
3. **Modaladverbien** – Adverbien der Art und Weise
4. **Kausaladverbien** – Adverbien des Grundes

**Lokaladverbien**

| | Ortsadverbien (Stativa) | Richtungsadverbien (Direktiva) | |
|---|---|---|---|
| **Fragewort** | **wo?** | **woher?** | **wohin?** |
| **Bezeichnung** | Ort der Lage | Herkunft | Ziel |
| **Beispiele** | da, dort, hier, draußen, oben, unten, überall | her, dorther, irgendwoher | bergauf, dahin, fort, überallhin, weg |

Es gibt heute, meist im mündlichen Sprachgebrauch verwendet, viele Kurzformen von zusammengesetzten Lokaladverbien. So wird aus herein – rein, aus herüber – rüber, und aus herauf wird rauf.

**Temporaladverbien**

| **Fragewort** | **wann?** | **wie lange?** | **wie oft?** |
|---|---|---|---|
| **Bezeichnung** | Zeitpunkt oder Zeitabschnitt | zeitliche Dauer | Wiederholung |
| **Beispiele** | damals, einst, kürzlich, jetzt, gestern, übermorgen | zeitlebens, jahrelang, sekundenschnell | ab und zu, oft, gelegentlich |

**Modaladverbien**

| | Adverbien der Qualität | Adverbien der Quantität |
|---|---|---|
| **Fragewort** | **wie?** | |
| **Bezeichnung** | Art und Weise | Menge, Ausmaß |
| **Beispiele** | anders, genauso, so, schnurstracks, kopflos, nebenbei, rückwärts | haufenweise, scharenweise |

**Kausaladverbien**

| **Fragewort** | **warum? weshalb? weswegen? wieso?** |
|---|---|
| **Bezeichnung** | Grund – Folge – Beziehung |
| **Beispiele** | daher, deshalb, deswegen, meinetwegen, darum, folglich |

### Weitere Adverbienarten

| Adverbienart | Frage | Beispiele |
|---|---|---|
| Adverbien der Einräumung und der Gültigkeit | Trotz welchen Umstandes? | nicht, keineswegs, vielleicht, dennoch, trotzdem |
| Adverbien der Bedingung | Unter welcher Bedingung? | sonst, notfalls, gegebenenfalls, schlimmstenfalls |
| Adverbien der Stellungnahme und Bewertung | – | vermutlich, zweifellos, vielleicht, hoffentlich, leider, bedauerlicherweise |

### Sonderform der Pronominaladverbien

**Pronominaladverbien** sind Stellvertreter für adverbiale Bestimmungen, Attribute oder Objekte. Sie werden aus den Adverbien *da, hier* und *wo* und einer Präposition gebildet.

**da** → dabei, dafür, dagegen, dadurch, danach, darum, davor, dazwischen

**hier** → hieraus, hierfür, hierdurch, hiermit, hiervon, hierzwischen

**wo** → wobei, wofür, wogegen, womit, wonach, worüber, wovon, wozu

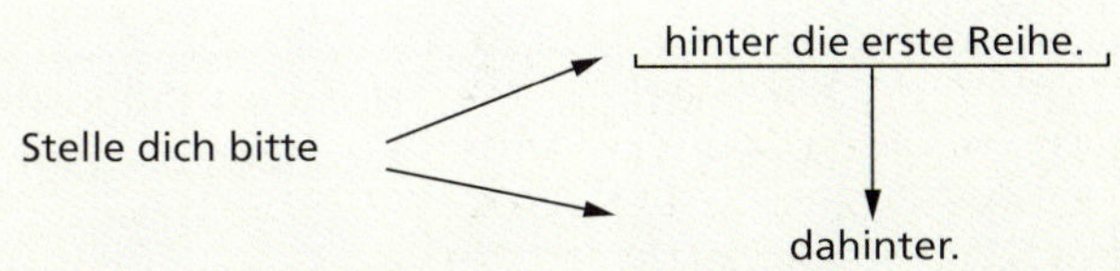


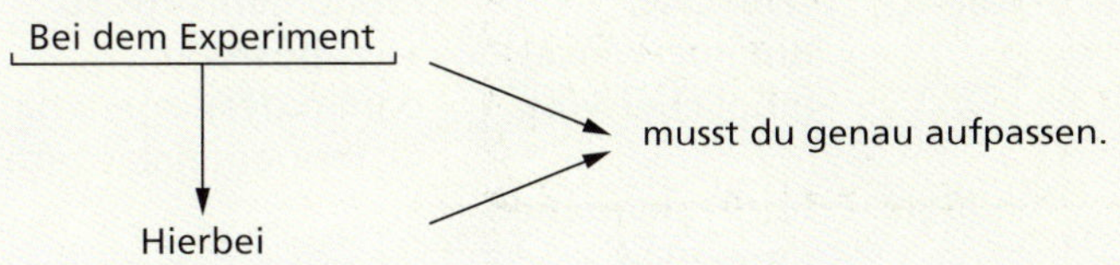


### Steigerungsformen und Vergleichsformen

Obwohl die meisten Adverbien in ihrer Form unveränderlich sind, gibt es einige Ausnahmen:

1. oft – öfter – am öftesten (seltener)

3

2. Genitivform — des Öfteren
3. stammunabhängige Steigerung — gern – lieber – am liebsten
4. Steigerung mithilfe anderer Wörter — viel mehr, sehr viel mehr

**Die grammatischen Leistungen des Adverbs im Satz**

| Adverbiale Bestimmung | | Attribut | |
|---|---|---|---|
| Du bist *hier*.<br>Wir kamen *gestern*. | – Lokalbestimmung<br>– Temporalbestimmung | Der Hund *hier* gehört mir.<br>Der Tag *gestern* verging schnell. | – Attribut zu „Hund"<br>– Attribut zu „Tag" |

Die Bezeichnung **Beiwort** gibt die Stellung des Adverbs im Satz an, die Bezeichnung **Umstandswort** die inhaltliche Funktion.

Morphem: kleinstes bedeutungstragendes Sprachelement (↗ S. 58)
Suffix: Nachsilbe, an ein Wort oder einem Wortstamm angehängte Ableitungssilbe (↗ S. 139 ff.)

| Adverb | |
|---|---|
| **Lexikalische Kategorie** (Wortart) | **Syntaktische Kategorie** (Funktion im Satz) |
| – keine einheitliche Form<br>– unflektierbar | – einem Verb zugeordnet<br>– nähere Bestimmung des Verbs oder Substantivs |

**Formen der Adverbien**

| Einfache Adverbien | Ableitungen | | Zusammensetzungen |
|---|---|---|---|
| lassen sich nicht in weitere Morpheme zerlegen | **Wortstamm + Suffix** | | **Wortart + Wortart** |
| bald, erst, gern, fort, noch, nun, schon, sonst, weg, oft, wohl, dort, hier | -s: | nachmittags, nachts | **Nomen + Präposition:** tagsüber, bergauf |
| | -lings: | blindlings, rücklings | **Pronomen + Substantiv:** mancherorts, jederzeit |
| | -weise: | teilweise, dummerweise, möglicherweise | **Pronomen/Adverb + Präposition:** damit, deswegen, hinab (↗ Pronominaladverb) |
| | -maßen: | folgendermaßen, dermaßen | |
| | -lei: | allerlei, keinerlei | |
| | -wärts: | aufwärts, vorwärts heimwärts | |

## 3.2.7 Partikeln

**Partikeln** können eine **Hervorhebung** ausdrücken, den Grad einer Intensität festlegen oder in Gesprächen die innere Einstellung des Sprechers verdeutlichen. Sie sind in ihrer *Form unveränderlich* und haben kaum eine eigene inhaltliche Bedeutung. Partikeln können *keine Satzglieder bilden* und tragen *keine grammatikalische Bedeutung.* Viele den Partikeln zugeordnete Wörter können ebenso anderen unflektierbaren Wortarten zugeordnet werden.

*Partikel;* lat. particula = Teilchen. Seit dem 17. Jh. gilt Partikel als Terminus der Grammatik zur zusammenfassenden Bezeichnung aller unveränderlichen Wörter (Umstands-, Verhältnis-, Bindewörter), die nicht einer der Hauptwortarten zuzuordnen sind.

Beispiel:

| Modalpartikeln | andere Wortart |
|---|---|
| Du bist *aber* empfindlich. | Ich habe mich bemüht, *aber* es reichte nicht. (Konjunktion) |
| Die Musik war *schon* beeindruckend. | Die Musiker kommen *schon*. (Temporaladverb) |

*Partikeln* lassen sich je *nach ihrer Funktion im* **Satz** in verschiedene **Untergruppen** einteilen.

**Teilklassen der Partikeln**

| Teilklasse | Merkmale | Beispiel |
|---|---|---|
| **Gradpartikeln** äußerst, durchaus, höchst, irre, recht, sehr, überaus, ungemein, ziemlich, zutiefst | – geben die *Intensität einer Eigenschaft* an<br>– werden meist **Adjektiven,** aber auch **Adverbien** und **Verben** zugeordnet | Ihr Vortrag war *sehr* gut.<br>Ich bin *höchst* erfreut.<br>Der Film war *äußerst* spannend. |
| **Modalpartikeln** aber, auch, bloß, denn, doch, eben, eigentlich, etwa, halt, ja, mal, nur, schon, vielleicht, wohl | – eine innere Einstellung, *Erwartung* wird ausgedrückt<br>– die *Aussage* wird im Sinne von Zustimmung, Ablehnung usw. *subjektiv* gefärbt<br>– Gebrauch auch in *Mehrfachkombinationen* möglich | Das ist *doch* die Höhe.<br>Woher soll ich das *denn* wissen?<br>Der ist *vielleicht* naiv!<br>Das könntest du *doch vielleicht mal* für mich in der nächsten Stunde machen. |

3

| Teilklasse | Merkmale | Beispiel |
|---|---|---|
| **Fokuspartikeln**<br>allein, besonders, bloß, nur, selbst, sogar, wenigstens | – dienen der *Hervorhebung* einer bestimmten Satzaussage vor anderen | Du hast *wenigstens* mitgemacht.<br>*Selbst* Peter konnte nicht helfen.<br>*Sogar* ich musste lachen. |
| **Gesprächspartikeln**<br>also, genau, gut, hallo, ja, nein, nun, richtig, so, tschüss;<br>bitte?, hm?, oder?, was?, wie?;<br>hopp! | – dienen der *Gliederung* eines Gesprächs<br>– können *Bestätigung* oder Vergewisserung ausdrücken<br>– Zurufe, Grüße, Wünsche, Gebote, die für einen ganzen Satz stehen<br>– *Antworten* auf Entscheidungsfragen | Ich hab doch Recht, *oder?*<br>*So,* das wars für heute.<br><br>Jetzt aber ins Bett, *husch!*<br><br>Bist du fertig?<br>*Ja* (ich bin fertig). |

### 3.2.8 Präpositionen (Verhältniswörter)

*Präposition;* lat. praeponere = voranstellen, voransetzen. Der grammatische Terminus Präposition = Verhältniswort wurde im 14./15. Jh. entlehnt.

**Präpositionen** stellen zwei Sachverhalte in ein bestimmtes Verhältnis zueinander. Diese Sachverhalte werden durch ein Substantiv (oder seinen Stellvertreter) und ein anderes Wort (Verb, Substantiv, Adjektiv, Pronomen, Adverb) ausgedrückt. Das Verhältnis kann lokaler, temporaler, modaler oder kausaler Art sein.
Die Präpositionen selbst sind in ihrer Form unveränderlich, bestimmen aber den Kasus der ihnen folgenden deklinierbaren Wörter. Die Bestimmung des **Kasus** durch eine Präposition nennt man **Rektion.**

In der Regel stehen Präpositionen (lat. das Vorangestellte) vor ihrem Bezugswort.

**Lokale Präpositionen**
**an, auf, bei, bis, durch, entlang, gegenüber, im, in, nach, neben, oberhalb, über, um, unter, vor, zu, zwischen**

**Lokale Präpositionen** kennzeichnen ein **räumliches Verhältnis,** die Lage oder die Richtung.

Ich bin *im* Haus.
Der Hund liegt *vor* seiner Hütte.
Sie müssen *nach* rechts gehen.

**Temporale Präpositionen**
**ab, an, bei, bis, in, mit, nach, seit, um, von, vor, während, zu, zwischen**

> **Temporale Präpositionen** kennzeichnen den *Zeitpunkt* oder die *Dauer*.

Du musst *bis* morgen fertig sein.
Die Freunde trafen sich *in* der Pause.
Wir blieben *während* des Gewitters im Haus.

**Modale Präpositionen**
**auf, aus, außer, bis auf, für, gegenüber, in, mit, ohne, unter, von, wider, zu**

> **Modale Präpositionen** kennzeichnen die **Art und Weise.**

Der Teller ist *aus* Porzellan.
Der Fremde konnte sich *ohne* Schwierigkeiten verständigen.
Mayke lernte *mit* dem Plan sich in der Stadt zurechtzufinden.

**Kausale Präpositionen**
**aufgrund, betreffs, dank, durch, infolge, mit, nach, um, unter, von, vor, wegen, zu**

> **Kausale Präpositionen** kennzeichnen den *Grund,* den *Anlass,* den *Zweck* oder die *Einräumung*.

Er wurde *durch* die Nachricht stark beunruhigt.
Sie schützte sich *vor* der Sonne.
Wir konnten *wegen* des Glatteises nicht mit dem Auto fahren.

**Die Rektion der Präpositionen**

> Die **Präpositionen** bestimmen den **Kasus** des *folgenden Wortes,* wenn es deklinierbar ist.

| | |
|---|---|
| – *für* (Akkusativ): *Für* wen oder was? | für *die Katze*<br>für *den Hund*<br>für *das Kind* |
| – *mit* (Dativ): *Mit* wem? | mit *der Katze*<br>mit *dem Hund*<br>mit *dem Kind* |
| – *ungeachtet* (Genitiv): *Ungeachtet* wessen? | ungeachtet *der Katze*<br>ungeachtet *des Hundes*<br>ungeachtet *des Kindes* |

3

Einige Präpositionen können auch zwei oder mehrere Kasus verlangen. Besonders häufig sind die Präpositionen, die entweder den Dativ oder den Akkusativ fordern.
Diese Präpositionen (siehe Tabelle) werden mit dem Dativ angeschlossen, wenn das Fragewort „wo?" gebraucht wird. Kann man den Kasus mit der Frage „wohin?" bestimmen, wird der Akkusativ verwendet.

| *wo?* (Dativ)<br>(Ort, Lage) | *wohin?* (Akkusativ)<br>(Richtung) |
|---|---|
| Die Wörter stehen *an* der Tafel. | Du schreibst die Wörter *an* die Tafel. |
| Das Heft liegt *auf* dem Tisch. | Er legt das Heft *auf* den Tisch. |
| Du stehst *vor* dem Bild. | Stelle dich *vor* das Bild. |

**Diese Präpositionen fordern den**

Umgangssprachlich wird „wegen" oft mit dem Dativ verwendet. Das sollte man vermeiden, außer in bestimmten Verbindungen mit Pluralformen, wo der Genitiv schwer erkennbar ist: wegen manchem; wegen Vergangenem.

| | |
|---|---|
| **Genitiv** | abseits, abzüglich, anlässlich, außerhalb, betreffs, hinsichtlich, inmitten, innerhalb, laut, mangels, mittels, oberhalb, seitens, statt, trotz, ungeachtet, unterhalb, unweit, vorbehaltlich, während, wegen, zuzüglich, zwecks |
| **Dativ** | aus, bei, entgegen, entsprechend, gegenüber, mit, nach, nebst, seit, von, zu |
| **Akkusativ** | betreffend, bis, durch, für, gegen, kontra, ohne, um, wider |
| **Dativ oder Akkusativ** | an, auf, hinter, in, neben, über, unter, vor, zwischen |
| **Genitiv oder Dativ** | dank, längs, zufolge, zugunsten |
| **Dativ und/oder Akkusativ** | außer, entlang |

**Besonderheiten im Gebrauch**

Fügungen mit *mehreren Präpositionen* hintereinander sollten möglichst *vermieden* werden.

- nicht: … *mit vor* Schmerz verzerrtem Gesicht …
  sondern: … *mit* einem *vor* Schmerz verzerrten Gesicht …

*Mehrere Präpositionen* hintereinander sind möglich, wenn sie den *gleichen Kasus* fordern.

- Ich suchte die Karte überall, *auf, unter* und *hinter* dem Tisch.

*Bestimmte* **Verben** und **Verbgruppen** werden *nur mit einer* ihnen zugehörigen *Präposition* verbunden.

| | | |
|---|---|---|
| sich kümmern | – | um |
| stolz sein | – | auf |
| Angst haben | – | vor |

### 3.2.9 Konjunktionen (Bindewörter, Fügewörter)

**Konjunktionen verbinden** Wörter, Wortgruppen oder Teilsätze und stellen sie in ein bestimmtes **Verhältnis** zueinander. Sie sind in ihrer Form *nicht veränderlich* und bilden *kein eigenes Satzglied.*

*Konjunktion;* lat. coniunctio = Verbindung.
Dieser grammatische Terminus wurde im 17. Jh. aus dem Lateinischen entlehnt.

Konjunktionen lassen sich *nach ihrer Funktion im Satz* in folgende Gruppen einteilen:

1. **nebenordnende** Konjunktionen
2. **Satzteilkonjunktionen**
3. **Infinitivkonjunktionen**
4. **unterordnende** Konjunktionen und Konjunktionen *mit* **syntaktischer Funktion**

| Art | Funktion | Beispiel |
|---|---|---|
| **1. Nebenordnende Konjunktion**<br>aber, allein, denn, doch, nur, oder, sondern, sowohl, und | – *Verbindung von Wörtern und Wortgruppen*<br>– *Verbindung von Teilsätzen einer Satzverbindung*<br>– *Verbindung eines Teilsatzes mit einem Substantiv* als gleichberechtigte Teile | … Mann *und* Frau; … die kleine Maus *und* der gefährliche Kater;<br>Frauke würde uns besuchen, *aber* sie hat keine Zeit.<br>Das Bild *und* alles, was da noch im Raum war, gefiel mir nicht. |
| **2. Satzteilkonjunktion**<br>als, also, desto, umso, wie | – *Satzteile werden in den Satz eingebaut und angeschlossen;* z. B. Anschluss eines Attributs oder einer adverbialen Bestimmung<br>– sie ist oft Ausdruck eines *Vergleichs*<br>– *desto* und *umso* werden mit einem *Komparativ* gebraucht | Er ist muskulös, *also* sehr sportlich, aber hat Probleme mit der Wirbelsäule.<br>Er wurde *wie* ein Held gefeiert.<br>Du bist heute fleißiger *als* gestern.<br>Je eher du anfängst, *desto* früher bist du fertig. |

Im *mündlichen Sprachgebrauch* einiger Sprachräume (z. B. Berlin) sind Verbverbindungen mit *zu* und *haben* üblich, die aber in der Standardsprache als falsch gelten. So ist der Ausdruck „Er hat dort noch eine Tasche zu stehen“ zwar üblich, standardsprachlich heißt es aber „Dort steht noch seine Tasche“.

3

| | | |
|---|---|---|
| **3. Infinitivkonjunktion** zu, (an)statt – zu, ohne – zu, um – zu | – Anschluss von Infinitiven<br>– *Anzeigen* des *Zweckes,* der *Absicht* oder der *Folge*<br>– Kennzeichnung einer *stellvertretenden Sache*<br>– Kennzeichnung einer *fehlenden Sache* | Ich hatte keine Zeit, den Brief sofort *zu* beantworten.<br>Er kam, *um* sich einen Rat *zu* holen.<br>Ich gab auf, *anstatt zu* kämpfen.<br>Ich stürzte mich in das Abenteuer, *ohne* lange *zu* überlegen. |
| **4. Unterordnende Konjunktion** als, bis, da, damit, dass, ehe, nun, ob, ungeachtet, weil, wenn, wie, zumal | *Einleitung von Nebensätzen* – sie können *temporale, modale* oder *kausale Beziehungen* ausdrücken | Sie ging, *als* der Vortrag beendet war. *(temporal)*<br>Keiner wusste, *wie* der Unfall passieren konnte. *(modal)*<br>Er konnte nicht antworten, *weil* er die Frage nicht verstand. *(kausal)* |
| **Konjunktionen mit syntaktischer Funktion** als (ob), dass, ob, wie | Können, *ohne* temporale, kausale, modale Beziehungen zu bezeichnen, Subjekt-, Objekt-, Attribut- und Fragesätze anschließen | Es geht nicht, *dass* du ständig zum Unterricht viel zu spät kommst.<br>Ich frage euch, *ob* ihr mich verstanden habt.<br>Er sah, *wie* sie sich umarmten. |

*Syntax;* lat.-griech. syntaxis = Zusammenstellung; Zusammenordnung; syntaktisch = die Syntax betreffend. Es handelt sich um einen sprachwissenschaftlichen Terminus, der die Verknüpfung von Wörtern im Satz, also die Lehre vom Bau des Satzes, beinhaltet.

**Numerale;** lat. numerus = Zahl, Anzahl, Menge. Es wurde als grammatischer Terminus unmittelbar übernommen. Als Substantiv wurde es im 16. Jh. in der Kaufmannssprache aus dem ital. numero entlehnt.

### 3.2.10 Numeralien (Zahlwörter)

**Numeralien** geben die Menge/Anzahl an, in welcher der dargestellte Sachverhalt auftritt. Es gibt die **bestimmten Numeralien** (Kardinalzahlen, Ordinalzahlen) und die **unbestimmten Numeralien.**

Sie lassen sich nach ihrer *unterschiedlichen Verwendung* im Satz verschiedenen Wortarten zuordnen:
- Zahlsubstantive: die Eins, ein Fünftel, eine Million
- Zahladjektive: sechs, ein zweites Mal
- Zahladverbien: einmal, erstens

Im Satz werden sie meistens attributiv, also als nähere Bestimmung des Substantivs, verwendet.

### Kardinalzahlen (Grundzahlen)

Die **Kardinalzahlen** bezeichnen die einzelnen Grundzahlen. Obwohl sie dekliniert werden können, hat sich im heutigen Sprachgebrauch meist die undeklinierte Form durchgesetzt.

Am häufigsten dekliniert werden die Kardinalzahlen *zwei* und *drei*. Sie erhalten im Genitiv die Endung -er, wenn sie ohne Artikel gebraucht werden. Die Frage „wie viele?“ erfragt die Kardinalzahlen.

die Wortmeldung *zweier* Teilnehmer,
aber:
die Wortmeldung *der zwei* Teilnehmer

die Meinung *dreier* Schüler,
aber:
die Meinung *der drei* Schüler

### Ordinalzahlen (Ordnungszahlen)

Die **Ordinalzahlen** bezeichnen eine *bestimmte Stelle* innerhalb *einer* **Zahlenreihe** oder **Mengenangabe.** Sie werden wie **Adjektive** dekliniert und durch Anhängen der Endung -te oder -ste gebildet. Ausnahmen sind „der Erste, der Dritte, der Sieb(en)te und der Achte“. Die Frage „der Wievielte?“ erfragt die Ordinalzahlen.

Der *erste* Platz in der Schulmeisterschaft wurde mit einer Torte belohnt.
Der *achtzehnte* Geburtstag sollte besonders gefeiert werden.

### Unbestimmte Numeralien
**alle, einige, etliche, etwas, genug, manche, mehr, mehrere, nichts, wenig, viel**

Wenn nur *eine unbestimmte Aussage über die Anzahl von Gegenständen oder Sachverhalten* möglich oder notwendig ist, verwendet man **unbestimmte Numeralien.** Viele dieser Numeralia sind **Indefinitpronomen** und werden als solche dekliniert (↗ S. 111).

Ich konnte *etliche* Wörter im Text nicht übersetzen.
Es war nur *wenige* Tage schlechtes Wetter.

Die meisten Numeralien werden auch zu den Adjektiven gezählt. Man spricht dann von **Zahladjektiven.** Diese stehen als Attribut bei einem Substantiv. In erzählenden Texten sollten die Zahlen 1 bis 12 als Wörter geschrieben werden. In Fachtexten werden Zahl- und Maßangaben als Ziffern gesetzt.

3

| Numeralien | Bildung | Beispiel |
|---|---|---|
| Bruchzahlen | Kardinalzahl + -tel<br>Ausnahme: die Hälfte | Ein *Achtel* der Menge genügt. |
| Einteilungszahlen | je + Kardinalzahl | Teilt euch in Gruppen zu *je fünf* Schülern. |
| Gattungszahlen | Kardinalzahl + -erlei | *Fünferlei* verschiedene Stoffe werden benötigt. |
| Vervielfältigungszahlen | Kardinalzahl + -fach | Ich benötige das Zeugnis der 5. Klasse *zweifach.* |
| Wiederholungszahlen | Kardinalzahl + -mal | Du hast den Termin schon *dreimal* vergessen. |

### 3.2.11 Interjektionen (Empfindungswörter)

*Interjektion;* lat. interiectio = das Dazwischenwerfen. Der grammatische Fachausdruck wurde im 16. Jh. entlehnt.

**Interjektionen** werden meistens *im mündlichen* **Sprachgebrauch** verwendet, dienen aber auch in der Textgestaltung dazu, eine **Gefühlsäußerung** zu verstärken. Stehen sie allein, tragen sie Satzcharakter, werden sie im Satz gebraucht, trennt man sie durch ein Satzzeichen (Komma, Semikolon u. a.) ab. Sie sind in ihrer *Form unveränderlich.*

Interjektionen lassen sich in *zwei Gruppen* einteilen:

| Ausdrucks- und Empfindungswörter | Klang- und Lautmalereien |
|---|---|
| können Gefühlsausdrücke wie Schmerz, Angst, Ekel, Bedauern, Spott, Freude, Erschöpfung u. a. verstärken | dienen der anschaulichen, treffenden Kommentierung einer dargestellten Situation und der Nachahmung von Lauten |
| Beispiele:<br>autsch, aua, brr, pfui, igitt, herrje, nanu, ätsch, puh, oh, juchhu, oje | Beispiele:<br>hatschi, hihi, miau, wau, bim, hui, rums, ticktack, blub, gong, zack, klingeling |

Vor allem in der Kunstgattung des Comics erhalten die Interjektionen eine neue Bedeutung, da sie einen starken Ausdruck in besonders knapper Form wiedergeben können. Häufig werden auch verkürzte Verbformen (ratsch!, klirr! usw.) als Interjektionen benutzt.

## 3.3 Wortschatz und Wortbildung

Die **Wortbildung** ist ein Teilgebiet der Sprachwissenschaft, das sich mit den Möglichkeiten, Regeln und Mustern befasst, wie die einzelnen Wortformen entstehen und neue Wörter gebildet werden können. Da sich die Sprache der fortschreitenden gesellschaftlichen Entwicklung anpassen muss, um umfassend aussagefähig zu bleiben, entstehen ständig neue Wörter.

### 3.3.1 Grundbegriffe der Wortbildung

Ein **Morphem** ist die kleinste bedeutungstragende Einheit im Sprachsystem.
Nach ihrer Gebundenheit unterscheidet man *freie* und *gebundene* Morpheme.

*freie Morpheme:* unter, an, auf, aus, durch u. a.
*gebundene Morpheme:* ver-, ge-, ent-, zer- u. a. (↗ S. 58, 114)

| Morphemarten | Kennzeichen | Beispiel |
|---|---|---|
| 1. **Basismorpheme** (Stamm-Morpheme; BM) | – bilden den Kern des Wortes<br>– vermitteln die begriffliche Bedeutung des Wortes<br>– können als selbstständiges Wort auftreten<br>– die Verbindung zweier Basismorpheme nennt man Komposition | blutjung,<br>*Blut – jung*<br>BM BM<br><br>Windpocken,<br>*Wind – Pocken*<br>BM BM<br><br>Sturzhelm,<br>*Sturz – Helm*<br>BM BM |
| 2. **Wortbildungsmorpheme** (WBM) | – werden an ein Basismorphem angefügt<br>– vor dem Basismorphem: Präfix<br>– nach dem Basismorphem: Suffix<br>– treten nicht als selbstständiges Wort auf<br>– Wortbildungen mithilfe von Präfixen und Suffixen (Affixen) nennt man Derivationen (Ableitungen) | verlaufen<br>**ver** – **lauf** – **en**<br>WBM BM FM<br><br>gelaufen<br>**ge** – **lauf** – **en**<br>WBM BM FM<br><br>entlaufen<br>**ent** – **lauf** – **en**<br>WBM BM FM |

| | | |
|---|---|---|
| 3. **Flexions-morpheme** (FM) | – kennzeichnen die verschiedenen Wortformen bei Nomen, Verben und Adjektiven, die durch Flexion entstehen<br>– stellen inhaltliche und grammatische Beziehungen im Satz dar | greif – **en,** greif – **st,**<br>BM FM BM FM<br>greif – **t**<br>BM FM<br><br>des Mann – **es**<br>BM FM<br>dem Mann – **e**<br>BM FM |

Ein **Wort** besteht aus einem oder mehreren **Morphemen,** ist im Text isolierbar und bildet eine sprachliche Einheit in grammatischen Strukturen.

| | | | | |
|---|---|---|---|---|
| Beispiel: | Wir<br>BM | sahen<br>BM + FM | die<br>BM | Filme.<br>BM + FM |
| grammatische Strukturen | 1. Person Plural | 1. Person Plural Präteritum | Plural Akkusativ | Plural Akkusativ |

Ein **Lexem** kennzeichnet das Wort als **Lexikoneinheit,** ohne Berücksichtigung seiner verschiedenen Flexionsformen.

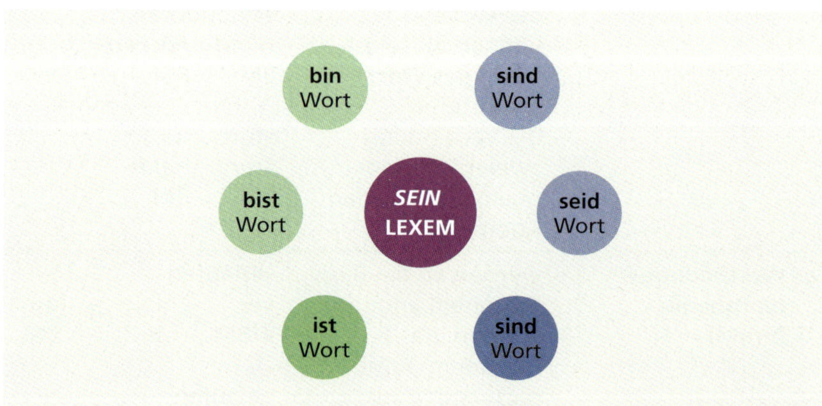


Ablaut ist der regelmäßige Vokalwechsel, z. B. binden – band – gebunden. Er tritt auch bei der Bildung von Substantiven auf: geben – Gabe (↗ S. 128).

Eine **Wortfamilie** beinhaltet alle Wörter mit dem gleichen Basismorphem und wird durch Ableitungen, Zusammensetzungen, aber auch Ab- und Umlautveränderungen gebildet.

Wörter, die im Lauf der Sprachgeschichte von einem Wortstamm her entstanden sind, bilden zusammen eine Wortfamilie („droh" – drohen, bedrohen, Drohung, Drohbrief).

| Wort | Zusammensetzungen | Ableitungen |
|---|---|---|
| Schlaf | Schlafanzug<br>Schlafentzug<br>Schlafstörung<br>Schlaftablette<br>Tiefschlaf<br>Mittagsschlaf<br>schlafwandeln | Schläfer<br>schlafen<br>schläfrig<br>schlaflos<br>verschlafen<br>einschlafen |

## 3.3.2 Möglichkeiten der Wortbildung

### Zusammensetzungen (Komposita)

> Eine *Zusammensetzung* (Kompositum) ist die **Verbindung** von *zwei* oder *mehreren Wörtern.*

Das neu entstandene Wort kennzeichnet meistens eine besondere **Eigenschaft** oder ein besonderes *Merkmal* (*Strohhut:* der *Hut,* der aus *Stroh* gefertigt wurde).
Dabei bildet der zweite Teil das *Grundwort* und der erste **Wortbestandteil** das **Bestimmungswort,** welches das Grundwort näher erklärt. Beide Bestandteile sind in ihrer Reihenfolge *nicht* beliebig austauschbar, ohne dass sich die inhaltliche Bedeutung (Semantik) verändert. Die **Wortart** und das **Geschlecht** werden durch das **Grundwort** bestimmt.

Fast alle Wortarten können miteinander kombiniert werden. Bei Verbzusammensetzungen handelt es sich in der Regel um trennbare Verben. Sie werden im Infinitiv zusammengeschrieben, können aber in der Personalform voneinander getrennt werden.

Trennbare Verben: zusammensetzen – Ich setze das Spiel zusammen.

| Kompositum | Semantik |
|---|---|
| *das Flaschenpfand* (Neutrum), Substantiv<br><br>Bestimmungswort + Grundwort<br>die Flasche + das Pfand<br>(Femininum) (Neutrum)<br>Substantiv Substantiv | *das Pfand,* das man für eine Flasche bei Rückgabe erhält |
| *die Pfandflasche* (Femininum), Substantiv<br><br>Bestimmungswort + Grundwort<br>das Pfand + die Flasche<br>(Neutrum) (Femininum)<br>Substantiv Substantiv | *die Flasche,* für die man bei Rückgabe ein Pfand zurückerhält |

Dieses Beispiel ist eine Zusammensetzung mit dem Fugenelement -n- (↗ S. 133).

| | |
|---|---|
| *wunderschön,* Adjektiv<br><br>Bestimmungswort + Grundwort<br>(das) Wunder schön<br>Substantiv Adjektiv | außerordentlich gut aussehend |

## Arten der Zusammensetzung

### Determinative Zusammensetzung (Determinativkompositum)

Das **Bestimmungswort** ist dem **Grundwort** *untergeordnet* und wird besonders betont, da es das Grundwort näher bestimmt. Wortart, Numerus, Geschlecht und Art der Deklination richten sich nach dem Grundwort.

Das *Spiel* = Grundwort

| | | |
|---|---|---|
| Was für ein Spiel? | – Bestimmungswort | – die Art des Spiels wird näher erklärt |
| – das *Kinderspiel* | – Kinder | – ein Spiel, das Kinder spielen |
| – das *Kartenspiel* | – Karten | – ein Spiel, das mit Karten gespielt wird |
| – das *Sportspiel* | – Sport | – ein Spiel mit sportlicher Betätigung |

### Additive Zusammensetzung (Kopulativkompositum)

**Zwei gleichrangige Wörter** bilden in der Zusammensetzung eine *neuartige* **Einheit.** Das Kompositum erhält eine eigene semantische Bedeutung oder beide Bestandteile sind in ihrer Anordnung vertauschbar.

| | |
|---|---|
| *Ladenkette* | – keine Kette für den Laden usw., sondern eine bestimmte Anzahl von Geschäften, die zu einer Firma gehören |
| *süßsauer/ sauersüß* | – bestimmt eine Geschmacksrichtung. Die jeweils vorherrschende wird an erster Stelle genannt. |

### Possessive Zusammensetzung (besitzanzeigende Zusammensetzung)

Ein Wort des **Kompositums** bezeichnet konkret ein besonderes *Merkmal* des Gegenstandes oder *Sachverhalts.*

Blausäure
himmelblau
seidenweich

**Ableitungen** (Derivationen)

Wörter können gebildet werden, indem dem **Basismorphem** Silben vorangestellt oder angehängt werden. Vorangestellte Silben heißen **Präfixe,** die nachgestellten **Suffixe.** Sie können sich mit vielen Basismorphemen verbinden und verändern deren Bedeutung.

Zu den Ableitungen gehören auch Wortformen, die durch **Veränderung** des **Stammvokals** gebildet werden.

**Präfixableitungen** (Vorsilbe + BM)

**Präfixe** stehen immer vor dem **Basismorphem,** verändern dessen Bedeutung (**ab**wenden, **ver**wenden) und lassen sich vielfach kombinieren. Präfixe sind an der Wortbildung von Substantiven, Adjektiven und Verben beteiligt.

**Halbpräfix** und **Halbsuffix** (Halbaffix) sind *Wortbildungsmittel,* die weitgehend *noch als selbstständiges Wort* empfunden werden, aber semantisch verblassen: stein- in steinreich, -geil in erfolgsgeil.

*Präfix* – ver-

| Vergebung | vergeben | vergeblich |
|---|---|---|
| Substantiv | Verb | Adjektiv |

Einige Präfixe sind aus *selbstständigen Wörtern* hervorgegangen, manchmal ist noch die ursprüngliche Bedeutung der Wörter zu erkennen.

**Präfixe und ihre semantische Zuordnung**

ge-: – kennzeichnet eine Zusammengehörigkeit, Vollständigkeit oder das Ende einer Handlung:
Geschwister, gemeinsam, Gefieder, Gebinde, Gefunkel

miss-: – trägt eine negative oder abwertende Bedeutung, es wird etwas Fehlgeschlagenes gekennzeichnet:
Misstrauen, Missverständnis, missmutig, misshandeln, missgünstig, Missklang

un-: – bedeutet so viel wie „nicht" oder „kein(e)":
Untreue, Unbehagen, Unmut, unvergessen, ungemütlich, unkündbar, Unwahrheit

zer-: – bedeutet Trennung, Auftrennung u. Ä.:
zerrütten, zertrennen, Zerrung, zerfallen, zerbrechen

**Suffixableitungen** (BM + Nachsilbe)

*Suffixe* sind unselbstständige Wortbestandteile (Morpheme), die nicht allein stehen können, sondern mit einem Basismorphem fest verbunden sind.

Jedes einzelne **Suffix** kann mit *mehreren* **Basismorphemen** verbunden werden. Einige Suffixe sind ausschließlich für die Bildung bestimmter Wortarten verantwortlich (-ig: Adjektivbildung, -schaft: Substantivbildung, -en: Verbbildung).

| | | | | | |
|---|---|---|---|---|---|
| haar<br>fett<br>mad<br>gläub<br>schmutz<br>wend<br>lust<br>gelenk<br>lebend | } -ig | Freund<br>Mann<br>Wirt<br>Meister<br>Gewerk<br>Pfleg<br>Seil<br>Herr<br>Leiden | } -schaft | geh<br>lauf<br>steh<br>kauf<br>schreib<br>nehm<br>trag<br>denk<br>sing | } -en |
| **Adjektiv** | | **Substantiv** | | **Verb** | |

**Innere Ableitung** (Veränderung des Stammvokals)

> Mit der *Veränderung* des **Stammvokals** im *Basismorphem* wird die Ableitung von einer Wortart in die andere möglich. Man spricht dann von **innerer Ableitung.**

Die *Substantive* übernehmen oft von einem starken Verb den *Stammvokal* des **Präteritums** oder des **Partizips II.** Eine Besonderheit hierbei ist, dass sich der Wechsel der Wortarten auch ohne Ablaut vollziehen kann.

**Ableitungen mit Ablaut** (Veränderung des Stammvokals):

| | | | |
|---|---|---|---|
| sprechen | (sprach) | die Sprache | gesprächig |
| geben | (gab) | die Gabe | |
| gehen | (gegangen) | der Gang | gängig |

auch Vokalwechsel von o zu u

| | | |
|---|---|---|
| werfen | (geworfen) | der Wurf |
| gebären | (geboren) | die Geburt |
| betrügen | (betrog) | der Betrug |

**Ableitungen ohne Ablaut:**

| Verb | Substantiv |
|---|---|
| *berühren*<br>Bitte die Modelle nicht berühren. | *das Berühren*<br>Das Berühren der Modelle ist nicht gestattet. |
| *essen*<br>Wir essen heute im Restaurant. | *das Essen*<br>Das Essen im Restaurant war gut. |

**Ausdruckskürzungen** (Suffixtilgung, Reduktion, Abkürzungswörter)

Im Zuge der **Sprachökonomie,** d. h. mit wenig Sprachaufwand etwas treffend bezeichnen zu können, bekommen die sogenannten **Kurzwörter** immer mehr Bedeutung. Es entstehen keine völlig neuen Wörter, sondern der bestehende Lautkomplex wird gekürzt oder die Anfangsbuchstaben eines Kompositums stehen für das Wort und werden zusammenhängend gesprochen. Die *inhaltliche* **Bedeutung** des Wortes wird dabei *nicht verändert.*

**Suffixtilgung**

Die **Suffixtilgung** findet man heute meist bei Adjektiven auf -ig. Dabei findet ein **Wortartwechsel** statt vom **Adjektiv** zum **Substantiv.**

- gläubig – Glaube

**Reduktion**

**Komposita** können auf verschiedene Weise reduziert werden. **Kopfformen** entstehen, wenn nur der erste Teil des Kompositums bestehen bleibt. Häufig werden vor allem im mündlichen Sprachgebrauch Fremdwörter gekürzt. **Endformen** entstehen, wenn nur der letzte Teil des Kompositums bestehen bleibt. Eine weitere Möglichkeit der **Reduktion** ist, bei mehrgliedrigen Komposita den **Mittelteil** zu kürzen.

| **Kopfformen** | **Endformen** | **Reduktion des Mittelteils** |
|---|---|---|
| das Kilogramm – das Kilo | der Omnibus – der Bus | Tannenbaumzweig – Tannenzweig |
| die Demonstration – die Demo | das Fahrrad – das Rad | Cerankochfeld – Ceranfeld |
| die Fotografie – das Foto | die Zentralheizung – die Heizung | |
| das Laboratorium – das Labor | das Bankkonto – das Konto | |

**Abkürzungswörter**

Zu den *Abkürzungswörtern* gehören die **Buchstabenabkürzungen,** aber auch Mischformen, die sich aus einzelnen Silben zusammensetzen.

*Buchstabenabkürzungen* werden auch *Akronyme* genannt. Das Kurzwort besteht aus den Anfangsbuchstaben mehrerer Wörter (↗ S. 194 ff.).

3

| **Buchstabenabkürzungen** | | | | | **Silbenwörter** |
|---|---|---|---|---|---|
| BMW | – | Bayerische Motoren Werke | Abo | – | Abonnement |
| LKW | – | Lastkraftwagen | Azubi | – | Auszubildender |
| UKW | – | Ultrakurzwelle | Kripo | – | Kriminalpolizei |
| VHS | – | Volkshochschule | Repro | – | Reproduktion |

Die sogenannte **Abkürzungssprache** nimmt in der Gegenwart immer mehr zu. Sie kann die Verständigung erschweren, aber auch erleichtern. Der Gebrauch ist von der **Kommunikationssituation** abhängig.

Buchstabenabkürzungen bestehen auch oft aus den Anfangsbuchstaben der vollen Wortfügung (Akronym). Diese Abkürzungen können mitunter wie ein Wort gelesen werden:

Ufo – unbekanntes Flugobjekt
Bafög – Bundesausbildungsförderungsgesetz

**Wortkreuzungen** (Kontamination)

Das **Verschmelzen** von meist zwei Wörtern, die nur in der Vorstellung des Sprechers/Schreibers eine gemeinsame Beziehung haben, nennt man **Wortkreuzungen.** Dabei entfallen jeweils einzelne Wortbestandteile.

Nur wenige dieser Wörter haben einen festen Platz in der Hochsprache (z. B. vorwiegend, aus vorherrschend und überwiegend). Viele dieser **Wortschöpfungen** entstehen in der **Literatur**, in der **Werbung**, in der **Computerbranche** oder als „Modewörter" der **Jugendsprache.**

kaufregend – kaufen + aufregend
fürchterbar – fürchterlich + wunderbar
Informatik – Information + Automatik
LexiRom – Lexikon + CD-ROM
Instandbesetzung – Instandsetzung + Besetzung

Bei den **Smileys** handelt es sich um **Emoticons.** Emoticon ist ebenfalls ein Kurzwort. Es kommt aus dem Englischen („emotion" = Gefühl und „icon" = Bild). Mit den *Smileys* – einer Zeichenkombination – kann in einer E-Mail oder beim Chatten eine Gefühlsäußerung wiedergegeben werden.

In der Computersprache wurden ebenfalls viele Abkürzungen entwickelt. In Verbindung mit den sogenannten Smileys kann diese Netzwelt-Sprache als Kommunikationsverstärker angesehen werden. Mit den Smileys können Stimmungen und Empfindungen ausgedrückt werden, die ansonsten im Text fehlen würden.

:-) – lustig, glücklich
:-( – traurig, bedrückt
:-& – sprachlos
:-e – enttäuscht
:'-) – Tränen lachen
:-9 – wohlschmeckend, lecker
:-8 – doppelzüngig

**Wortbildung durch Doppelung** (Reduplikation)

In der deutschen Sprache gehören die **reinen Doppelungen** der **Kindersprache** an (Wauwau, Pieppiep usw.). **Mischformen** wie „tagtäglich" oder „wortwörtlich" sind häufiger zu finden. Weiterhin gehören zu den Reduplikationen auch solche, die durch Ablaut gebildet werden – Ticktack, Mischmasch, Wirrwarr usw. –, und Reimbildungen – Hokuspokus, Rambazamba usw.

Die **Reduplikation** hat in einigen Sprachen einen hohen Anteil an den Wortbildungen und trägt grammatische Bedeutung wie die Pluralbildung. Indonesisch: rumah – Haus, rumah-rumah – die Häuser; kanak – Kind, kanak-kanak – die Kinder.

**Übersicht zur Wortbildung**

**Kartenbestellungen**
Determinativkompositum

| Bestimmungswort **Karten** | | | Grundwort **Bestellungen** | | |
|---|---|---|---|---|---|
| **Karte** – | **n** – | **be** – | **stell** – | **ung** – | **en** |
| BM | FM | WBM | BM | WBM | FM |
| (Träger der lexikalischen Bedeutung) | (Pluralbildung) | (Präfix) | (Träger der lexikalischen Bedeutung) | (Suffix, Substantivbildung) | (Suffix, Pluralbildung) |

**Wortbildung**

| **Komposition** | **Derivation** | **Ausdruckskürzung** |
|---|---|---|
| Determinativkompositum | Präfixbildung | Wortkreuzung |
| Kopulativkompositum | Suffixbildung | |
| Possessivkompositum | innere Ableitung | Suffixtilgung<br>Reduktion<br>Abkürzungswörter |

### 3.3.3 Wortbildung einzelner Wortarten

Die Wortbildung ist neben der Entlehnung aus fremden Sprachen das wichtigste Mittel des Wortschatzausbaus.

**Wortbildung beim Substantiv**

**Zusammensetzungen** (Komposita)

> Bei einem **Kompositum** werden zwischen **Grund-** und **Bestimmungswort** verschiedene Beziehungen zum Ausdruck gebracht.

↗S. 62

3

1. **Ortsbeziehungen:** *Hinter*land, *Neben*straße, *Stadt*zentrum, *Rand*bezirk
2. **Zeitbeziehungen:** *Mittags*pause, *Abend*veranstaltung, *Moment*aufnahme, *Früh*aufsteher, *Spät*vorstellung
3. **Zweckbeziehungen:** *Bücher*regal, *Arbeits*zimmer, *Lese*buch, *Keks*dose
4. **Größenbeziehungen:** *Klein*garten, *Riesen*rad, *Groß*hirn, *Lang*strecke, *Kurz*streckenfahrschein, *Groß*raumtransporter
5. **Formbeziehungen:** *Sattel*dach, *Kugel*lager, *Kuppel*zelt, *Tonnen*gewölbe
6. **Materialbeziehungen:** *Blei*stift, *Plastik*flasche, *Fell*jacke, *Glas*haus, *Holz*harke
7. **Zugehörigkeit:** *Kinder*spiel, *Schüler*zeitung, *Knaben*chor, *Pferde*koppel
8. **Ursache:** *Sturm*schaden, *Unglücks*fall, *Flüchtigkeits*fehler

**Einfache Zusammensetzungen aus Grundwort und Bestimmungswort:**

| *Grundwort* | + | *Bestimmungswort* | |
|---|---|---|---|
| Substantiv | + | *Substantiv* (Geschäft) | *Geschäfts*haus |
| (Haus) | + | *Adjektiv* (hoch) | *Hoch*haus |
| | + | *Verbstamm* (wohn) | *Wohn*haus |
| | + | *Präposition* (hinter) | *Hinter*haus |
| | + | *Adverb* (innen) | *Innen*haus |

**Mehrfachzusammensetzungen aus Grundwort und Bestimmungswort:**

Zusammengesetztes *Grundwort:* Bus*haltestelle,* Schul*wettkampf,* Sonder*briefmarke*

Zusammengesetztes *Bestimmungswort:* *Wohnzimmer*regal, *Großraum*büro, *Langlauf*ski

Zusammengesetztes *Grundwort* und *Bestimmungswort:*

| | *Fremdsprachenintensivkurs* | |
|---|---|---|
| Fremdsprachen | + | Intensivkurs |
| *Bestimmungswort* | | *Grundwort* |
| fremd + Sprachen | + | intensiv + Kurs |
| Adjektiv + Substantiv | + | Adjektiv + Substantiv |

**Verschiedene Bestimmungswörter – gleiches Grundwort oder gleiches Bestimmungswort – verschiedene Grundwörter**

| | Kompositum | | |
|---|---|---|---|
| Wald | **haus** | **Haus** | hund |
| Hinter | Grundwort | Bestimmungswort | frau |
| Hoch | + | + | dach |
| Garten | verschiedene Bestimmungswörter | verschiedene Grundwörter | arbeit |
| Einfamilien | | | aufgaben |
| Gewächs | | | verwaltung |

**Zusammensetzungen mit Fugenelement:**

> Die Stelle zwischen den Bestandteilen eines Kompositums nennt man **Wortfuge.**

Oft werden Grund- und Bestimmungswort einfach aneinandergereiht (Wander|pokal; ↗S. 125). Bei manchen Komposita werden Grund- und Bestimmungswort durch einen Buchstaben (oder zwei) verbunden.

Die *Fugenelemente* -e-, -(e)s-, -(e)n-, -er- findet man oft bei Komposita mit einem Substantiv als Bestimmungswort, manchmal auch bei Zusammensetzungen mit einem Verb als Bestimmungswort.

**Übertragbare Regeln für die Verwendung von Fugenelementen gibt es nicht.**

| | |
|---|---|
| Fugenelement -(e)s-: | Hilfsmittel, Windeseile, Mittagspause, Rettungsmannschaft |
| Fugenelement -(e)n-:<br>(meist Pluralbildung -en-) | Tapetenwechsel, Stundenplan, Dornenhecke, Sonnenschein, Heckenschere |
| Fugenelement -er-: | Bilderbuch, Kinderbuch, Gespensterwald, Kleiderschrank |

**Ableitungen**

**Einfache Präfixableitungen** (Präfix + BM):

der **Un**mensch, das **Ge**räusch, das **Ab**kommen, das **Ver**gnügen, die **Un**menge, der **Miss**erfolg

3

**Einfache Suffixableitungen** (BM + Suffix):

| Suffix | Bedeutung | Ableitungen (Substantiv) |
|---|---|---|
| -heit, -keit | Gestalt, Wesen, Weise, Bild<br>-keit oft an Adjektiven auf -ig | Neuheit, Gesundheit, Kindheit<br>Neuigkeit, Traurigkeit, Häufigkeit |
| -schaft<br><br>-tum<br>-werk | Bezeichnung von Sammelbegriffen<br><br>abstrakte Begriffe, die eine Vielheit in sich vereinen | Mannschaft, Belegschaft, Herrschaft<br><br>Bürgertum, Eigentum, Reichtum<br>Wurzelwerk, Tafelwerk, Hilfswerk |
| -el | Bezeichnung von Werkzeugen und Gebrauchsgegenständen | Gabel, Hebel, Deckel, Windel, Henkel, Nadel, Hobel |
| -er | lat. arius, kennzeichnet die ausführende Person | Schüler, Forscher, Schreiber, Käufer |
| -in | Kennzeichnung der weiblichen Form | Schülerin, Forscherin, Schreiberin |
| -lein, -chen | Verkleinerungssilben<br><br>in einzelnen Dialekten auch -el oder -le | Kindchen, Kindlein, Schweinchen, Stühlchen, Blümlein, Hänschen<br>Hänsel, Würstel, Häusle |
| -nis | Kennzeichnung von Zuständen oder Abstrakta | Ergebnis, Verhältnis, Vorkommnis, Wagnis |
| -ung | Umwandlung von Verb zu Substantiv, aber auch Bildung anderer Substantive aus Substantiven | Haltung, Sicherung, Hebung, Lichtung, Gabelung, Stallung |

**Kombinierte Ableitungen mit Präfix und Suffix** (Präfix + BM + Suffix):

| | | | | | | | | |
|---|---|---|---|---|---|---|---|---|
| Be- | hält | -nis | Ver- | such | -ung | Ge- | wohn | -heit |
| Be- | dräng | -nis | Ver- | geb | -ung | Ge- | sund | -heit |
| Be- | dürf | -nis | Ver- | sicher | -ung | Ge- | mein | -heit |
| Be- | wandt | -nis | Ver- | kleid | -ung | Ge- | wandt | -heit |
| Be- | sorg | -nis | Ver- | öd | -ung | Ge- | samt | -heit |

**Umwandlung in eine andere Wortart** (Transposition):

> Neben der **semantischen Umwandlung,** bei der durch Ableitung zwar ein neues Wort entsteht, aber die Wortart nicht gewechselt wird (das Haus, die Behausung), gibt es die **grammatische Umwandlung.**

Hierbei steht eine Verbform oder ein Adjektiv als Ausgangspunkt der Umwandlung in ein Substantiv. Die Umwandlung geschieht mithilfe von *Suffixen,* der **Suffixtilgung,** als **Nullableitung** oder als **Ablautbildung.**

| **Verb** | → | **Substantiv**<br>Suffixbildung |
|---|---|---|
| arbeiten | | der Arbeit**er** |
| beugen | | die Beug**ung** |
| hören | | der Hör**er** |
| gleiten | | der Gleit**er** |
| fliegen | | der Flieg**er** |
| fassen | | die Fass**ung** |

| **Adjektiv** | → | **Substantiv**<br>Suffixbildung | | Suffixtilgung |
|---|---|---|---|---|
| genau | | die Genauig**keit** | gläub**ig** | der Glaube |
| klein | | die Kleinig**keit** | witz**ig** | der Witz |
| geheim | | das Geheim**nis** | kult**ig** | der Kult |
| leer | | die Leer**ung** | neid**isch** | der Neid |
| neu | | die Neu**heit** | männ**lich** | der Mann |
| reich | | der Reich**tum** | samt**ig** | der Samt |

**Nullableitungen** entstehen, wenn das Flexionsmorphem -en bei (meist starken) Verben gekürzt und so das Substantiv gebildet wird.

**Verb** → **Substantiv**

**Nullableitungen**

| | |
|---|---|
| arbeiten | die Arbeit |
| beginnen | der Beginn |
| haften | die Haft |
| kaufen | der Kauf |

**Verb** → **Substantiv**

**Ablautbildungen**

| | |
|---|---|
| gehen | der Gang |
| greifen | der Griff |
| verbieten | das Verbot |
| werfen | der Wurf |

**Wortbildung beim Verb**

**Zusammensetzungen** ↗ S. 71

| *Substantiv* | + | *Verb* | |
|---|---|---|---|
| Schluss | + | folgern | *schlussfolgern* |
| Hand | + | haben | *handhaben* |

| | | | |
|---|---|---|---|
| Schlaf | + | wandeln | *schlafwandeln* |
| Preis | + | geben | *preisgeben* |

Diese Zusammensetzungen gelten als feststehend. Bei den meisten dieser Zusammensetzungen tragen die einzelnen Bestandteile nicht mehr ihre ursprüngliche Bedeutung, sondern es wird eine neue Bedeutung „übertragen".

*haushalten* – wirtschaften können, sparsam sein
*preisgeben* – etwas verraten

**Adjektiv + Verb**

| | | | |
|---|---|---|---|
| fern | + | sehen | *fernsehen* |
| hoch | + | rechnen | *hochrechnen* |
| schwarz | + | arbeiten | *schwarzarbeiten* |
| wahr | + | sagen | *wahrsagen* |

> Nach der *neuen Rechtschreibung* werden *nur noch die* **Zusammensetzungen** *aus Adjektiv und Verb* obligatorisch zusammengeschrieben, bei denen eine *neue idiomatische Gesamtbedeutung* vorliegt.

Erweiterungen mit *sehr* sind nicht möglich!

| Man kann: | Aber nicht: |
|---|---|
| fernsehen | sehr fernsehen |
| hochrechnen | sehr hochrechnen |
| wahrsagen | sehr wahrsagen |

**Partikeln + Verb**

Zusammensetzungen mit Partikeln können *feste Zusammensetzungen* oder *trennbare Zusammensetzungen* sein.
Verbindungen mit einem Verb, bei denen die Reihenfolge der Bestandteile je nach Stellung im Satz wechselt, werden nur im Infinitiv, in den Partizipien sowie bei Endstellung im Satz zusammengeschrieben.

**Trennbare Zusammensetzungen:**

*drinbleiben*
Ich *bleibe drin.*
Er ist *dringeblieben,* weil es regnete.
Die Kinder müssen *drinbleiben.*

Andere trennbare Zusammensetzungen:

| | | | |
|---|---|---|---|
| entlang | + | gehen | *entlanggehen* |
| fort | + | bleiben | *fortbleiben* |
| herein | + | kommen | *hereinkommen* |
| drauf | + | setzen | *draufsetzen* |

**Feste Zusammensetzung:**

*widersetzen*
Er *widersetzt* sich der Anordnung.

Andere feste Zusammensetzungen:

| | | | |
|---|---|---|---|
| hinter | + | gehen | *hintergehen* |
| unter | + | suchen | *untersuchen* |
| wider | + | sprechen | *widersprechen* |
| wieder | + | holen | *wiederholen* |

**Besonderheiten**

Einige Zusammensetzungen aus **Partikel** und **Verb** können getrennt, aber auch zusammengeschrieben werden. *Zusammengeschrieben* wird, wenn die *Einzelbedeutung* der Bestandteile *zurückgeht* und eine *neue Gesamtbedeutung* entsteht.

- wiederbekommen:
  Ich habe das Buch wieder (ein zweites Mal) bekommen.
  Aber:
  Ich habe das Buch von dir *wiederbekommen* (zurückbekommen).

  weiterfahren:
  Ich muss noch ein Stückchen weiter fahren als du.
  Aber:
  Ich bin noch nicht am Ziel, ich muss noch *weiterfahren* (meine Reise fortsetzen).

**Ableitungen**

**Präfixbildung:**

Wird ein **Präfix** oder **Halbpräfix** vor ein schon vorhandenes Verb gestellt, verändert sich die Wortart nicht. Ableitungen mit Präfixen gelten als feststehend, während die Halbpräfixe vom Verb trennbar sind. Diese Ableitungen dienen der inhaltlichen Erweiterung des Verbbestandes (laufen, verlaufen, ablaufen, weglaufen, entlaufen). Es kann zu einer Veränderung der Valenz des Verbs kommen.

**Valenz:** Fähigkeit des Wortes, ein anderes semantisch-syntaktisch an sich zu binden. Für das Verb heißt das, eine bestimmte Zahl von *Ergänzungen* zu fordern.

| | |
|---|---|
| Ich schneide. | – Keine Ergänzung notwendig |
| Ich zerschneide ein Blatt. | – Forderung nach einer Ergänzung im Akkusativ |
| Klaus setzt sich. | – Keine Ergänzung notwendig |
| Klaus widersetzt sich der Aufforderung. | – Forderung nach einer Ergänzung im Dativ |

Weitere Präfixe sind:

| Präfixe | Bedeutungsmöglichkeiten<br>Valenz | Präfixbildungen |
|---|---|---|
| be- | Zuwendung, Zielgerichtetheit<br><br>Einwirkung<br><br>Forderung eines Akkusativobjektes | beleuchten, beschatten, benennen, begutachten<br>bewirken, behandeln, bestellen, benutzen<br>– *ein Handtuch* benutzen (Wen oder was benutzen? – Akkusativobjekt) |
| ent- | Entfernen, aber vereinzelt auch Beginn<br><br>Forderung eines Dativ- oder Akkusativobjektes | entgleiten, entsichern, entsagen, entrinnen, entdecken, entflammen, entschließen<br>– *dem Unglück* entrinnen (Wem entrinnen? – Dativobjekt) |
| er- | Erreichung eines Ziels, eines Zwecks<br><br>Tätigkeiten der Gewalt<br>Forderung eines Akkusativobjektes<br><br>Gemütszustände ohne Ergänzung; die Ableitungen mit er- decken aber noch viele andere Bereiche ab | erstreben, erlangen, erkämpfen, erklimmen<br>ermorden, erstechen, erschießen<br>– *das Ziel* erstreben (Wen oder was erstreben? – Akkusativobjekt)<br>erröten, erzürnen, erblassen<br>erbauen, erkennen, erfinden, erwischen, errechnen, ertrinken, erfahren |
| ver- | Vergangenes, Verschlechterung<br><br>grundlegende Tätigkeiten<br><br>oft Forderung eines Akkusativobjektes | verblühen, vernichten, vergessen, verlieren<br><br>verarbeiten, versuchen, verdienen, verhalten<br><br>– *den Freund* vergessen (Wen oder was vergessen? – Akkusativobjekt) |
| zer- | Änderung eines bestehenden Zustandes<br><br>Forderung eines Akkusativobjektes | zerstören, zerkleinern, zerkauen, zergehen, zerschneiden, zerdrücken, zerfetzen<br><br>– *das Papier* zerschneiden (Wen oder was zerschneiden? – Akkusativobjekt) |

| | |
|---|---|
| de- | demütigen, demaskieren, demontieren |
| ge- | gerinnen, gedenken, gefährden, gehören |
| fehl- | fehlschlagen, fehlgreifen, fehlschießen |
| in- | inhaftieren, inszenieren, instituieren (einsetzen) |
| miss- | misslingen, missverstehen, missbrauchen, missdeuten |

### Bildungen mit Halbpräfixen

**Trennbare betonte Halbpräfixe:**

| | | |
|---|---|---|
| *ab-* | Du wirst morgen *abfliegen*. | Ich *fliege* morgen *ab*. |
| *an-* | Wir müssen schon Licht *anschalten*. | *Schalte* bitte das Licht *an*. |
| *auf-* | Ich werde nicht *aufgeben*. | *Gib* nicht *auf*. |
| *aus-* | Darf ich mir etwas *aussuchen?* | Du *suchst* dir etwas *aus*. |
| *ein-* | Ihr könnt das Geschenk *einpacken*. | Ich *packe* das Geschenk *ein*. |

**Trennbare und untrennbare Halbpräfixe:**

| | trennbar | | untrennbar |
|---|---|---|---|
| **durch-** | Er *lief* zum Ziel *durch*. | *durchlaufen* | Er *durchläuft* die Entwicklung. |
| **um-** | Sie *riss* die Vase *um*. | *umreißen* | Mit knappen Worten *umriss* er kurz den Plan. |
| **über-** | Die Milch *läuft über*. | *überlaufen, übergeben* | Er *übergab* den Brief. |
| **unter-** | Ich *rühre* die Butter *unter*. | *unterrühren, unterdrücken* | Sie *unterdrückt* ihre Gefühle. |
| **hinter-** | Er *geht* schon mal *hinter*. | *hintergehen* | Er *hintergeht* seinen Freund. |

### Suffixbildung

**Alle Verben** haben im **Infinitiv** nach dem Basismorphem (Wortstamm) das **Suffix -en.** Tritt ein l, r oder ier vor oder in diese Endung, spricht man von **Suffixerweiterung.**

| Suffix | -en | -eln | -ern | -ieren |
|---|---|---|---|---|
| | laufen<br>sagen<br>heben<br>sieden | tänzeln<br>wedeln<br>hebeln<br>siedeln | plappern<br>stottern<br>knattern<br>lockern | addieren<br>nominieren<br>buchstabieren<br>fotografieren |

### Bildung von Verben aus anderen Wortarten

| *Substantiv* | Verb | *Adjektiv* | Verb |
|---|---|---|---|
| die Haut | häuten | schwach | schwächeln |
| der Gärtner | gärtnern | trocken | trocknen |
| das Bündel | bündeln | starr | starren |
| das Ruder | rudern | süß | süßen |
| das Wetter | wettern | gewittrig | gewittern |
| das Salz | salzen | würzig | würzen |

### Wortbildung beim Adjektiv

↗ S. 86

Ähnlich wie bei Substantiven gibt es auch bei den *Adjektiven* **Determinativkomposita** (aus Haupt- und Bestimmungswort) und **Kopulativkomposita** (gleichrangige Zusammensetzungen). Da viele **Partizipformen** im Satzzusammenhang adjektivische Funktion übernehmen (legen – *gelegt,* der *abgelegte* Mantel), werden sie bei den Einteilungen mitberücksichtigt.

**Substantiv und Adjektiv** (Partizip):

| Bestimmungswort | Fugenelement (-s-) | Adjektiv | Determinativkompositum |
|---|---|---|---|
| die Arbeit | s | scheu | *arbeitsscheu* |
| die Arbeit | s | müde | *arbeitsmüde* |
| das Leben | s | froh | *lebensfroh* |

**Verb und Adjektiv** (Partizip):

| Wortstamm | Adjektiv | Determinativkompositum |
|---|---|---|
| lern(en) | bereit | *lernbereit* |
| streit(en) | süchtig | *streitsüchtig* |
| fahr(en) | tüchtig | *fahrtüchtig* |
| schreib(en) | faul | *schreibfaul* |

**Adjektiv und Adjektiv** (Partizip):

| Adjektiv | Adjektiv | Determinativkompositum |
|---|---|---|
| lau | warm | *lauwarm* |
| bitter | böse | *bitterböse* |
| dunkel | rot | *dunkelrot* |

| Adjektiv | Adjektiv | Kopulativkompositum |
|---|---|---|
| süß | sauer | *süßsauer* |
| nass | kalt | *nasskalt* |
| taub | stumm | *taubstumm* |

## Ableitungen beim Adjektiv

### Präfix- und Halbpräfixbildungen

| Präfixe | Bedeutungsmöglichkeiten | Präfixbildungen |
|---|---|---|
| un-, in-, a-, des-/dis-, non- | Gegenteil, Verneinung | unbestimmt, inakzeptabel, intolerant, asozial, desorientiert, nonverbal (ohne Worte) |
| schein-, halb-, pseudo- | Abwertung | scheintot, scheinheilig, halbgebildet, halbamtlich, pseudowissenschaftlich |
| ur-, super-, ultra-, hoch-, voll-, extra-, tod-, grund-, top-, brand-, über- | Ausdrucksverstärkung | urgemütlich, superschlau, ultraleicht, hochintelligent, vollständig, extrabreit, todsicher, grundgut, topfit, brandneu, überglücklich |
| inner-, binnen-, außer-, inter- (zwischen), trans- (durch) | räumliche Zuordnung | innerschulisch, binnendeutsch außerschulisch, außergerichtlich interaktiv, international transkontinental |
| prä-, vor-, post-, nach- | zeitliche Zuordnung, auch übertragene Bedeutung | pränatal (vor der Geburt), vorchristlich, postembryonal, nachträglich, nachsichtig |
| mono- (eins), bi- (zwei), poly-, multi- | Mengenangaben | monogam (eheliche Verbindung zwischen einer Frau und einem Mann), bipolar (zweipolig), multifunktional |

### Suffix- und Halbsuffixbildungen

Mithilfe der **Suffixe** werden vielfach aus **Substantiven** und **Verben Adjektive** gebildet. Suffixbildungen dienen beim Adjektiv also der **Transposition,** aber auch der Ergänzung des **Grundwortschatzes** (semantische Abwandlung: alt – ältlich).

In der Sprachwissenschaft versteht man unter Transposition den Wechsel einer Wortart in die andere z. B. mithilfe von Suffixen.

| **Verb**(stamm) | + | **Suffix** | **Adjektiv** |
|---|---|---|---|
| annehm(en) | | | annehmbar |
| vorherseh(en) | + | *-bar* | vorhersehbar |
| halt(en) | | | haltbar |
| vorstell(en) | | | vorstellbar |
| verzeih(en) | | | verzeihlich |
| erklär(en) | + | *-lich* | erklärlich |
| begreif(en) | | | begreiflich |

3

| | | | |
|---|---|---|---|
| angeb(en)<br>verschwend(en)<br>betrüg(en) | + | *-(er)isch* | angeberisch<br>verschwenderisch<br>betrügerisch |
| wend(en)<br>glaub(en)<br>säum(en) | + | *-ig* | wendig<br>gläubig<br>säumig |
| **Substantiv** | **+** | **Suffix** | **Adjektiv** |
| der Freund<br>das Wunder<br>der Monat | + | *-lich* | freundlich<br>wunderlich<br>monatlich |
| das Haar<br>der Wind<br>die Blume | + | *-ig* | haarig<br>windig<br>blumig |
| das Kind<br>das Tier<br>das Europa | + | *-isch* | kindisch<br>tierisch<br>europäisch |
| der Mangel<br>der Fehler<br>das Kind | + | *-haft* | mangelhaft<br>fehlerhaft<br>kindhaft |
| **Substantiv** | **+** | **Halbsuffix** | **Adjektiv** |
| die Abwechslung | + | *-reich* | abwechslungsreich |
| das Gefühl | + | *-voll* | gefühlvoll |
| die Leistung | + | *-stark* | leistungsstark |
| die Folge | + | *-schwer* | folgenschwer |
| das Vertrauen | + | *-selig* | vertrauensselig |
| der Willen | + | *-schwach* | willensschwach |
| das Fett | + | *-arm* | fettarm |
| die Sorge | + | *-los* | sorglos |
| die Luft | + | *-leer* | luftleer |
| **Adverb** | **+** | **Suffix** | **Adjektiv** |
| heut(e)<br>morg(en)<br>dort | + | *-ig* | heutig<br>morgig<br>dortig |

Dass die **Wortschöpfung** noch lange nicht beendet ist bzw. sogar von kompetenter Seite gefördert wird, beweist der Aufruf der Dudenredaktion und der Firma „Lipton" 1999. Es sollte ein Wort für den Zustand „nicht mehr durstig sein" gefunden werden. Unter 45 000 Einsendungen entschied sich die Jury für **„sitt"**, da es dem Wort „satt" (nicht mehr hungrig sein) ähnelt und den grammatischen Anforderungen an ein Adjektiv entspricht. Ob es in den Duden aufgenommen wird, hängt davon ab, inwieweit es tatsächlich verwendet wird.

### Wortbildung beim Adverb

#### Zusammensetzungen

**Zusammengesetzte Adverbien** werden mithilfe von **Adverbien, Präpositionen, Substantiven, Artikeln** und **Pronomen** gebildet (↗ S. 111).

*Zusammengesetzte Adverbien* können verschiedene **adverbiale Beziehungen** zum Ausdruck bringen:

| | |
|---|---|
| – temporale Beziehungen | seitdem, jederzeit, vorhin |
| – lokale Beziehungen | dorthin, dahin, überall, bergauf |
| – modale Beziehungen | ausnahmsweise, bedingungslos, üblicherweise |
| – kausale Beziehungen | darum, deshalb, deswegen |

**Zusammensetzungen mit den Adverbien „her" und „hin"**

| | | | | | |
|---|---|---|---|---|---|
| daher | da | dahin | herunter | unter | hinunter |
| dorther | dort | dorthin | heraus | aus | hinaus |
| hierher | hier | hierhin | herab | ab | hinab |
| woher | wo | wohin | herein | ein | hinein |
| herauf | auf | hinauf | heran | an | hinan |
| herüber | über | hinüber | | | |

**Ableitungen**

**Suffix- und Halbsuffixbildungen**

| | |
|---|---|
| – *-s* | morgens, mittags, allerorts, zusehends |
| – *-wärts* | vorwärts, abwärts, westwärts |
| – *-weise* | stufenweise, schrittweise, massenweise |
| – *-fach, -mal* | einfach, mehrfach, fünfmal |

Vervielfältigungszahlen werden auch Zahladverbien genannt. Hier handelt es sich um Ableitungen aus den Grundzahlen (Kardinalzahlen) und dem Suffix -fach und -mal. Diese Zahladverbien sind jedoch Bestandteil der Wortart Numerale.

**Wortgruppen**

Wörter treten in unterschiedliche Beziehungen zueinander. Die Wörter, die sich enger miteinander verbinden, bilden **Wortgruppen.** Eine Wortgruppe besteht aus mindestens zwei Wortarten, wobei eine das Kern- oder Bestimmungswort bildet. Nach dem Kernwort werden verschiedene Wortgruppen unterschieden:

| Wortgruppe | Beispiel |
|---|---|
| Substantivgruppe | das Klima,<br>warme Lufttemperatur |
| Präpositionalgruppe | im Lauf, auf seinem Fahrrad |
| Adjektivgruppe | schwer verständlich, sehr zart |
| Verbgruppe | wird geschrieben,<br>kann geschrieben werden |

3

## 3.4 Der Satz

Die **Syntax** ist ein Teilgebiet der Sprachwissenschaft, welches sich mit den Regeln des Aufbaus von *Wortgruppen* und Sätzen beschäftigt.

Der **Satz** ist eine geschlossene sprachliche Einheit, die sich aus kleineren sprachlichen Einheiten (Wörtern und Wortgruppen) zusammensetzt.

| Subjekt | Prädikat | mögliche adverbiale Bestimmungen | mögliches Akkusativobjekt |
|---|---|---|---|
| wer oder was? | läuft | wann?<br>wo?<br>wie?<br>warum? | wen oder was?<br>wohin? |

Kennzeichen eines Satzes:

1. Festgelegte **grammatische Beziehungen,** die *vom Verb bestimmt* werden

- Ich *laufe* schnell nach Hause.
  Gestern *regnete* es den ganzen Tag lang.

2. **Stellung der Satzglieder**

- Im Frühling blühen *die Bäume* im Garten.
  oder:
  *Die Bäume* blühen im Frühling im Garten.
  oder:
  Im Garten blühen im Frühling *die Bäume.*

3. **Inhaltliche Geschlossenheit** der Aussage, Aufforderung oder Frage

4. **Klangführung** *(Intonation)* und *Betonung*

- Du kommst heute. Aussage – gleichmäßige Betonung
  Du kommst *heute?* Frage – Stimmhebung „heute“
  Du *kommst* heute! Aufforderung – Betonung „kommst“

### 3.4.1 Satzarten

Aus der *inhaltlichen Bestimmung,* aber auch nach den *formalen Aspekten,* wie der Stellung der finiten Verbform im Satz, können bestimmte **Satzarten** unterschieden werden.

| Satzart | Merkmale | Beispiel |
| --- | --- | --- |
| Aussagesatz (Deklarativsatz) | – Kennzeichnung eines Sachverhaltes<br>· finite Verbform im Indikativ oder Konjunktiv<br>· finite Verbform an zweiter Stelle<br>· Intonation am Satzende fallend<br>· Satzschlusszeichen – Punkt<br>– Antworten, Überschriften, Titel | Das Buch *ist* schön.<br><br>Höchste Temperaturen seit zehn Jahren |
| Fragesatz (Interrogativsatz) | – Entscheidungsfragen – Trifft der im Satz benannte Sachverhalt zu?<br>· finite Verbform im Indikativ oder Konjunktiv<br>· finite Verbform meist an erster Stelle im Satz<br>· Intonation am Satzende steigend<br>– Ergänzungsfragen – ein bestimmter Aspekt der getroffenen Aussage wird erfragt<br>· Einleitung durch ein Interrogativadverb<br>· finite Verbform meist an zweiter Stelle im Satz<br>· Intonation am Satzende steigend oder fallend<br>· Satzschlusszeichen – Fragezeichen | Hast du deine Hausaufgaben gemacht?<br><br>*Wann* bist du mit deiner Arbeit fertig? |
| Aufforderungssatz (Imperativsatz) | – Bitte, Befehl, Forderung, Vorschlag, Anleitung<br>· finite Verbform im Imperativ und an erster Stelle im Satz<br>· Intonation am Satzende fallend<br>· Satzschlusszeichen – Ausrufezeichen oder Punkt | *Komm* zu mir!<br>*Löse* die schweren Aufgaben zuerst. |

*Deklaration;* lat. declaratio = Erklärung

*interrogativ;* lat. interrogare = fragen

*imperativ;* lat. imperare = befehlen

▶ *desiderabel;* lat. desidere = wünschen, erwünschen

▶ *exklamativ;* lat. exclamare = ausrufen

| | | |
|---|---|---|
| Wunschsatz (Desiderativsatz) | – das Eintreten eines bestimmten Sachverhaltes wird erhofft<br>· Verb im Konjunktiv I, an zweiter Stelle im Satz, 3. Person Singular<br>· Intonation am Satzende fallend<br>· Verb im Konjunktiv II, an erster oder letzter Stelle im Satz<br>· Intonation am Satzende fallend<br>· Satzschlusszeichen – Punkt oder Ausrufezeichen | Man *stelle sich* das mal *vor*.<br>*Käme er* doch nur pünktlich! |
| Ausrufesatz (Exklamativsatz) | – Ausdruck der Verwunderung oder Bewertung<br>· Verb im Indikativ oder Konjunktiv II<br>· Stellung der finiten Verbform an erster, zweiter oder letzter Stelle im Satz<br>· Betonung eines bestimmten Ausdrucks im Satz<br>· Satzschlusszeichen – Ausrufezeichen oder Punkt | Wie *konntest* du das tun!<br>*Das* wäre toll! |

### 3.4.2 Satzformen

Hinsichtlich der *Form von Sätzen* lassen sich unterscheiden:
- der **einfache Satz** und
- der **zusammengesetzte Satz:**
  - die Satzverbindung **(Satzreihe)**
  - das **Satzgefüge**

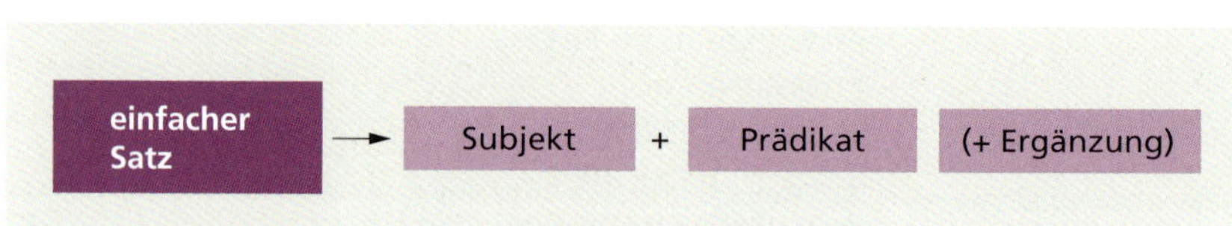

**zusammengesetzter Satz**
- Satzreihe = Hauptsatz + Hauptsatz
- Satzgefüge = Hauptsatz + Gliedsatz

## Einfacher Satz

Der **ergänzungslose Satz:**

> Die kürzeste Form des einfachen Satzes stellt der *ergänzungslose Satz* dar. Er besteht nur aus **Subjekt** und **Prädikat.**

*intransitiv;* lat. intransitivus = nicht hinübergehen, nicht zielen, nicht nach sich ziehen

Es handelt sich hierbei um Sätze mit einem absoluten Verb oder mit dem unpersönlichen Pronomen „es" als *Subjekt. Prädikat* und *Subjekt* stimmen in Person und Numerus überein (Kongruenz).

| **Subjekt** + | **Prädikat** |
|---|---|
| Satzgegenstand | Satzaussage |

- Die Blume *wächst.*
  (intransitive Verben)
  Die Bäume *rauschen.*

- Es regnet.
  Es tropft. („es" als Subjekt)
  Es glüht.

Ergänzungslose Verben werden **absolute Verben** genannt. **Transitive Verben** fordern ein Akkusativobjekt, wie „besuchen, zeigen, kaufen": Ich besuche *das Museum.*

**Intransitive Verben** können Objekte nach sich ziehen: Die Blume wächst (am besten *im Topf*). Die Bäume rauschen *(im Wind).*

Der einfache Satz mit **eingliedriger Ergänzung:**

> Wird die **Satzaussage** (Prädikat) nicht allein durch das Verb, sondern auch durch eine *Ergänzung im Nominativ* gewährleistet, spricht man vom **Gleichsetzungsnominativ** (prädikativer Nominativ). Die Verben „sein, werden, bleiben, scheinen" und „heißen" können einen Gleichsetzungsnominativ bilden. Er kann aber auch mit anderen Verben und der Einleitung mit „wie" und „als" gebildet werden.

| *Mein Vater* | ist | *Handelsvertreter.* |
|---|---|---|
| Subjekt | | Gleichsetzungsnominativ |
| Nominativ | | Nominativ |

3

Die Unterscheidung von **Präpositionalobjekt** und einer *adverbialen Ergänzung mit Präposition* lässt sich aus der inhaltlichen Aussage oder der Fragestellung ableiten. Das *Präpositionalobjekt* richtet sich nach einer Sache oder Person und kann mit der Präposition erfragt werden – *mit wem?* –, während die **adverbiale Ergänzung** die Zeit, den Ort usw. kennzeichnet und mit *wo?, wann?* usw. erfragt wird.

Der einfache Satz mit **Objektergänzung:**

> Wird das **Prädikat** des Satzes mithilfe eines **transitiven Verbs** gebildet, heißt das, dass eine notwendige **Ergänzung** in einem bestimmten Kasus hinzukommt. Diese *Ergänzungen* sind die *Objekte* im Genitiv, im Dativ oder im Akkusativ.

| | **Subjekt** + | **Prädikat** + | **Objekt** (vom Verb gefordert) |
|---|---|---|---|
| | Satzgegenstand | Satzaussage | Ergänzung |
| **Akkusativobjekt** – das Ziel einer Handlung | Ich | sehe | den Film. (Wen oder was?) Akkusativ |
| **Dativobjekt** – Zuwendung zu einer Person oder Sache | Wir | helfen | dem Kind. (Wem?) Dativ |
| **Genitivobjekt** – Anteil an einer Sache oder Person | Ich | besann mich | meiner Stärken. (Wessen?) Genitiv |
| **Präpositionalobjekt** – eine Präposition tritt zwischen das Prädikat und das Objekt | Wir | glauben | an dich. (An wen?) |

Der einfache Satz mit einer **adverbialen Ergänzung:**

Auch adverbiale Bestimmungen können als Ergänzung der Satzaussage zu Subjekt und Prädikat hinzutreten.

> Die **adverbialen Bestimmungen** charakterisieren die Umstände des Geschehens genauer (Ort, Ziel, Zeit, Art und Weise, Ursache, Zweck usw.).

Diese adverbialen Ergänzungen werden durch *verschiedene* **Wortarten** verwirklicht:

| | |
|---|---|
| – Adverb | Sie geht *jetzt.* |
| – Adjektiv | Sie geht *langsam.* |
| – Verb (Infinitiv, Infinitiv mit „zu“) | Sie denkt *bald zu gehen.*<br>Sie glaubt *wegzukommen.* |
| – Substantiv im Akkusativ | Sie wartete *viele Jahre.* |
| – Substantiv im Genitiv | Sie erinnert sich *vieler Worte.* |
| – Präposition + Substantiv | Sie geht *über die Straße.* |

**Art der adverbialen Ergänzung:**

| | |
|---|---|
| **lokale** Ergänzung | Wir sind *im Garten.* (Wo?) |
| **temporale** Ergänzung | *Morgen* regnet es. (Wann?) |
| **modale** Ergänzung | Er lachte *hinterhältig.* (Wie?) |
| **kausale** Ergänzung | Sie bremste *wegen des Kindes.* (warum?) |
| **instrumentale** Ergänzung | Ich fahre *mit dem Zug.* (womit?) |

**Weitere adverbiale Ergänzungen:**

| | |
|---|---|
| *Einräumung* (konzessive Bestimmung) | *Trotz der langen Reise* sind wir nicht müde. |
| *Bedingung* (konditionale Bestimmung) | Ich verreise *nur im Sommer.* |
| *Zweck* (finale Bestimmung) | *Zum Wegwerfen* ist das Buch zu schade. |
| *Folge* (konsekutive Bestimmung) | *Auf das Geräusch hin* verstummten alle. |

Der einfache Satz mit einer **attributiven Ergänzung:**

> Zu den beigefügten Satzgliedern können auch nähere Bestimmungen hinzutreten, die sowohl das Subjekt, das Objekt oder die adverbiale Bestimmung genauer kennzeichnen. Diese **Beifügungen** heißen **Attribute.**

Das *Attribut* kann durch folgende Wortarten verwirklicht werden:

| | |
|---|---|
| – Adjektiv | Du hast einen *schönen* Hund. |
| – Numerale | Das sind *vier* Möglichkeiten. |
| – Pronomen | *Mein* Vorschlag ist gut. |
| | Er sagte *kein* Wort. |
| – Artikel | *Ein* Fehler ist nicht schlimm. |
| – Substantiv (Genitiv) | Ich finde das Tuch *des Mädchens.* (Besitz) |
| | Das ist der Autor *des Buches.* (Urheber) |
| | Ich übernehme das Putzen *der Schuhe.* (Gegenstand der Handlung) |
| | Sie beaufsichtigt eine Gruppe *kleiner Kinder.* (Anteil einer Menge) |
| | Er beschrieb eine Frau *mittlerer Größe.* (Eigenschaft) |

Der einfache Satz mit einer **Apposition** als *Ergänzung:*

> Eine *Apposition* ist eine Beifügung, die im *gleichen* **Kasus** wie das näher bestimmte **Substantiv** steht.

*Apposition;* lat. apponere = hinstellen, hinzufügen. Der grammatische Terminus beinhaltet die *hauptwörtliche Beifügung.*

Zu den Appositionen gehören:

| | |
|---|---|
| – Vornamen | Hier wohnt schon lange *Ilse* Meier. |
| – Beinamen | August *der Starke* regierte in Dresden. |
| – Titel | *Professor* Schmidt hält die Vorlesung. |
| – Verwandtschaftsgrad | Wir besuchen *Tante* Helga. |
| – Gattungen | *Die Farbe* Rot steht dir besonders. |

Der einfache Satz mit **mehrgliedriger Ergänzung:**

Bei vielen einfachen Sätzen kommt es häufig vor, dass **mehrere Ergänzungen** verwendet werden, um die Satzaussage so genau wie möglich zu bestimmen.

*Gestern* fand ich *endlich im Laden um die Ecke* das *gesuchte* Buch.

„Nur mit Mühe begriff er den Sinn dieser Namen der vier Haupteisenbahnstationen der Metropolis. Die verwirrende Schnelligkeit der Aussprache glich sehr wenig der gemütlichen Konversation seines englischen Sprachlehrers in Wien."
(KARL BLEIBTREU: Größenwahn. Roman, 1888)

| | **Wortart** | **Satzglied** | **Ergänzung** |
|---|---|---|---|
| **Gestern** | Adverb | Adverbialbestimmung | temporale Ergänzung |
| **fand** | Verb | Prädikat | |
| **ich** | Personalpronomen | Subjekt<br>(Wer oder was?) | |
| **endlich** | Adverb | Adverbialbestimmung | modale Ergänzung |
| **im**<br>**Laden** | Präposition<br>Substantiv | Adverbialbestimmung | lokale Ergänzung |
| **um**<br>**die**<br>**Ecke** | Präposition<br>Artikel<br>Substantiv | Attribut<br>(Satzgliedteil) | Beifügung zu: Laden |
| **das**<br>**gesuchte** | Artikel<br>Adjektiv | Attribut<br>(Satzgliedteil) | Beifügung zu: Buch |
| **Buch.** | Substantiv | Objekt | Akkusativergänzung<br>(Wen oder was?) |

### Zusammengesetzter Satz

Der **zusammengesetzte Satz** besteht aus mindestens zwei **Teilsätzen,** die in ihrer Gemeinsamkeit eine neue Sinneinheit bilden.

Wenn verbundene Teilsätze formal getrennt werden können, d.h., ihre inhaltliche Selbstständigkeit nach der Trennung behalten, handelt es sich um eine **Satzreihe.** Ein **Satzgefüge** besteht aus mehreren Teilsät-zen, aber nur einer der beiden ist relativ selbstständig, könnte also formal abgetrennt werden. Diesen Teilsatz bezeichnet man als **Hauptsatz.** Die anderen Teilsätze – **die Gliedsätze** – sind dem Hauptsatz grammatisch untergeordnet.

| Satzreihe | Satzgefüge |
|---|---|
| Verbindung von zwei oder mehreren selbstständigen, gleichrangigen Teilsätzen (Hauptsätze) | Verbindung von zwei oder mehreren Teilsätzen, wobei der eine dem anderen untergeordnet ist |
| *Hauptsatz* + *Hauptsatz* | *Hauptsatz* + Gliedsatz |
| *Es fing an zu regnen, die Kinder rannten in das Haus.* | *Ich kannte das Buch schon,* das ich lesen sollte. |

### Satzreihe

> Die **Hauptsätze** einer Satzverbindung können *ohne* **Konjunktion** (asyndetisch) oder *mit einer Konjunktion* (syndetisch) verbunden werden.

Der Schreck fuhr uns in die Glieder, das Lachen erstarb uns auf den Lippen.
Das Spiel haben wir gewonnen, *und* nun werden wir weitersehen.
Der Film war recht gut, *doch* es fehlte der Humor.
Ich würde heute gern mit dir ins Kino gehen, *aber* mir fehlt die Zeit dafür.
Du kannst morgen ausschlafen, *denn* es ist Sonntag.

### Satzgefüge

Spätestens für die **Kommasetzung** ist das Erkennen eines Satzgefüges entscheidend (↗ S. 170).
Es kommt darauf an, den *Gliedsatz* (oder mehrere) vom *Hauptsatz* zu unterscheiden.

*Merkmale* für einen Gliedsatz sind:
- die finite Verbform steht am Ende des Gliedsatzes,
- die Art der Verknüpfung mit dem Hauptsatz,
- die Satzteile, die er vertritt (Inhalt).

Einteilung der Gliedsätze *nach der Art der* **Verknüpfung** (Form):

| Gliedsatz | Merkmale (Art der Verknüpfung) |
|---|---|
| Relativsätze | werden durch ein *Relativpronomen* oder *-adverb* eingeleitet: *der, die, das, welcher, welche, welches, wo, wie, wohin, woher, wodurch, wer, was* |

| Gliedsatz | Merkmale (Art der Verknüpfung) |
|---|---|
| Relativsätze | Beispiele:<br>· Sprichst du von dem Mann, ***den*** *wir gestern getroffen haben?*<br>· Das Geld, ***das*** *ich im Sommer verdient habe,* ist leider schon ausgegeben.<br>· Ich werde ein Gedicht lernen, ***welches*** *mir besonders gefällt.*<br><br>– das **Relativpronomen** *bezieht* sich auf ein Wort aus dem *Hauptsatz* und stimmt mit diesem Wort im Genus und Numerus überein<br><br>– der **Kasus** richtet sich nach dem vom *Relativpronomen* verwirklichten Satzglied<br>Beispiele:<br>· Wir werden *nach Italien* fahren, ***wo*** es viel zu besichtigen gibt.<br>· *Das Schönste,* ***was*** ich finde, bringe ich dir mit.<br>· Ich werde *das Kind* (Neutrum, Singular, Akkusativ), ***dem*** (Neutrum, Singular, Dativ) ich gestern half, nicht vergessen.<br><br>– vor das **Relativpronomen** im Gliedsatz kann eine **Präposition** treten<br>Beispiele:<br>· Ich zeige dir morgen das Haus, *in* ***das*** ich einziehen werde.<br>· Das Thema, *auf* ***das*** ich Bezug nehme, findet ihr im Buch.<br>· Das Tal, *durch* ***das*** du fährst, ist sehr schön. |
| Konjunktionalsätze | – werden durch eine **untergeordnete Konjunktion** an den Hauptsatz *angeknüpft:*<br>*dass, wenn, als, ob*<br>Beispiele:<br>· Ich glaube, ***dass*** ich mein Ziel erreiche.<br>· Du kannst mich gerne besuchen, ***wenn*** du in Berlin bist.<br>· Es ist besser zu gehen, ***als*** hier so lange herumzustehen.<br>· Es ist noch nicht sicher, ***ob*** wir in den Urlaub fahren können. |
| Interrogativsätze | – werden durch ein **Interrogativpronomen** eingeleitet (auch: indirekter Fragesatz):<br>*was, wann, wer, wie, wo, warum, weshalb*<br>Beispiele:<br>· Ich wusste nicht, ***was*** ich tun sollte. (Was soll ich tun?)<br>· Nach Stunden fragte er mich, ***wann*** wir das Ziel endlich erreichen. (Wann erreichen wir endlich das Ziel?)<br>· Auch auf dem Stadtplan sahen wir nicht, ***wo*** wir langgehen müssen. (Wo müssen wir langgehen?) |
| Infinitivsätze | – werden mit dem **erweiterten Infinitiv mit „zu"** gebildet, erweitert bedeutet, dass der Infinitiv mit „zu" nähere Bestimmungen bei sich führt (dazu gehören auch „ohne" und „um")<br>Beispiele:<br>· Die Mannschaft beschließt, nicht vorschnell ***aufzugeben.***<br>· Ich dachte mir, ***um*** *schnell zu dir* ***zu kommen,*** nehme ich das Flugzeug. |

| Gliedsatz | Merkmale (Art der Verknüpfung) |
|---|---|
| Infinitivsätze | – Ich konnte nicht mehr länger warten, ***ohne*** *mich selbst* ***zu verspäten.*** |
| Partizipialsätze | – werden mit einem **Partizip Präsens** oder **Partizip Perfekt** gebildet<br>– der gebildete *Partizipialsatz* bezieht sich auf das *Subjekt* des Hauptsatzes<br>– meist werden die Partizipien *erweitert*<br>Beispiele:<br>· *Auf eine Antwort* ***hoffend,*** wartete ***sie*** schon früh auf den Briefträger.<br>Partizip Präsens – ***Sie*** hoffte auf eine Antwort.<br>· Gerade *angekommen,* musste ***sie*** sich wieder verabschieden.<br>Partizip Perfekt – ***Sie*** war ***gerade*** angekommen. |

Einteilung der **Gliedsätze** *nach der Art des Inhalts:*

| Gliedsatz | Merkmale (nach der Art des Inhalts) |
|---|---|
| Subjektsätze | – Der Gliedsatz tritt *an die Stelle eines Subjekts* und kann mit „wer?" oder „was?" erfragt werden.<br>Beispiele:<br>· *Wer pünktlich kam,* schaffte die Arbeit ohne Probleme. (*Wer* schaffte die Arbeit ohne Probleme? – Die Pünktlichen.)<br>· *Dass wir morgen kommen,* muss unseren Freunden noch mitgeteilt werden. (*Was* müssen wir den Freunden noch mitteilen? – Das Kommen.) |
| Gleichsetzungssätze | – Der Gliedsatz tritt *an die Stelle des Gleichsetzungsnominativs.*<br>Beispiel:<br>· Er ist immer noch, *wie er als kleines Kind war.* (Er ist immer noch *wie ein kleines Kind.* – Gleichsetzungsnominativ im einfachen Satz) |
| Objektsätze | – Der Gliedsatz tritt *an die Stelle eines Objektes* und wird mit dem für den Kasus bestimmten Fragewort (wessen?, wem?, wen?, was?) ermittelt. |

| **einfacher Satz** mit **Objekt** | | **Satzgefüge** mit **Objektsatz** |
|---|---|---|
| Wir erinnerten uns *der schon gesehenen Filme.* | **Wessen?** | Wir erinnerten uns, *welche Filme wir schon gesehen hatten.* |
| Ich vertraue *meinem Freund.* | **Wem?** | *Wer mein Freund ist,* dem vertraue ich. |
| Er möchte *unsere Hilfe* nicht. | **Wen?, was?** | Er möchte nicht, *dass wir ihm helfen.* |

<table>
<tr><th>Gliedsatz</th><th colspan="3">Merkmale (nach der Art des Inhalts)</th></tr>
<tr><td>Adverbialsätze</td><td colspan="3">– Der Gliedsatz tritt an die Stelle einer adverbialen Bestimmung und wird mit den jeweiligen Fragewörtern erfragt (wo?, wann?, wie?, warum? …).</td></tr>
<tr><td></td><td>einfacher Satz<br>mit Adverbialbestimmung</td><td></td><td>Satzgefüge<br>mit Adverbialsatz</td></tr>
<tr><td></td><td>Lokalsatz:<br>Ich werde den Winter in einem warmen Land verbringen.</td><td>Wo?</td><td>Den Winter verbringe ich, wo es warm ist.</td></tr>
<tr><td></td><td>Temporalsatz:<br>Nach dem Essen tranken wir Kaffee.</td><td>Wann?</td><td>Als das Essen beendet war, tranken wir Kaffee.</td></tr>
<tr><td></td><td>Modalsatz:<br>Die Zuhörer begrüßend, begann er seine Rede.</td><td>Wie?</td><td>Er begann seine Rede, indem er die Zuhörer begrüßte.</td></tr>
<tr><td></td><td>Kausalsatz:<br>Wegen des Regens gehen wir nicht wandern.</td><td>Warum?</td><td>Weil es regnet, gehen wir nicht wandern.</td></tr>
<tr><td></td><td>Finalsatz:<br>Zur Klärung der Streitfrage führten wir eine heftige Diskussion.</td><td>Mit welchem Ziel?</td><td>Um die Streitfrage zu klären, führten wir eine heftige Diskussion.</td></tr>
<tr><td>Attributsätze</td><td colspan="3">– Der Gliedsatz tritt an die Stelle eines Attributs und kann mit den Fragepronomen „welcher?“, „welches?“ oder „welche?“ erfragt werden.<br>Beispiele:<br>· Das Buch, das ich suchte (das gesuchte Buch), fand ich in einem Fachgeschäft.<br>· Den Hund, den ich mir so lange gewünscht habe (den gewünschten Hund), bekam ich zum Geburtstag.<br>· Der Sommer, der unerträglich heiß war (der unerträglich heiße Sommer), neigte sich seinem Ende entgegen.</td></tr>
</table>

**Möglichkeiten der Zeitabfolge im Satzgefüge**

*Vorzeitige Handlung* des Gliedsatzes:

| *Hauptsatz* | + | *Gliedsatz* |
|---|---|---|
| Wir *machen* die Aufgaben später,<br>*Präsens* | | wenn du erst zum Arzt *musst.*<br>*Präsens* |

| | |
|---|---|
| Ich *bin* froh,<br>*Präsens* | weil ich dich *getroffen habe.*<br>*Perfekt* |
| Ich *kam* zu spät,<br>*Präteritum* | da ich den Zug *verpasst hatte.*<br>*Plusquamperfekt* |
| Ich *werde* dir *schreiben,*<br>*Futur* | wenn ich *verreisen werde.*<br>*Futur* |
| Wir *werden* schon morgen *fliegen,*<br>*Futur* | wenn ich heute die Tickets *kaufe.*<br>*Präsens* |

*Gleichzeitige Handlung* von Hauptsatz und Gliedsatz:

Bei Gleichzeitigkeit der Handlungen stimmen die Tempora von Hauptsatz und Gliedsatz immer überein.

| *Hauptsatz* + | *Gliedsatz* |
|---|---|
| Es *ist* so stürmisch,<br><br>*Präsens* | dass sich die kleinen Bäume bis zur Erde *biegen.*<br>*Präsens* |
| Ich *öffnete* die Tür,<br>*Präteritum* | als er die Treppe *heraufkam.*<br>*Präteritum* |
| Wir *haben* das Licht *angeschaltet,*<br>*Perfekt* | da es dunkel *geworden ist.*<br>*Perfekt* |

*Nachfolgende Handlung* des Gliedsatzes:

| *Hauptsatz* + | *Gliedsatz* |
|---|---|
| Er *liest* so lange,<br>*Präsens* | bis ihm die Augen *zufallen.*<br>*Präsens* |
| Es *schneite* stundenlang,<br><br>*Präteritum* | sodass man nicht mehr aus der Tür *kam.*<br>*Präteritum* |
| Ich *werde* das Bild fertig *malen,*<br>*Futur* | wenn ich Ferien *habe.*<br>*Präsens* |

**Die Verwendung des Konjunktivs in Gliedsätzen**

| **Konjunktiv I**<br>(Verbstamm – Präsens) | **Konjunktiv II**<br>(Verbstamm – Präteritum) |
|---|---|
| – indirekte Wiedergabe eines Wunsches, einer Bitte oder Aufforderung | – Ausdruck von Vermutungen, Befürchtungen |

– indirekte Rede

Beispiele:
- Mayke sagte, dass du die Bestellung *übernehmest.*
- Er betonte, dass er immer pünktlich *sei.*
- Ich fragte ihn, ob er mich *gesehen habe.*

– etwas nicht wirklich Existierendes, sondern etwas nur Vorgestelltes wird beschrieben

- Er tat so, als ob er etwas zu *verbergen hätte.*
- Wenn ich in der Stadt *gewesen wäre,* hätte ich dich besucht.
- Wenn ich *gelernt hätte,* würde sie mich loben.

*oder* Konstruktion des Konjunktivs im Gliedsatz mit würde + Infinitiv:

- Mayke sagte, dass du die Bestellung *übernehmen würdest.*
- Er tat so, als ob er etwas *verbergen würde.*

### Verfahren zur Analyse der Satzglieder und Satzformen

Mithilfe der nachfolgend erläuterten Verfahren ist es möglich, verschiedene *Varianten des* **Satzbaus** auf ihre beste sprachliche Umsetzung hin zu überprüfen, aber auch die einzelnen *Satzglieder* voneinander abzutrennen.
Wichtig bei all diesen Verfahren ist, dass der Satz grammatisch korrekt bleibt und sich die inhaltliche Aussage nicht wesentlich verändert.

### Umstellprobe

> Nur *komplette Satzglieder* lassen sich *innerhalb des Satzes* umstellen oder verschieben. Das *Prädikat* lässt sich *nicht umstellen!*

*Heute Abend* zeigen sie im Theater eine besondere Vorstellung.
oder:

*Sie* zeigen heute Abend im Theater eine besondere Vorstellung.
oder:

*Im Theater* zeigen sie heute Abend eine besondere Vorstellung.
oder:

*Eine besondere Vorstellung* zeigen sie heute Abend im Theater.

Umgestellte Satzglieder:

| | |
|---|---|
| – heute Abend | (Temporalbestimmung, wann?) |
| – sie | (Subjekt, wer?) |
| – im Theater | (Lokalbestimmung, wo?) |
| – eine besondere Vorstellung | (Akkusativobjekt, was?) |

#### Ersatzprobe

Bei diesem Verfahren können *Wörter* oder *Wortgruppen ersetzt* werden, um eine mögliche Zweideutigkeit zu vermeiden. Dabei muss die **Satzkonstruktion** *nicht* unbedingt *erhalten bleiben.*

- Das Medikament ist *natürlich* wirksam.

  kann bedeuten:

  Das Medikament ist *selbstverständlich* wirksam.

  oder:

  Das Medikament wirkt *auf der Basis natürlicher Stoffe.*

Weiterhin kann durch die *Ersatzprobe* ermittelt werden, welche Wörter zu einem Satzglied gehören.

- *Das kleine Foto mit den vielen Dächern* gefiel uns am besten.

  *Es* gefiel uns am besten.
  *Es* = das kleine Foto mit den vielen Dächern (Subjekt).

### 3.4.3 Satzglieder

Als **Satzglieder** bezeichnet man Wörter und Wortgruppen, die innerhalb eines Satzes bestimmte *Funktionen* übernehmen. Die *Form* der Satzglieder ist *nicht festgelegt.* Jedes Satzglied kann durch ein **Wort** (verschiedene Wortarten sind möglich), eine **Wortgruppe** oder einen **Gliedsatz** realisiert werden.

Satzglieder erkennt man daran, dass sie innerhalb eines Satzes *verschiebbar* sind und durch einen gleichwertigen Ausdruck ersetzt werden können (siehe Umstellprobe, Ersatzprobe). Mithilfe einer *Satzgliedfrage* und des Prädikats können Satzglieder erfragt werden:

| **Objekt** | | | |
|---|---|---|---|
| Genitivobjekt | Dativobjekt | Akkusativobjekt | Präpositionalobjekt |
| Wessen? | Wem? | Wen oder was? | Mit Präposition erfragbar (auf wen?) |

| **Subjekt (Satzgegenstand)** | |
|---|---|
| Wer oder was? | lässt etwas geschehen oder gehört zu einem Zustand |

3

| Prädikat (Satzaussage) |
| --- |
| Was geschieht? |

**Adverbiale Bestimmung**

| Temporaladverbiale | Lokaladverbiale | Modaladverbiale | Kausaladverbiale |
| --- | --- | --- | --- |
| Wann?<br>Seit wann?<br>Wie lange? | Wo?<br>Wohin?<br>Woher? | Wie?<br>Wie viel?<br>Wie sehr? | Unter welcher Bedingung?<br>Warum?<br>Wozu? |

**Ersetzbarkeit der Satzglieder**

| Subjekt | Prädikat | Dativobjekt | Temporalbestimmung | Akkusativobjekt |
| --- | --- | --- | --- | --- |
| Wer? | Tut was? | Wem? | Wann? | Wen oder was? |
| Sie | schenkten | ihr | vor kurzer Zeit | Turnschuhe. |
| Die Eltern | kauften | der Tochter | gestern | neue Schuhe. |

**Umstellbarkeit der Satzglieder**

| Temporalbestimmung | Prädikat | Subjekt | Dativobjekt | Akkusativobjekt |
| --- | --- | --- | --- | --- |
| Gestern | kauften | die Eltern | der Tochter | neue Schuhe. |

### Satzglied Subjekt

| Merkmale | Formen | Beispiele |
| --- | --- | --- |
| *„Wer oder was?“* | **Wörter** | |
| – bezeichnet den Satzgegenstand, den Träger der Handlung | Substantiv (im Nominativ)<br>Numerale | *Das Kind* spielt.<br>*Viele* können gehen. |
| – kann auch den von der Handlung Betroffenen bezeichnen | Pronomen (im Nominativ) | *Er* wurde beobachtet. |
| – kann in einer Handlung enthalten sein | einfacher Infinitiv mit „zu“ | *Loszulassen* fällt mir schwer. |

| Merkmale | Formen | Beispiele |
|---|---|---|
| *„Wer oder was?"* | **Wortgruppen** | |
| | Aufzählungen | *Jörg und Tim* sind meine besten Freunde. |
| | erweiterter Infinitiv mit „zu" | *Einfach wegzugehen* war keine Lösung. |
| | attributive Wortgruppe | *Das laute Geschrei* ging mir auf die Nerven. |
| | Partizipialgruppe | *Gut gewettet* ist halb gewonnen. |
| | **Gliedsatz**<br>Subjektsätze | *Wer aufgepasst hat,* kann die Frage beantworten. |

**Bestimmung des Subjektes**

**Subjekt;** lat. subiectum = das Zugrundeliegende, das Zugrundegelegte. In der Grammatik bezeichnet es den Satzgegenstand. Das Fremdwort wurde im 16. Jh. entlehnt.

Der Sturm machte uns Angst.

1. **Infinitivprobe**
   Vorgehensweise:
   - Herauslösen des Prädikats und in den Infinitiv setzen: machte – *machen*
   - Zuordnen der Satzbestandteile, die ohne formale Veränderung dem Prädikat zugeordnet werden können (verbale Wortkette): *uns Angst – machen*
   - *die Satzbestandteile, die übrig bleiben, bilden das Subjekt: der Sturm*

Frage nach dem Subjekt immer mit „Wer oder was?".

2. **Kongruenzprobe**
   Vorgehensweise:
   - Umwandeln der finiten Verbform vom Singular in den Plural (wenn Pluralform gegeben, dann in den Singular): machte – *machten*
   - Zuordnen der Satzbestandteile, die ohne formale Veränderung dem Prädikat zugeordnet werden können (verbale Wortkette): *machten – uns Angst*
   - *die Satzbestandteile, die ebenfalls den Numerus ändern müssen, bilden das Subjekt: der Sturm – die Stürme* (machten)

3. Umstellprobe (↗ S. 156)

4. Ersatzprobe (↗ S. 157)

3

### Bestimmung des Prädikats

**Prädikat;** lat. praedicatum/ praedicare = das Voraussagende / laut sagen, aussagen. In der Grammatik bezeichnet es die Satzaussage. Das Fremdwort wurde im 17. Jh. entlehnt.

Das **Prädikat** kann eine **Handlung,** einen **Vorgang** oder einen **Zustand** ausdrücken und ist immer mit der Wortart *Verb* verbunden. Ermittelt werden kann das Prädikat mit den Fragen „Was geschieht?“, „Was tut das Subjekt?“.

In jedem Satz (Hauptsatz und Gliedsatz) gibt es ein Prädikat, welches einteilig oder mehrteilig sein kann. Das **einteilige Prädikat** wird immer durch die **finite Verbform** gebildet. Sie ist in Person, Numerus und Tempus bestimmt, wobei Person und Numerus mit dem Subjekt übereinstimmen.

Beim **mehrteiligen Prädikat** treten zu der **finiten Verbform** noch andere **infinite Verbformen** hinzu. Im einfachen Aussagesatz steht die finite Verbform in der Regel an zweiter Satzgliedstelle und kann nicht verschoben werden, ohne die Satzart zu verändern.

Die ungerade Satzstellung heißt *Inversion;* lat. inversio = Umkehrung, Umstellung, Umsetzung.

### Stellung der finiten Verbform im einfachen Satz

Steht das **Subjekt** *am Anfang* des Satzes und das Prädikat folgt, spricht man von einer **geraden Satzstellung.** Eine **ungerade Satzstellung** liegt vor, wenn der Satz durch ein anderes Satzglied eingeleitet wird und das *Subjekt dem Prädikat folgt.*

Zweitstellung im einfachen Aussagesatz:

| **Aussagesatz** | | | |
|---|---|---|---|
| Lachend<br>Modalbestimmung | *umarmte*<br>*Prädikat* | sie<br>Subjekt | ihre Freundin. (Inversion)<br>Akkusativobjekt |
| Den Schirm<br>Akkusativobjekt | *habe*<br>*finiter Prädikatsteil* | ich<br>Subjekt | *mitgenommen.* (Inversion)<br>*infiniter Prädikatsteil* |

Veränderung der Satzart bei Anfangs- und Endstellung der finiten Verbform:

| **Aussagesatz** | | | |
|---|---|---|---|
| Du<br>Subjekt | *konntest*<br>*finiter Prädikatsteil* | das<br>Akkusativobjekt | *tun.*<br>*infiniter Prädikatsteil* |
| **Fragesatz** | | | |
| *Konntest*<br>*finiter Prädikatsteil* | du<br>Subjekt | das<br>Akkusativobjekt | *tun?*<br>*infiniter Prädikatsteil* |
| **Ausrufesatz** | | | |
| (Wie) du<br>Subjekt | das<br>Akkusativobjekt | *tun*<br>*infiniter Prädikatsteil* | *konntest!*<br>*finiter Prädikatsteil* |

### Das mehrteilige Prädikat

> Das **mehrteilige Prädikat** wird immer aus einem *finiten Prädikatsteil* und einem oder mehreren *infiniten Prädikatsteilen* zusammengesetzt.

In der Regel befinden sich der finite Teil in Anfangs- oder Zweitstellung und die infiniten Prädikatsteile am Ende des Satzes. Dabei werden andere Satzglieder umschlossen. Das Prädikat bildet eine **Satzklammer** (auch: Satzrahmen).

### Satzklammer

Satzklammer = Prädikat: *werden ... abgeholt*

| Subjekt | finiter Prädikatsteil | Präpositionalobjekt | infiniter Prädikatsteil |
|---|---|---|---|
| Die Geschwister | *werden* | von ihren Eltern | *abgeholt.* |
| Nominativ<br>3. Person Plural<br>Artikel + Substantiv | Präsens<br>3. Person Plural<br>Hilfsverb | Dativ<br>3. Person Plural<br>Präposition<br>Possessivpronomen<br>Substantiv | Partizip II<br>Vollverb |

### Bildungsmöglichkeiten des zusammengesetzten Prädikats

1. Zusammengesetzte Zeitformen

| | |
|---|---|
| Perfekt | Später *sind* wir noch ins Kino *gegangen.* |
| Plusquamperfekt | Wir *hatten* nur ein Los *gekauft.* |
| Futur | Ich *werde* die Blumen gleich in die Vase *stellen.* |

2. Finites Modalverb + infinites Vollverb

Wir *konnten* nicht mehr *zurückgehen.*
Sonja *muss* später noch in die Firma *gehen.*

3. Finites Vollverb + infinites Vollverb

Wir *sehen* die Kinder *lachen.*
Ich *lasse* mir die Bücher *schicken.*

4. Finites Vollverb/Hilfsverb + Infinitiv mit „zu“

Es *scheint* immer besser *zu funktionieren.*
Die Frage *ist* nicht leicht *zu beantworten.*
Die Frage *wird* nicht leicht *zu beantworten* sein.

3

5. Passivkonstruktion

- Der Präsident *wird* auf dem Flugplatz *empfangen*.
  Diese Rabatten *wurden* von unserem Gärtner *gepflegt*.

6. Konstruktionen mit trennbar zusammengesetzten Verben

- Langsam *stieg* er die Treppe *empor*. (emporsteigen)
  *Iss* endlich dein Mittagessen *auf*. (aufessen)

7. Mehrfachkombinationen

- Ich *konnte* die Gelegenheit nicht *verstreichen lassen.*
  Du *hättest* die Aufgaben nicht so lange vor dir *herschieben dürfen.*

#### Das Fehlen der finiten Verbform

Die **Gliedsätze,** die mit einer **Partizipgruppe** oder einer **Infinitivkonstruktion** gebildet werden, müssen *keine* finite Verbform aufweisen.

- Sie glaubte nicht, *belogen worden zu sein.*
  Von ihren Freunden *getäuscht,* verließ sie das Fest.

### Satzergänzungen

#### Objekte

**Objekt;** lat. obicere = entgegensetzen, entgegenwerfen, vorsetzen. In der Grammatik bezeichnet es ein Satzglied, das von einem Verb als Ergänzung gefordert wird.

> Während das **Subjekt** den *Träger der Handlung* darstellt, sind die **Objekte** als das *Ziel der* vom Prädikat definierten *Handlung* anzusehen. Objekte bestimmen den Satzinhalt genauer und werden von den Verben gefordert (↗ S. 148).

Nach ihren grammatischen Merkmalen können Objekte im **Genitiv,** im **Dativ** oder im **Akkusativ** stehen. Diese Objekte werden mit den für sie typischen Fragewörtern ermittelt.
Eine Besonderheit stellt das **Präpositionalobjekt** dar, da es immer mit einer Präposition angeschlossen wird und auch nur mithilfe dieser erfragt werden kann.

#### Objekt im 2. Fall – Genitivobjekt (Fragewort: Wessen?)

Formen des Genitivobjektes:

| | |
|---|---|
| Frage: | *Wessen* erinnere ich mich? |
| Pronomen | Ich erinnere mich *deiner*. |
| Substantiv | Ich erinnere mich *der Freunde.* |
| Numerale | Ich erinnere mich *einiger,* die ich damals kannte. |

| | |
|---|---|
| Infinitiv mit „zu" | Ich erinnere mich, *ihn benachrichtigt zu haben.* |
| Gliedsatz | Ich erinnere mich, *dass ich schon mal hier war.* |

▶ Das *Fragewort „wessen?"* muss sich immer auf die finite Verbform beziehen – wessen erinnern, gedenken, beschuldigen? usw. Nur dann wird das *Genitivobjekt* erfragt. Bezieht sich das Fragewort auf ein Substantiv – wessen Mantel? –, wird ein *Genitivattribut* erfragt.

**Objekt im 3. Fall – Dativobjekt (Fragewort: Wem?)**

Das *Dativobjekt* kennzeichnet die Person oder Sache, der sich die Handlung zuwendet.

Formen des Dativobjektes:

| | |
|---|---|
| Frage: | *Wem?* |
| Pronomen | Ich sah *ihm* zu. |
| Substantiv | Ich sah *dem Sportler* zu. |
| Numerale | Ich sah *allen* zu. |
| Gliedsatz | Ich sah zu, *wie die Kinder spielten.* Der Gliedsatz tritt an die Stelle des Dativobjektes: *den spielenden Kindern.* |

**Objekt im 4. Fall – Akkusativobjekt (Fragewort: Wen oder was?)**

Das *Akkusativobjekt* gibt *das Ziel einer Handlung* an und wird in der deutschen Sprache am häufigsten verwendet.

▶ Es besteht die Möglichkeit, *mehrere Akkusativobjekte im Satz* zu verwenden. Die Verben *„lehren"* und *„kosten"* machen dies möglich: Sie lehrte *die Kinder das Rechnen.* Die Bewältigung der Aufgabe kostete *uns viel Kraft.*

Formen des Akkusativobjektes:

| | |
|---|---|
| Frage: | *Wen* oder *was* erkannte ich? |
| Pronomen | Ich erkannte *sie/es.* |
| Substantiv | Ich erkannte *die Fremden/das Armband.* |
| Numerale | Ich erkannte *wenig.* |
| Infinitiv mit „zu" | Er versprach *aufzuhören.* (Was versprach er?) |
| Gliedsatz | Sie glaubte, *er schwimme gern.* oder: Sie glaubte, *dass er gern schwimmt.* (Was glaubte sie?) |
| „es" an Akkusativobjektstelle | Du kannst *es* mir ruhig glauben. |

Verben mit einem Akkusativobjekt (transitive Verben) können im Allgemeinen ein Passiv bilden. Das Akkusativobjekt des Aktivsatzes wird dabei zum Subjekt des Passivsatzes.
Einige Verben mit Akkusativobjekt können kein Passiv bilden, z. B. „haben, besitzen, bekommen" (↗ S. 85).

■ Ich schneide *das Papier.*
*Das Papier* wird von mir geschnitten.

Aber nicht:
Er bekommt *ein Geschenk.*
*Ein Geschenk* wird von ihm bekommen.

3

### Präpositionalobjekt

Bei den **Präpositionalobjekten** handelt es sich um **Satzergänzungen,** die in der Regel mithilfe einer *Präposition* angeschlossen werden. Sie können auch nur mit einer Präposition und *Fragewort* (auf wen?, über wen? …) oder einem **Pronominaladverb** (womit?, worauf?, …) ermittelt werden.

Formen des Präpositionalobjektes:

| | |
|---|---|
| Präpositionaler Ausdruck | Die Schüler rechnen fest *mit deinem Kommen.*<br>*Womit* (mit was) rechnen sie? |
| Infinitiv mit „zu" | Wir hoffen, *die Gefahr zu überwinden.*<br>*Worauf* (auf was) hoffen wir? |
| Pronominaladverb | Er freut sich *darüber.*<br>*Worüber* (über was) freut er sich? |
| Gliedsatz | Sie zweifelte, *ob* er wirklich die Wahrheit sagte.<br>*Woran* (an was) zweifelte sie? |

Achte immer auf die exakte Fragestellung – ein Präpositionalobjekt hat auch stets eine Prapositon in der Fragestellung.

### Adverbiale Bestimmung oder Präpositionalobjekt?

Viele Präpositionen verweisen auf besondere *adverbiale Bestimmungen,* ebenso wie sie ein *Präpositionalobjekt* einleiten können.
Die Frage, ob es sich um eine Adverbialbestimmung oder ein Präpositionalobjekt handelt, lässt sich nur mit der richtigen *Fragestellung* klären.

- Er schrieb den Spruch *an die Wand.*

| | |
|---|---|
| *Richtige Fragestellung:* | *Wohin* schrieb er den Spruch?<br>Die Präposition „an" ist in der Fragestellung vermeidbar, etwas Lokales wird erfragt! |
| *Schlussfolgerung:* | an die Wand = adverbiale Bestimmung des Ortes (Lokalbestimmung) |
| *Probe:* | Ersatz durch andere Lokalbestimmungen: auf den Zettel, in das Buch, dorthin … |

- Er schrieb den Spruch *an seinen Freund.*

| | |
|---|---|
| *Richtige Fragestellung:* | *An wen* schrieb er den Spruch?<br>Die Präposition „an" ist in der Fragestellung nicht vermeidbar. |
| *Schlussfolgerung:* | an seinen Freund = Präpositionalobjekt |

## Adverbiale Ergänzungen

> **Adverbiale Ergänzungen** bezeichnen die genaueren Umstände des Satzgeschehens. Sie unterscheiden sich durch ihre *Bedeutung,* werden oft durch **Präpositionen** eingeleitet und können mit den für sie typischen Fragestellungen ermittelt werden.

*adverbial;* lat. adverbium, adverbialis = das zum Verb gehörende Wort. Der grammatische Terminus wurde im 17. Jh. entlehnt. Da ein Adverb die genaueren Umstände beschreibt, wird es Umstandswort genannt.

Obwohl sie grammatisch für die Vollständigkeit eines Satzes nicht notwendig sind, tragen sie besondere Bedeutung für die *Genauigkeit* der zu übermittelnden Information. Sie können sich nur auf das **Verb** beziehen (*langsam* gehen) oder auf den gesamten **Satz** (*Morgen* wird es auch in der Stadt schneien.).

### Satzergänzung mit adverbialen Bestimmungen

| | |
|---|---|
| **Subjekt + Prädikat** | Romy geht. |
| **Subjekt + Prädikat + Ergänzung der Zeit (temporal)** | Romy geht *nach dem Abendbrot.* – Wann? |
| **Subjekt + Prädikat + Ergänzung der Art und Weise (modal)** | Romy geht nach dem Abendbrot *leise.* – Wie? |
| **Subjekt + Prädikat + Ergänzung des Raumes/Ortes (lokal)** | Romy geht nach dem Abendbrot leise *in das Zimmer.* – Wohin? |
| **Subjekt + Prädikat + Ergänzung des Grundes (kausal)** | Romy geht nach dem Abendbrot leise in das Zimmer, *weil der kleine Bruder schon schläft.* – Warum? |

### Formen der adverbialen Ergänzungen

Die *adverbialen Bestimmungen* können durch verschiedene **Wörter, Wortgruppen** oder **Gliedsätze** realisiert werden:

| | | |
|---|---|---|
| 1. | Adverbien | *Damals* hatte er mich belogen. (temporal)<br>*Gestern Abend* hatte er mich belogen. (temporal) |
| 2. | Adjektive | Er ging *schnell* nach Hause. (modal) |
| 3. | Präposition + Substantiv | *Vor Wut* konnte er nicht sprechen. (kausal) |
| 4. | Substantiv im Genitiv | *Des Morgens* kam er schlecht aus dem Bett. (temporal) |
| 5. | Partizipialgruppe | *Total aufgeregt* stand er auf der Bühne. (modal) |

6. Infinitiv mit „zu“ *Ohne zu zögern,* ergriff er ihre Hand. (modal)

7. Gliedsatz *Als der Regen aufhörte,* konnten wir gehen. (temporal)

*Weil ich gern turne,* gehe ich zweimal wöchentlich in den Sportclub unserer Schule. (kausal)

Übersicht über die adverbialen Ergänzungen:

| Adverbiale Ergänzungen | Fragewort | Präpositionen (müssen nicht verwendet werden) | Beispiel |
|---|---|---|---|
| **Temporalbestimmung** (adverbiale Bestimmung der Zeit):<br><br>– Zeitpunkt<br>– Wiederholung<br>– Dauer | <br><br><br>Wann?<br>Wie oft?<br>Wie lange?<br>Seit wann?<br>Bis wann? | <br><br><br>nach, bis, seit, vor, während … | <br><br><br>*Morgen* besuche ich dich.<br>Er geht *jeden Tag* spazieren.<br>Wir üben *noch eine Stunde.*<br>*Seit gestern* regnet es.<br>Du hast Zeit *bis Mittwochabend.* |
| **Lokalbestimmung** (adverbiale Bestimmung des Ortes):<br><br>– Ort<br><br>– Richtung<br>– Herkunft<br>– räumliche Ausdehnung | <br><br><br>Wo?<br><br>Wohin?<br>Woher?<br>Wie weit? | <br><br><br>im, in, vor, auf, unter, dort, über, von, vom, zum, zwischen, bis | <br><br><br>Die Mannschaft trainiert *in der Halle.*<br>Wir gehen auch *dorthin.*<br>Ich komme *vom Lande.*<br>Der Weg führt *bis zum Wald.* |
| **Modalbestimmung** (adverbiale Bestimmung der Art und Weise):<br><br>– Beschaffenheit<br><br>– Quantität<br><br><br>– Intensität<br><br>– Differenz<br>– Material | <br><br><br><br>Wie?<br><br>Wie viel?<br><br><br>Wie sehr?<br><br>Um wie viel?<br>Woraus? | <br><br><br><br>durch, mit, unter, um, aus | <br><br><br><br>Wir unterhielten uns *vergnügt.*<br>Er arbeitet *zu wenig* für die erfolgreiche Erfüllung der gestellten Aufgaben.<br>Er war darüber *zu Tode* erschrocken.<br>Sie ist *Sekunden schneller* als du.<br>Ich kaufe eine Tasse aus *Porzellan.* |

| Adverbiale Ergänzungen | Fragewort | Präpositionen (müssen nicht verwendet werden) | Beispiel |
|---|---|---|---|
| **Kausalbestimmung** (adverbiale Bestimmung des Grundes): | | | |
| – Grund | Warum? Wodurch? Von wem? | aus, von, wegen, durch, weil | *Aus Liebe* vergab er ihr. |
| – Bedingung | Unter welcher Bedingung? | | *Wenn die Straßen glatt sind,* fahre ich nicht mit dem Auto. |
| – Folge | Mit welcher Folge? | | Der Kinderfilm war *zum Lachen.* |
| – Zweck | Wozu? | | *Zum Schreiben* braucht man Ruhe. |
| – Einräumung | Trotz welchen Umstands? | | *Obwohl die Arbeit schwierig war,* kamen sie gut voran. |

**Attribut – Kein Satzglied!**

> Das *Attribut* stellt *kein* **selbstständiges Satzglied** dar, sondern ist ein *Satzgliedteil.* Es lässt sich im Satz nur mit dem dazugehörigen Satzglied umstellen und wird nicht mithilfe des Prädikats erfragt.

Die Fragestellung nach den Attributen lautet: Was für ein/eine/einer …?

Formen des Attributs:

1. Adjektive — Ich habe dir einen *schönen neuen* Mantel gekauft. (Akkusativobjekt)
2. Adverbien — In das Haus *dort* werde ich einziehen. (Lokalbestimmung)
3. Genitivattribut — Die Obstbäume *des Gartens* werden geschnitten. (Subjekt)
4. Präpositionales Attribut — Hier gibt es Schreibblöcke *mit Rand.* (Akkusativobjekt)
5. Attributsätze — Der Fuß, *den ich mir verstaucht hatte,* tat immer noch weh.
6. Infinitiv mit „zu“ — Die Möglichkeit, *selber zu entscheiden,* war mir gegeben.
7. Apposition — Tom, *der Schülersprecher der Klasse,* redete mit uns.

# 3.5 Zeichensetzung und Rechtschreibung

Sowohl die **Zeichensetzung** als auch die **Rechtschreibung** beruhen auf **amtlichen Regelungen.** Alle Regeln und Hinweise sind im Duden „Die deutsche Rechtschreibung" ausführlich enthalten.

## 3.5.1 Zeichensetzung

> **Satzzeichen** gliedern Sätze und ordnen Texte zum besseren Verständnis. Ebenso können sie eine besondere Aussageabsicht herausstellen – z. B. einen Ausruf oder eine Frage – und innerhalb des Satzes Wörter oder Textteile hervorheben.

### Satzzeichen und ihre Funktion

| Satzzeichen | | Funktion |
|---|---|---|
| Punkt<br>Ausrufezeichen<br>Fragezeichen | .<br>!<br>? | Kennzeichnung des Satzschlusses |
| Komma<br>Semikolon<br>Doppelpunkt<br>Gedankenstrich<br>Klammern | ,<br>;<br>:<br>–<br>( ) | innere Gliederung von Sätzen |
| Anführungszeichen | „" | Kennzeichnen von Äußerungen oder Textstellen,<br>Hervorheben von Wörtern oder Textstellen |
| Apostroph<br>Ergänzungsstrich<br>Auslassungspunkte | '<br>-<br>... | Auslassungen markieren |

### Verwendung der Satzzeichen

Obwohl jedem Satzzeichen eine bestimmte Funktion zuzuordnen ist, kann der Verfasser eines Textes je nach **Aussageabsicht** oft zwischen den verschiedenen Zeichen auswählen.

### Kennzeichnung des Satzschlusses

> Der **Satzschluss** wird durch die Zeichen
> - **Punkt,**
> - **Ausrufezeichen** und
> - **Fragezeichen** gekennzeichnet.

- Heute Morgen war es sehr kalt.
  Vorsicht bei Abfahrt des Zuges!
  Warum bist du gestern nicht gekommen?

> Mit **Punkt** kennzeichnet man den Schluss eines **Aussagesatzes.**

Aufforderungen, denen kein besonderer Nachdruck gegeben wird, werden statt mit einem Ausrufezeichen mit einem Punkt beendet.

- Nehmen Sie bitte Platz.

> Mit einem **Ausrufezeichen** gibt man einem Satz einen besonderen *Nachdruck,* z. B. bei Behauptungen, Aufforderungen, Grüßen, Wünschen oder Ausrufen.

- Komm bitte morgen früh!
  Hoffentlich sehen wir uns bald wieder!

Ein *Ausrufezeichen* kann auch *nach frei stehenden Zeilen,* wie der Anrede, stehen.

- Sehr geehrter Herr Schmidt!

Ein Ausrufezeichen steht auch bei Sätzen, die die Form einer *Frage* haben, aber einen Nachdruck beinhalten.

- Wie lange soll ich noch warten!

> Ein **Fragesatz** wird mit einem **Fragezeichen** beendet.

- Hast du schon den neuen Film gesehen?
  Wann bist du fertig?

Auch nach *frei stehenden Zeilen,* z. B. nach einer Überschrift oder Werktiteln, kann ein *Fragezeichen* stehen.

- Quo vadis?
  Wer wird Präsident?

Bei aneinandergereihten Fragen können die Teilfragen durch Kommata verbunden werden. Das Fragezeichen steht am Ende der Aneinanderreihung.

- Wo, wann, mit wem treffen wir uns morgen?
  *oder:*
  Wo treffen wir uns?
  Wann treffen wir uns?
  Mit wem treffen wir uns?

3

### Komma

Das **Komma** dient der Gliederung von Sätzen. Es trennt **Teilsätze, Wortgruppen** und **Wörter** voneinander ab. In diesen Fällen spricht man vom einfachen Gebrauch des Kommas. Trennt das Komma eingeschobene Sätze oder Satzteile ab, wird es paarig gebraucht.

**Einfacher Gebrauch:**

- Meine Freundin Tina sagt, *dass sie mich begleitet.*

**Paariger Gebrauch:**

- Meine Freundin, *die Tina heißt,* begleitet mich.

| | |
|---|---|
| Die Sonne versank hinter den hohen Bergen, Dunkelheit breitete sich aus. | gleiche Bedeutsamkeit beider Sätze, schwache Abtrennung |
| Die Sonne versank hinter den Bergen; Dunkelheit breitete sich aus. | stärkere Abtrennung |
| Die Sonne versank hinter den Bergen. Dunkelheit breitete sich aus. | stärkste Abtrennung |
| Die Sonne versank hinter den Bergen – Dunkelheit breitete sich aus. | gedankliche Pause, Hervorhebung |

*Ungleichrangigkeit* der Adjektive liegt vor, wenn ein zweiteiliger Gesamtbegriff/eine begriffliche Einheit aus Adjektiv und Substantiv (italienischer Sportwagen) von einem vorangestellten Adjektiv näher bestimmt wird (schneller). Lassen sich die Adjektive ohne Sinnentstellung vertauschen bzw. mit *und* verbinden, ist die Verbindung gleichrangig. *Gleichrangige Glieder* einer Aufzählung werden mit einem Komma oder mit *und* getrennt, z. B.: Er trug eine dunkelblaue, lange Hose, ein langärmliges, weißes Hemd und einen roten, wollenen Schal.

### Wichtige Kommaregeln

1. **Gleichrangige Teilsätze, Wortgruppen oder Wörter grenzt man mit Kommas voneinander ab.**

*Teilsätze:*
Hauptsatz + Hauptsatz
Glaub mir, ich will nur dein Bestes.
Es war ganz still, nichts war mehr zu hören.
Der Wecker klingelte nicht, ich verschlief.

*Wortgruppen:*
Am Nachmittag sollte er Hausaufgaben machen, das Zimmer aufräumen, den Freund anrufen.
Von der Sonne gebräunt, völlig erholt, glücklich und zufrieden kamen sie aus dem Urlaub zurück.
Das meiste hatte er aus dem Internet geholt, von Freunden abgeschrieben, sich vorsagen lassen.

*Wörter:*
Kamm, Spiegel, Taschentuch und Schminke hat sie immer in ihrer Tasche.
Die Kinder johlten, lachten, kreischten und stampften mit den Füßen.

**2. Gleichrangige Teilsätze, Wortgruppen oder Wörter grenzt man mit Komma voneinander ab, wenn sie mit entgegenstellenden Konjunktionen (aber, jedoch, sondern) verbunden sind.**

■ Wir warteten geduldig, aber sie kamen nicht.
Das Haus war alt, aber nicht verkommen.
Das ist nicht die Elbe, sondern die Oder.

**3. Gliedsätze werden mit Komma vom Hauptsatz getrennt oder mit paarigem Komma eingeschlossen.**

■ Ich weiß genau, *dass ich es schaffe.*
*Als er sich umdrehte,* hatten sich alle schon versteckt.
Die Musik, *die leise ertönte,* nahm uns ganz gefangen.

**4. Zusätze und Nachträge werden mit Komma vom Hauptsatz abgetrennt oder mit paarigem Komma eingeschlossen. Bei stärkerer Abgrenzung ist auch ein Gedankenstrich möglich.**

| Zusätze/Nachträge | Beispiel |
|---|---|
| Parenthesen (Einschaltungen) | Klaus, *er ist ein alter Schlaumeier,* wusste wieder einmal alles besser. |
| Appositionen (Substantivgruppen als Nachträge) | Wir treffen uns Montag, *20. Dezember,* zur wöchentlichen Besprechung.<br>Der Beitrag aus der Zeitschrift „art“, *Jahrgang 1997, Heft 2,* behandelt das Thema. |
| nachgestellte Erläuterungen mit: also, besonders, das ist, das heißt, genauer, nämlich, insbesondere, und das, und zwar, vor allem, zum Beispiel | Sie liest gerne, *besonders Kriminalromane.*<br>Ich liebe den Regen, *vor allem im Sommer.*<br>Du solltest darüber nachdenken, *und zwar gründlich.* |
| angekündigte Wörter oder Wortgruppen | Daran, *vorschnell aufzugeben,* dachte sie nicht. |
| nachgetragene Partizip- oder Adjektivgruppen | Max, *von der Arbeit überfordert,* will Feierabend machen.<br>Er nahm das Kätzchen in die Hand, *vorsichtig und behutsam.* |
| nachgetragene Infinitivgruppen | Er, *ohne Ahnung zu haben,* mischte sich in das Gespräch ein.<br>Er, *statt nachzudenken,* verurteilte ihr Verhalten. |

3

5. **Anreden, Ausrufe und Ausdrücke einer Stellungnahme grenzt man mit Komma ab bzw. schließt sie mit paarigem Komma ein.**

| | |
|---|---|
| *Anreden:* | Ich wünsche dir, *liebe Denise,* alles Gute.<br>*Kinder,* lasst mich auch mal zu Wort kommen.<br>*Du,* kannst du dir vorstellen, wen ich heute getroffen habe? |
| *Ausrufe:* | *Was,* du kannst nicht kommen?<br>*Oje,* das ist sehr bedauerlich.<br>*Ach was,* lass es uns versuchen. |
| *Stellungnahme:* (Bejahung, Verneinung, Bitte, Bekräftigung) | *Nein,* das kannst du ihm nicht sagen.<br>Ich musste es tun, *leider.*<br>*Bitte,* sei morgen pünktlich. |

6. **Infinitivgruppen werden mit Komma getrennt, wenn sie mit *um, ohne, statt, anstatt, außer, als* eingeleitet sind oder wenn sie von einem Substantiv oder einem Korrelat/Verweiswort abhängen.**

Sie geht ins Meer, *um* sich abzukühlen.

*Ihr Wunsch,* noch zu bleiben, war stärker.

Sie hat *es* nicht bereut, länger geblieben zu sein.

**Regel zum Nichtsetzen von Kommas**

**Gleichrangige Teilsätze, Wortgruppen** oder *Wörter,* die durch *und, oder, beziehungsweise, sowie* (in der Bedeutung von „und"), *wie* (in der Bedeutung von „und"), *entweder … oder, sowohl … als (auch), sowohl … wie (auch)* oder durch *weder … noch* verbunden sind, werden nicht durch Komma getrennt.

*Wir saßen kaum auf den Plätzen* und *das Theaterstück begann.* (HS + HS)

Er erkundigte sich, was es Neues gebe und ob Post gekommen sei. (HS + NS + NS)

Sie wollte entweder *einen Hund* oder *eine Katze.*

**Freie Entscheidung über das Setzen des Kommas**

In einigen Satzkonstruktionen bleibt es dem Verfasser von Texten überlassen, ein Komma zu setzen oder nicht. Wichtig bei dieser Entscheidung ist, dass das Komma helfen soll, den Satz übersichtlich und damit besser verständlich zu gestalten.

Ein **Komma** *kann* gesetzt werden, wenn dadurch die **Gliederung** der Satzkonstruktion *deutlicher* wird.

Ich fürchtete jeden Morgen wieder zu verschlafen.

Ich fürchtete**,** jeden Morgen wieder zu verschlafen.

Ich fürchtete jeden Morgen**,** wieder zu verschlafen.

### Semikolon (Strichpunkt)

Mit dem **Semikolon** werden **gleichrangige Teilsätze** oder **Wortgruppen** stärker als mit dem Komma abgegrenzt.

Die Geschichte ist schon fast vergessen; ich möchte nichts mehr darüber hören.

### Gedankenstrich

| Merkmal | Beispiel |
|---|---|
| Der *Gedankenstrich* kündigt etwas Weiterführendes an. Meistens ist das Folgende unerwartet. | Die Tür öffnete sich und heraus trat – ein kleines Kind.<br>Plötzlich – ein gewaltiges Beben! |
| Der *Gedankenstrich* nach dem Satzschlusszeichen macht einen erfolgten Themen-/Sprecherwechsel oder einen Zeitsprung deutlich. | Wir trennten uns nach der Schulzeit. – Jahre später … |
| Der *Gedankenstrich* kann Zusätze, Nachträge oder Einschübe abgrenzen. | Die Universität – ein beeindruckendes Gebäude – wurde im 19. Jahrhundert gebaut. |
| *Satzzeichen,* die zu den Einschüben gehören, dürfen trotz *Gedankenstrichen* nicht weggelassen werden. | Sie versuchte – was für eine Gemeinheit! –, uns zu verdächtigen. |

### Klammer

Die **Klammer** schließt Zusätze oder Nachträge ein. Außerdem ist es möglich, mit Klammern **Ganzsätze** oder größere **Textteile** einzuschließen.
**Ausrufe-** und **Fragezeichen,** wenn sie zum Zusatz oder Nachtrag gehören, setzt man vor die abschließende Klammer.
**Satzschlusszeichen,** die zum **übergeordneten Satz** gehören, stehen hinter der letzten Klammer und dürfen nicht weggelassen werden.

3

#### Zusätze/Nachträge

Frankfurt (Oder), Frankenthal (Pfalz)
Sie beglich die Rechnung über 1.500€ (in Worten: eintausendfünfhundert Euro) mit ihrer Visa-Karte.
Berlin (meine Geburtsstadt) werde ich nie vergessen.

#### Ganzsätze/Textteile

Das geliehene Buch (du hast es jetzt schon vier Wochen!) möchte ich wiederhaben.
An einem Sonntag (war es im Spätsommer oder Herbst?) sind wir nach München geflogen.
Damit wäre das Thema vorerst erledigt (weitere Angaben siehe Seite 225 der Vorlage).

**Eckige Klammern** werden meist bei Erläuterungen zu einem bereits eingeklammerten Zusatz verwandt.

(Mit dem Wort Bilanz [aus dem ital. bilancia = Waage] wird eine Kontenform bezeichnet.)

#### Doppelpunkt

Der **Doppelpunkt** steht vor
- **wörtlich wiedergegebenen Aussagen** oder Textstellen,
- angekündigten **Aufzählungen, Angaben, Erläuterungen** u. a.,
- *Sätzen,* die das vorher Gesagte **zusammenfassen** oder daraus eine **Schlussfolgerung** ziehen.

Wird die nach dem Doppelpunkt folgende Ausführung als Ganzsatz verstanden, so schreibt man das erste Wort groß (↗ S. 181).

#### Wörtlich wiedergegebene Aussage

Ludwig XIV. sagte: „Der Staat, das bin ich."
Die Klausel im Vertrag lautet: „Mündliche Absprachen sind nichtig."

#### Aufzählungen, Angaben, Erläuterungen

Bitte besorge Folgendes: Verteiler, Mischer, Dichtungen und Filter.
Name: Schmidt, Vorname: Petra
Familienstand: ledig
Man nehme: 300 g Mehl, 200 g Butter, 3 Eier, 150 g Zucker ...
Anleitung: Zuerst auf den roten Knopf ...

#### Zusammenfassungen und Schlussfolgerungen

Haus und Hof, Geld und Gut: Alles ist verspielt.
Durch seinen Jähzorn, seinen Egoismus und seine Trunksucht hatte er alles verloren: seine Frau, seine Kinder, sein ganzes Vermögen.

### Anführungszeichen

**Anführungszeichen,** häufig auch „Gänsefüßchen" genannt, werden verwandt bei
- **wörtlicher Rede** und
- zur **Hervorhebung.**

| Merkmal | Beispiel |
|---|---|
| *wörtliche Rede*<br>– direkte wörtliche Rede | Sie seufzte: „Immer muss ich die schweren Taschen tragen!" |
| – wörtlich wiedergegebene Textstellen (Zitate) | Thomas Leinkauf schreibt über Elisabeth Mann Borgese (Professorin für Seerecht): „Sie wollte sich ein eigenes berufliches Leben aufbauen, ohne den großen Namen in die Waagschale zu werfen." |
| *Hervorhebungen*<br>– Überschriften, Werktitel | Ich schreibe über Nick Bantocks Briefroman „Sabines Album". |
| – Sprichwörter, Äußerungen, die nachfolgend kommentiert werden | Das Sprichwort „Reden ist Silber, Schweigen ist Gold" hatte sie noch nie verstanden.<br>Sein ewiges „Ich kann das nicht" wollte ich nicht mehr hören. |
| – Wörter oder Wortgruppen, über die eine Aussage getroffen wird | Über den Begriff „schuldlos" wird noch zu reden sein. |
| – ironisch gemeinte Wörter oder Wortgruppen | Das hast du aber „fein" hingekriegt. |

**Satzzeichen,** die zum **wörtlich Wiedergegebenen** gehören, setzt man *vor* das *abschließende Anführungszeichen;* Satzzeichen, die zum **Begleitsatz** gehören, werden *nach* dem *abschließenden Anführungszeichen* gesetzt.
Sowohl der **angeführte Satz** als auch der *Begleitsatz* behalten ihre **Ausrufe-** und **Fragezeichen.**

„Kommst du jetzt endlich!", rief er.
„Kannst du mir morgen beim Saubermachen helfen?", fragte die Mutter.

3

- Gefällt dir der Roman „Quo vadis?“?
  *Aber:*
  Er stellte fest: „Das muss jeder selbst entscheiden.“

Ein **eingeschobener Begleitsatz** wird in *Kommas* eingeschlossen.

- „Du siehst heute“, sagte die Mutter, „sehr müde aus.“

**Auslassungspunkte**

Auslassungspunkte werden beim Zitieren oft in [eckige Klammern] gesetzt, ↗ S. 16.

**Auslassungspunkte** *[...]* zeigen an, wo etwas ausgelassen wurde.

Breite Anwendung finden sie beim Zitieren von Texten, in denen nur ein bestimmter Abschnitt (nicht der vollständige Satz oder Text) wiedergegeben werden soll. Stehen die Auslassungspunkte am Ende eines Satzes, wird kein zusätzlicher Punkt gesetzt.

- „Die Farbe […] ist dagegen sehr wirklich.“
  Und so kam es, wie es kommen musste …

**Apostroph**

Der **Apostroph** ist ein Auslassungszeichen, welches das *Weglassen* eines oder mehrerer Buchstaben eines Wortes anzeigt.

In einigen Fällen muss der Apostroph gesetzt werden, in anderen kann der Schreiber selbst entscheiden, ob das Einsetzen des Zeichens sinnvoll ist.
Der Apostroph *muss* gesetzt werden:
– bei Substantiven im Genitiv, die im Nominativ auf -s, -ss, -ß, -tz, -z, -x oder -ce enden.

- Ines' Vorschläge werden wir berücksichtigen.
  Alice' neues Kleid gefällt mir.

– bei Auslassungen, die ohne Apostroph missverständlich sein können.

- Ein winz'ger Augenblick entschied über den Sieg.

– bei Auslassungen im Wortinneren.

- Gestern war ich auf dem Ku'damm. (Kurfürstendamm)

Der Apostroph *kann* gesetzt werden:
– bei schriftlicher Wiedergabe mündlich-umgangssprachlich gekürzter Ausdrücke.

- Wir sehen uns nach'm Kino
  Der Hefter liegt auf'm Tisch.

### Bindestrich

Der **Bindestrich** kann gesetzt werden
– zur *Hervorhebung* und Verdeutlichung,

■ die Hoch-Zeit der Renaissance, Ist-Stärke, Soll-Stärke;

– bei **Zusammensetzungen** gleichrangiger Adjektive,

■ süß-saure Suppe, grün-weiß gestreift;

– zur *Vermeidung* von *Missverständnissen* und zur besseren **Lesbarkeit,**

■ Druck-Erzeugnis, Drucker-Zeugnis; Schwimm-Meisterschaft.

Der *Bindestrich muss* gesetzt werden
– in *Zusammensetzungen* mit einzelnen Buchstaben und Ziffern,

■ i-Punkt, y-Achse, 200-m-Lauf, 3-Tonner;

– vor **Suffixen,** wenn sie mit einem Einzelbuchstaben verbunden werden,

■ n-fach, n-tel,
*aber:*
3fach oder 3-fach, die 68er;

– bei *Zusammensetzungen* mit **Ziffer** und *Suffix,*

■ 2fach-Belegung, 68er-Generation;

– als **Ergänzungsstrich** bei der Einsparung von Bestandteilen in Zusammensetzungen oder Ableitungen,

■ Ein- und Ausgang, 2- bis 3-mal, Kinder- und Hausmärchen;

– bei *Aneinanderreihungen* und *Zusammensetzungen* mit Wortgruppen,

■ Trimm-dich-Pfad, Magen-Darm-Entzündung, Mund-zu-Mund-Beatmung;

– bei substantivisch gebrauchten *Infinitiven* (mit mehr als zwei Bestandteilen),

■ zum Aus-der-Haut-Fahren, das In-den-Tag-Hineinträumen;

– bei Zusammensetzungen mit **Abkürzungen** und Initialwörtern,

■ km-Zahl, UV-Strahlung, Kfz-Papiere.

### 3.5.2 Worttrennung

Die **Trennung** der Wörter erfolgt nach *zwei Grundprinzipien:*
- Man trennt einfache Wörter nach Sprechsilben und
- man trennt zusammengesetzte Wörter und Wörter mit Vorsilben nach ihren erkennbaren Bestandteilen.

**Trennung einfacher Wörter**

*Mehrsilbige einfache Wörter* trennt man so, wie sie sich beim langsamen Vorlesen in Silben zerlegen lassen.

- Ach-tel, Au-gen, Bes-se-rung, In-di-vi-du-a-list, Mül-le-rin, Na-ti-on, po-e-tisch

Am Wortanfang und am Wortende ist die Abtrennung eines einzelnen Vokals nicht sinnvoll.

- Nicht: A-bend, E-gel, U-hu, Ö-dem, Ü-bel
  und nicht: Au-e, Klei-e

Steht zwischen Vokalbuchstaben ein *einzelner Konsonant,* so kommt er bei der Trennung zumeist auf die neue Zeile. Von *mehreren Konsonanten* trennt man nur den letzten ab.

- Gar-be, Fül-lun-gen, Hei-mat, Kas-ten, be-deu-tends-te, knusp-rig, flatt-rig

Stehen Buchstabenverbindungen wie *ch, ck, sch, ph, rh, sh* und *th* für einen Laut, so trennt man sie nicht.

- Bü-cher, Fä-cher, Bä-cker, Zu-cker, Deut-sche, Sa-phir, Myr-rhe, Zi-ther

Die Doppellaute (Diphthonge) *ai, au, äu, ei, eu, oi* werden nicht abgetrennt, auch nicht die stummen Dehnungsbuchstaben *e* und *i.* Das stumme **w** in der Namensendung „ow" wird wie andere Konsonanten behandelt.

- Bai-ser, Kai-ser, Broi-ler, Spoi-ler, Räu-ber, Wie-se, Pre-ro-wer, Tel-to-wer

**Trennung zusammengesetzter Wörter**

*Zusammengesetzte Wörter* und *Wörter mit Präfixen* werden nach ihren Bestandteilen getrennt.

- Ent-wurf, Ge-wäs-ser, kom-plett, syn-chron, Pro-gramm, Hard-ware, Soft-ware

Die *einzelnen Bestandteile* der zusammengesetzten Wörter trennt man wie einfache Wörter.

- be-rich-ten, Kon-zert-di-rek-tor, Des-il-lu-si-on, Schwimm-meis-ter

Wird ein Wort nicht mehr als Zusammensetzung erkannt oder empfunden, kann man nach Sprechsilben trennen.

- in-ter-es-sant oder in-te-res-sant, Main-au oder Mai-nau, voll-en-den oder vol-len-den

Irreführende Trennungen sollte man vermeiden.

- Sprech-erziehung (nicht Sprecher-ziehung), Altbau-erhaltung (nicht Altbauer-haltung), Druck-erzeugnis (nicht Drucker-zeugnis)

**Fremdwörter**

> Fremdwörter können entweder nach den deutschen oder nach den Regeln der Herkunftssprache getrennt werden.

Die **Konsonantenverbindungen** ph, rh, sh und th werden in Fremdwörtern nicht getrennt.

- Stro-phe, Myr-rhe, Bu-shel, ka-tho-lisch

In Fremdwörtern können folgende **Konsonantengruppen** ungetrennt bleiben:
- bl, cl, fl, gl, kl, phl, pl
- br, cr, dr, fr, gr, kr, phr, pr, thr, tr, vr
- gn, kn

- Pu-bli-kum/auch Pub-li-kum, Fe-bru-ar/auch Feb-ru-ar, Hy-drant/auch Hyd-rant, Ma-gnet/auch Mag-net

In Wörtern aus dem *Französischen* bleibt **oi** besser ungetrennt.

- Poin-te, moi-riert, Me-moi-ren, Soi-ree

Fremdwörter können aus zwei (Fremd-)Wörtern oder einer Vorsilbe und einem Fremdwort zusammengesetzt sein. In diesem Fall werden die Bestandteile voneinander getrennt.

- kapital-intensiv, in-akzeptabel, Teen-ager, Joint-venture

### 3.5.3 Groß- und Kleinschreibung

Andere lebende Sprachen haben im Gegensatz zum Deutschen nicht die Besonderheit des **Großschreibens** von Substantiven.

In der *deutschen Sprache* entwickelte sich die **Großschreibung,** um Wörter spezieller Gruppen und den Anfang von Texteinheiten zu kennzeichnen und für den Leser hervorzuheben.

So wird die Großschreibung zur Kennzeichnung von
- Anfangswörtern von Überschriften, Titeln von Werken und dergleichen,
- Satzanfängen,
- Substantiven und Substantivierungen,
- Eigennamen mit nicht substantivischen Bestandteilen,
- bestimmten festen Verbindungen mit nicht substantivischen Bestandteilen,
- bestimmten Anredepronomen und Anreden

verwendet.

> Die Entwicklung und die Tradition der deutschen Rechtschreibung haben sich so herausgebildet, dass es notwendig ist, neben den **Regeln für die Großschreibung** auch **Regeln für die Kleinschreibung** aufzustellen.

### Überschriften, Titel von Werken und dergleichen

> Jeweils das *erste Wort* einer **Überschrift,** eines **Werktitels,** einer **Anschrift** und dergleichen schreibt man *groß.*

- *Überschriften* und *Werktitel* (Bücher, Theaterstücke, Gedichte, Gemälde, Musiktitel, Filme u. a.)

  Die große Flatter
  Die weiße Löwin
  Ballade vom schweren Leben des Ritters Kauz vom Rabensee
  Blaue Pferde auf rotem Gras
  Er wollte nach London
  Der Club der toten Dichter
  Rot und Schwarz
  Der arme Poet

- *Titel* von Gesetzen, Gesetzbüchern, Verträgen, Vereinbarungen, Erklärungen und dergleichen sowie Bezeichnungen von Veranstaltungen, auch wenn diese innerhalb eines Textes gebraucht werden

  Bürgerliches Gesetzbuch
  Vertrag über die Wirtschafts-, Währungs- und Sozialunion
  Amerikanische Unabhängigkeitserklärung
  Zwei-plus-vier-Verhandlungen
  Europäischer Presse- und Funk-Ball
  Bereits 1948 verabschiedete die Vollversammlung der UNO eine „Allgemeine Erklärung der Menschenrechte“, die auch heute noch als Standard gilt.

– *Anschriften, Anreden, Datumsangaben, Grußformeln*

■ Mittwoch, 21. November 2010

Herrn Gerhard Munter
Schönbrunner Str. 27
14656 Brieselang

Sehr geehrter Herr Munter,

gemäß unserer Vereinbarung …
… erwarte ich Ihr Bewerbungsschreiben.

Mit freundlichen Grüßen

Elfriede Sauber

– *Satzanfänge*

Jeweils das *erste Wort* eines *Ganzsatzes* schreibt man *groß*. Unter einem Ganzsatz versteht man eine textliche Einheit, die entweder aus einem oder mehreren grammatischen Sätzen (Satz, Ellipsen, satzartige Ausdrücke) besteht.

■ *Ich* werde morgen erst kommen. *Ist* dir das recht? *Ruf* doch mal zurück!

*Nachdem* er sich vergewissert hatte, dass er kommen durfte, plante er seine Reise.

*Er* packte Folgendes sorgfältig ein: die Gläser, die neue Vase, die Geschenke.

*Zu beachten ist:*

- Wenn nach dem **Doppelpunkt** die folgende Ausführung als **Ganzsatz** betrachtet wird, dann schreibt man das *erste Wort groß.*

■ Bitte beachten Sie: *Das* Füttern der Tiere ist verboten.

- In der *wörtlichen Rede* wird das *erste Wort großgeschrieben.* Die wörtliche Rede gibt wörtlich wieder, was jemand gesagt hat, oder zitiert wörtlich etwas aus einem Text.

■ Er sagte: „*Bestimmt* sehen wir uns heute."
Sie fragte: „*Bist* du dir da sicher?"
Er antwortete blitzschnell: „*Na* klar!"

In der Menschenrechtserklärung der Vereinten Nationen lautet der Artikel 1: „*Alle* Menschen sind frei und gleich an Rechten geboren."

- Ist der **wörtlichen Rede** der **Begleitsatz** oder ein Teil von ihm *nachgestellt,* so wird das *erste Wort* nach den abschließenden **Anführungszeichen** *kleingeschrieben.*

„Teile mir bitte mit, ob du kommst", *bat* er sie.

„Warum", *wollte* sie wissen, „fragst du mich?", *und* schaute ihm dabei in die Augen.

**Parenthese;** lat. parenthesis = einfügen. Gedankenstriche, Klammern, auch Kommas, die eine Einfügung vom übrigen Satz abheben (↗S. 171, S. 300)

- Von **Parenthesen** schreibt man das *erste Wort klein,* wenn es keinen anderen Regeln der Großschreibung folgt.

Er sagte – *kaum* zu glauben –, dass er es nicht gewesen sei.

Ich fand es (*du* weißt schon, was!) unter meinem Bett.

Ich denke, *und* das sage ich nur Ihnen, so kann es nicht weitergehen.

- **Gliederungsangaben** wie Ziffern, Paragrafen, Buchstaben gehören nicht zum nachfolgenden Ganzsatz. So schreibt man das *folgende Wort groß;* dies gilt ebenfalls für Überschriften, Titel von Werken und dergleichen.

1. *Die* Literatur der Aufklärung

1.1 *Zur* internationalen Aufklärungsbewegung

§ 3 *Der* Sitz des Vereins

b) *Den* Inhalt einer Kurzgeschichte wiedergeben

- **Auslassungspunkte, Apostrophe** oder **Zahlen,** die zu Beginn eines Ganzsatzes stehen, gelten als *Anfang* eines Satzes. Die Schreibung des nachfolgenden Wortes richtet sich somit nach den *Regeln der* **Groß- und Kleinschreibung.** Dies gilt ebenfalls für Überschriften, Titel von Werken und dergleichen.

… *und* schwieg weiter.

*'s* ist nicht weiter schlimm.

12 *ganze* Tage hatte ich in diesem Monat damit zu tun.

### Substantive und Substantivierungen

#### Substantive

**Substantive** schreibt man *groß.*

- Abklatsch, Unterkunft, Klugheit, Tradition, Simone, Thomas, Afrika, London, Harz

**Die Großschreibung gilt auch**

– für *einzelne Buchstaben* und *nicht substantivische Wörter,* wenn sie zu Beginn einer *Zusammensetzung* mit **Bindestrich** stehen, die als Ganzes betrachtet die Eigenschaften eines Substantivs hat.

- die U-Bahn, die X-Strahlen, die UV-Strahlen, die O-Beine, die As-Dur-Tonleiter, die Als-ob-Philosophie, das Um-den-Bart-Gehen, die Schlaf-dich-gesund-Methode

> **Abkürzungen für Maßeinheiten** etc. und **zitierte Wortformen** sowie **einzelne Buchstaben** und dergleichen bleiben *unverändert.*

- das cm-Maß, die kg-Waage, die pH-Wert-Tabelle, die y-Achse

– für *Substantive* und für **Initialwörter** und *Einzelbuchstaben,* die nicht als Kleinbuchstaben zitiert sind und die als *Teile* von *Zusammensetzungen mit Bindestrich* auftreten.

- die Schwefel-Wasserstoff-Verbindung
das 7-Tage-Rennen
zum In-die-Luft-Gehen
X-Strahlen-arm
UV-intensiv
EDV-gestützt

– für *Substantive aus anderen Sprachen,* wenn sie nicht zitiert werden. Wenn sie *mehrteilig* sind, wird der *erste Teil großgeschrieben.*

- das Team, das Restaurant, die Fairness, der Knock-out,
die Quantité négligeable, das Tête-à-tête

*Substantivische Bestandteile* werden auch im *Innern* mehrteiliger Fügungen *großgeschrieben,* die als Ganzheit die Funktion von Substantiven haben.

- der Soft Drink, das Corned Beef, der Fulltime-Job.

Diese Beispiele setzen voraus, dass man *fremde substantivische Bestandteile erkennen* kann. Sofern möglich (hier wenn Betonung vorn), sollte man der *Zusammenschreibung* den *Vorrang* geben.

- der *Softdrink*, das *Cornedbeef*, der *Fulltimejob*.

– für Substantive, die *Bestandteile fester Gefüge* sind und nicht mit anderen Teilen des Gefüges zusammengeschrieben werden.

3

- in Kürze, zu Händen von, im Grunde, etwas in Betracht ziehen, fest im Sattel sitzen, die Segel streichen, Nase und Mund aufsperren, die Kurve kratzen, einen Abflug machen, vor Gram in Ohnmacht fallen, den Mund vollnehmen, zum ersten Mal, zum wiederholten Mal, eines Tages, schlechter Dinge, guten Willens, Angst haben, (jmd.) Angst machen, in Angst, Pleite machen, Leid erfahren, Schuld haben
  aber:
  angst und bange sein, leid sein, schuld sein, pleite sein, gram sein, willens sein

– für **Zahlsubstantive** (ab einer Million schreibt man alle Zahlangaben groß).

- ein *Dutzend* (= 12 Stück), ein *Paar* (= 2 Stück), das erste *Hundert,* eine *Million*

– für Bezeichnungen von *Tageszeiten* nach Adverbien wie vorgestern, gestern, heute, morgen, übermorgen.

- vorgestern Abend, gestern Nacht, heute Morgen, morgen Nachmittag, übermorgen Mittag

Wörter, die ihre Aufgabe als Substantiv verloren haben und die Aufgabe einer anderen Wortart übernehmen, werden kleingeschrieben. Man spricht hier auch von *Desubstantivierung*.

Wörter, die ihre substantivischen *Merkmale verloren* haben, schreibt man *klein*.

Dies betrifft:

– *Wörter,* die mit *sein* oder *werden* als **Adjektive** gebraucht werden.

- angst werden, bange sein, gram sein, leid sein, schuld sein, pleite sein

– **zusammengesetzte Wörter,** deren *erster Bestandteil* in getrennter Stellung auftritt.

- teilnehmen: Er nimmt daran *teil.*
  stattfinden: Es findet morgen *statt.*

– **Adverbien, Konjunktionen, Präpositionen** auf -s und -ens.

- namens, mittels, anfangs, angesichts, seitens, falls

– folgende **Präpositionen:**
*dank* (dir), *kraft* (ihrer Position), *laut* (seiner Aussage), *statt* (einer Einladung), *an* (Kindes) *statt, trotz* (Verbots), *wegen* (schlechten Wetters), *von* (Amts) *wegen, um* (seines Sohnes) *willen, zeit* (seines Lebens)

– folgende *unbestimmte Zahlwörter:*
ein *bisschen* (Tinte), ein *paar* (Leute)

– **Bruchzahlen** auf -tel und -stel.

vor **Maßangaben:**
ein *viertel* Kilogramm, ein *drittel* Gramm, sechs *hundertstel* Sekunden, nach drei *viertel* Stunden
vor **Uhrzeitangaben** *unmittelbar vor* **Kardinalzahlen:**
um *viertel* vor sechs, gegen drei *viertel* neun, fast *viertel* nach acht

**Substantivierungen**

Wörter **anderer Wortarten** schreibt man **groß,** wenn sie als Substantive gebraucht werden **(Substantivierungen).**
Man erkennt sie im Text an mindestens einem *typischen Merkmal* von Substantiven (vorausgehender **Artikel,** vorangestelltes adjektivisches **Attribut** oder nachgestelltes Attribut, Funktion als **kasusbestimmtes Satzglied** oder **kausales Attribut**).

Er brachte eine Platte mit *Gebratenem.* – kasusbestimmtes Satzglied
Er ignorierte *das Gesagte* – vorausgehender Artikel
Sein Vortrag hatte *wenig Anschauliches.* – vorangestelltes adjektivisches Attribut
Nach *langem Hin* und *Her* sah er seinen Fehler ein. – vorangestelltes Attribut
Er ist wirklich *kein Kleiner* unter den *Großen.* – kausales Attribut

– Substantivierungen von **Adjektiven** und adjektivisch gebrauchten **Partizipien,** besonders auch in Verbindung mit Wörtern wie *alles, allerlei, etwas, genug, nichts, wenig, viel, vieles*

*alles **Gute**, viel **Neues**, wenig **Sehenswertes**, etwas **Billiges***

*Ordnungszahladjektive:* am *Ersten* des Monats, der *Zweite* des Laufes, vom *Hundertsten* ins *Tausendste*

*Unbestimmte Zahladjektive: alles **Übrige**, jeder **Einzelne**, die **Einzige**, alles **Mögliche***

– Substantivierungen von **Verben**

Das *Notieren* der Fakten ist notwendig.
Das nervige *Fragen* bleibt ihr nicht erspart.
**Mehrteilige Fügungen** mit **Bindestrich** (erstes Wort, Infinitiv und substantivische Bestandteile werden großgeschrieben):
das *Von*-der-*Hand*-in-den-*Mund*-*Leben,* das *Haare*-zu-*Berge*-*Stehen,* das *Aus*-den-*Latschen*-*Kippen*

– Substantivierungen von **Pronomen**

Das *Du* anbieten.
Er ist einer der *Unseren.*

– Substantivierungen von **Grundzahlen** als Bezeichnung von **Ziffern**

Sie bekam eine *Eins*.
Er fürchtet die *Dreizehn*.
Sie entschied sich für die *Drei*.

– Substantivierungen von **Adverbien, Präpositionen, Konjunktionen, Interjektionen**

Für dich gibt es kein *Morgen*.
Das *Miteinander* ist hier sehr wichtig.
Das *Auf* und *Nieder* störte mich am meisten.
Dieses ewige *Aber* kann einen nerven.
Das *Ah* aller war laut zu hören.

In folgenden Fällen schreibt man **Adjektive, Partizipien** und **Pronomen** *klein,* auch wenn sie die *formalen Merkmale* der **Substantivierung** aufweisen:

– *Adjektive, Partizipien* und *Pronomen,* die sich *auf* ein *vorhergehendes* oder *nachstehendes Substantiv* beziehen

Sie war die *beste aller Läuferinnen.*
Der *rote von den Pullovern* gefiel mir am meisten.
Wir fanden die *älteren der Schüler* sehr nett.
Wir fanden *jenes schöner.*

– **Superlative** mit „am“, nach denen mit *„Wie?“* gefragt werden kann

Der Läufer war am *schnellsten*. (Wie war er?)
Der Schüler schrieb am *langsamsten*. (Wie schrieb er?)

– *bestimmte feste Verbindungen* aus Präposition und dekliniertem oder nicht dekliniertem Adjektiv *ohne vorangestellten Artikel*

Sie kamen von *nah* und *fern*.
Das kann sie ohne *weiteres*. (Bei dekliniertem Adjektiv auch groß: *ohne Weiteres*)

– *Pronomen,* auch als **Stellvertreter** von Substantiven

Schon *mancher* ist hier gescheitert.
Das muss *jeder* selbst wissen.
Wir werden die *beiden* fragen.

– folgende **Zahladjektive** mit allen Flexionsformen: viel, wenig, (der, die, das) eine, (der, die, das) andere

Peter hat schon *vieles* gesehen.
Nur noch *weniges* war zu erledigen.
Die *einen* denken so, die *anderen* so.

- **Kardinalzahlen** unter einer Million

  Die *zwei* sind meine Freunde.
  Sie wollte sich um *sechs* melden.
  Menschen über *neunzig* können noch sehr rüstig sein.

**Eigennamen mit nicht substantivischen Bestandteilen und Ableitungen von Eigennamen**

> **Eigennamen** schreibt man *groß*.
> Sie identifizieren bestimmte *einzelne Gegebenheiten* (eine Person, eine Straße, ein Land, eine Zeitung usw.). Man unterscheidet *einfache* und *mehrteilige Eigennamen.*

Die **einfachen Eigennamen** können einfache, zusammengesetzte oder abgeleitete Substantive (Martin, Kirchstraße, England, Computerbild) sein.
Für **mehrteilige Eigennamen,** die oft auch *nicht substantivische Bestandteile* haben (Alexander der Große, Unter den Linden, Vereinigtes Königreich von Großbritannien und Nordirland, Bild der Frau) werden weiterführende Regelungen notwendig.

1. In *mehrteiligen Eigennamen,* die *nicht substantivische Bestandteile* haben, schreibt man das *erste Wort groß* und *alle weiteren ebenfalls,* wenn es sich nicht um Artikel, Präpositionen und Konjunktionen handelt.

   Passend zu dieser Regel gelten als *Eigennamen:*

   - Personennamen, Spitznamen, Eigennamen aus der Religion:

     Annette von Droste-Hülshoff, Charles de Gaulle, Leonardo da Vinci, Karl der Erste, Klein Fritz, Jacobus der Ältere

   - *Namen von Objekten* unterschiedlicher Klassen, wie Sterne, Sternbilder und andere Himmelskörper:

     der *Große* Bär, der *Kleine* Wagen

   - *Namen von Fahrzeugen, Bauwerken* und *Örtlichkeiten:*

     der *Rasende* Roland (Eisenbahnzug), die *Große* Mauer (in China), der *Französische* Dom (Berlin), das *Rote* Rathaus (Berlin), das *Blaue* Wunder (Brücke in Dresden)

   - *Namen* von einzeln benannten *Tieren, Pflanzen* und auch von anderen *Einzelobjekten:*

     der *Fliegende* Pfeil (ein bestimmtes Pferd), die *Alte* Eiche (ein bestimmter Baum)

– *Namen* von *Orden* und *Auszeichnungen:*

■ das *Blaue* Band des Ozeans, die *Goldene* Schallplatte, die *Goldene* Himbeere (schlechtester Film), *Deutscher* Fernsehpreis, *Silbernes* Lorbeerblatt (für besondere sportliche Leistungen)

– *Namen* von *Institutionen* und *Einrichtungen* wie *Dienststellen, Behörden* und *Gremien, Bildungs-* und *Kulturinstitutionen:*

■ *Deutscher* Bundestag, *Statistisches* Bundesamt, *Deutscher* Industrie- und Handelstag, Museum für *Deutsche* Geschichte (Berlin), Akademie für *Alte* Musik (Berlin), *Altes* Museum (Berlin)

– *Namen* von *Organisationen, Parteien, Verbänden, Vereinen:*

■ *Vereinte* Nationen,
*Sozialdemokratische* Partei Deutschlands,
*Deutscher* Leichtathletikverband,
*Diakonisches* Werk,
*Deutsches Rotes* Kreuz

– *Namen* von *Betrieben, Firmen, Genossenschaften, Gaststätten, Geschäften:*

■ *Deutsche* Post, *Deutsche* Bahn, *Berliner* Konsumgenossenschaft, *Zum Wilden* Teufel (Gaststätte)

– *Namen* von *Zeitungen, Zeitschriften:*

■ *Neues* Deutschland, *Junge* Welt, *Süddeutsche* Zeitung, *Märkische* Rundschau

2. *Geografische* und *geografisch-politische Eigennamen*

– von *Erdteilen, Ländern, Staaten, Bundesländern/-staaten* usw.:

■ der *Schwarze* Erdteil, *Vereinigte Arabische* Emirate, Gemeinschaft *Unabhängiger* Staaten, *Slowakische* Republik, *Freie* und Hansestadt Hamburg

– von *Straßen, Plätzen, Städten, Dörfern* usw.:

■ *An* der *Alten* Försterei, Platz des *Himmlischen* Friedens, Platz der *Deutschen* Einheit, *Lütten* Klein, *Stille* Zeile, *Alter* Markt, *Alt* Bork, *Groß* Ziethen

– von *Landschaften, Wäldern, Wüsten, Gebirgen* usw.:

■ *Sächsische* Schweiz, *Märkische* Schweiz, *Hohe* Tatra, *Bayerischer* Wald, *Altes* Land, *Bayerische* Alpen

– von *Meeren, Meeresstraßen* und *-buchten, Flüssen, Seen, Inseln, Küsten* usw.:

■ *Südchinesisches* Meer, *Japanisches* Meer, *Stiller* Ozean, *Rotes* Meer, *Totes* Meer, *Große Australische* Bucht, *Große* Schlote, *Schwarze* Elster

3. *Inoffizielle Eigennamen und Kurzformen* sowie *Abkürzungen* von *Eigennamen*

■ *Naher* Osten, *Schwarzer* Kontinent, *Vereinigte* Staaten, Gemeinschaft *Unabhängiger* Staaten (GUS), das *Grüne* Trikot
A. Friedrich, Anne F. (= Anne Friedrich), *CDU* (Christlich-Demokratische Union), *ZDF* (Zweites Deutsches Fernsehen), *SZ* (Süddeutsche Zeitung)

– bestimmte *historische Ereignisse* und *Epochen:*

■ der *Erste* Weltkrieg, die *Goldenen* Zwanziger, die *Goldene* Bulle, die *Napoleonischen* Kriege, der *Dreißigjährige* Krieg, der *Westfälische* Friede, die *Französische* Revolution, das *Elisabethanische* Zeitalter

Ableitungen von **geografischen Eigennamen** auf *-er* schreibt man *groß.*

■ der *Dresdner* Stollen, der *Wiener* Wald, die *Rostocker* Einwohner, das *Berliner* Wahrzeichen, die *Magdeburger* Börde, die *Schwarzwälder* Kirschtorte

**Adjektivische Ableitungen** von *Eigennamen* auf *-isch* werden *kleingeschrieben* (Ausnahme: Die Grundform des *Personennamens* wird durch einen *Apostroph* verdeutlicht).

■ *napoleonischer* Eroberungsdrang, *darwinsche/Darwin'sche* Evolutionstheorie, *kopernikanisches* Weltsystem, *englischer* Tee, *schottisches* Muster

**Feste Verbindungen aus Adjektiv und Substantiv**

In **substantivischen Wortgruppen,** die zu festen Verbindungen geworden sind, aber keine Eigennamen darstellen, schreibt man **Adjektive** *klein.*

■ *ungarische* Salami, das *schwarze* Schaf, das *olympische* Feuer, die *türkische* Pizza, die *grünen* Klöße, die *schwäbischen* Spätzle, der *kandierte* Apfel

In bestimmten *substantivischen Wortgruppen* werden *Adjektive großgeschrieben,* obwohl keine Eigennamen vorliegen.

Das betrifft
- *Titel, Ehren-, Amts-* und *Funktionsbezeichnungen.*

■ der *Heilige* Vater, seine *Königliche* Hoheit, der *Regierende* Bürgermeister

- *Bezeichnungen* aus *Fachsprachen* bestimmter Klassifizierungseinheiten (z. B. Arten, Unterarten, Rassen aus Zoologie und Botanik).

■ die *Gemeine* Wespe, die *Schwarze* Witwe, *Afrikanische* Speikobra, *Indische* Lotosblüte, *Weißer* Holunder, *Rote* Riesen, *Gelbe* Karte, *Kleine* Anfrage (Parlament), *Erste* Hilfe

- besondere *Kalendertage.*

■ der *Erste* Mai, der *Heilige* Abend, der *Weiße* Sonntag

**Anredepronomen und Anreden**

Das **Anredepronomen** *Sie,* das entsprechende **Possessivpronomen** *Ihr* und alle flektierten Formen schreibt man *groß.*

■ Könnten *Sie* bitte dorthin gehen? Das wäre sehr nett von *Ihnen.*
Ist das *Ihre* Tasche?
Haben Sie *Ihrerseits* noch Fragen?

Die *Anredepronomen du* und *ihr,* die entsprechenden *Possessivpronomen dein* und *euer* und alle flektierten Formen schreibt man *klein.*

■ Kannst *du* mir vielleicht *deine* Hausaufgaben zeigen?
War *euer* Vater sehr wütend gestern?
Warum nehmt *ihr* das so tragisch?

In Briefen kann man die Anredepronomen *du* und *ihr* mit ihrem Possessivpronomen auch großschreiben.

■ Lieber Nico, vielen Dank für *deinen/Deinen* Brief. Über *euer/Euer* Foto habe ich mich sehr gefreut.
Alle guten Wünsche für *dich/Dich* sowie liebe Grüße an Jana *deine/Deine* Mannheimer

### 3.5.4 Getrennt- und Zusammenschreibung

Die Neuregelungen in der Rechtschreibung versuchen, den komplizierten Bereich der Getrennt- und Zusammenschreibung zu systematisieren.

1. **Zusammenschreibung** bei Verbindungen mit einer neuen, idiomatisierten Gesamtbedeutung:
   - krankschreiben,
   - kürzertreten (sich einschränken),
   - heiligsprechen.

2. **Wahlfreiheit** in verschiedenen Fällen:

   - Adjektiv = das Resultat des Ausdrucks (blank putzen/blankputzen),
   - unflektiertes Adjektiv als graduierende Bestimmung (allgemein gültig/allgemeingültig, eng verwandt/engverwandt).

**Substantiv und Verb**

> Verbindungen aus **Substantiv** und **Verb** werden in der Regel *getrennt geschrieben.*

■ Klavier spielen, Ball spielen, Maschine schreiben, Rad fahren

Die **Substantivierungen,** die ein festes Kompositum aus *Substantiv* und *Verb* bilden, werden weiterhin *zusammengeschrieben:*

■ Das *Maschineschreiben* fällt mir schwer.

**Zusammenschreibung gilt z. B. in folgenden Fällen:**
- fehlgehen,
- feilbieten,
- heimreisen, heimsuchen und andere Verbindungen mit heim-,
- irreführen, irreleiten, irrewerden,
- kundtun,
- preisgeben,
- wahrnehmen,
- wettmachen.

↗S. 136, 137

Da es sich um *trennbar zusammengesetzte* Verben handelt, wird der *erste Bestandteil* auch bei einer *Trennung* im Satz *kleingeschrieben:*

■ Sie *gab* ihr Geheimnis *preis*.

**Untrennbare Zusammensetzungen** aus Substantiv und Verb werden immer *zusammengeschrieben*.
- brandmarken
- schlafwandeln
- schlussfolgern

3

### 3.5.5 Schreibung der s-Laute

Die **s-Schreibung** gilt als einer der schwierigen Bereiche der **Rechtschreibung.** Das kommt vor allem dadurch, dass für ein Phonem (gesprochener Laut) verschiedene Schreibweisen möglich sind (der Mist, er misst).
In der deutschen Sprache gibt es folgende s-Laute:

*Aussprachebezeichnungen* stehen in eckigen Klammern. Die Lautschrift entspricht dem Zeichensystem der International Phonetic Association (IPA).

[ʃ] wie in: Schule, schuldig, geschafft, Verschwendung …, aber auch Spule, Strand
[z] wie in: Wiese, reisen, Sommer, Sand, Besen …
[s] wie in: Maße, Wasser, Gast, Riss …

#### s-Schreibung

Das einfache „s“ kann sowohl **stimmhaft** (Süden) als auch **stimmlos** (Hast) gesprochen werden.
Steht das stimmhafte „s“ in der Wortmitte, folgt es meistens auf einen langen Vokal oder einen Diphthong.

> **Vor** einem **Konsonanten** spricht man das einfache „s“ ***stimmlos.***
> Steht ein stimmloses „s“ am Wortende, wird es in der **Pluralform** oft wieder ***stimmhaft.***
> Am **Wortanfang** vor *p* und *t* steht ein einfaches *„s“*, obwohl ein *„sch“* gesprochen wird.

#### Einfaches „s“

| Stellung im Wort | stimmlos |
|---|---|
| vor einem Konsonanten | Durst, Hast, knusprig, meist, Raspel, rasten, Westen, Wurst, Lust, Wespe, lispeln, Hasky, Knospe |
| am Wortende | das Aas – aber: aasen, aasig, äsen, Äser<br>das Gas – aber: die Gase<br>das Gras – aber: die Gräser<br>der Hals – aber: die Hälse<br>die Maus – aber: die Mäuse<br>das Haus – aber: die Häuser |
| am Wortanfang vor p und t = [ ʃ ] | Spannung, spinnen, Spule, staubig, Stimme, Strahl, sträuben |

| Stellung im Wort | stimmhaft |
|---|---|
| am Wortanfang | Salbe, Salz, Satz, segeln, setzen, sicher, sind, sonnig |
| in der Wortmitte | Hose, Masern, rasen, reisen, Riese, rosig, Wiese |

### ß-Schreibung

> Das *„ß"* ist ein **stimmloser s-Laut,** der nach einem langen Vokal oder nach einem Diphthong geschrieben wird, wenn kein weiterer Konsonant folgt. Auch in der Pluralbildung bleibt der s-Laut stimmlos (das Maß – die Maße).
> *Nach au, äu, ei, eu steht niemals ss.*

- Füße, Muße, Soße, Gruß, Maß, Fraß, Straße, außen, reißen, weiß, meißeln, süß, draußen

### ss-Schreibung

> Folgt einem *kurzen Vokal* ein s-Laut, schreibt man in der Regel *ss.*

| Stellung im Wort | stimmhaft |
|---|---|
| in der Wortmitte | bisschen, Kasse, Kissen, müssen, Rasse, Risse, Wasser, wissen, wusste |
| am Wortende | (er) biss, Fluss, Hass, Kuss, lass, muss, nass, Riss, Schluss, schmiss |

Die Endungen -as, -is, -nis, -os und -us werden mit „s" geschrieben, obwohl sie kurz gesprochen werden: Atlas, Krisis, Gefängnis, Albatros, Globus.

### Vergleich einiger Wörter in ihrer Lautung und Schreibung

| langer Vokal<br>ß-Schreibung oder s-Schreibung | kurzer Vokal<br>ss-Schreibung |
|---|---|
| Wiese | Wissen |
| Maße | Masse |
| Rasen | Rassen |
| Straße | Strass (Edelsteinimitation) |
| Buße | Busse |
| Schoß | (er) schoss |
| Mus (Brei) | (er) muss |

### Schreibung von das und dass

> Handelt es sich bei dem Wort „das" um den *sächlichen Artikel* oder um ein Pronomen, wird es mit einem *einfachen „s"* geschrieben. Handelt es sich um die *Konjunktion* „dass", wird *„ss"* geschrieben.

Eine kleine Hilfe ist die *Ersatzprobe* mit den Wörtern „ein, dieses, jenes, welches". Können diese Wörter anstelle von „das" eingesetzt werden, schreibt man ein einfaches „s".

Das Kind? *Das* habe ich auch gesehen.
(Dieses habe ich auch gesehen. – Demonstrativpronomen)

Das Bild, *das* du gemalt hast, ist schön.
(…, welches du gemalt hast, … – Relativpronomen)

Ich wusste, *dass* du nicht kommst.
(nicht ersetzbar – Konjunktion)

↗S. 129, 130

### 3.5.6 Gebräuchliche Abkürzungen

In jedem größeren **Regelwerk** der deutschen Sprache findet man Angaben über **Abkürzungen,** die auf allgemeinen Absprachen basieren und so in Texten verwendet werden dürfen. Viele Abkürzungen werden aus den *ersten Buchstaben* (Sp. = Sport) oder bei **Komposita** aus den *ersten Buchstaben der einzelnen Wörter* gebildet (mhd. = mittelhochdeutsch). Je nach Wortart werden sie in den meisten Fällen groß- oder kleingeschrieben und mit einem Punkt abgeschlossen. Ausnahmen bilden zum Beispiel die Länderabkürzungen, wie US[A] = United States [of America].

**Eine Auswahl von Abkürzungen**

**Allgemeine Abkürzungen**

| | |
|---|---|
| a. a. O. | am angeführten/angegebenen Ort |
| Abk. | Abkürzung |
| allg. | allgemein |
| bes. | besonders |
| Bez. | Bezeichnung |
| bzw. | beziehungsweise |
| eigtl. | eigentlich |
| erg. | ergänze! |
| geb. | geboren |
| Ggs. | Gegensatz |
| i. e. S. | im engeren Sinne |
| i. w. S. | im weiteren Sinne |
| jmd. | jemand |
| jmdm. | jemandem |
| jmdn. | jemanden |
| jmds. | jemandes |
| o. Ä. | oder Ähnliche[s] |
| scherzh. | scherzhaft |
| u. | und |
| u. a. | und anderes, unter anderem |
| u. Ä. | und Ähnliche[s] |
| übertr. | übertragen |
| u. dgl. | und dergleichen |
| ugs. | umgangssprachlich |
| usw. | und so weiter |
| vgl. | vergleiche |

Abkürzungen aus dem Fachgebiet deutsche Sprache

| | |
|---|---|
| Adv. | Adverb |
| ahd. | althochdeutsch |
| Akk. | Akkusativ |
| Dat. | Dativ |
| dt. | deutsch |
| Ez. | Einzahl |
| fachspr. | fachsprachlich |
| Gen. | Genitiv |
| Gramm. | Grammatik |
| idg. | indogermanisch |
| intr. | intransitiv |
| Konj. | Konjunktion |
| Kunstw. | Kunstwort |
| Kurzw. | Kurzwort |
| Lit. | Literatur |
| m. | männlich |
| mhd. | mittelhochdeutsch |
| Mz. | Mehrzahl |
| ndh. | niederhochdeutsch |
| Nom. | Nominativ |
| Part. | Partizip |
| Plur. | Plural |
| Pron. | Pronomen |
| refl. | reflexiv |
| s. | sächlich |
| Sing. | Singular |
| Spr. | Sprache |
| Sprachw. | Sprachwissenschaft |
| w. | weiblich |

**Geografische Abkürzungen und Sprach- bzw. Länderbezeichnungen**

| | |
|---|---|
| afrik. | afrikanisch |
| amerik. | amerikanisch |
| argent. | argentinisch |
| bayr. | bayerisch |
| chin. | chinesisch |
| dt. | deutsch |
| Dtld. | Deutschland |
| engl. | englisch |
| europ. | europäisch |
| Frk. | Frankreich |
| frz. | französisch |
| griech. | griechisch |
| Hptst. | Hauptstadt |
| ital. | italienisch |
| lat. | lateinisch |
| port. | portugiesisch |
| russ. | russisch |
| schweiz. | schweizerisch |

| | |
|---|---|
| skand. | skandinavisch |
| tschech. | tschechisch |
| VR | Volksrepublik |

**Abkürzungen aus dem Bereich Religion und Geschichte**

| | |
|---|---|
| Astrol. | Astrologie |
| A. T. | Altes Testament |
| ev., evang. | evangelisch |
| hebr. | hebräisch |
| hl. | heilig |
| Jh. | Jahrhundert |
| kath. | katholisch |
| lat. | lateinisch |
| luth. | lutherisch |
| MA | Mittelalter |
| Mythol. | Mythologie |
| natsoz. | nationalsozialistisch |
| n. Chr. | nach Christus |
| N. T. | Neues Testament |
| Philos. | Philosophie |
| prot. | protestantisch |
| relig. | religiös |
| Relig. | Religion |
| Theol. | Theologie |
| v. Chr. | vor Christus |

**Abkürzungen aus anderen Wissenschaftsbereichen**

| | |
|---|---|
| Anat. | Anatomie |
| Archit. | Architektur |
| Astron. | Astronomie |
| Biol. | Biologie |
| Bot. | Botanik |
| Chem. | Chemie |
| Geol. | Geologie |
| Math. | Mathematik |
| Med. | Medizin |
| Meteor. | Meteorologie |
| Päd. | Pädagogik |
| Phys. | Physik |
| Psych. | Psychologie |
| Soziol. | Soziologie |
| Wiss. | Wissenschaft |
| Zool. | Zoologie |

**Andere Abkürzungen**

| | |
|---|---|
| Bankw. | Bankwesen |
| Bgb. | Bergbau |
| Druckw. | Druckwesen |

| | |
|---|---|
| Elektrot. | Elektrotechnik |
| Forstw. | Forstwesen |
| Fot. | Fotograf[ie] |
| Landw. | Landwirtschaft |
| Mio. | Million |
| Mrd. | Milliarde |
| Rechtsw. | Rechtswesen |
| Seew. | Seewesen |
| Sp. | Sport |
| Tech. | Technik[er] |
| Wirtsch. | Wirtschaft |

### 3.5.7 Gleich und ähnlich klingende Wörter

In der deutschen Sprache gibt es eine Reihe von Wörtern, die gleich gesprochen und gleich geschrieben werden, aber trotzdem unterschiedliche Bedeutung tragen. Diese Wörter nennt man **Homonyme** (griech. homónymos = gleichnamig). Eine andere Gruppe von Wörtern (meistens handelt es sich um Wortpaare) bilden die **Homophone** (griech. phōné = Laut, Stimme). Sie werden zwar gleich gesprochen, unterscheiden sich aber in ihrer Schreibung und in der Bedeutung. Bei diesen Wörtern ist es für den Schreiber besonders wichtig, die Bedeutung des Wortes zu kennen und daraus die richtige Schreibung abzuleiten.

**Homograph** bezeichnet ein Wort, das sich in der Aussprache (Lautung) und Bedeutung von einem anderen gleich geschriebenen unterscheidet.

| | Homophone | Homonyme | Homographe |
|---|---|---|---|
| Schreibung | unterschiedlich | gleich | gleich |
| Lautung | gleich | gleich | unterschiedliche Betonung |
| inhaltliche Bedeutung | unterschiedlich | unterschiedlich | unterschiedlich |
| Beispiel | man – Indefinitpronomen<br>Mann – der, Substantiv | das Schloss – das Bauwerk<br>das Schloss – der Türverschluss | Tenor – Haltung<br>Tenor – Sängerstimme |

#### Entstehung von Homonymen und Homophonen

Wesentliche Entwicklungen in der Entstehung der **neuhochdeutschen Schriftsprache** (etwa 1350–1650) führten unter anderem auch zu der Herausbildung von *Homophonen*. Bei den *Homonymen* dagegen handelt es sich um gleichlautende Wörter, die sich aber in ihrer Bedeutung und Herkunft unterscheiden, z.B. Bremse – das Insekt oder Bremse – die Hemmvorrichtung.

1. **Monophthongierung**
   Der Zwielaut „ie" (gesprochen li-ebe) verliert im (Früh-)Neuhochdeutschen seine Lautfunktion und wird das Längenzeichen für ein langes i.

| | das Lid | das Lied |
|---|---|---|
| Bedeutung | Verschluss des Auges | Melodie mit Text |
| Herkunft | mhd. lit = Deckel | mhd. liet = Strophe |

2. **Diphthong beim Homophon**
   Gleich klingende Diphthonge werden unterschiedlich geschrieben.

| | heute | die Häute |
|---|---|---|
| Bedeutung | an diesem Tag | Hülle, gegerbtes Fell |
| Herkunft | mhd. hiute = an diesem Tag | mhd. hût = Hülle, Haut |

3. **Verstummung des Reibelautes h (gesprochen wie in „ach"), aber Erhalt im Schriftbild**
   Herausbildung als **Längenzeichen** für vorhergehende Vokale, das sogenannte **Dehnungs-h.** Es stellt kein verlässliches Längenzeichen dar; es gibt weiterhin Wörter mit langen Vokalen ohne Dehnungs-h.

| | die Wahl | der Wal |
|---|---|---|
| Bedeutung | Abstimmung | das Säugetier |
| Herkunft | mhd. wal(e) | mhd. wal |

4. **Bezeichnung des vorhergehenden kurzen Vokals durch einen Doppelkonsonanten**

| | das Hemd | hemmt (hemmen) |
|---|---|---|
| Bedeutung | Kleidungsstück | behindern |
| Herkunft | mhd. hemede, hemde | mhd. hamen, hemmen |

**Schreibung gleich und ähnlich klingender Wörter**

> Die richtige *Zuordnung* von *Lauten* und *Buchstaben* setzt in den meisten Fällen das Wissen um den **Aufbau der Wörter** und ihre *Zugehörigkeit zu Wortfamilien* voraus.

So ist es zum Beispiel von Bedeutung, ob es sich um das **Basismorphem** (auch Wortstamm) „end(e)" handelt oder um das **Präfix** ent-. Erst dann kann der Schreiber sicher über die richtige Schreibweise entscheiden.
Viele Homophone bilden **gleichlautende Wortpaare** mit gebeugten Formen (Held und hält – von halten). Deshalb ist es oft eine Hilfe, die **Wortart** zu bestimmen und gebeugte Formen in den Nominativ, Verben auf die Stammformen zurückzuführen. **Wortstämme** (Basismorpheme) werden in der Regel *gleich geschrieben.*

| Basismorphem end(e) | Präfix ent- |
|---|---|
| das Ende, die Endung; beenden, endlos, unendlich, verenden … | der Entschluss, die Enttäuschung; entbehrlich, entgegen, entgeistert, entgleisen, enthalten, entnehmen |

- Sie *küssten* sich zum Abschied.

  küssten (Verb, 3. Pers. Plural Prät.)
  *küssen – küsste – geküsst,* Basismorphem: *küss*

  aber:

  Irlands *Küsten* sind wunderschön.

  Küsten (Substantiv, fem., Plur.)
  *die Küste – die Küsten, Küste* (lat. costa); Basismorphem: *küste*

**Konsonantendoppelung nach kurzem Vokal**

- Er *merkte* sich das Ziel genau.
  merkte (Verb, 3. Pers. Sing. Prät.)
  *merken – merkte – gemerkt,* Basismorphem: *merk*

  aber:

  Ich schlendere gern über die *Märkte*.
  Märkte (Substantiv, mask., Plur.)
  *die Märkte – der Markt* (mhd. market); Basismorphem: *markt*

Als eine weitere Schwierigkeit stellt sich heraus, dass bestimmte Wörter, die mit den Buchstaben b, d, g enden, gesprochen werden wie p, t, k **(Auslautverhärtung).**
Hier bietet es sich ebenso an, beim **Verb** die **Stammformen** zu bilden. Beim **Substantiv** sollte man den **Plural** bilden, da beim Plural b, d, g auch weich gesprochen werden (vgl. Feld, Felder). Ein **Adjektiv** kann entweder *gesteigert* oder *dekliniert* werden.

- Sie kaufte ein *Bund* Möhren.

  Bund (Substantiv, Neutrum, Sing.)
  Plural: die Bun**de**
  Partizip II: gebunden; Basismorphem: **bund**

  aber:

  Das Kleid war ziemlich **bunt**.
  bunt (Adjektiv, Positiv)
  Steigerung: bunt – bun**ter** – am bun**testen;** Basismorphem: **bunt**

3

- Er *hält* sie immer noch fest.

  hält (Verb, 3. Pers. Sing. Präs.)
  *halten – hielt – gehalten,* Basismorphem: *halt*

  aber:

  Er wurde wie ein *Held* verehrt.

  Held (Substantiv, mask., Sing.)
  *der Held, die Helden,* Basismorphem: *held*

Das **Stammprinzip** wird nach der **neuen Rechtschreibung** mehr denn je umgesetzt.

| alte Schreibung | neue Schreibung | Herleitung |
|---|---|---|
| das As | das Ass | die Asse |
| die Gemse | die Gämse | die Gams |
| der Mop | der Mopp | moppen |
| der Tip | der Tipp | tippen |
| behende | behände | Hand |
| Stengel | Stängel | Stange |
| überschwenglich | überschwänglich | Überschwang |
| Numerierung | Nummerierung | Nummer |
| plazieren | platzieren | Platz |

### 3.5.8 Gebräuchliche Fremdwörter

**Fremdwörter** sind Wörter, die ihren *Ursprung* in einer *anderen Sprache* haben und durch ihre Schreibung, Aussprache und/oder Flexion noch als solche erkennbar sind.
**Lehnwörter** dagegen haben sich in ihrer Schreibung, Flexion und/ oder Aussprache der übernehmenden Sprache *angepasst*.

Fremd- und Lehnwörter lassen sich nicht immer deutlich voneinander unterscheiden. Sie werden häufig verwendet, wenn es in der deutschen Sprache keine wörtliche Entsprechung für den auszudrückenden Sachverhalt gibt oder er nur umständlich beschrieben werden kann.

- *der Film:*
  biegsamer, mit einer lichtempfindlichen Schicht versehener Acetat- oder Cellulosestreifen als fotografisches Aufnahme- und Kopiermaterial

*der Diskus:*
eine flache Wurfscheibe aus Holz mit Metallring und Metallkern als Sportgerät

**Der Einfluss von Lehn- und Fremdwörtern auf den deutschen Wortschatz**

Die wohl ältesten „fremden Wörter" in der deutschen Sprache stammen aus den ersten nachchristlichen Jahrhunderten, als die Römer unter Kaiser AUGUSTUS (31 v. Chr. – 14 n. Chr.) das Land zwischen Alpen und Donau eroberten. Mit den römischen Bräuchen hielten auch viele **lateinische Begriffe** Einzug in das Leben der Germanen. Die meisten von ihnen wurden der deutschen Sprache angepasst, und es ist ohne die Kenntnis des Lateinischen nicht mehr möglich, ihren Ursprung zu erkennen.
Das *Lateinische* gewann großen Einfluss als **Sprache** der **Kirche** und der **Schulen** und der *Gebildeten*.

| | |
|---|---|
| secula | Sichel |
| molina | Mühle |
| moneta | Münze |
| corbis | Korb |
| fenestra | Fenster |
| schola | Schule |
| coquina | Küche |

Bis in das 16. Jh. blieb **Lateinisch** die Sprache der **Wissenschaft** und der **Religion.** Noch viele lateinische Wörter fanden Eingang in das deutsche Sprachgut und werden von uns selbstverständlich gebraucht.

Häufig war das (Alt-)Griechische der Ursprung, z. B. bei „Gymnasium" und „Mathematik". Das Lateinische nahm auf dem Entlehnungsweg lediglich eine Vermittlerrolle ein.

Gymnasium, Mathematik, addieren, Geometrie, Verb, Lektionen, Zensur, Professor, Minute

Auch in den folgenden Jahrhunderten fand immer wieder, verbunden mit den gesellschaftlichen Entwicklungen, **fremdes Wortgut** Eingang in die deutsche Sprache. Zum Beispiel werden mit dem **Dreißigjährigen Krieg** (1618–1648) viele militärische Begriffe, wie Soldat (italienisch: soldato), Pistole (tschechisch: pištala) und andere, aufgenommen. Mit dem Sieg Frankreichs wurde mit der **Kunst** und **Literatur** auch die **französische Sprache** Vorbild an deutschen Fürstenhöfen. Schon damals gab es Kritik am übertriebenen Gebrauch der romanischen Fremdwörter. Trotzdem haben sich viele französische Bezeichnungen im Sprachgebrauch bis heute durchgesetzt.

| *deutsch* | *französisch* |
|---|---|
| Mutter | Mama |
| Vater | Papa |
| Muhme | Tante (la tante) |
| Oheim | Onkel (l'oncle) |
| geschmackvoll | elegant (élégant) |
| Wohlgeruch | Parfum, Odeur |

3

Vor allem die **politischen** und **technischen Entwicklungen** erweiterten den deutschen **Wortschatz** erheblich, wie an den folgenden Beispielen deutlich sichtbar wird:

| | |
|---|---|
| radikal<br>frz. radical, lat. radicalis | – gründlich, von Grund auf |
| Revolution<br>frz. révolution, lat. revolutio | – Umdrehung, Umwälzung |
| Parlament<br>engl. parliament | – Unterhaltung, Erörterung |
| Sozialismus<br>frz. socialisme, lat. socialis | – die Allgemeinheit betreffend, gemeinnützig |
| Lokomotive<br>lat. locus (Ort),<br>engl. locomotive engine | – Maschine, die sich von der Stelle bewegt |
| Telegramm<br>altgriech. tēle und gráphein | – fern, weit und Geschriebenes |
| Telefon<br>altgriech. tēle und phŏné | – fern, weit und Stimme |

Im 19. und 20. Jh. nahm mit der wachsenden politischen und wirtschaftlichen Rolle *Großbritanniens* und der *USA* auch die **englische Sprache** einen größeren Einfluss auf die Sprachgestaltung in Deutschland. Vor allem im modernen Gesellschaftsleben waren die englischen Begriffe nicht mehr wegzudenken (Wie sagte man auf Deutsch „Baby"?).

- chartern, Bowle, Gentleman, Komfort, Lift, Snob, Sport, Start, trainieren, Frack, Shorts, Toast ...

Die *Trennung Deutschlands* nach dem Zweiten Weltkrieg bewirkte eine in Teilen unterschiedliche Entwicklung des Sprachschatzes. Während in dem russisch besetzten Gebiet (spätere DDR) aus dem *Russischen entlehnte Wörter* Einzug hielten, wurde der Einfluss des *Englischen* in den von den Westmächten besetzten Gebieten (spätere BRD) immer stärker. Die aus der amerikanischen und englischen Sprache übernommenen Wörter werden auch als **Amerikanismen** bzw. **Anglizismen** bezeichnet. Bei den *russischen Lehn- und Fremdwörtern* handelt es sich meistens um Wörter mit lateinischem oder altgriechischem Ursprung.

| *Amerikanismen/Anglizismen* | *russische Lehn- und Fremdwörter* |
|---|---|
| Job<br>Management<br>Laser<br>Aftershave | Aktiv (gesellschaftlich oder wirtschaftlich tätige Gruppe)<br>Kollektiv (Arbeitsgemeinschaft)<br>Kosmonaut |

| | |
|---|---|
| Look (Safarilook) | Datsche (Wochenendgrundstück) |
| Boots | Kombinat (Großbetrieb) |
| Jeans | Kader (Gruppe von Nachwuchskräften) |
| Comics | Subbotnik (unentgeltl. Arbeitseinsatz) |
| Hit | Sputnik |
| Headline (Überschrift) | Kommissar (Beauftragter des Staates) |
| Spot (Werbefilm) | Apparatschik (politischer Funktionär) |
| Reklame | Pionier (Mitgl. einer Kinderorg.) |
| Spray | Politbüro (Führungsgremium der KP) |
| Teenager | Timurtrupp (Gruppe helfender Kinder) |

KP = Kommunistische Partei

Die *Entwicklung von* **Sprache** schließt bis heute auch immer die Verwendung *neuer Wörter* aus anderen Sprachen mit ein. Allein der wissenschaftlich-technische Fortschritt bringt mit den neu zu bezeichnenden Sachverhalten neue Begriffe, die mit der Verflechtung der Wirtschaft auch international durchgesetzt werden. Dass die *Fremdwörter* besonders die Bereiche Wissenschaft und Technik oder Medien und Musik besetzen, liegt zum Teil auch daran, dass viele neue Entwicklungen und Tendenzen aus den USA kommen. Dementsprechend werden sie natürlich zuerst mit angloamerikanischen Ausdrücken bezeichnet.

Hat in den Nachkriegsjahren auch die allgemeine Bewunderung der Deutschen für den „American Way of Life" zu einer überdurchschnittlichen Verwendung der Anglizismen und Amerikanismen geführt, so muss man in der Gegenwart die Entwicklung der **englischen Sprache** als **„Weltverkehrssprache"** mit in die Sprachbetrachtung einbeziehen.

| | |
|---|---|
| Brainstorming | Methode zur Ideengewinnung |
| Computer | elektronische Rechenanlage |
| Software | Gesamtheit der Programme der elektronischen Datenverarbeitung |
| Feedback | Rückmeldung, Reaktion des Publikums |
| Fast Food | schnelles Essen, schnell verzehrbare Gerichte |
| downloaden | herunterladen von Daten aus dem Internet |
| Industrial Design | Gestaltung industriell hergestellter Erzeugnisse |
| Braintrust | wirtschaftlicher oder politischer Beraterausschuss |
| cash and carry | Verkauf ohne Bedienung |
| Investment | Wert- oder Geldanlage |
| Copyright | Urheberrecht |
| Know-how | das Wissen, wie man mit einem Minimum an Aufwand eine Sache praktisch verwirklicht |
| Manager | Leiter eines Unternehmens |
| Marketing | Ausrichtung auf die Verbesserung der Absatzmöglichkeiten durch Werbung |
| Pipeline | Rohrleitung für Gas oder Erdöl |
| Statement | öffentliche Erklärung |
| Team | Arbeitsgruppe |
| Terminal | Abfertigungshalle für Fluggäste |
| Walkie-Talkie | tragbares Funksprechgerät |
| Workshop | Seminar, Arbeitsgruppe |

3

### Medien und Popmusik

| | |
|---|---|
| Actionfilm | Spiefilm mit spannender Handlung und knappen Dialogen |
| Background | klanglicher Hintergrund vor einem Solisten |
| Camcorder | Videokamera und Videorekorder in einem Gerät |
| Charts | Hitliste der meistverkauften Tonträger, Bücher, Filme usw. in einem bestimmten Zeitraum |
| Comeback | Wiederauftreten eines Politikers, Künstlers oder Sportlers nach längerer Pause |
| Comic | Bildergeschichte |
| Daily Soap | täglich ausgestrahlte Fernsehsendung mit fortlaufender Handlung |
| Flyer | Handzettel mit Informationen oder Werbung |
| Headline | Aufmacher, Hauptüberschrift, Schlagzeile einer Zeitung |
| Hit | eine erfolgreiche Produktion in der Musikbranche, Verkaufsschlager |
| Interview | Unterredung von Journalisten mit Persönlichkeiten über aktuelle Tagesfragen |
| Paging | Seitennummerierung in Zeitungen und Zeitschriften |
| Show | Unterhaltungssendung |
| Spotlight | Scheinwerferlicht |
| Star | erfolgreiche Person im Showgeschäft |
| Story | kurze Geschichte, Erzählung |
| VIP (very important person) | Ehrengast in einer öffentlichen Veranstaltung |
| zoomen | den Aufnahmegegenstand näher heranholen oder weiter wegrücken |

### Die Anpassung der Fremdwörter an die deutsche Sprache

Einige **Fremdwörter,** die schon *lange* in den *deutschen Sprachgebrauch* eingegangen sind, dürfen so geschrieben werden, *wie man sie spricht.* Die bisherige Schreibung kann auch beibehalten werden. Dabei betrifft eine generelle Integrationsmöglichkeit die Morpheme phon, phot, graph, -tial und -tiell.

### Schreibung von Fremdwörtern:

| | | **oder** |
|---|---|---|
| charmant | – | scharmant |
| Portemonnaie | – | Portmonee |
| Ski | – | Schi |
| Mayonnaise | – | Majonäse |
| chic | – | schick |

| | | |
|---|---|---|
| Spaghetti | – | Spagetti |
| Stenographie | – | Stenografie |
| Thunfisch | – | Tunfisch |
| Waggon | – | Wagon |

Viele *Fremdwörter,* die in der *Lautung* mit „f" gesprochen werden und ein „ph" als Graphem haben, dürfen jetzt auch mit „f" geschrieben werden. Nach diesem Beispiel können auch Schreibungen wie, „gh", „rh" und „th" vereinfacht werden.

Der weitaus größte Teil der Fremdwörter behält jedoch die fremde Schreibung bei.

**Schreibung von ph zu f** (besonders bei den Wortstämmen phon, phot und graph)

| | | |
|---|---|---|
| Delphin | – | Delfin |
| Orthographie | – | Orthografie |
| Mikrophon | – | Mikrofon |
| Saxophon | – | Saxofon |
| polyphon | – | polyfon |

Erhalten bleiben: Philosophie, Metapher, Phänomen, Physik, Sphäre.

**Schreibung von gh zu g**

| | | |
|---|---|---|
| Joghurt | – | Jogurt |
| Spaghetti | – | Spagetti |
| Ghetto | – | Getto |

**Schreibung von rh zu r**

| | | |
|---|---|---|
| Hämorrhoiden | – | Hämorriden |
| Katarrh | – | Katarr |
| Myrrhe | – | Myrre |

Erhalten bleiben: Rhapsodie, Rhesusfaktor, Rhythmus.

**Schreibung von th zu t**

| | | |
|---|---|---|
| Panther | – | Panter |
| Thunfisch | – | Tunfisch |

Erhalten bleiben: Rhetorik, Apotheke, Ethos, Diskothek, Leichtathletik, Mathematik, Theater, Theke, These, Orthografie.

Fremdwörter auf -anz oder -enz bilden bei den Adjektiven die Endungen -tial bzw. -tiell. Neben dem Wechsel von „z" zu „t" (Potenz – potentiell) ist heute auch die *Schreibung ohne* den **Konsonantenwechsel** möglich.

| | | |
|---|---|---|
| Differenz (differentiell) | – | differenziell |
| Potenz (potentiell) | – | potenziell, Potenzial |
| Substanz (substantiell) | – | substanziell |
| Essenz (essentiell) | – | essenziell |

3

### Bekannte Wortbausteine bei Fremdwörtern

| | | |
|---|---|---|
| *bio:* Leben | – | Biotop, Biologie, Biosphäre, Bionik |
| *com/con:* zusammen, mit | – | komponieren (zusammenstellen), kompatibel, Kompanie, Konserve |
| *contra/kontra* (konter-): gegen | – | Konterrevolution, Konterfei, Konterfußball |
| *dis/di/des:* auseinander, un- | – | Disharmonie, Divergenz, Desinteresse |
| *ex:* heraus, hinaus, aus | – | exportieren, Exil, exhumieren, Exkurs, exogen |
| *geo:* Erde | – | Geografie, Geologie, Geometrie |
| *graph/graf:* schreiben | – | Grafik, Graphem, Grafit, Telegraf |
| *in:* nicht | – | indiskutabel, indiskret, intolerant |
| *inter:* zwischen | – | international, Interaktion, interlinear, Intermezzo |
| *kata:* hinab | – | Katastrophe, Katapult, Katarakt |
| *logie:* Lehre von der Wissenschaft | – | Astrologie, Biologie, Typologie, Technologie |
| *makro:* groß | – | Makrokosmos |
| *mikro:* klein | – | Mikrobiologie, Mikrobe, Mikrofilm |
| *mono:* allein | – | Monografie, Monarch, Monotonie |
| *phon/fon:* Ton, Klang | – | Mikrofon, Megafon, Telefon |
| *poly:* viel | – | Polymer, polyphon, polygam, polytechnisch |
| *pseudo:* falsch | – | Pseudowissenschaft, Pseudonym |
| *super:* über | – | Superstar, Supermarkt, Supernova, Superlativ |
| *tele:* fern | – | Telefon, Telepathie, Teleskop |
| *trans:* hinüber | – | Transport, Transaktion, Transfer, Transit |
| *uni:* ein | – | Uniform, Unikat, Unikum |
| *ultra:* über … hinaus | – | Ultraschall, Ultrakurzwelle, ultramarin |

1933 richtete der **Allgemeine Deutsche Sprachverein** aus „heißer Vaterlandsliebe" Bitten an den „Führer" und die Partei, Fremdwörter wie Propaganda, Organisation, Garant, avisieren, Konzentrationslager, Sterilisation usw. zu vermeiden. Man hoffte mit dieser Sprachkritik dazu beitragen zu können, „dass die Gedanken unseres Führers dem Volke immer klarer erkennbar werden".

### Deutsche Sprache – fremde Sprache?

Machen Fremdwörter in der deutschen Sprache uns die deutsche Sprache fremd?
Dass die Diskussion um die **Reinheit** der deutschen Sprache wieder oder immer noch aktuell ist, beweisen allein die Veröffentlichungen zu diesem Thema. Der „Verein Deutsche Sprache e. V.", 1997 gegründet, veröffentlicht jedes Jahr zahlreiche Beiträge in Zeitschriften und im Hörfunk (im Internet: http://vds-ev.de/).
Die Diskussion über die Beeinflussung bzw. Veränderung des **Sprachschatzes** durch Fremdwörter ist keine typisch deutsche Problematik und auch nicht auf die unmittelbare Gegenwart beschränkt.
Bereits im *Zeitalter des Barock* gab es Bestrebungen von **Sprachgesellschaften,** die die Beeinflussung der deutschen Sprache durch Fremdwörter einzudämmen versuchten. Der 1885 gegründete **Allgemeine Deutsche Sprachverein** verband die **Verfremdung** der deutschen Sprache sogar mit der Frage nach der nationalen Identität.
Natürlich ist die Sprache Ausdruck einer kulturellen Zugehörigkeit und der persönlichen Einstellung zu der den Sprecher unmittelbar beeinflus-

senden Umgebung. Aber gerade deshalb ist die Sprache auch besonders geeignet, die sich ständig entwickelnden Verhältnisse abzubilden, wie andere Medien, z. B. bildende Kunst, darstellende Kunst und Musik, auch. Die zunehmenden internationalen Verflechtungen unserer Gesellschaft werden natürlich auch durch die aufgenommenen *Fremd-* und *Lehnwörter* widergespiegelt.
So wie in früheren Epochen gegen die „Verunreinigung" der deutschen Sprache durch lateinische und französische Wörter gekämpft wurde, sind es heute die **Anglizismen,** gegen die sich vielfältige Proteste richten. Diesbezügliche Diskussionen werden weniger von Sprachwissenschaftlern geführt, sondern eher auf politischer Ebene. So forderte der ehemalige Berliner Innensenator ECKART WERTHEBACH im Jahr 2000 einen „gesetzlichen Schutz der deutschen Sprache" und orientierte sich dabei an solch einem bestehenden Gesetz in Frankreich.

Bereits 1973 bemerkte der damalige Bundespräsident GUSTAV HEINEMANN anlässlich der Einweihung des Deutschen Literatur-Archivs in Marbach:
„Die seit Kriegsende bei uns in alle Bereiche des Lebens eingedrungene Flut von Amerikanismen muß endlich wieder zurückgedrängt werden."

„Von den Bürgern wird sehr genau unterschieden zwischen den Vorteilen, sich in mehreren fremden Sprachen ausdrücken zu können, und der Gefahr, durch eine genauso massenhafte wie überflüssige Übernahme von Begrifflichkeiten aus dem Amerikanischen die eigene Sprache aufzugeben. Hier sind die Länder über ihre Kulturhoheit ebenso wie die Bundesregierung gefordert, die Mittel der freiheitlichen Demokratie auch dort einzusetzen, wo Bürger- und Verbraucherbelange in Bezug auf die Sprache geschützt werden müssen.
... Unsere Nachbarländer Frankreich und Polen verfügen bereits über Sprachschutzgesetze, die zum Verbraucherschutz und zur Bewahrung der kulturellen Identität und Landessprache beitragen sollen. ... Wenn zukunftsweisende Erfindungen wie das Internet allen Bevölkerungsschichten nahegebracht werden sollen, kann das nur in der Landessprache erfolgen. Wie sind Zuwanderer für die deutsche Sprache zu begeistern, wenn die Deutschen selbst keinen Wert auf ihre sprachliche Zukunft legen? ..."

Das Gesetz zum Schutz der französischen Sprache, 1994 vom damaligen Kulturminister JACQUES TOUBON erlassen, beschränkte die Anzahl der zu verwendenden Fremdwörter auch im Bereich der Wirtschaft so stark, dass sich ein Rückgang ausländischer Investoren abzeichnete und man die Limitierung in diesem Bereich wesentlich zurücknehmen musste.

Der **deutsche (allgemeine) Wortschatz** umfasst heute etwa zwischen 400 000 und 500 000 Wörter – etwa 3 500 bis 4 000 davon sind Fremdwörter, die seit 1945 dazugekommen sind. Davon sind die Mehrzahl *Fachwörter,* die vorrangig im Bereich der **Wirtschaft** und **Wissenschaft** von Spezialisten verwendet werden. Viele in der Umgangssprache verwendete Fremdwörter unterliegen auch einem sogenannten Zeitwert; d. h., man kann davon ausgehen, dass sie mit der Mode, aus der sie entstanden, auch wieder verschwinden. Letztlich befinden die Bürger darüber, welche Fremdwörter in den Sprachgebrauch integriert werden. Ein großer Teil der Bevölkerung gebraucht nach Untersuchungen ca. 3 000 Wörter in der mündlichen Kommunikation. Je nach Bildungsniveau wird ein Gebrauchswortschatz von etwa 50 000 Wörtern verwendet.

3

## Wortarten – Satzglieder

| Wortarten | Satzglieder |
|---|---|
| Jedes **Wort** gehört zu einer bestimmten **Wortart.** | **Satzglieder** werden **aus einem Wort oder mehreren Wörtern (Wortgruppen)** gebildet. |
| *Aber:* Gleich lautende Wörter können **unterschiedlichen Wortarten** angehören. | Deshalb: Nicht jedes Wort ist *allein* satzgliedfähig! |
| Wörter können ihre **Form verändern (Flexion).** | Satzglieder können aus **einer Wortart oder mehreren Wortarten** bestehen. |
| Wörter können **an beliebiger Stelle** im Satz stehen. | Satzglieder bleiben stets zusammen, können also in **Umstellproben** nicht getrennt werden. |
| **Wörter** können ihre Position im Satz wechseln. | **Wortgruppen** können ihre Position im Satz wechseln. |
| Die Zugehörigkeit eines Wortes zu einer Wortart ist festgelegt. Eine Erfragung nach Wortart ist deshalb nicht möglich. | Satzglieder werden **durch Fragewörter erfragt.** |
| Es gibt diese **Wortarten:**<br><br>Substantiv<br>Verb<br>Adjektiv<br>Artikel<br>Pronomen<br>Adverb<br>Partikel<br>Präposition<br>Konjunktion<br>Numerale<br>Interjektion | Es gibt diese **Satzglieder:**<br><br>**Satzergänzungen:**<br>Subjekt<br>Prädikat<br>***Objekt:***<br>Genitivobjekt<br>Dativobjekt<br>Akkusativobjekt<br>Präpositionalobjekt<br><br>**Adverbiale Ergänzungen:**<br>Temporalbestimmung<br>Lokalbestimmung<br>Modalbestimmung<br>Kausalbestimmung |

Wörter gehören also stets bestimmten Wortarten an und sind zumindest Teil bestimmter Satzglieder.

*Ausnahmen:* **Konjunktion** und **Interjektion** sind Wortarten, aber nicht Teile von Satzgliedern. **Attribute** sind nie Satzglied, sondern nur Teile von Satzgliedern.

## 3.6 Vom Wort und Satz zum Text

### 3.6.1 Was ist Text?

Ein **Text** ist ein Ergebnis mündlicher oder schriftlicher Sprachhandlung.

**Text:** lat. textus = Gewebe, Geflecht, zusammenhängender Inhalt einer Rede, einer Schrift

**Sprachhandlungen** können sprachlich *direkt* und *indirekt* dargestellt werden:

- direkte Sprachhandlung: Torsten sagt: „Der Text ist schwer!"
- indirekte Sprachhandlung: Torsten sagte, der Text sei schwer.

Produkt einer Sprachhandlung ist die inhaltlich *zusammenhängende Folge* von **Aussagen.** Diese bestehen aus geschriebenen oder gesprochenen Wörtern. Aussagen mit einer bestimmten Form sind: Befehl, Anweisung, Beschreibung.
**Mündlicher Text** wird in Kommunikationsformen geäußert, z. B.:

- Referat,
- Rede,
- Rollenspiel,
- Interview,
- Rundgespräch,
- Streitgespräch etc.

**Schriftlicher Text** ist an die geschriebene Sprache gebunden.
Man unterscheidet hier **Sach-** und **Gebrauchstexte** und **literarische Texte.**

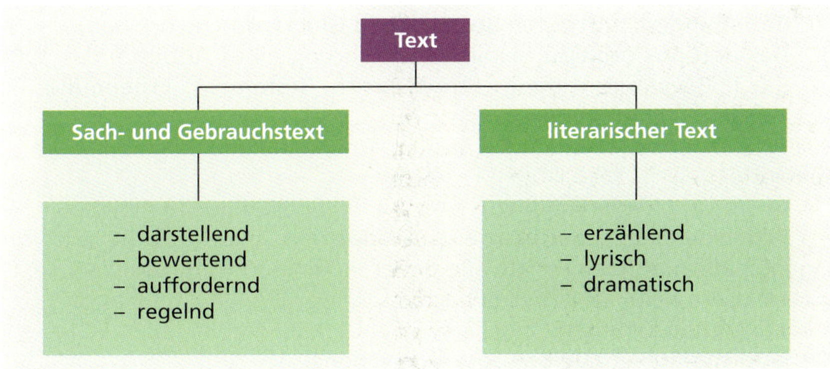


### 3.6.2 Sprach- und Textfunktionen

Die **Sprach-** und **Textfunktionen** ergeben sich aus dem Zusammenhang eines Textes.

**Sprachfunktionen** fragen nach der Verständigung über etwas in der Welt.

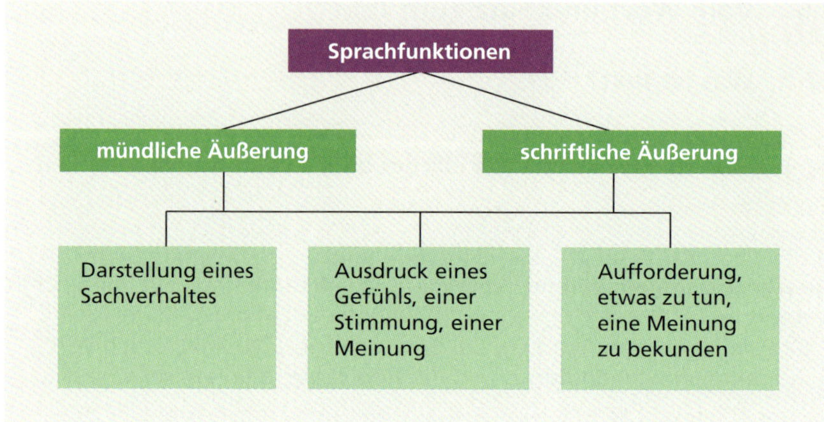


Als **Textfunktion** werden die vorherrschende *Aufgabe eines Textes* im sprachlichen Handeln, seine beabsichtigte *Wirkung* auf die Zuhörer/Leser und seine tatsächlich eintretenden *Folgen* bezeichnet.

KARL BÜHLER lebte von 1879 bis 1963. Er war Sprachtheoretiker und Psychologe. Bekannt ist sein **Organon-Modell.**

Nach KARL BÜHLER unterscheidet man folgende Textfunktionen:

1. **Informationsfunktion** (Wissensübermittlung, z. B. durch Sachbuch, Nachricht, Bericht, Beschreibung),
2. **Appellfunktion** (Meinungsbeeinflussung, z. B. durch Werbeanzeige, Kommentar, Antrag, Bittschrift),
3. **Obligationsfunktion** (Verpflichtung zum Vollzug von Handlungen, z. B. durch Vertrag, Gelöbnis, Garantieschein),
4. **Kontaktfunktion** (Herstellen und Aufrechterhalten von persönlichen Beziehungen, z. B. durch Beileids- und Glückwunschschreiben),
5. **Deklarationsfunktion** (explizite Einführung eines Tatbestandes, z. B. durch Bevollmächtigung, Schuldspruch, Testament, Ernennungsurkunde).

### Textsorte

Als **Textsorte** bezeichnet man eine Gruppe von Texten, die Bündel von Eigenschaften aufweisen, die alle anderen Texte so nicht besitzen. Textsorten lassen sich klassifizieren nach:

- textinternen Kriterien:
  - lautlich-paraverbale bzw. grafische Ebene,
  - Wortwahl,
  - Art und Häufigkeit von Satzbaumustern,
  - Themenbindung und Themenverlauf,
  - Thema,
  - Textstrukturmuster;

- textexternen Kriterien:
  - Textfunktion,
  - Kommunikationsmedium, das den Text trägt,
  - Kommunikationssituation, in die ein Text eingebettet ist.

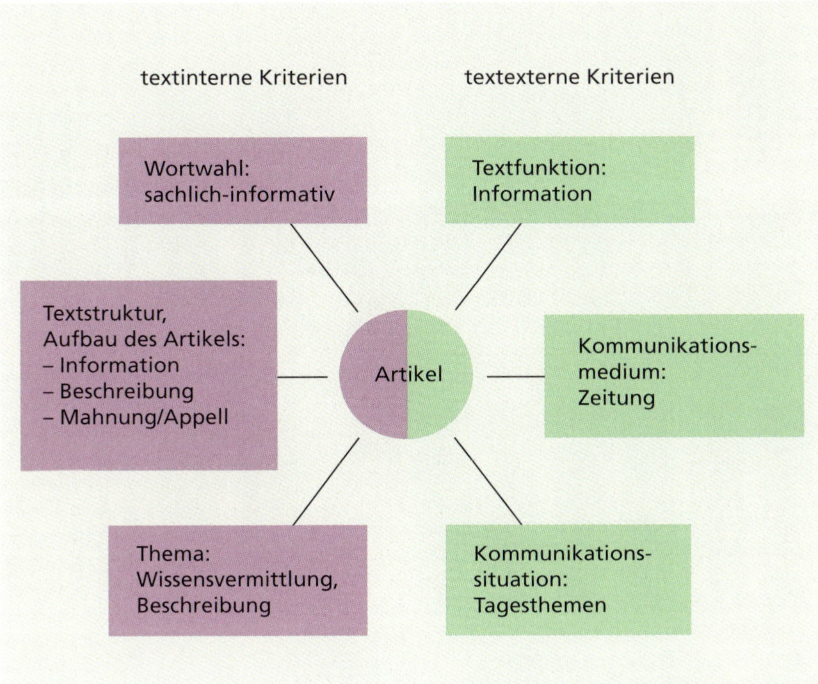


Grundsätzlich unterscheidet man zwischen Fakt und Fiktion. Ein fiktionaler Text beruht auf der Fantasie und den Vorstellungen eines Schriftstellers. Ein faktualer Text will die Tatsachen erfassen.

Eine Gliederung in fiktionale und faktuale Texte ist jedoch nicht immer eindeutig. Auch in Tatsachenberichten kann mit Techniken gearbeitet werden, die man eigentlich bei Dichtungen verwendet.
Diese können sein:
Rückblenden, vorausschauende Passagen, Gedankenwiedergabe, Reflexionen.

Dichtungen verarbeiten dagegen häufig sehr viel Fakten (Orte, Sachverhalte). So kann man in einem fiktiven Roman Lebensläufe von realen Personen verarbeiten, wie im historischen Roman oder der Romanbiografie. Auch dürfen Sachtexte in Romanen montiert werden (Montagetechnik).

**Verschiedene Textsorten (Auswahl):**

| **Sachtext** | **literarischer Text** |
|---|---|
| Argumentation, Brief, Diskussion, Gebrauchsanweisung, Gerätebeschreibung, Interview, Predigt, Reklame, Rezept, Rundfunknachricht, Stellenausschreibung, Stellungnahme, Vorlesung, Wetterbericht, Zeitungsnachricht | Ballade, Detektivgeschichte, Fabel, Gedicht, Komödie, Krippenspiel, Kurzgeschichte, Legende, Märchen, Novelle, Roman, Sage, Trauerspiel, Volksbuch |

3

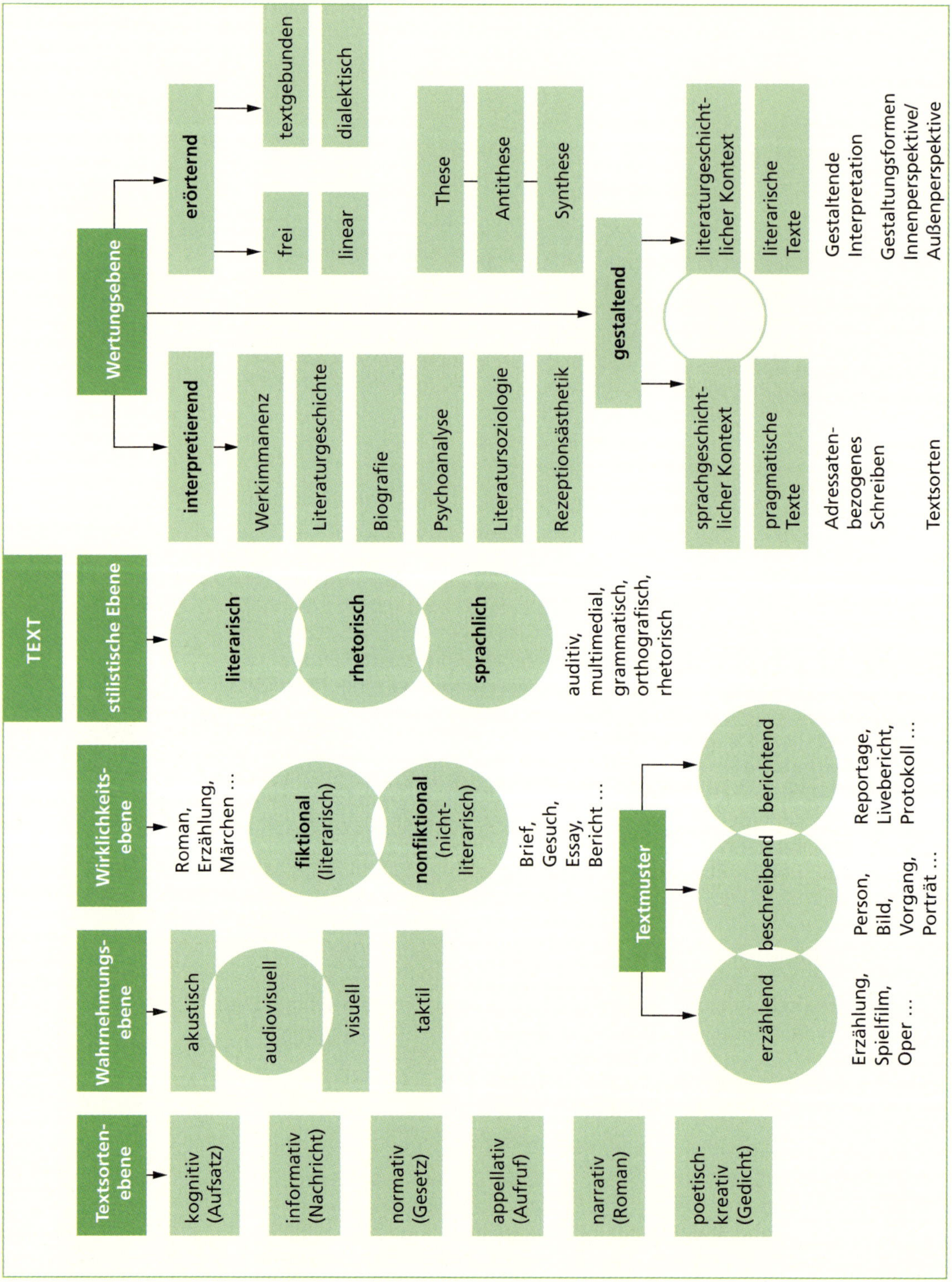
TEXT
Textsorten-ebene
kognitiv (Aufsatz)
informativ (Nachricht)
normativ (Gesetz)
appellativ (Aufruf)
narrativ (Roman)
poetisch-kreativ (Gedicht)
Wahrnehmungs-ebene
akustisch
audiovisuell
visuell
taktil
Wirklichkeits-ebene
Roman, Erzählung, Märchen …
fiktional (literarisch)
nonfiktional (nicht-literarisch)
Brief, Gesuch, Essay, Bericht …
Textmuster
erzählend
beschreibend
berichtend
Erzählung, Spielfilm, Oper …
Person, Bild, Vorgang, Porträt …
Reportage, Livebericht, Protokoll …
stilistische Ebene
literarisch
rhetorisch
sprachlich
auditiv, multimedial, grammatisch, orthografisch, rhetorisch
Wertungsebene
interpretierend
Werkimmanenz
Literaturgeschichte
Biografie
Psychoanalyse
Literatursoziologie
Rezeptionsästhetik
erörternd
frei
linear
textgebunden
dialektisch
These
Antithese
Synthese
gestaltend
sprachgeschicht-licher Kontext
literaturgeschicht-licher Kontext
pragmatische Texte
literarische Texte
Adressaten-bezogenes Schreiben
Gestaltende Interpretation
Textsorten
Gestaltungsformen Innenperspektive/ Außenperspektive

# Darstellungsformen von Texten

# 4

## 4.1 Geschriebene Texte

**Texte** sind Folgen von **Sätzen** oder **Äußerungen.** Texte sind meistens, aber nicht immer schriftlich. Sie verfolgen eine *Absicht* und bilden eine mehr oder weniger **strukturierte Einheit** von **Inhalt** und **Form.**

Fast alle Arten von schriftlichen Darstellungsformen werden im Deutschunterricht als Aufsatz formuliert. Die unterschiedlichen Textformen eines Aufsatzes können sein:

Märchen werden nacherzählt.

**Erzählende Texte**
- Bildergeschichte
- Erlebniserzählung
- Fortsetzungsgeschichte
- Fantasiegeschichte
- Nacherzählung

**Beschreibende und berichtende Texte**
- Beschreibung
  - Gegenstandsbeschreibung
  - Vorgangsbeschreibung
  - Personenbeschreibung
- Inhaltsangabe/Précis
- Bericht/Schilderung
- Protokoll

Zeitungen informieren, aber lösen auch Emotionen aus.

**Auseinandersetzung mit Themen und Texten**
- Erörterung
- Textanalyse und Interpretation
- Verstehen von Sachtexten
  - Zeitungsartikel
  - Kommentar
  - Kritik
  - Werbetexte

**Gebrauchstexte**
- Brief
- Antrag/Gesuch
- Bewerbung: Anschreiben und Lebenslauf

Alle Formen von Texten sind traditionell vorgegeben. Sie sind bewährte kommunikative Muster. So zeichnen sich **Gebrauchstexte,** also Texte, die im öffentlichen wie auch privaten Leben häufig auftreten, durch Vereinheitlichung der Form, eine Festlegung des Inhalts und eine weitestgehende Vorgabe der zu verwendenden sprachlichen Mittel aus. Jede Textform hat spezifische **äußere Merkmale** und unterschiedliche **Ausdrucksformen.** Eine klare Abgrenzung zwischen den einzelnen Textformen ist nicht immer möglich. Die Übergänge zwischen den Formen sind fließend.

Zur **Vorbereitung** eines jeden **Aufsatzes** gehören:

1. Kenntnis über die **Darstellungsform** und den **Stoffbereich.** Das Thema muss genau gelesen und die Aufgabe erfasst werden.
2. Gedanken/Ideen zum Thema in Stichpunkte fassen und gliedern.
3. **Gliederung** und eine sinnvolle Reihenfolge erarbeiten:
   Einleitung: Einführung in das Thema
   Hauptteil: inhaltlich wichtigste Ausführung
   Schluss: Zusammenfassung der Ergebnisse, eventuell eigene Wertung oder Meinung
4. Der erste Satz sollte *immer* eine Einführung sein. Hier erfolgt noch keine Antwort auf die Frage.
5. Im Hauptteil ist Folgendes zu beachten:
   - nicht vom Thema abweichen (Leitfrage ist stets: Worum geht es in der Vorlage und Aufgabenstellung?)
   - keine Wiederholungen, Widersprüche vermeiden
   - nicht plötzlich aufhören, sondern abrundenden Schluss formulieren
   - Zeitform beachten
   - Stilebenen einhalten (z.B. im Bericht keine Umgangssprache verwenden)
   - Perspektive einhalten (z.B. ich *oder* wir *oder* man ...)
   - vollständige Sätze formulieren
   - Absätze vorsehen für neue Gedankengänge
   - Grammatik/Orthografie und die äußere Form prüfen

Diese Vorgehensweise kann im Detail bei den einzelnen Darstellungsformen abweichen.

Das sind immer die ersten Schritte:
- Überlegungen zum Thema – Was ist Hauptaufgabe?
- Notieren von Stichworten
- Entwerfen der Gliederung

### Stilistische Hilfsmittel

Soll etwas erzählt, über etwas berichtet, etwas beschrieben oder etwas erörtert werden, so ist stets **Sachkenntnis** die erste Voraussetzung. In jedem Satz ist zu überlegen, durch welches Wort bzw. welche Wendung ein Gegenstand oder Vorgang, eine Person oder eine Eigenschaft am treffendsten bezeichnet werden kann.
Die **Bezeichnungen** sollen nicht nur den Sachverhalt richtig wiedergeben und den Standpunkt des Verfassers zum Ausdruck bringen; sie sollen auch so gewählt sein, dass sie vom Leser oder Hörer entsprechend verstanden werden.
Daraus ergeben sich folgende **Hilfsmittel:**
- **Nominalstil** *vermeiden,* d.h. Verben verwenden und die Umschreibung mit Substantiven unterlassen.

„sich einigen" anstatt „zur Einigung bringen"

- Nicht versuchen, zu viel mit einem Satz sagen zu wollen. Klare, einfache Sätze formulieren!

Er handelte, *ohne über die Folgen nachzudenken.*
Besser:
Er handelte *unbedacht/unüberlegt.*

- **Hervorhebungen** *sparsam* einsetzen, da sonst der Eindruck der Übertreibung aufkommen kann.

  „Er hatte eine wahnsinnig coole Idee, die …"
  besser:
  „Er hatte eine sehr gute Idee, die …"

- Die richtige **Stilebene** wählen. Sie kann von der **Art des Gebrauchstextes,** von der Kommunikationssituation (Zeitung, Referat, E-Mail) oder vom Leser bzw. Zuhörer (Alter, soziale Stellung, Geschlecht) abhängen.
- Mit **Modewörtern** *sparsam* umgehen. Besonders Texte, die sich auf Neuentwicklungen beziehen (Mode, Musik, Gesellschaft etc.), eine bestimmte Leserschaft ansprechen sollen, können durchaus Modewörter enthalten.
  Es ist aber zu beachten, dass diese Wörter häufig sehr schnell ihre Aktualität verlieren.
- **Mundarten, Jargons** nur gezielt verwenden.
- *Keine Häufung* von **Fremdwörtern**

  „Philosophisch betrachtet, stellt die künstlerische Abstrahierung des Neokultes eine klassische Intention …" (Verständlich?)

- Gedanken verknüpfen. Oft werden in einem Aufsatz die Gedanken nicht miteinander verbunden. Schon bei der Gliederung kann darauf geachtet werden, dass *gleichartige Gedanken* aufeinanderfolgen; so werden *inhaltliche* Brüche und *Unverständlichkeit* vermieden.
  Einige Möglichkeiten der Überleitung, d. h. der Gedankenverknüpfung:

  „Im Gegensatz dazu steht …"
  „Anders verhält es sich mit …"

- Varianten der Aneinanderreihung:

  „Demzufolge scheint die Nachricht …"
  „Darüber hinaus stellen wir fest, …"
  „Nicht zu vergessen ist, dass …"

**Die äußere Form des Aufsatzes**

> Durch die **äußere Form** kann man die **inhaltliche Aussage** eines Textes zum „Klingen" bringen oder zerstören. Da Aufsätze **Sachinformationen** enthalten, sollte auch das **Schriftbild** möglichst sachlich, ohne besonderen ornamentalen Anspruch, erscheinen.

Allerdings ist auf **Übersichtlichkeit** und **Lesbarkeit** zu achten, indem man deutliche **Abschnitte, Teilüberschriften** und **Überschriften** hervorhebt. Weiterhin ist es sinnvoll, eine **Schriftart** (wenn am Computer geschrieben wird) zu verfolgen und genügend Rand für Korrekturen oder Notizen zu lassen.

## Übersicht zur Aufsatzgestaltung

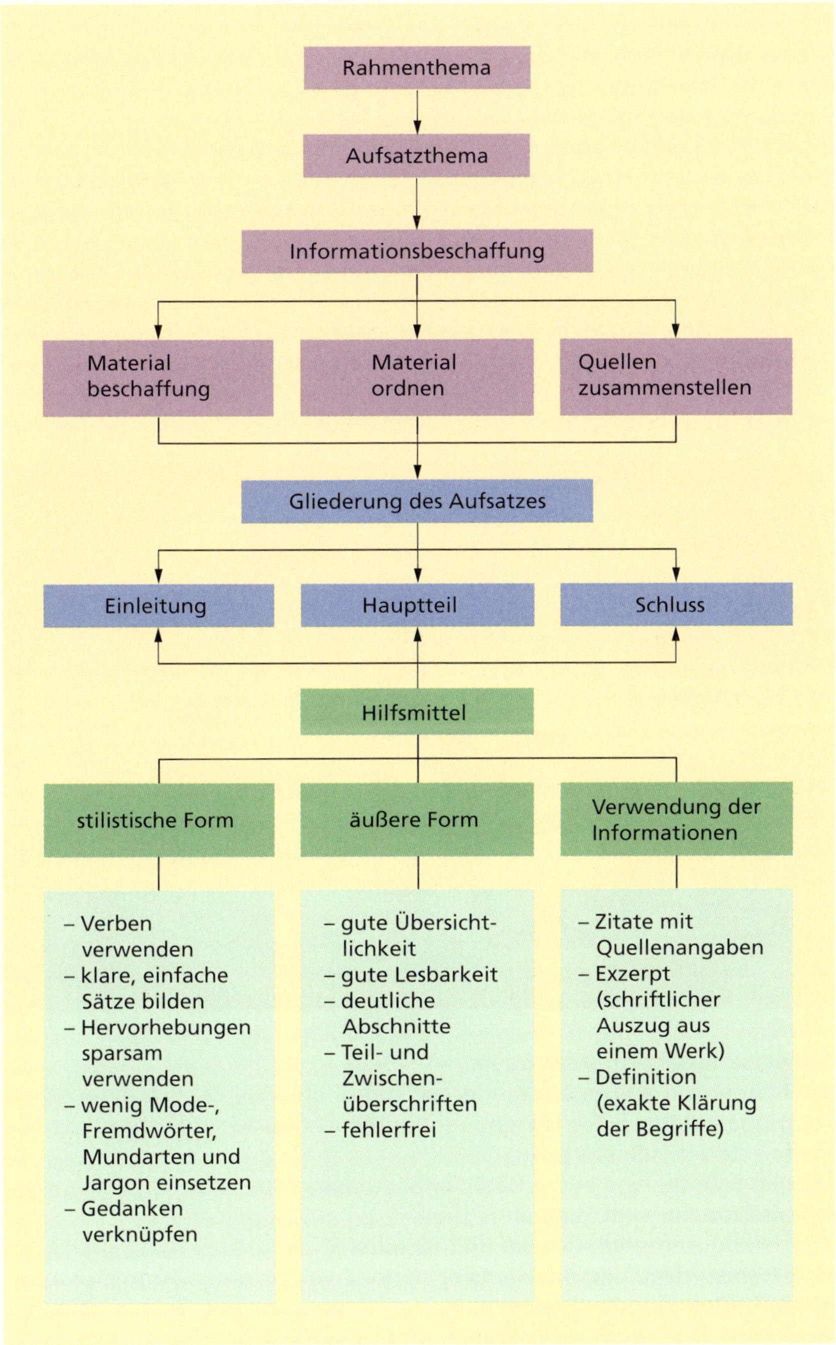


Das **Rahmenthema** ist z. B. die „Interpretation von Gedichten“.

Das **Aufsatzthema** heißt: „Mit welchen stilistischen Mitteln wird in dem Gedicht … die herbstliche Stimmung hervorgerufen?“

### 4.1.1 Geschichten erzählen

**Bildergeschichte**

Die einfachste Form der erzählenden Texte ist die **Bildergeschichte.** Anhand eines Bildes oder einer Bilderfolge kann eine kleine Erzählung verfasst werden. Die Bilder geben den **Inhalt** anschaulich wieder. Man muss sie nur genau betrachten und die richtigen Worte finden.
Zuerst muss geprüft werden, was auf dem **Bild** oder der **Bildfolge** abgebildet ist. Was für Personen, Tiere, Gegenstände sind zu sehen und was tun sie?
Handelt es sich um ein Bild, so werden meist Zusatzinformationen gegeben, die die Aufgabe erleichtern. Ein einzelnes Bild veranschaulicht oft nur den Ausgangspunkt für eine Geschichte. Es ist nun Aufgabe, sich den Fortgang und den Höhepunkt der Geschichte selbst auszudenken.

Beispiel für die Erarbeitung einer Bildergeschichte anhand **eines Bildes:**

Das ist ein Bild aus der Geschichte „Die verschwundenen Noten" von M. H. ZIMMERMANN und G. LATTKE.

**Hinweise/Zusatzinformationen:**
Die Noten sind aus einem Kinderlied geflohen, weil die Kinder das Lied nicht üben wollten. Sie waren lange unterwegs und sind sehr müde. Da treffen sie ein Hamsterpaar.
**Thema:** Erfinde eine kurze Geschichte zu dem Bild.
**Eigene Notizen zum Thema:**
Welche Figuren sind auf dem Bild zu sehen?
Eine Hamsterfrau und ein Hamstermann. Zwei Noten schlafen im Stroh.
**Wo befinden sich die Figuren?**
Im Hamsterbau unter der Erde.
**Was machen die Figuren?**
Das Hamsterpaar verlässt den Bau, damit die Noten schlafen können. Außerdem sind Hamster nachts aktiv – sie gehen sicher auf Nahrungssuche. Die Noten schlafen ruhig.

**Wie könnte die Geschichte enden?**

Nachdem sich die Noten ausgeruht haben, gehen sie wieder nach Hause. Sie gehen zurück in ihr Liederbuch.
Die Kinder waren sehr betrübt, als die Noten weg waren. Sie wollen nun immer fleißig üben, um den Eltern ein Ständchen vorzutragen.

Beispiel für die Erarbeitung einer Bildergeschichte anhand einer **Bildfolge:** Jessicas schönstes Geburtstagsgeschenk

Viele Kinderzeitschriften sind auf der Basis von Bildfolgen gestaltet. Hier wird das Geschehen anhand von Bildern und häufig Sprechblasen oder Unterschriften dargestellt.

4

**Eigene Notizen zum Thema:**

Bild 1: Was tut Jessica?
Wer mögen die anderen Mädchen sein?
Bild 2: Wem zeigt Jessica die vielen Geschenke?
Bild 4: Was haben Oma und Opa in der Hand?
Bild 5: Was geschieht auf dem Bild?
Was tut Jessica?
Was tun die Gäste?
Was sagen sie?
Wie findet Jessica den Teddybären?
Bild 6: Was ist auf dem Bild zu sehen?
Vergleiche das sechste und das zweite Bild!

So könnte die Bildergeschichte erzählt werden:
Jessica hatte alle ihre Freundinnen zu ihrem Geburtstag eingeladen. Sie stand vor ihrer Geburtstagstorte und schaffte es, alle zwölf Kerzen auf einmal auszublasen. Dann zeigte sie ihrer besten Freundin die vielen Geschenke: Bücher, CDs, schicke Sportkleidung, einen Fotoapparat …
„Wirklich, du hast viele schöne Geschenke bekommen, Jessica!"
Da klingelte es. Jessica machte auf. Vor der Tür standen Oma und Opa mit einem großen Geschenk, das in grünes Papier eingepackt war. Es war mit einer leuchtend roten Schleife verschnürt.
Alle Mädchen wollten wissen, was in dem Karton war.
„Pack das Geschenk endlich aus!", sagte die beste Freundin.
Jessica löste die Schleife und machte das Papier auf. Sie holte aus dem Karton … einen Teddybären, den süßesten Teddybären, so richtig zum Liebhaben! Die Freundin wollte ihn auf den Arm nehmen. Aber das ließ Jessica nicht zu! Ihren Teddybären wollte sie nicht hergeben. Sie nahm ihn später mit ins Bett und dachte:
„Du bist mein schönstes Geburtstagsgeschenk!"

## Erlebniserzählung

Eine Wanderung kann Inhalt einer Erlebniserzählung sein.

Eine **Erlebniserzählung** wird selbstständig gestaltet ohne Hilfe von Bildern. Ein Rahmenthema oder eine typische Situation können vorgegeben werden.
Typische Rahmenthemen sind:
- Erlebnisse mit Tieren
- Erlebnisse in den Ferien
- Erlebnisse in der Schule
- Erlebnisse beim Sport
- Mein Geburtstag

Typische Situationen können sein:
Ich habe etwas verloren
Ich warte auf meinen Freund/meine Freundin
Man verdächtigt mich ...
Eine große Überraschung
Ich war in großer Gefahr

Wie schreibt man eine Erlebniserzählung?
Um gut zu erzählen, sollte Folgendes beachtet werden:
- die wörtliche Rede verwenden,
- in der Vergangenheit erzählen,
- an geeigneten Stellen Absätze machen, so wird die Erzählung übersichtlicher,
- anschaulich und spannend erzählen,
- auf langatmige Einleitungen verzichten,
- beachten, dass jede Erzählung einen Höhepunkt haben soll.

Mein schönstes Geburtstagsgeschenk

Geburtstag! Endlich hatte ich Geburtstag! Ich hatte den Tag kaum erwarten können. Das schönste Geburtstagsgeschenk war nicht das ferngesteuerte Auto, auch nicht die Inlineskates. Das schönste Geburtstagsgeschenk war in einem größeren Karton mit Luftlöchern. Ich öffnete den Karton: „Ein Kaninchen! Das ist ja ein Kaninchen!"

Ich nahm das Zwergkaninchen vorsichtig auf den Arm. Es war fast weiß und hatte große schwarze Ohren. Ich streichelte es, das Fell war warm und weich. Mein kleiner Bruder wollte es auch streicheln. Da bekam das Kaninchen wohl Angst. Jedenfalls sprang es auf den Fußboden und hoppelte schnell unter den Bücherschrank. Dort war es sicher.

Wie sollten wir es wieder hervorbekommen? Mein kleiner Bruder lief in die Küche und holte eine Mohrrübe. Er hielt sie unter den Bücherschrank. Aber das Kaninchen bewegte sich nicht. Wir waren ratlos. Da hatte ich die richtige Idee. Ich holte mein neues, ferngesteuertes Auto. Ich ließ es langsam unter den Bücherschrank fahren und schob das Kaninchen vorsichtig hervor.

Da hatten wir es wieder!

### Fortsetzungsgeschichte

Bei einer **Erzählung** ist der Anfang das Schwierigste. Wenn jedoch eine Fortsetzung geschrieben werden soll, wird der Anfang erzählt oder es liegt der Beginn einer Geschichte vor. Aufgabe ist es nun, die Geschichte fortzusetzen mit eigenen Ideen. Man muss sich also immer fragen: Wie könnte die Geschichte zu Ende gehen? Dabei ist zu beachten:
- Die Fortsetzung muss zum Anfang passen.
- Die Personen müssen sich in der Fortsetzung in ihrer Grundhaltung genauso verhalten wie am Anfang.
- Bei der Fortsetzung der Geschichte muss der Höhepunkt richtig gestaltet werden.
- Alle Vorgänge sind genau zu beschreiben.
- Durch Verwendung von Adjektiven und adverbialen Bestimmungen wird die Geschichte anschaulich.

Erzählanfang:
Ich habe meine Oma sehr lieb. Sie hat nur einen Fehler: mich beim „Mensch ärgere dich nicht" zu beschummeln, wo sie nur kann …

Ich habe meine Oma sehr lieb. Sie hat nur einen Fehler: mich beim „Mensch ärgere dich nicht" zu beschummeln, wo sie nur kann. So war es auch am letzten Sonntag. Nachdem wir das Spiel aufgebaut und einige Spielzüge gemacht hatten, sagte sie zu mir: „Max, ich habe vergessen, meine Herztabletten zu nehmen. Geh bitte in die Küche und hol mir ein Glas Wasser!"
Als ich schnell ins Wohnzimmer zurückkam, sah ich gerade noch, wie Oma eine Figur umstellte. „Hast du schon wieder gemogelt, Oma!", rief ich empört. „Aber Max, was denkst du von mir?", sagte Oma lächelnd. Wir spielten weiter. Nach kurzer Zeit stieß Oma ungeschickt eine Figur auf den Boden. Ich bückte mich, um sie aufzuheben. Schon wieder! Ich konnte gerade noch sehen, wie Oma eine von meinen roten Figuren verschwinden ließ. Aber weil ich meine Oma so gern habe, sagte ich nichts. Ich passte jetzt höllisch auf! Trotzdem siegte meine Oma. Sie sagte zu mir: „Schon wieder verloren, Max! Du lernst es wohl nie!"
Obwohl sie zweimal geschummelt hatte, ärgerte ich mich sehr, zeigte es aber nicht.

**Fantasiegeschichte**

Bei einer Fantasiegeschichte muss man sich nicht an die Wirklichkeit halten.

> Die **Fantasiegeschichte** kann in der Zukunft spielen, in der Vergangenheit oder in der Märchenwelt.

In einer Fantasiegeschichte können Tiere oder Gegenstände reden, kann gezaubert werden, sind den Ideen keine Grenzen gesetzt.
Fantasieerzählungen müssen vor allem anschaulich, spannend bis spektakulär sein. Sie haben eine kurze Einleitung und einen Höhepunkt.
Eine Fantasieerzählung kann zum Beispiel ein Traum sein:

Sandras Traum
Mathematik ist nicht mein Lieblingsfach. Vorgestern hatte ich wieder die schlechteste Klassenarbeit geschrieben. Meine Mutter schimpfte den ganzen Nachmittag. Mein Vater sagte mir nur noch beim Zubettgehen: „Wenn du die Prozentrechnung nicht lernst, wirst du nie eine gute Geschäftsfrau werden."
Verdrießlich schlief ich ein. - Da fand ich mich wieder in einem bequemen Sessel zusammen mit einem blassen, aber netten Mädchen. „Oh, du bist neu hier?", fragte sie. „Warum siehst du so verdrießlich aus?"
„Ich habe eine Sechs in Mathematik geschrieben. Ich verstehe das Prozentrechnen nicht!"
„Du gehörst wohl noch zu den Menschen, die alles selbst lernen mussten. Jetzt haben wir es einfacher."

Sie nahm einen kleinen Apparat, der so aussah wie ein Handy, und programmierte ihn auf „Prozentrechnen". Dann sagte sie: „Halte den Apparat an deinen Kopf. Dann werden deine Gehirnzellen auf Prozentrechnen programmiert."
Ich tat es. Plötzlich verstand ich alles! Im Kopf konnte ich ausrechnen: 5,5 Prozent von 45 000 ... 2 475. Ich war darüber so erstaunt, dass ich aufwachte.
Meine neuen Fähigkeiten blieben mir auch in der Schule erhalten. Mein Mathelehrer staunte. Er stellte mir eine Aufgabe nach der anderen. Ich konnte sie alle richtig ausrechnen. Er musste mir eine Eins geben. Nach dem Unterricht ärgerte ich mich, dass ich mit dem Zauberhandy nicht gleich das Mathematikbuch des nächsten Schuljahres in meinen Kopf einprogrammiert hatte. Aber vielleicht träume ich noch einmal.

### 4.1.2 Nacherzählung, Erzählung

In einer **Nacherzählung** wird eine vorgegebene Geschichte mit eigenen Worten erzählt. Die Grundidee, Personen, der Handlungsablauf und das Ergebnis stimmen mit der Vorlage überein.

**Erzählung** ist der Sammelbegriff für alle Formen des Erzählens. Erzählungen sind meist Kurzformen. Wesentlich für die Art der Nacherzählung ist das Erkennen des **Aufbaus** und des **Inhalts** der Erzählung. Dabei sind zu beachten:
1. die Erzählperspektive,
2. die Erzählsituation und
3. der Erzählkern.

Genaues Lesen erleichtert die Erarbeitung einer Nacherzählung.

#### Erzählperspektive

Die **Erzählperspektive** ergibt sich vor allem aus der Position des Erzählers zum Geschehen. Dabei ist die **Erzählhaltung** bestimmend, d. h., wie der Erzähler die Geschehnisse und Figuren sieht. Die Erzählperspektive macht aber auch die **Wechselbeziehungen** zwischen Erzähler und Publikum sowie Geschehen und Publikum deutlich.
Es gibt zwei erzählperspektivische Grundentscheidungen:
1. den Autorenstandpunkt (Erzähler tritt in den Vordergrund und gestaltet den Text) und
2. den Figurenstandpunkt (andere Personen als der Erzähler gestalten den Text aus ihrer Sicht).

Die Erzählperspektive bestimmt den **Standpunkt,** mit dem ein Geschehen dargestellt wird. Es werden unterschieden: der auktoriale Erzähler, der Ich-Erzähler und der personale Erzähler.

↗ S. 292, Kennzeichen der Epik

- **Auktorialer Erzähler**
  Der auktoriale Erzähler, d. h. der **allwissende Erzähler,** tritt aus dem

Geschehen der Erzählung heraus. Er spricht in einer Art Anrede direkt zum Leser. Das Geschehen wird von ihm oft unterbrochen. Er lässt den Leser aus dem Geschehen treten und bietet ihm Wissen über die Erzählung hinaus.

**Auktorial** ist ein Begriff aus der Literaturwissenschaft und bedeutet „aus der Sicht des Autors dargestellt". (↗ BWS Abitur-Deutsch)

Der **auktoriale Erzähler** kennt die Gedanken und Gefühle der Figuren, wertet deren Verhalten nach moralischen Maßstäben. Der auktoriale Erzähler wird in modernen Erzählungen wenig verwendet, da er die Illusion und das Erleben des Textes beeinträchtigt. Heute übernehmen diese Funktion die **handelnden Figuren,** indem ihnen die erzählerische Aufgabe übertragen wird. Ihre Einstellungen und Meinungen werden durch ihr Handeln deutlich. Der auktoriale Erzähler kann also im Rahmen des Handlungsverlaufs

- in die Vergangenheit und in die Zukunft schauen,
- die Gefühle, Gedanken, Vorstellungen unterschiedlicher Personen darstellen,
- Geschehen und Handlungen kommentieren und bewerten.

Beispiel für eine auktoriale Erzählperspektive:

Neben CHARLES DICKENS ist W. M. THACKERAY der wichtigste englische Schriftsteller der Mitte des 19. Jahrhunderts.

WILLIAM MAKEPEACE THACKERAY lebte von 1811 bis 1863. Nach „Die Memoiren des Junkers Barry Lyndon" schaffte er mit dem Fortsetzungsroman „Jahrmarkt der Eitelkeit. Ein Roman ohne Held!" den literarischen Durchbruch.

WILIAM MAKEPEACE THACKERAY: Jahrmarkt der Eitelkeit (Auszug)

Die ehrliche Jemima dagegen hatte die Oberaufsicht über die Rechnungen, das Waschen und Ausbessern, die Puddings, das silberne und das einfache Geschirr sowie über die Dienerschaft. Aber warum sprechen wir von ihr: wahrscheinlich werden wir bis in alle Ewigkeit nichts mehr von ihr hören, und weder sie noch ihre ehrfurchtgebietende Schwester wird jemals wieder in der kleinen Welt unserer Geschichte auftauchen, wenn sich erst einmal das große, verschnörkelte, eiserne Tor geschlossen hat.
Da wir indessen viel über Amelia erfahren werden, kann es nichts schaden, wenn wir gleich zu Anfang unserer Bekanntschaft sagen, daß sie eines der besten und liebenswürdigsten Geschöpfe war, die je lebten, und es ist ein Segen, daß wir, da es sowohl im Leben als auch in Romanen (und in diesen besonders) von Bösewichten der schlimmsten Sorte nur so wimmelt, solch einen ehrlichen und gutherzigen Menschen zur Seite haben. Da sie keine Heldin ist, brauchen wir ihre Person nicht zu beschreiben; ich befürchte sogar, daß ihre Nase etwas zu klein und ihre Wangen viel zu rund und rot für eine Heldin waren; aber ihr Gesicht strahlte von blühender Gesundheit, und auf ihren Lippen lag das munterste Lächeln; sie hatte ein Paar Augen, die von lebhafter und ehrlicher guter Laune blitzten, wenn sie sich nicht gerade mit Tränen füllten, und das geschah in der Tat viel zu oft, denn das einfältige Ding konnte über einen toten Kanarienvogel oder über eine Maus, die die Katze gefangen hatte, oder über den Schluß eines Romans, war er auch noch so albern, weinen; und sagte man ihr ein unfreundliches Wort – vorausgesetzt, es fand sich jemand, der so hartherzig war –, um so schlimmer war es dann für diesen.

(aus: Thackeray, William Makepeace: Jahrmarkt der Eitelkeit. Übersetzt von Christoph Friedrich Grieb, zuerst erschienen 1855)

- **Ich-Erzähler**
  Der Ich-Erzähler übernimmt das Erzählen. Er kann selbst an der Handlung beteiligt sein oder als eine Figur das Geschehen mit mehr oder weniger Distanz darstellen. Dadurch findet eine Begrenzung der Sichtweisen statt. Nur die **persönlichen Erfahrungen** und Empfindungen des Erzählers werden verdeutlicht. Er greift in die Handlung mit ein, erzählt nicht mehr, als er von seinem Alter, Geschlecht und Bildungsgrad her wissen kann. Der Leser wird mit dieser Art des Erzählens besonders angesprochen, da er unmerklich in dieses „Ich" schlüpft und sich damit der innere Abstand zum Geschehen verringert.

Beispiel für eine Ich-Erzählperspektive:

MARK TWAIN: Huckleberry Finns Abenteuer und Fahrten (Auszug)

Da ihr gewiß schon die Abenteuer von Tom Sawyer gelesen habt, so brauche ich mich euch nicht vorzustellen. Jenes Buch hat ein gewisser Mark Twain geschrieben und was drinsteht ist wahr – wenigstens meistenteils. Hie und da hat er etwas dazugedichtet, aber das tut nichts. Ich kenne niemand, der nicht gelegentlich einmal ein bißchen lügen täte, ausgenommen etwa Tante Polly oder die Witwe Douglas oder Mary. Toms Tante Polly und seine Schwester Mary und die Witwe Douglas kommen alle in dem Buche vom Tom Sawyer vor, das wie gesagt, mit wenigen Ausnahmen eine wahre Geschichte ist. – Am Ende von dieser Geschichte wird erzählt, wie Tom und ich das Geld fanden, das die Räuber in der Höhle verborgen hatten, wodurch wir nachher sehr reich wurden. Jeder von uns bekam sechstausend Dollars, lauter Gold. Es war ein großartiger Anblick, als wir das Geld auf einem Haufen liegen sahen. Kreisrichter Thatcher bewahrte meinen Teil auf und legte ihn auf Zinsen an, die jeden Tag einen Dollar für mich ausmachen. Ich weiß wahrhaftig nicht, was ich mit dem vielen Geld anfangen soll.

(aus: Twain, Mark: Huckleberry Finns Abenteuer und Fahrten. Übersetzt von Henny Koch, zuerst erschienen 1890)

MARK TWAINS Roman „Huckleberry Finn", eine Fortsetzung seines „Tom Sawyer", wurde einer der erfolgreichsten Bücher der Kinder- und Jugendliteratur und ist mehrfach verfilmt worden.

- **Personaler Erzähler**
  Wenn das Geschehen aus der Sicht der im Text genannten Personen neu betrachtet und erzählt wird, spricht man vom personalen Erzähler. Aus der Sicht der Personen (Figuren) der Handlung erlebt der Leser direkt, was diese denken oder fühlen. Durch innere Monologe der jeweiligen Figur kann der Leser besonders intensiv an deren Gefühlen und Vorstellungen teilnehmen. Die vermittelnde Aufgabe der Erzählfigur ist bei einer solchen Erzählperspektive nicht mehr wahrzunehmen.

### Erzählsituation

Die Erzählsituation ergibt sich aus der **Erzählperspektive.** Es werden unterschieden die **auktoriale Erzählsituation,** die **Ich-Erzählsituation** und die **personale Erzählsituation.** Die personale Erzählsituation wird auch **neutrale Erzählsituation** genannt.

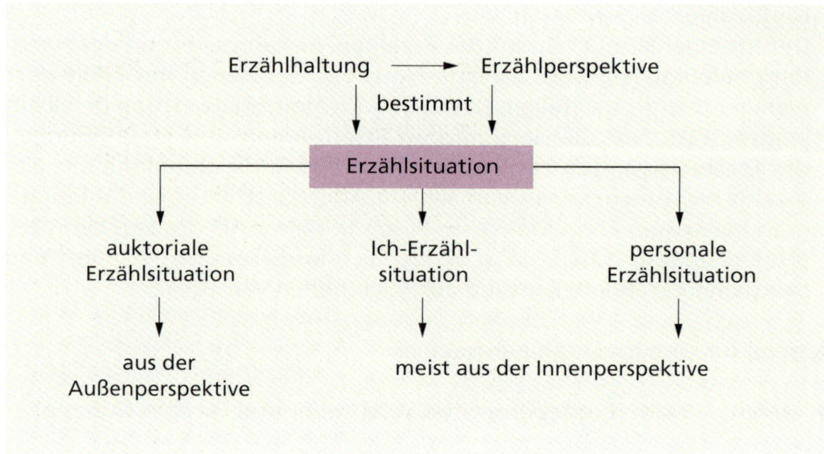


## Erzählkern

Der **Erzählkern** beinhaltet das Wichtigste einer Geschichte.

> Unter dem **Erzählkern** versteht man den **Haupthandlungsstrang** einer Erzählung.

Nach der Art der Erzählvorlage richtet sich nun die Nacherzählung. Eine **Nacherzählung** soll anschaulich und spannend sein.

| Hinweise zur Gestaltung einer Nacherzählung | |
|---|---|
| 1. Inhalt | In der Nacherzählung muss sich der **Inhalt** genau an die Vorlage halten. Es dürfen keine neuen Personen hinzugefügt werden. Der Handlungsablauf ist mit eigenen Worten wiederzugeben. Zu beachten ist der **Erzählkern,** er muss in der Nacherzählung deutlich werden. Wertungen und Meinungen sollten unterbleiben. |
| 2. Zeitform | Die Nacherzählung erfolgt in der Zeitform der Vorlage, das ist meist das **Präteritum.** |
| 3. Sprache und Stil | Eine Nacherzählung hat unterhaltenden Charakter. Dazu ist eine lebendige, abwechslungsreiche Sprache nötig. Beschreibende **Adjektive** und **treffende Verben** unterstützen die Anschaulichkeit. Die **Stilebene** ist dem Gegenstand der Erzählung anzupassen, z. B. sollte eine stimmungsvolle, romantische Passage nicht mit umgangssprachlichen Formen nacherzählt werden. |

| Hinweise zur Gestaltung einer Nacherzählung | |
|---|---|
| 4. Umfang | Den Umfang bestimmt der Nacherzähler (wenn vom Lehrer nichts anderes vorgegeben wird). Er kann bestimmte Stellen der Erzählung ausdehnen, andere wiederum raffen. Der Unterhaltungswert sollte im Vordergrund stehen – also *keine langatmigen Ausschmückungen.* |

Die vier Erzählschritte sind:
- **Einleitung** (Wer ist beteiligt?, Wann und wo spielt die Geschichte?)
- **Hauptteil** (ausführlich, Schritt für Schritt zum Höhepunkt führen)
- **Höhepunkt** gestalten
- **Schluss**



Beispiel für eine **Erzählung:**

EDGAR ALLAN POE: Hopp-Frosch (Auszug)

Als die beiden kleinen Freunde dem Befehl des Königs nachkamen, fanden sie ihn mit den sieben Mitgliedern seines Kabinettrates beim Weine sitzen. Aber der Herrscher schien sehr übler Laune zu sein. Er wußte, daß Hopp-Frosch [347] den Wein nicht liebte, da das Trinken den armen Krüppel bis zum Wahnsinn aufregte, und Wahnsinn ist kein angenehmer Zustand. Aber dem König, der es liebte, jemandem einen Schabernack zu spielen, machte es Spaß, Hopp-Frosch zum Trinken zu zwingen und ihn (wie der König es nannte) lustig zu machen.

(Edgar Allan Poes Werke. Gesamtausgabe der Dichtungen und Erzählungen, Band 3: Verbrechergeschichte. Berlin: Propyläen-Verlag, [1922], S. 346)

Beispiel für eine **Nacherzählung** (Auszug):

Die kleinen Freunde folgten der Ladung des Königs. Dieser saß mit seinen Mitgliedern des Kabinettsrates beim Wein und war äußerst schlecht gelaunt. Obwohl er wusste, dass Hopp-Frosch keinen Wein vertrug, zwang er ihn Wein zu trinken. Solche derben Scherze liebte der König. Sie bereiteten ihm geradezu größtes Vergnügen. ...

Mit Nacherzählungen wachsen die meisten Kinder auf. Wer kennt nicht die Märchen, die häufig Großmutter (nach-)erzählte?

### 4.1.3 Inhaltsangabe, Précis

In einer **Inhaltsangabe** werden in knapper **Berichtsform** die wichtigsten Stationen einer Handlung und die Hauptprobleme eines Textes zusammengefasst. Es wird ein **Gesamtüberblick** ohne persönliche Wertung geschrieben.

Eine Form der Inhaltsangabe ist der **Klappentext** eines Buches.

Die Inhaltsangabe gibt das Geschehen, das Gehörte oder Gelesene in seinem *wesentlichen Handlungszusammenhang* wieder. Der Leser soll ohne Kenntnis des Originals über die wichtigsten Informationen und Gedanken der Vorlage unterrichtet werden. Es wird ein Gesamtüberblick ohne persönliche Wertung gegeben.

Eine **Inhaltsangabe** antwortet auf folgende *Leitfragen:*

1. Worum geht es im Text? (Thema, Haupthandlung und Hauptproblem nennen)
2. Über welche wichtigen Stationen und Personen läuft die Handlung? (zwischen Haupthandlung = Erzählkern und Nebenhandlung unterscheiden)
3. Welche Sachaussagen lassen sich treffen?
4. Zu welchen Ergebnissen führt der Handlungsablauf?

Die Inhaltsangabe besteht aus einer **Einleitung,** einem **Hauptteil** und eventuell einem **Schlussteil.**
In der Einleitung werden genannt:
- Textsorte/Textgattung, z. B. Märchen/Gedicht,
- Titel,
- Verfasser,
- Thema,
- Aussageabsicht des Verfassers.

Im **Hauptteil** der Inhaltsangabe wird das *Wesentliche* des *Inhalts,* wie Hauptpersonen, Ereignisse, Schauplatz und der zeitliche Rahmen, beschrieben. Darüber hinaus müssen **Handlungszusammenhänge** oder Gedankengänge (z. B. Voraussetzungen, Ursachen, Folgen, Ergebnisse) erklärt werden.
Der **Schlussteil** kann entfallen oder eine kurze persönliche (subjektive) Deutung hinsichtlich der Absicht, Wirkung und der sprachlichen Mittel der Textvorlage enthalten. In der Inhaltsangabe wird auf wörtliche Rede verzichtet. Grundsätzlich steht die Inhaltsangabe im **Präsens.**

Mögliche Struktur für eine Inhaltsangabe von einer schriftlichen Vorlage:

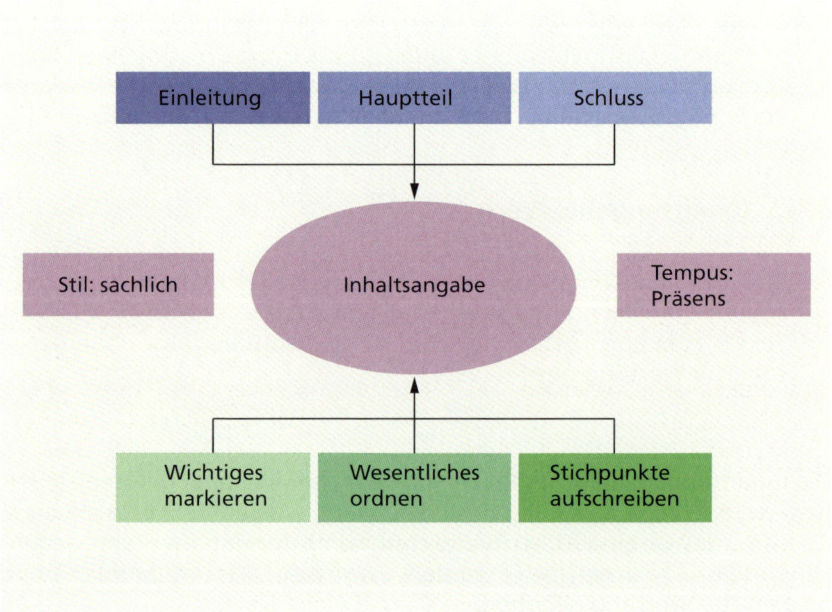

Zusammenfassende Hinweise für die Gestaltung

| | |
|---|---|
| Sprache | Die Sprache ist sachlich, knapp und informierend. |
| Umfang | Der Umfang sollte auf eine Seite begrenzt werden. |
| Zeitform | Die Inhaltsangabe erfolgt im Präsens. |
| Wortschatz/Stil | Hier wird auf Ausschmückungen verzichtet, also wenig beschreibende Adjektive oder „spannende" Verben verwenden.<br>Es sollte der Abstand zum Text gewahrt werden, „jetzt", „nun", „es war einmal" nicht verwenden.<br>Keine wörtliche Rede, keine Zitate verwenden. Für wichtige Äußerungen wird die **indirekte Rede** verwendet.<br>Gedankliche Zusammenhänge können mit Verknüpfungswörtern deutlich gemacht werden, wie „weil", „obwohl", „daraus folgt …". |
| Oberbegriffe | Um die Inhaltsangabe kurz zu halten, können Oberbegriffe gewählt werden statt einer ausführlichen Beschreibung.<br>Beispiel: „Es kommt zur Auseinandersetzung", „Es kommt zu einem ausführlichen Disput."<br>Diese Oberbegriffe führen zum Kern der Inhaltsangabe. |

In der **indirekten Rede** wird grundsätzlich der **Konjunktiv I** verwendet. Stimmen die Formen des Indikativs mit dem Konjunktiv I überein, benutzt man in der indirekten Rede als Ersatzform den Konjunktiv II (↗ S. 80 ff.). In der indirekten Rede stehen die **Pronomen** in der *3. Person.*

Beispiel für eine **Inhaltsangabe** (Auszug)

In dieser **Inhaltsangabe** ist es von Vorteil, in der Einleitung kurz den Erzählstil des Dichters zu nennen, zumal nur ein Auszug betrachtet wird.

Edgar Allan Poe ist ein Erzähler von unheimlichen, grausig-fantastischen und bizarr-humoristischen Kurzgeschichten und Detektiverzählungen.
In der Erzählung „Hopp-Frosch" erzählt er die Geschichte eines verkrüppelten Narren, der bei einem König seinen Dienst versieht. Dieser König spielt dem armen Narren oft böse mit. So muss der Hopp-Frosch, obwohl er keinen Wein verträgt, auf Geheiß des Königs Wein trinken. …

EDGAR ALLAN POE (1809-1849)

4

Précis, frz. précis = genau, bestimmt, Abriss, Hauptinhalt

### Précis

Unter **Précis** ist die Kürzung eines Textes (etwa auf ein Drittel seines Umfangs) auf die wichtigsten Aussagen (präzise) zu verstehen. Man beschränkt sich auf das zur Information *Wesentlich(st)e.*

Auch hier werden die Leitfragen zur Inhaltsangabe beachtet. Der Text wird in **Sinnabschnitte** gegliedert. Die **Zeitform** entspricht der Textvorlage. Voraussetzung für einen **Précis** ist das genaue Verständnis der Textvorlage. Die Arbeit erfolgt exakt am Text entlang. Dabei ist darauf zu achten, dass gleichmäßig gekürzt wird. So bleibt das Verhältnis zur Vorlage etwa gleich. Der Précis bildet nach Inhalt, Satzbau, Wortwahl und Stilebene ein geschlossenes Ganzes.

Précis zur Erzählung EDGAR ALLAN POES (Auszug):
Ein König, der derbe Scherze liebte, quälte seinen Narren, indem er ihn nötigte, Wein zu trinken. (Der König wusste genau, dass der Narr keinen Wein vertrug.)

**Exzerpt:** Das Exzerpt ist ein schriftlicher **Auszug** aus einem Buch oder Schriftstück. (lat. excerpere = sich einen Auszug machen)

**Resümee:** Das ist eine abschließende Zusammenfassung oder Übersicht. In einem **Resümee** fasst man **Kerngedanken** eines Textes zusammen und gibt sie wieder, ähnlich einer knappen Inhaltsangabe. Im Unterschied zur Inhaltsangabe enthält diese besondere Zusammenfassung *eigene* **Schlussfolgerungen.** (frz. résumé = Zusammenfassung)

Häufig ist es erforderlich, nur wichtige, wesentliche Gedanken eines Textes *herauszupflücken* (zu exzerpieren) und zusammenzufassen (zu resümieren). Das geschieht meist, indem Textstellen wörtlich wiedergegeben werden (Zitat) oder sinngemäß die Gedanken des Autors erläutert werden. In beiden Fällen ist die Quellenangabe erforderlich.

## 4.1.4 Beschreibung

Eine **Beschreibung** ist eine vorwiegend *informierende, sachbetonte* und *wirklichkeitsnahe* Darstellungsform.

Die **Beschreibung** enthält im Gegensatz zur Erzählung *keine Geschichte,* sondern sie informiert über einen Vorgang, einen Gegenstand oder eine Person. Danach werden unterschieden:
- die Gegenstandsbeschreibung,
- die Vorgangsbeschreibung und
- die Personenbeschreibung.

Die Beschreibung dient also dazu, einen *Gegenstand, Vorgang,* ein *Bild* oder eine *Person* mit sprachlichen Mitteln so darzustellen, dass der Adressat eine genaue Vorstellung davon gewinnt. Dabei werden die Merkmale der äußeren Beschaffenheit und die räumliche, zeitliche und funktionale Anordnung logisch und systematisch erfasst.
Vorgänge werden immer dynamisch dargestellt, Gegenstände und Zustände dagegen vor allem ruhend/statisch.
Die Beschreibung von Vorgängen kann dem Bericht (↗ S. 238) sehr nahe kommen. Im Unterschied zum Bericht geht es jedoch beim Beschreiben von Vorgängen um *Wiederholbares.*

Eine **Beschreibung** ist klar gegliedert, genau, anschaulich und sachlich. Sie verwendet Fachwörter. Der **Satzbau** ist einfach und übersichtlich. Das **Tempus** ist das **Präsens.**

## Gegenstandsbeschreibung

Die **Gegenstandsbeschreibung** stellt die Merkmale und Eigenschaften eines Gegenstandes (auch Zustandes) sachlich dar.

**Raum-** und **Landschaftsbeschreibungen** zählen auch zu den Gegenstandsbeschreibungen.

Um Zusammenhänge darzustellen, müssen die funktionalen Beziehungen einzelner Teile beachtet werden. Alle Merkmale müssen genau und eindeutig beschrieben und in einer räumlichen Reihenfolge angeordnet werden.

### Möglichkeiten der Gliederung

Der Schreiber soll den inneren Blick des Lesers so leiten, dass dieser den Gegenstand schrittweise erfassen kann. Je nach Gegenstand sollte so vorgegangen werden:
- von außen nach innen (Fotoapparat, Truhe),
- von unten nach oben (Bäume, Sträucher),
- von oben nach unten (Schaufensterpuppe),
- vom Auffallenden zum Gewohnten (Kleidung),
- vom Vordergrund zum Hintergrund (Bühnendekoration),
- von links nach rechts oder umgekehrt (Fotografie),
- vom Allgemeinen zum Besonderen (Wohnungseinrichtung),
- vom Großen zum Kleinen (Fahrrad, Auto, Flugzeug),
- von der Mitte zu den Seiten (...).

Vor allem technische Geräte werden von außen nach innen beschrieben **(Fotoapparat).**

Beispiel für eine literarische Beschreibung:

FRANZ KAFKA: In der Strafkolonie (Auszug)

Die Nadeln sind eggenartig angeordnet, auch wird das Ganze wie eine Egge geführt, wenn auch bloß auf einem Platz und viel kunstgemäßer. Sie werden es übrigens gleich verstehen. Hier auf das Bett wird der Verurteilte gelegt. ... Auch ist ein Zahnrad im Zeichner zu stark abgeschliffen; es kreischt sehr, wenn es in Gang ist; man kann sich dann kaum verständigen. Ersatzteile sind hier leider nur schwer zu beschaffen. Also hier ist das Bett, wie ich sagte.
Es ist ganz und gar mit einer Watteschicht bedeckt; den Zweck dessen werden Sie noch erfahren. Auf diese Watte wird der Verurteilte bäuchlings gelegt, natürlich nackt; hier sind für die Hände, hier für die Füße, hier für den Hals Riemen, um ihn festzuschnallen.

(aus: Kafka, Franz: In der Strafkolonie. Zuerst erschienen 1919)

Vor allem im naturwissenschaftlichen Unterricht (Biologie, Physik, Chemie) werden häufig Beschreibungen vorgenommen.

Beispiele von **Tierbeschreibungen** aus dem Biologieunterricht (Stichpunkte):

*Eichelhäher:* etwa taubengroß (ca. 34 cm), rosabrauner Körper, Flügelzeichnung aus blauen und schwarzen Streifen, weißer Flügelfleck, schwarzer Bartstreifen und schwarzer Schwanz. Sein Lebensraum ist der Wald, auch Obstgärten. Nahrung sind Insekten, Würmer, Schnecken, Spinnen, auch Eicheln, Beeren und Getreidekörner sowie junge Vögel und Vogeleier. Weibchen bebrütet 3–7 Eier.

*Wildschwein:* 110 bis 180 cm lang, plumper Körper, bedeckt mit dichtem Fell aus borstigen Haaren, schlanke Pfoten und lange rüsselartige Schnauze. Keiler hat Eckzähne als Stoßzähne ausgebildet. Lebensraum sind Wälder, sumpfiges Dickicht. Wühlen nach Knollen, Erdsprossen, Nüssen, Insektenlarven, Pilzen, Feldfrüchten wie Kartoffeln, Mais, Getreide. Bis zu 10 Junge mit gestreiftem Fell. Wälzen sich im Schlamm („suhlen"), um Ungeziefer im Fell zu vernichten. Sie sind scheu, vor allem nachts und morgens aktiv, leben in kleinen Gruppen („Rotten"), Keiler oft Einzelgänger.

*Rothirsch:* 160 bis 250 cm lang, rotbraunes Sommerfell, graubraunes Winterfell, Männchen: Geweih, im Herbst und Winter am Hals dichte Mähne. Lebensraum sind größere Waldgebiete. Ernähren sich von Gras, Sträuchern, Blättern, Knospen. Meistens ein Junges. Vor allem am späten Nachmittag oder am frühen Abend aktiv. Im Herbst Kämpfe zwischen Männchen um Revier oder Weibchen. Leben in Rudeln.

Eine Form der Gegenstandsbeschreibung ist die **Bildbeschreibung.**

> Die **Bildbeschreibung** ist eine in Sprache umgesetzte bildliche Darstellung (eines gemalten Bildes, einer Grafik usw.), die genaue **Nachzeichnung** dessen, was auf dem Bild zu sehen ist.

Der Künstler hat etwas gestaltet, er will etwas mitteilen. Deshalb sollte Folgendes beachtet werden:
- Bildinhalt
- Aussageabsicht
- Bildkomposition
- Maltechnik
- kunstgeschichtliches Wissen
- Biografisches zum Künstler

(Maltechnik, kunstgeschichtliches Wissen, Biografisches zum Künstler:) Sonderwissen, das verwendet werden kann

**Methodisches Vorgehen:**

1. Genaue **Bildbetrachtung**

2. Notizen:
   a) Worum geht es? (Porträt, Landschaftsbild ...)
   b) Stimmung (froh, düster, Ruhe, Mitleid ...)
   c) Welche Dinge fallen auf?
   d) Wo ist das Bildzentrum?
   e) Welche Farben fallen auf? (im Zusammenhang mit der Form)
   f) Welche Mittel sind zu erkennen? (Kontraste, Spiegelungen, Maltechnik ...)
   g) Was drückt das Bild aus?
   h) Wie wirkt das Bild auf den Betrachter?

3. Beschreibung:
   - Einleitung (Künstler, Entstehungszeit, Maltechnik, Format ...)
   - **Gesamteindruck** (Was ist dargestellt, worum scheint es zu gehen?)
   - Darstellung des **Bildinhalts** (Was fällt auf, was ist im Einzelnen zu sehen? Vorder-, Mittel-, Hintergrund)

4. Darstellung der **Bildkomposition**
   (Wie sind die Einzelheiten zum Ganzen zusammengefügt? Einteilungen, Kontraste, Achsen, Diagonalen, Senkrechte, Waagerechte, Größenverhältnisse, Hell-Dunkel, Spiegelungen, genaues Zeichnen oder verwischt, Schattierungen, Farben ...)

5. Versuch, Bildaussage und Bildwirkung zu erfassen

Die Bildkomposition wird vom Maler zuerst grob skizziert.

Eine Bildbeschreibung erfolgt im **Präsens.** Bei der Beschreibung ist darauf zu achten, dass keine **Blicksprünge** vorkommen. **Aufzählungen** und **Wiederholungen,** z. B. links, rechts, oben, unten, sollen vermieden werden. Nicht Eindeutiges sollte benannt werden (scheint, könnte, wirkt wie, als ob ...). Die verwendeten Farben müssen genau beschrieben werden, wie (zartes Rosa, mattes Blau, sanftes, giftiges Grün, tiefes Schwarz).

Beispiel für eine Bildbeschreibung:

Das Bild „Die Lebensstufen" von CASPAR DAVID FRIEDRICH zeigt eine abendliche Küstenlandschaft, die im Untertitel als „Strandszene in Wiek" (einem Ort bei Greifswald) näher beschrieben wird.
Die dargestellte Szene ist durch fünf ankommende Schiffe bestimmt, die im Bildmittelgrund auf das Ufer zusegeln. Ein weiter, fliederfarbener Horizont zerteilt das Bild in zwei Hälften. Die obere Hälfte des Bildes ist durch Gelbtöne dominiert, während die untere Hälfte vorwiegend dunkle Töne zeigt.

Im Vordergrund verfolgen fünf Menschen die Szenerie. Diese Gruppe befindet sich auf einer kleinen Anhöhe am Strand.
Das größte der Schiffe hat die Segel schon teilweise eingezogen, gerahmt wird dieses links und rechts durch zwei ebenfalls dem Ufer schon nahe Segelboote, während zwei weitere sich noch weit draußen auf dem Meer befinden.
Die fünf Schiffe korrespondieren mit den fünf Menschen am Ufer. Der alte Mann ganz links trägt, trotz offenbar sommerlicher Temperaturen, einen Mantel mit Pelzkragen, die beiden Kinder in der vorderen Bildmitte, ein Mädchen und ein Junge, tragen dagegen leichte Kleidung in rot und blau. Sie werden von einem Mann und einer Frau mittleren Alters gerahmt. Der Mann, offenbar der Vater der kleinen Familie, ist mit Gehrock und Zylinder bekleidet, die Mutter trägt ein rotes Sommerkleid im Stile der Zeit.
Der Titel des Bildes verweist auf die allegorische Szene: Die fünf ankommenden Schiffe können den drei Lebensstadien des Menschen zugeordnet werden, die in den fünf Menschen am Ufer ihre Entsprechung finden: Das größte, die Segel schon einholende Schiff hat das Ufer (das Lebensende) schon fast erreicht, die beiden Boote links und rechts davon segeln im Küstenwind, die beiden Schiffe weiter draußen auf See sind dem Wind noch stark ausgesetzt.

### Vorgangsbeschreibung

**Vorgangsbeschreibungen** beziehen sich auf **wiederholbare Vorgänge,** die stets in gleicher Weise ablaufen können. Sie sollen den Adressaten über die *wesentlichen Merkmale* des Vorgangs (Tätigkeiten, Bewegungen, Veränderungen) und seiner Teil- bzw. Einzelvorgänge informieren.

Dabei werden die einzelnen **Teilvorgänge** so dargestellt, dass deren Funktion im Gesamtvorgang, der Zusammenhang von Ursache und Wirkung, das zeitliche Mit- und Nebeneinander von Einzelvorgängen und die Einheit von Gegenstand und Vorgang deutlich werden.

Vorgangsbeschreibungen findet man als
- Bedienungsanleitungen,
- Gebrauchsanweisungen,
- Bastel- und Bauanleitungen,
- Kochrezepte,
- Spielbeschreibungen,
- wissenschaftliche Abhandlungen über Vorgänge u. Ä.

Im Unterschied zur Gegenstandsbeschreibung muss bei der Vorgangsbeschreibung ein *zeitliches Nacheinander* erfasst werden. Für die Gestaltung sind deshalb folgende Fragen zu beantworten:
- Was wird zuerst gemacht? Was geschieht danach?
- Was läuft möglicherweise gleichzeitig ab?

Jedes Vertauschen oder Verwechseln der einzelnen Schritte kann zu einer falschen Vorgangsbeschreibung führen.

**Weitere Hinweise zur Gestaltung einer Vorgangsbeschreibung:**
- In sachlicher Sprache schreiben, mit Fachwörtern genau bezeichnen.
- Die einzelnen Schritte deutlich kennzeichnen, die genaue Abfolge beachten.
- Die Sätze kurz und klar formulieren.
- Den Stil dem Vorgang anpassen, nicht immer gleiche Formulierungen verwenden, wie „Dann machte er …", sondern „Nachdem …", „Im Anschluss an …" und dann ein Verb verwenden, das den Vorgang genau kennzeichnet.
- Im Präsens schreiben.

Das Auswechseln von Glühlampen
Zunächst wird die Lampe ausgeschaltet und die Sicherung herausgedreht bzw. ebenfalls ausgeschaltet, da sonst die Gefahr eines Stromschlags besteht. Nun löst man die defekte Glühlampe sehr vorsichtig durch leichte Linksdrehung aus der Fassung. Die neue Glühlampe wird daraufhin mit einer entsprechenden Rechtsdrehung – nicht zu fest – eingeschraubt.

**Personenbeschreibung**

Die **Personenbeschreibung** dient dem **Erkennen** und **Wiedererkennen** eines Menschen. Deshalb werden die unmittelbar wahrnehmbaren und überprüfbaren **Merkmale** eines Menschen genau, sachlich und anschaulich beschrieben. So entsteht ein wahrheitsgetreues „Bild" mit Worten.

Nach der Nennung von *Geschlecht, Alter* und *Größe,* der allgemeinen Erscheinung der Person und deren Auffälligkeiten erfolgt die Beschreibung von oben nach unten:
- Kopfform und Gesicht
- Haarfarbe und Frisur
- Körperbau und Gestalt
- Bekleidung
- Gang und Haltung sowie mitgeführte Gegenstände
- Auffälligkeiten der Person (Brillenträger u. Ä., evtl. auffällige Charaktereigenschaften)

**Hinweise zur Gestaltung**

- Dem Blick folgen. Die Merkmale sollen nicht nur aneinandergereiht werden, sondern in Beziehung gesetzt werden. So entsteht für den Leser ein „Bild".
- Es sollten klare, eindeutige **Aussagesätze** gebildet werden. *Beziehungen,* die zwischen den Merkmalen bestehen, sollten auch im Zusammenhang beschrieben werden. So gelingt ein flüssiger Stil und langweilige Aufzählungen werden vermieden.
- Es sollten sehr genaue, treffende *Adjektive* gewählt werden. Bildhafte Ausdrücke können ein Merkmal verdeutlichen.
- Im *Präsens* schreiben.

4

Personenbeschreibung eines Kindes:

asiatisch aussehendes Mädchen

dunkelbraunes Haar, zwei Zöpfe

fröhliches Gesicht

roter Pullover (langärmlig)

schlanke Gestalt

helle Hose (beige)

ca. 1,55 m groß

- **Vermisstenanzeige:**

Seit dem 10. April 2021 wird A. Sch. vermisst. Er ist 15 Jahre alt, 1,70 Meter groß und trägt oft Kapuze. Zuletzt war er nur mit einer dunklen Hose und einem Kapuzenpullover bekleidet. Eine Brille trug er nicht, obwohl er Brillenträger ist. Es ist möglich, dass sich der psychisch kranke Junge irgendwo im Raum abc oder xyz versteckt hält. Er ist hilflos und braucht dringend medizinische Hilfe. Hinweise nimmt die nächste Polizeidienststelle entgegen.

### Selbstporträt

Diese Art der Beschreibung wird vom Beschreibenden über sich selbst formuliert. Dabei geht man neben dem **äußeren Erscheinungsbild** auch auf eigene Gedanken, Gefühle, Wünsche, Hobbys und Vorlieben, auf charakterliche Eigenschaften und auf familiäre Verhältnisse ein.
Das **Selbstporträt** dient der Vorstellung der eigenen Person. So findet es auch Anwendung bei der Suche nach Brieffreundschaften.

### Personencharakteristik

**Charakter:** Gesamtheit der wesentlichen, relativ konstanten Eigenschaften eines Menschen
**Charakteristik:** Schilderung kennzeichnender Merkmale

In dieser Beschreibung wird ein Mensch in seiner **Persönlichkeit** gezeigt. Es kommt darauf an, ihn in seinem Wesen zu erfassen, in seinem Gesamtbild vorstellbar zu machen. Dabei werden neben den äußeren Merkmalen auch die inneren Merkmale erfasst. Die Aussagen des Beschreibenden basieren auf den Beobachtungen des äußeren **Erscheinungsbildes** und des Verhaltens des zu Beschreibenden in bestimmten Situationen oder über einen längeren Zeitraum.
Zu beachten sind dessen
- Verhaltensweisen,
- charakteristische Eigenschaften,
- Gewohnheiten,
- Vorlieben und Schwächen.

Die **Personencharakteristik** kann auch eine Wertung des Beschreibenden über die dargestellte Person beinhalten. Dabei sind Übertreibungen zu vermeiden.

Beispiel für eine Personencharakteristik:

WILHELM HAUFF: Mitteilungen aus den Memoiren des Satan (Auszug)

Als ich in den Speisesaal trat, hatte sich die Gesellschaft schon niedergelassen, ich eilte still an meinen Stuhl, gegenüber saß der Herr v. Natas.
Hatte dieser Mann schon vorher meine Neugierde erregt, so wurde er mir jetzt um so interessanter, da ich ihn in der Nähe sah.
Das Gesicht war schön, aber bleich, Haar, Auge und der volle Bart von glänzendem Schwarz, die weißen Zähne, von den feingespaltenen Lippen oft enthüllt, wetteiferten mit dem Schnee der blendend weißen Wäsche. War er alt? war er jung? man konnte es nicht bestimmen; denn bald schien sein Gesicht mit seinem pikanten Lächeln, das ganz leise in dem Mundwinkel anfängt und wie ein Wölkchen um die feingebogene Nase zu dem mutwilligen Auge hinaufzieht, früh gereifte und unter dem Sturm der Leidenschaften verblühte Jugend zu verraten; bald glaubte man einen Mann von schon vorgerückten

4

Jahren vor sich zu haben, der durch eifriges Studium einer reichen Toilette sich zu konservieren weiß. Es gibt Köpfe, Gesichter, die nur zu einer Körperform passen und sonst zu keiner andern. Man werfe mir nicht vor, daß es Sinnentäuchung seie, daß das Auge sich schon zu sehr an diese Form, wie sie die Natur gegeben, gewöhnt habe, als daß es sich eine andere Mischung denken könnte. Dieser Kopf konnte nie auf einem untersetzten, wohlbeleibten Körper sitzen, er durfte nur die Krone einer hohen, schlanken, zartgebauten Gestalt sein. So war es auch, und die gedankenschnelle Bewegung der Gesichtsmuskeln, wie sie in leichtem Spott um den Mund, im tiefen Ernst um die hohe Stirne spielen, drückte sich auch in dem Körper durch die würdige, aber bequeme Haltung, durch die schnelle, runde, beinahe zierliche Bewegung der Arme, überhaupt in dem leichten, königlichen Anstande des Mannes aus.

So war Herr von Natas, der mir gegenüber an der Abendtafel saß. Ich hatte während der ersten Gänge Muße genug, diese Bemerkungen zu machen, ohne dem interessanten Vis-à-vis durch neugieriges Anstarren beschwerlich zu fallen. Der neue Gast schien übrigens noch mehrere Beobachtungen zu veranlassen, denn von dem obern Ende der Tafel waren diesen Abend die Brillen mehrerer Damen in immerwährender Bewegung, mich und meine Nachbarn hatten sie über dem Mittagessen höchstens mit bloßem Auge gemustert.

Das Dessert wurde aufgetragen, der Direktor der vorzüglichen Tafelmusik ging umher, seinen wohlverdienten Lohn einzusammeln. Er kam an den Fremden. Dieser warf einen Taler unter die kleine Münzensammlung, und flüsterte dem überraschten Sammler etwas ins Ohr.

(aus: Hauff, Wilhelm: Mitteilungen aus den Memoiren des Satan. Zuerst erschienen 1825)

▶ WILHELM HAUFF wurde am 29. November 1802 in Stuttgart geboren. Er starb 1827, erst 25 Jahre alt. Bis heute faszinieren seine fantasiereichen Märchen, von denen zahlreiche verfilmt wurden.

### 4.1.5 Bericht, Schilderung

> In einem **Bericht** werden **Beobachtungen** eines tatsächlichen Geschehens knapp und in sachlicher Sprache dargestellt.

**Formen** von Berichten können Unfallberichte, Korrespondentenberichte, Arbeitsberichte während der Lehrzeit, Rechenschaftsberichte u. a. sein.

**Zweck** und **Inhalt** eines Berichts sind, dem Leser alle **Tatbestände** lückenlos zu melden. Der Leser muss das Geschehene nachvollziehen können. Der Berichtende verzichtet dabei auf alles, was der Leser nicht braucht, um sich das Ereignis vorzustellen. Auch seine persönliche Meinung hält der Berichtende zurück und überlässt dem Leser das Bewerten.

Ein Unfallbericht muss lückenlos sein.

Vor dem Schreiben eines Berichts sollten folgende Fragen beantwortet werden:

1. Was muss der Empfänger des Berichts unbedingt wissen?
2. Welchen Zweck hat der Bericht?
   (Ist er z. B. für eine Versicherung [= Unfallbericht]? Soll er die Allgemeinheit über ein Ereignis informieren? …)

Dabei sind vom Berichtenden folgende **Leitfragen** zu beachten:
1. *Was* habe ich *wo* beobachtet?
2. *Wann* hat sich das Geschehen ereignet?
3. *Wer* war in *welcher Weise* am Geschehen beteiligt?
4. In *welcher Reihenfolge* hat sich das Beobachtete ereignet?

### Hinweise für die Gestaltung eines Berichts

Immer daran denken: Ein Bericht ist eine Meldung über Vorkommnisse. Deshalb lückenlos, genau, nachvollziehbar berichten.

1. **Voraussetzung:** Das Geschehen genau beobachten, wichtige Einzelheiten in *zeitlicher Abfolge* präzise benennen.
2. **Sprache:** In klarer, nüchterner, *sachlicher,* knapper *Sprache* schreiben. Es darf *keine eigene Meinung* und *Wertung* einfließen. Auf jegliche Ausschmückung und Übertreibung verzichten.
3. **Zeitform:** Es werden die Zeitformen der **Vergangenheit** verwendet.

### Schritte beim Aufschreiben

Entsprechend den *vier Leitfragen* werden
1. die *Beobachtungen* nach der zeitlichen Reihenfolge und bei Sachverhalten (Rechenschaftsbericht) nach deren Wichtigkeit *geordnet;*
2. die *Beobachtungen* präzise *dargestellt* – vor allem die entscheidenden Vorkommnisse;
3. die Aufzeichnungen nochmals überprüft, ob objektiv, klar gegliedert, in zeitlich genauer Reihenfolge *ohne eigene Meinung* der Leser sich ein genaues Bild vom Geschehen machen kann.

So könnte ein Beispiel für einen Unfallbericht klingen:

A20: Reisebus verunglückt
Samstagmittag gegen 11:50 Uhr ereignete sich auf der Autobahn 20 zwischen Tessin und Sanitz, im Bereich der Recknitztalbrücke, ein Verkehrsunfall mit einem Reisebus. Der Reisebus mit 51 Fahrgästen an Bord kam am Ende der Brücke nach rechts von der Fahrbahn ab und beschädigte auf einer Länge von über 90 Metern die Leitplanke. Dabei wurde der Tank des Busses aufgerissen, so dass dabei der Pannenstreifen mit Diesel verunreinigt wurde. Um einen reibungslosen Ablauf der Reinigung durch die Freiwillige Feuerwehr Tessin zu gewährleisten, musste die Autobahn musste in Richtung Lübeck halbseitig gesperrt werden. Die Insassen des Busses kamen mit dem Schrecken davon, niemand wurde verletzt. Gegen den Fahrer des Busses wird mittlerweile ermittelt, weil er im Verdacht steht, alkoholisiert gewesen zu sein.

### Schilderung

Im Gegensatz zu einem Bericht wird in einer **Schilderung** ein Ereignis oder ein Erlebnis anschaulich und *persönlich gefärbt* dargestellt.

Eine Schilderung zeigt immer die **persönliche Sicht** eines Erlebnisses oder Geschehens. Darum ist sie immer anschaulich, bildhaft und farbig. Ihr Ziel ist nicht die sachliche Information, sondern die *Vermittlung* von *Stimmungen* und *Empfindungen*. Die Wirkung des Geschehens und die Atmosphäre sind wesentlich. Deshalb kann mit einer Schilderung der **Wortschatz** bedeutend erweitert werden.

Zum Vergleich zwei Beispiele:

- Die Silvesternacht (Bericht)

  Die diesjährige Silvesternacht war sehr kalt. Das hielt die Bürger nicht ab, wie jedes Jahr Raketen und Leuchtkugeln in den Himmel zu schießen. Sie begrüßten wieder mit Feuerwerk und Böllerschüssen für einige Tausende Euro das neue Jahr.

- E. T. A. HOFFMANN: Die Abenteuer der Silvester-Nacht (Auszug)

  Unter den Linden auf und ab zu wandeln, mag sonst ganz angenehm sein, nur nicht in der Silvester-Nacht bei tüchtigem Frost und Schneegestöber. Das fühlte ich Barköpfiger und Unbemäntelter doch zuletzt, als durch die Fieberglut Eisschauer fuhren. Fort ging es über die Opernbrücke, bei dem Schlosse vorbei – ich bog ein, lief über die Schleusenbrücke bei der Münze vorüber. – Ich war in der Jägerstraße dicht am Thiermannschen Laden. Da brannten freundliche Lichter in den Zimmern; schon wollte ich hinein, weil zu sehr mich fror und ich nach einem tüchtigen Schluck starken Getränkes durstete; eben strömte eine Gesellschaft in heller Fröhlichkeit heraus. [...] Unwillkürlich war ich einige Schritte weiter gekommen, ich blieb vor einem Keller stehen, aus dem ein einsames Licht herausstrahlte.

  (aus: Hoffmann, E[rnst] T[heodor] A[madeus]: Die Abenteuer der Silvester-Nacht. zuerst erschienen 1815)

### Hinweise zum Schreiben einer Schilderung

1. **Inhalt:** Der *Kern* der Darstellung ist stets ein *wirkliches Ereignis* oder Erlebnis. Die *persönliche Sicht* kann packend-dramatisch oder nachdenklich, betroffen oder überlegen-humorvoll sein. Äußere Ereignisse oder Zustände werden mit *eigenen Empfindungen* und *Gedanken* verknüpft. Der Leser soll *Anteilnahme* und *Gefühle* nachempfinden können.
2. **Sprache:** Die Sprache ist *individuell* geprägt. Der Satzbau ist abwechslungsreich. Zum Ausmalen dienen farbige und wertende Adjektive und Verben der Bewegung. Besonders wirkungsvoll ist es, **Sprachbilder** und **Vergleiche** heranzuziehen.
3. **Zeitform:** Es sind sowohl Formen der **Gegenwart** als auch der **Vergangenheit** möglich. Zu beachten ist, dass das Präsens direkter und unmittelbarer wirkt.

## 4.1.6 Protokoll

> **Protokolle** sind besondere Formen des **Berichts.** In einem Protokoll werden die *wesentlichen Schritte* eines *Ablaufs* und die *Hauptergebnisse* einer Verhandlung, einer Versammlung, Besprechung, Diskussion, eines Vortrags oder eines Experiments wiedergegeben.



Mit einem Protokoll wird das Ziel verfolgt, Informationen für Abwesende bereitzustellen oder den Teilnehmern eine **Gedächtnisstütze** zu geben. Je nach Situation und Verwendungszweck wird das **Verlaufsprotokoll** oder das **Ergebnisprotokoll** bevorzugt. Beim Anfertigen eines Protokolls muss sich der Schreiber an ganz bestimmte Vorgaben zu Inhalt und Form halten. In jedes Protokoll gehören

- der Ort,
- das Datum und die Zeit,
- die Anwesenden,
- das Thema und
- der Protokollant.

### Verlaufsprotokoll

Neben den genannten Punkten enthält das **Verlaufsprotokoll** die wichtigsten Stellen eines Verlaufs in der korrekten zeitlichen **Reihenfolge** der einzelnen **Teilschritte.** Die Redebeiträge werden stichpunktartig in ihren Hauptpassagen wiedergegeben. Das Ergebnis wird schriftlich festgehalten. Diese Art des Protokolls ist sehr aufwendig und verhältnismäßig umfangreich.

Mögliche Form eines Verlaufsprotokolls:

Thema:
Datum:
Ort/Zeit:
Teilnehmer/-innen:
Protokollant/-in:

Tagesordnung:
1. …
2. …
3. …

Verlauf:
1. Redner/-in (Name):
2. Redner/-in (Name):
3. Redner/-in (Name):

Ergebnis/Beschluss:

Unterschrift Protokollant/-in:

### Ergebnisprotokoll

In der Agenda 21 wurden die wesentlichen Beschlüsse der Umweltkonferenz von Rio de Janeiro festgehalten. Die Agenda ist sowohl Programm als auch **Ergebnisprotokoll.**

Neben den bereits genannten Punkten hält das **Ergebnisprotokoll** die endgültigen **Beschlüsse** oder **Ergebnisse** einer Gesprächsrunde fest. Dabei werden **Zwischenergebnisse** zusammengefasst und notiert. Wie diese Ergebnisse zustande kamen, ist für den Adressaten nicht mehr nachvollziehbar, denn Redebeiträge oder Meinungen werden nicht erfasst.

Das Ergebnisprotokoll ist relativ kurz, da es das Wesentliche, z. B. das Ergebnis eines Experiments im Physikunterricht, wiedergibt.

Mögliche Form eines Ergebnisprotokolls:

Thema:
Datum:
Ort/Zeit:
Teilnehmer/-innen:
Protokollant/-in:
Zwischenergebnisse/Teilbeschlüsse:
Ergebnisse/Beschlüsse:
1. …
2. …
3. …
Unterschrift Protokollant/-in:

Eine besondere Form des Protokolls in der Schule ist das **Gruppenarbeits-/ Projektprotokoll.**

### Gruppenarbeits-/Projektprotokoll

Das **Gruppenarbeitsprotokoll** gibt die einzelnen Teilnehmer der Gruppe, die Aufgabenverteilung, festgelegte Termine, Arbeitsschritte sowie die Organisation der Arbeit wieder. Es erfasst neben dem eventuellen *Verlauf* der Gruppenarbeit wesentliche Ergebnisse einzelner und die Endergebnisse aller Beteiligten.

Die Auswertung der Ergebnisse erfolgt in zusammenhängenden Sätzen. Aus dieser Art Protokoll wird ersichtlich, welchen *Anteil jedes einzelne Mitglied* der Gruppe bei der Lösung des Auftrags hatte.

Mögliche Form eines Gruppenarbeitsprotokolls:

Thema:
Teilnehmer der Gruppe:
Aufgabenverteilung:

| Name | Aufgabe | Termin |
|---|---|---|
| … | … | … |
| … | … | … |

Arbeitsschritte:
Organisation der Arbeit:
Arbeitsergebnisse:

| Name | Teilergebnisse |
|---|---|
| ... | ... |
| ... | ... |

Endergebnisse:
Auswertung:

**Versuchsprotokoll (Experiment)**

Das **Versuchsprotokoll** enthält neben der *konkreten Aufgabenstellung* alle benötigten Geräte, Hilfsmittel und Stoffe/Stoffgemische. Der **Versuchsaufbau** wird gegebenenfalls skizziert und beschriftet. Eine inhaltliche Vorbetrachtung unterstützt die Nachvollziehbarkeit des Versuchs.

Vor dem Versuch stellt der Protokollant Vermutungen über den Verlauf und das Ergebnis an und notiert diese im Versuchsprotokoll. Die Durchführung des Versuchs wird stichpunktartig festgehalten, und die Beobachtungen und erzielten Messwerte während des Versuchs werden aufgeschrieben. Am Ende wird der Versuch ausgewertet, und in zusammenhängenden Sätzen wird auf die Aufgabenstellung eingegangen und das Ergebnis festgehalten.

Mögliche Form eines Versuchsprotokolls:

Thema:
Aufgabenstellung:
Vorbetrachtung:
Vermutung:
Geräte/Hilfsmittel:
Benötigte Stoffe:
Versuchsaufbau/Experimentieranordnung/Skizze:
Versuchsverlauf/Durchführung:
Beobachtungen:
Messwerte:

**Zusammenfassende Hinweise:**

Zeitform: Für das Protokollieren kann sowohl das Präsens als auch das Präteritum verwendet werden.
Gliederung: Sie erfolgt entsprechend den einzelnen Phasen des Ablaufs – bei Konferenzen z. B. auf Grundlage der Tagesordnung.
Sprache: Genaue, sachliche Sätze ohne persönliche Wertung.

## Versuchsprotokoll zur Untersuchung der Flamme eines Gasbrenners

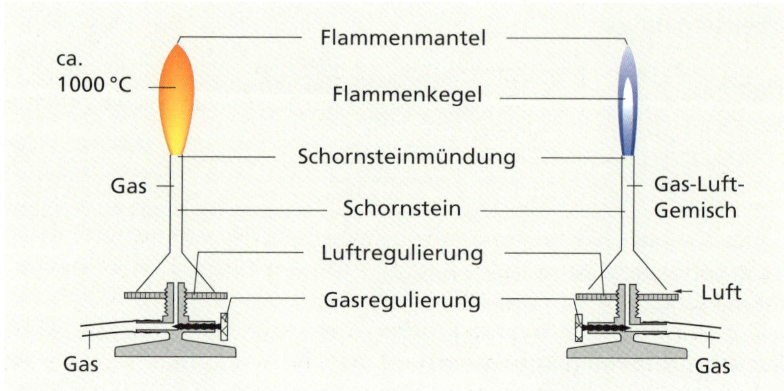


**Auswertung:**

### Die Brennerflamme im Experiment

**Aufgabe:**
Untersuche die Flamme eines Gasbrenners.

**Vorbereitung:**
Geräte: Gasbrenner, Streichhölzer, Magnesiastäbchen, Tiegelzange
Chemikalien: Stadtgas, Propangas oder Butangas

**Durchführung:**
Das Magnesiastäbchen wird nahe an der Schornsteinmündung in die Brennerflamme gehalten, sodass es an beiden Seiten der Flamme herausragt. Anschließend wird es langsam nach oben geführt.

**Beobachtung:**
a) Ohne Luftzufuhr
   - Die Brennerflamme flackert und leuchtet gelb.
   - In der Flamme glüht das Magnesiastäbchen schwach gelblich.
   - Hält man das Magnesiastäbchen an den oberen Flammenrand, wird es schwarz.

b) Geöffnete Luftzufuhr
   - Die Brennerflamme ist eine entleuchtete blaue Flamme, die bei starker Luftzufuhr rauscht.
   - Ein innerer und ein äußerer Flammenkegel sind sichtbar.
   - Im Innenkegel erfolgt keine Farbänderung. Das Magnesiastäbchen bleibt weiß.
   - Direkt über dem Innenkegel glüht das Magnesiastäbchen rot.

**Auswertung:**

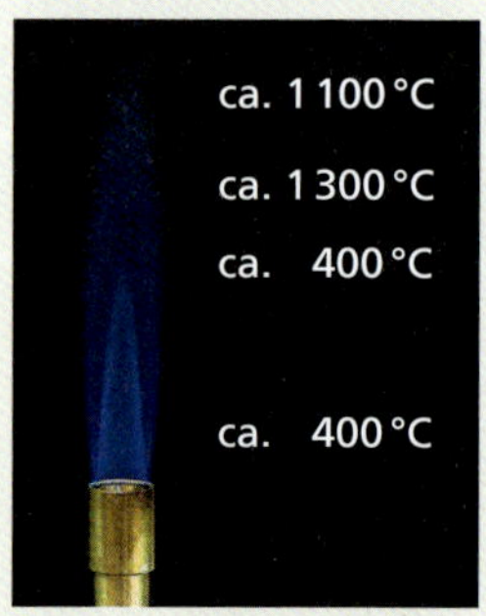


Durch die unterschiedliche Luftzufuhr entstehen zwei unterschiedliche Brennerflammen.
Da die leuchtende Flamme eine niedrigere Temperatur besitzt als die nicht leuchtende (rauschende) Flamme, glüht das Magnesiastäbchen noch schwächer auf. Die Leuchtflamme weist eine Temperatur von ca. 1 000 °C auf.
Die Heizflamme entsteht bei Luftzufuhr. In dieser Flamme sind unterschiedliche Temperaturzonen vorhanden (Abb.).
Das erkennt man an der Farbänderung des Magnesiastäbchens in b).

### 4.1.7 Erörterung

Eine **Erörterung** ist eine schriftliche Form der *gedanklichen Auseinandersetzung* mit einem Thema oder einem Text. Entscheidend sind einleuchtende **Argumente** und eine schlüssige *Gedankenentwicklung* oder *Beweisführung*.



Es werden zwei *Formen* von Erörterungen unterschieden:
- die **Pro-Kontra-Erörterung** (dialektische Erörterung) und
- die **lineare** oder **steigernde Erörterung.**

In der **Pro-Kontra-Erörterung** geht es darum, zwei gegensätzliche Positionen im Detail zu erfassen und sie gegeneinander abzuwägen. Im Aufsatz muss deutlich werden, wo nach Meinung des Schreibers die stärkeren *Argumente* liegen, auf welche Seite sich die Waage neigt (pro oder kontra). Für den Leser muss das gefundene begründete Urteil nachvollziehbar sein.

Bei **linearen** bzw. **steigernden Erörterungen** werden die Argumente der Wichtigkeit nach aufeinander aufgebaut. So kommt eine gewisse **Steigerung** der **Argumente** zustande, daher auch der Name lineare oder steigernde Erörterung. Die **lineare Erörterung** erkennt man oft daran, dass sie mit einer **W-Frage** eingeleitet wird (z. B. Warum ist es sinnvoll, jeden Tag Zeitung zu lesen?). Bei der linearen Erörterung wird nur die Darstellung *einer Seite* eines Problems verlangt. Die **steigernde Erörterung** beschäftigt sich intensiv mit allen im Thema enthaltenen Problemen. Es werden Argumente mit Beispielen gesammelt.

#### Arbeitsschritte

Um eine nachvollziehbare Erörterung zu formulieren, sind bestimmte Arbeitsschritte einzuhalten.

**1. Stoffsammlung**

Um möglichst viele Argumente zu sammeln, wird als erster Schritt eine Stoffsammlung angelegt, die sich auf die einzelnen Bestandteile der *Fragestellung* bezieht. Zur Erhöhung der Beweiskraft wird in einem *zweiten Schritt* nach guten Argumenten gesucht. Diese können sein:
- wissenschaftliche Belege,
- Fakten,
- Zahlen (z.B. statistische Erhebungen),
- verallgemeinerbare Erfahrungen.

**2. Planung des Aufbaus**

*Einleitung:* Der Leser soll an das Thema herangeführt und sein Interesse dafür geweckt werden (persönliche Erfahrungen, Fakten, aktuelle Bezüge). Es sollten bereits **Schlüsselbegriffe** erklärt werden.

*Hauptteil:* Im Hauptteil werden die Argumente in der Reihenfolge *These, Beweis* oder *Beispiel, Folgerung* dargelegt. Hier soll über die Problematik umfassend informiert werden und eine überzeugende Schlussfolge-

Argument: lat. argumentum = Erhellung, Veranschaulichung, Beweis

rung gezogen werden. Dies geschieht durch **Argumentationsketten**, d. h. durch das Verbinden der verschiedenen Argumente mit Überleitungsformen (z. B. weiterhin, darüber hinaus, wie sich schon aus dem zuletzt genannten Argument ergibt ...). Ziel ist es, den Sachverhalt nicht nur zu klären, sondern **Lösungsvorschläge** zu unterbreiten, Strittiges zu klären, Kompromisse zu schließen oder sogar Entscheidungen zu treffen.

*Schluss:* Der Schluss bringt die **Meinung,** die aufgrund der Argumentation gewonnen wurde, zum Ausdruck. Wichtige **Argumente** können noch einmal kurz genannt werden. Der Schluss kann auch bestehen aus:
- einer zusammenfassenden **Bilanz** der Argumente,
- einer abschließenden persönlichen **Stellungnahme**,
- einer **Aufforderung,** einem Appell,
- einem Ausblick auf zu erwartende *künftige Entwicklungen* zur Thematik,
- einem persönlichen, aber auf die Argumentation sich beziehenden *Wunsch,* der sich aus der Thematik ergibt.

Der Schluss kann auch *offen* sein.

### Pro-und-Kontra-Erörterung (dialektische Erörterung)

Dialektik: griech. dialektiké = Kunst der Gesprächsführung. Dialektik ist eine Methode der Erkenntnisgewinnung, die auf Rede und Gegenrede beruht.

Bei der **Pro-und-Kontra-Erörterung** bzw. **dialektischen Erörterung** handelt es sich um die Auseinandersetzung mit einem Problem, das als **Entscheidungsfrage** formuliert werden kann. In der **Einleitung** werden die beiden *gegensätzlichen Positionen* benannt. Im **Hauptteil** der **Argumentation** werden diese nacheinander und anschließend gegeneinander abgewogen, dazu **Thesen** formuliert und diese mit Argumenten unterstrichen. Im folgenden Abschnitt des Hauptteils werden **Gegenthesen** erstellt, die ebenfalls mit Argumenten belegt werden. Der Verfasser wägt im **Schlussteil** die Fakten und Argumente ab und entscheidet sich für ein Ergebnis. Dabei kann ein *Kompromiss* formuliert oder die Erkenntnis vermittelt werden, dass es keine Lösung gibt. In diesem Fall handelt es sich um einen offenen Schluss.

### Zusammenfassende Darstellung der Gliederung

Definition: eindeutige Begriffsbestimmung

**Einleitung einer Pro-Kontra-Erörterung** (als Hinführung zum Thema): aktueller Anlass, eigene Erfahrung, Eingrenzung des Themas durch Definition des zentralen Begriffs, passendes Zitat oder Sprichwort

These = Behauptung, die bewiesen werden muss

**Hauptteil:**
1. die **These/Behauptung** (das Pro)
1.1 }
1.2 } Gründe und Belege
1.3 }
...
2. die **Gegenthese/Antithese** (das Kontra)
2.1 }
2.2 } Gründe und Belege
2.3 }
...

3. **Abwägung/Entscheidung** für den Pro- oder den Kontra-Standpunkt oder für einen Kompromiss

**Schlussteil** (als Abrundung der Pro-Kontra-Erörterung):
- Ausblick auf die Zukunft
- Hinweis auf Ähnliches
- Anknüpfung an die Einleitung

**Aufbau einer dialektischen Erörterung**

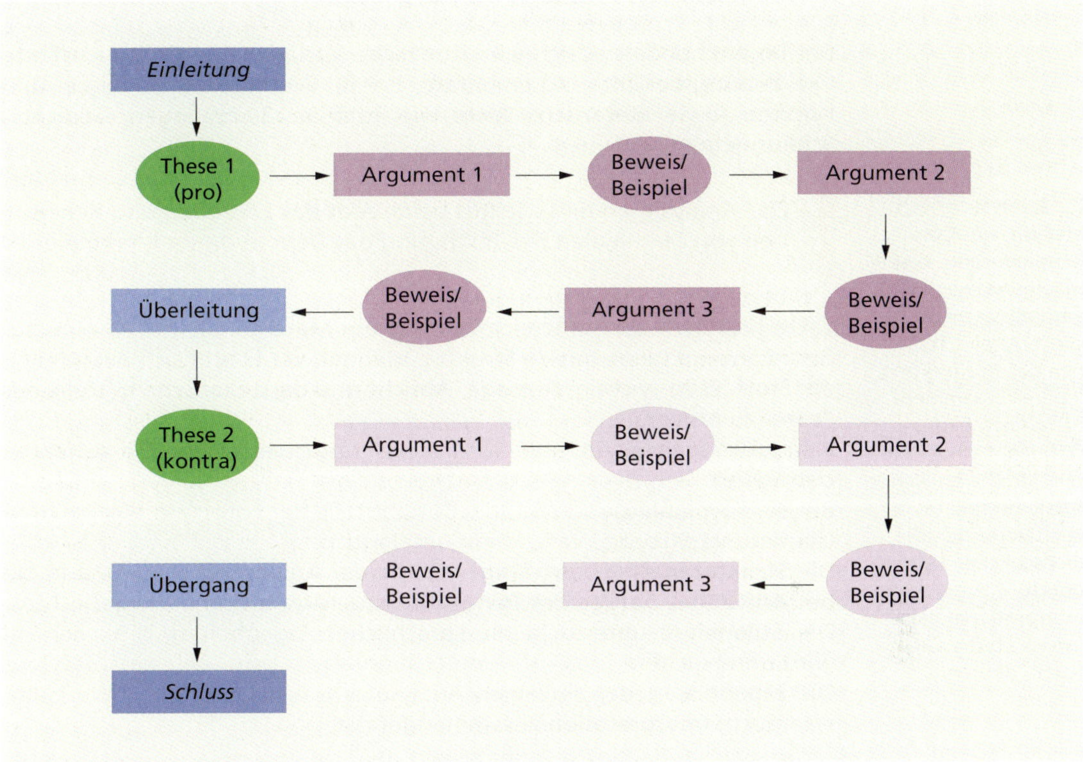


**Folgende Arten von Erörterungen werden unterschieden:**

**Textgebundene Erörterung**
In einer textgebundenen Erörterung setzt sich der Autor argumentativ mit den Inhalten eines oder mehrerer Texte auseinander. Dabei wird die **Textvorlage** erschlossen, und der Verfasser der Erörterung betrachtet *kritisch* den vorliegenden Text, setzt sich mit ihm auseinander und stützt bzw. entkräftet vorgegebene Meinungen bzw. Behauptungen. Dabei ist eine **lineare** oder eine **dialektische Erörterung** möglich.

**Freie Erörterung**
In der **freien Erörterung** wird ein Thema unabhängig von einer Textvorlage behandelt. Es geht wie in der textgebundenen Erörterung um die *Aneinanderreihung* von **Argumenten** und die **Begründung** der eigenen Meinung.

4

**Schematische Darstellung einer Argumentation**

| **These** | **Argument** | **Beweis** | **Beispiel** | **Folgerung** |
|---|---|---|---|---|
| Sprachliche Mittel: | | | | |
| | da, weil, denn, nämlich, deswegen | sodass, wie, damit, falls, weil, beispielsweise | | daher, somit, demnach, also |

### 4.1.8 Textanalyse und Textinterpretation

Bei **Texten** handelt es sich um **schriftliche Vorlagen,** die **Gebrauchstexte** wie Zeitungsberichte, Kommentare, Briefe, Werbetexte, Anzeigen und Kritiken sowie **literarische Texte** wie Romane, Erzählungen, Gedichte, Schauspiele sein können.

**Analyse:** griech. análysis = Auflösung, Zergliederung. Wenn man etwas analysiert, wird etwas untersucht. Analysen dienen der Aufdeckung innerer Zusammenhänge von Gegenständen, Sachverhalten und Ereignissen. Analysen sind in allen Bereichen des menschlichen Lebens üblich.
**interpretieren:** lat. interpretari = auslegen, deuten, erklären

> Das **Analysieren** eines Textes beinhaltet das **Erkennen** und **Benennen** von Merkmalen des Textes und das **Deuten** dieser Merkmale.

Texte bestehen aus sprachlich-stilistischem Material. Sie haben eine äußere Form und eine innere Struktur. In ihnen verdichtet sich ein Inhalt – ein Stoff. Es ist wichtig, Aussage, Absicht und darstellerische Mittel eines Textes zu erkennen.
Analysiert man einen Text, wird dieser unter verschiedenen Aspekten betrachtet.
Bei der **Formanalyse** werden die Bestandteile der Form (z. B. Aufbau und Gliederung, Strophe, Vers, Reim) untersucht.
Die **Strukturanalyse** beschäftigt sich mit der Anlage des Werkes, d. h., sie betrachtet das Gefüge des Textes (Aufbau, Motive und Motivgeflechte).
Die **Stilanalyse** untersucht die sprachlichen Eigenheiten, d. h., der Stil wird untersucht.
Die Ergebnisse jeder einzelnen Analyseform werden in einer **Werkanalyse**/auch: **Interpretation** zusammengefasst.

**Formen von Textanalysen und Interpretationen**

1. Analyse eines Prosawerkes
2. Gedichtinterpretation
3. Analyse/Interpretation von Dramen
4. Analyse/Interpretation von Sachtexten

Um eine umfassende **Interpretation** anfertigen zu können, sollten bestimmte **Analyseaspekte** beachtet werden:

1. bei der **Textinterpretation (epische Texte):**
   - Thema
   - zentrale Motive
   - Erzählperspektive
   - sprachliche Besonderheiten
   - Figurenkonstellation

- Zeitgestaltung
- Raumgestaltung
- Aufbau der Handlung

2. bei der **Gedichtinterpretation:**
   - formaler Aufbau (Strophenaufbau, Gedichtform, Reim, Versmaß)
   - inhaltlicher Aufbau (Titel, Thema, Motiv, Handlung, lyrisches Ich)
   - sprachliche Gestaltung (Metaphern, Schlüsselwörter, Vergleiche, weitere Mittel)
   - Entstehungshintergrund (zeitliche Einordnung und zeitgeschichtliche Ereignisse, Autor/-in)

3. bei der **Interpretation** einer **Dramenszene:**
   - Stellung und Bedeutung für das gesamte Drama
   - Inhalt der Szene (Stellung der Szene im Handlungsverlauf)
   - dramatische Gestaltung (Formen des Sprechens, Reaktionen der Figuren, Schreibtechniken)
   - Aufbau
   - Thema
   - Figuren (Konstellation der Figuren, Tätigkeiten und Gebärden, Sprache, Absichten)

**Analyse eines Prosawerkes (Roman)**

> Ein **Roman** entwirft vielschichtige Bilder von *Menschenschicksalen* in ihrem *geschichtlichen Umfeld.*

**Romane** sind seit dem 19. Jh. weit verbreitet. Bereits im 16./17. Jh. wurde der Roman als umfangreicher **Prosatext** entwickelt (vgl. BWS Literatur). Die Bezeichnung leitet sich her von der dem 12. Jh. entstammenden Wortbildung „romanz", die alles Volkssprachige bezeichnete, im Unterschied zur lateinischen Gelehrtensprache.

Im Mittelpunkt der **Romanhandlung** stehen meist Einzelpersonen, ihr persönliches Schicksal, das in einer bestimmten Zeit unter bestimmten gesellschaftlichen Umständen dargestellt wird. Aber auch eine Gruppe von Menschen, die einen bestimmten Lebensabschnitt gemeinsam erleben, kann Gegenstand eines Romans sein.
Für die Anlage eines Romans sind folgende strukturierende Elemente von Bedeutung:
- **Personen:** ihre persönliche Situation, ihr Verhältnis zu anderen Personen, ihre Probleme
- **Raum und Zeit:** Ort der Handlung und Zeitraum, in dem die Handlung spielt
- **Handlung:** Verdichtung und Höhepunkte, Leitmotiv
- **Erzählperspektive:** vermittelt die Handlung ein Ich-Erzähler, gibt ein allwissender Erzähler einen Überblick oder erzählt ein personaler Erzähler aus der Sicht einer Figur heraus?

Die **Aufsatzthemen** beziehen sich meist auf ein **zentrales Bauelement** des Romans. So können sich die Themen beziehen auf die
1. Charakterisierung und Entwicklung von *Haupt- und Nebenpersonen,* Beziehungen, Probleme der Handlung,
2. Bedeutung wesentlicher *Textstellen,* z. B. entscheidende Dialoge,
3. Bedeutung wichtiger *Motive,*
4. Bedeutung des *Ortes* oder *Zeitraums* des Romans,
5. Bedeutung des *Titels* oder Beziehung zwischen *Anfang* und *Ende,*
6. *Charakterisierung* der *Hauptpersonen.*

Bei der **Charakterisierung** der Hauptpersonen geht es darum, das Wesen, die Eigenschaften, Verhaltensweisen und ihre Entwicklungen zu beschreiben. Dabei werden Angaben zur Person *direkt* dem Text entnommen und eigene **Schlussfolgerungen** aufgrund des Verhaltens und der Äußerungen der Person gezogen. Die Folgerungen sollten mit Textbeispielen belegt werden.

**Arbeitsschritte einer Romananalyse**

**Vorarbeit**
1. Gründliches Lesen, um den Text zu erfassen
2. Kennzeichnen auffälliger Textstellen durch Unterstreichen, Einkreisen, Anmerkungen am Textrand
3. Klären unbekannter Begriffe und Wörter

**Erschließungsfragen**
1. **Vorfragen**
   Von wem wurde der Roman verfasst? Wann ist er entstanden?
2. **Hauptfragen**
   Worum geht es inhaltlich? Wie ist der Roman aufgebaut? Mit welchen sprachlichen Mitteln erreicht der Verfasser seine Aussageabsicht (z. B. Umgangssprache, poetische Sprache, besondere Ausdrücke, Dialekte u. a.)? Welches sind die zentralen Textstellen? Welche Hauptaussage hat der Text? Welche Aussageabsicht hat der Verfasser?
3. **Zusatzfragen**
   Wie wirkt der Text auf den Leser? Kann man den Text in einen Gesamtzusammenhang einordnen, z. B. Aussage einer bestimmten Zeit, steht der Text im Zusammenhang mit anderen Werken des Autors?

Der Roman „Bekenntnisse des Hochstaplers Felix Krull" wurde 1957 verfilmt. Die Hauptrolle spielte HORST BUCHHOLZ, die Zouzou INGRID ANDREE.

THOMAS MANN: „Bekenntnisse des Hochstaplers Felix Krull"
Beschreibe den Hochstapler Felix Krull als Tennisspieler.
- Gehe dabei auf die Wortwahl ein, z. B. auf den Gebrauch der Fachbegriffe des Tennisspielens.
- Warum ist das Tennisspielen für einen Hochstapler eine besondere Herausforderung? Wie wird sie von Felix Krull gemeistert?

Beispiellösung:

Felix Krull, der Hochstapler, ist unter falschem Namen als Marquis nach Portugal gereist und hat sich dort von der schönen Zouzou zum Tennisspielen einladen lassen. Er hat schon beim Tennisspielen zugeschaut – es aber noch nie selbst versucht! Daher empfindet er deutlich, dass die Annahme dieser Einladung „keine kleine Keckheit" ist, zumal seine Freundin sehr spöttisch und kritisch ihm gegenüber ist und viele Zuschauer mitbringt. Felix Krull kommt absichtlich etwas zu früh auf den Tennisplatz. Wir erfahren, dass er die perfekte Kleidung trägt: Flanellhosen, weißes Hemd, Leinwandschuhe. Jeder Hochstapler achtet darauf, dass er äußerlich der Person vollkommen gleicht, die er nachahmen will. Diese „überzeugende Tracht" beflügelt seine Stimmung. Er ist fest entschlossen, das Spiel zu wagen. Da er noch allein ist, fängt er an zu üben. Wichtig ist ihm nicht, ob ihm viele Schläge misslingen; wichtig ist, dass er eine positive Einstellung zu den Spielgeräten gewinnt. Sie erscheinen ihm „hübsch", er empfindet „Genuss", wenn er den Griff des Tennisschlägers umfasst, die Tennisbälle sind „allerliebst". Sein Charakter als Hochstapler wird deutlich, indem er seine stümperhaften Versuche mit den korrekten Fachausdrücken des Tennisspiels beschreibt: Racket, Schaufelbewegung, Vor- und Rückhandschlag, Gegenhof, Single. Diese Fachbegriffe spiegeln vor, dass sein Üben tatsächlich mit dem Spiel von Profis vergleichbar sei. Fachausdrücke werden auch bei der Beschreibung des späteren Spiels verwendet: Out, Game, servieren, Treibschlag, Serviceball, Retournieren, Vorhanddrive … Es ist für den geschicktesten Hochstapler sehr schwer, einen Tennisspieler nachahmen zu wollen: Entweder man hat Tennis spielen gelernt oder nicht. Wie verhält sich Felix Krull in dieser für ihn fast aussichtslosen Situation? Zu Anfang des Spiels hat er Glück: Er kann den ersten Ball mit Präzision zurückgeben. Auch später hat er manchmal Glück, wenn er schwierige Spielzüge „aus purem Ingenium" meistert. Dadurch „verblüfft" er die Zuschauer. – Felix Krull versucht, die Zuneigung der Zuschauer zu erwerben, indem er ihre Heiterkeit erregt. Er scheint das Spiel nicht ernst zu nehmen, jongliert mit dem Ball herum und treibt allerlei „Mätzchen". Es ist für ihn vorteilhafter, wenn die Zuschauer lachen, als wenn sie ihn auslachen. – Ein weiteres Mittel ist, dass er, der schöne Jüngling, beim Spiel hübsche Posen einnimmt, die den Zuschauern gefallen und die ihm Beifall einbringen. Die Anwesenheit seiner Freundin Zouzou versetzt ihn in Hochstimmung und feuert ihn an. Obwohl er die schlimmsten Fehler macht und zum Schluss verliert, wird sein Spiel von seinen Partnerinnen „amüsant" und „un peu phantastique" genannt. Das ist ein großer Erfolg für den Hochstapler, der zum ersten Mal in seinem Leben Tennis gespielt hat. […]

Einleitung zur 2. Teilaufgabe

Kleidung

„Schein ist mehr als Sein" – Devise des Hochstaplers

Fachausdrücke

Mittel, die Felix einsetzt, um das Spiel zu meistern

Beurteilung seines Spiels durch seine Partnerinnen

### Gedichtinterpretation

Das **Gedicht** ist ein literarisches Werk, das zur Gattung **Lyrik** gehört.

In vielen Gedichten drückt der Dichter seine Gedanken, Gefühle, Stimmungen und Erlebnisse aus. Dafür wählt er oft eindrucksvolle **sprachliche Bilder.**

Ursprünglich wurde alles Geschriebene *Gedicht* genannt. Im 18. Jh. wurde die Bezeichnung auf den poetischen Bereich beschränkt.

Das Gedicht gibt in besonderem Maße *persönliche Gedanken* wieder und wirkt unmittelbar auf den Hörer und Leser ein. Der Dichter fügt seine Worte in eine bestimmte Ordnung von betonten und unbetonten Silben (**Hebungen** und **Senkungen**), von **Versen** und **Strophen,** wobei sich die Verse nicht unbedingt reimen müssen. Zu den Gedichten zählen Elegien, Hymnen, Oden, Sonette, Sprüche und Lieder (vgl. BWS Abitur Deutsch).
In der **Lyrik** äußert sich ein Sprecher oft direkt als „ich“. Diesen nennt man in Gedichten den **lyrischen Sprecher.** Er kann
- über Ereignisse berichten,
- Landschaften schildern,
- eigene Gedanken und Gefühle äußern,
- eine subjektive Stimmung mitteilen,
- weitere Personen im Gedicht ansprechen.

Nicht immer ist der **lyrische Sprecher** erkennbar. Dann werden Gedanken oder Schilderungen unmittelbar erzählt.

Beispiel für einen erkennbaren lyrischen Sprecher:

■ THEODOR STORM, „Die Stadt“, 3. Strophe
…
Doch hängt *mein ganzes Herz* an dir,
Du graue Stadt am Meer.
Der Jugend Zauber für und für
Ruht lächelnd doch auf dir, auf dir,
Du graue Stadt am Meer.

**Versmaß**

In einem Gedicht herrscht ein bestimmtes **Versmaß,** d.h., es erfolgt ein Wechsel zwischen betonten und unbetonten Silben. Dieser Takt wird **Metrum** genannt.

Metrik = Verslehre

Das Versmaß wird durch die Anordnung der einzelnen Wörter mit ihren Hebungen (betonten Silben) und Senkungen (unbetonten Silben) gebildet. Der Versfuß ist die kleinste Einheit des Metrums. Die häufigsten Versfüße sind
- der Jambus: steigende Betonung von unbetonter zu betonter Silbe,
  ∪ – ∪ – ∪ – ∪

Zeichen für betonte Silbe –, Zeichen für unbetonte Silbe ∪

■ Der Mond ist aufgegangen

- der Trochäus: fallende Betonung von betonter zu unbetonter Silbe,
  – ∪ – ∪ – ∪ – ∪

■ Still senkt sich die Nacht hernieder

**Rhythmus**

Wichtigstes Strukturelement des Verses ist der **Versrhythmus.** Darunter sind das Sprachtempo, Pausen, Verbindungen gleicher Versfüße (in der germanischen Sprache durch Haupt- und Nebenbetonung hervorgerufen) und ein bestimmtes Spannungsgefälle der Verse zu verstehen. Letzteres muss nicht mit dem metrischen Schema übereinstimmen.

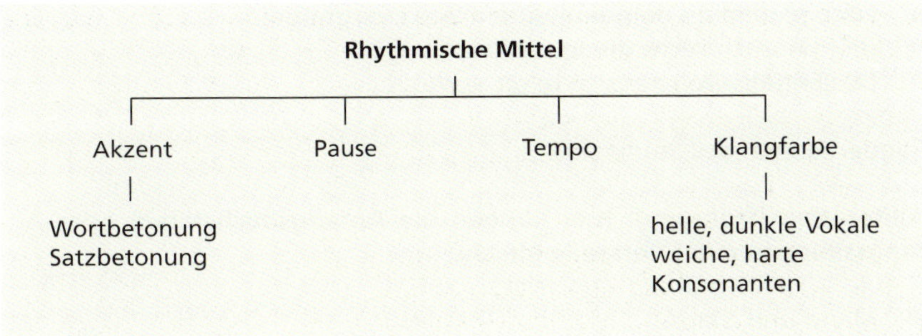


Der **Rhythmus** des deutschen Verses ist an eine regelmäßige Folge von Hebungen und Senkungen gebunden.

Der rhythmische Ablauf zwischen Pausen heißt **Kolon.**

Es werden unterschieden:
- fließender Rhythmus
- strömender Rhythmus
- bauender Rhythmus
- spröder bzw. gestauchter Rhythmus
- tänzerischer Rhythmus

In der deutschen Dichtung haben sich mit dem 18. Jh. die freien Rhythmen herausgebildet. Hier werden die Verse durch einen stark ausgeprägten Rhythmus geformt ohne die Regelmäßigkeit eines Metrums und ohne Reim.

Allgemeine Regeln:
- Wer alles betont, betont nichts.
- Der Inhalt entscheidet über die Hauptbetonung.
- Pausen und deren Längen nach Sinneinheiten setzen.
- Das Vortragstempo ist abhängig von der Gesamtstimmung eines Gedichts.

**Reim**

Ein wesentliches Strukturelement eines Gedichts ist der **Reim.** Dabei ist die häufigste Form der **Endreim.** Endet ein Reim mit einer Hebung, spricht man vom **männlichen Vers** oder der **stumpfen Kadenz.** Klingt der Vers mit einer unbetonten Silbe aus, so spricht man vom **weiblichen Vers** oder der **klingenden Kadenz.** Beim Endreim unterscheidet man den

- **Kreuzreim** (Reimschema = abab):

Dein blaues Auge *steht,*
ein dunkler See vor *mir,*
dein Hauch, dein Kuß *umweht,*
dein Flüstern mich noch *hier.*

- **Paarreim** (Reimschema = aabb):

Ich bin meiner Mutter einzig *Kind,*
Und weil die andern ausgeblieben *sind,*
Was weiß ich wie viel, die sechs oder die *sieben,*
Ist eben alles an mir hängen *blieben;* …

– **umarmenden Reim** (Reimschema = abba):

Wenn ich, von deinem Anschaun tief *gestillt,*
Mich stumm an deinem heilgen Wert vergnüge,
dann hör ich recht die leisen Atemzüge
Des Engels, welcher sich in dir *verhüllt.*

Sonderformen des Reims sind

Der Stabreim, auch Anlaufreim, war in der germanischen Dichtung üblich. Er wurde im 9. Jh. vom Endreim verdrängt. Noch heute ist er in einigen Redewendungen erhalten: Kopf und Kragen, Wind und Wetter.

**Alliteration** (Stabreim): Hier klingen die **Anfangsbuchstaben** oder **Anfangssilben** in einer Verszeile gleich.

Mann und Maus
Hildebrand und Hadubrand

**Assonanz** (Anklang, unvollständiger Reim):
Es herrscht Gleichklang von **betonten Vokalen** in einer Verszeile.

Wie k**a**m dein **A**bend

### Klangfarbe

Durch die Wiederholung einzelner Silben, von bestimmten Vokalen und Konsonanten in unterschiedlichen Wörtern, aber auch durch die Wiederholung von ganzen Wörtern erhält ein Gedicht eine gewisse **Klangfarbe.** Dabei werden **helle Vokale** und Diphthonge (e, i, ei, eu), **dunkle Vokale** und **Diphthonge** (a, o, u, au), sanfte, eher **weiche Konsonanten** (b, g, l, m, n, w) sowie harte, **schärfere Konsonanten** (f, k, p, t, s, sch) unterschieden.

In einem **Interpretationsaufsatz** sollten nur die **auffälligen Klangphänomene** genannt werden. Ihre *Wirkung* auf das *gesamte Gedicht* ist wichtig, nicht eine Auflistung der formalen Aspekte.

### Der bildhafte Ausdruck

Der bildhafte Ausdruck kann durch **rhetorische Figuren und Tropen** (↗ S. 297 ff.) erhöht werden.

Neben der Metrik, dem Rhythmus, dem Reim und der Klangfarbe eines Gedichts ist für die Interpretation der **bildhafte Ausdruck** zu beschreiben und zu werten. Bildhafte Ausdrücke dienen der Veranschaulichung von Vorgängen, Gegenständen und Erscheinungen, aber auch von abstrakten Dingen wie Gefühlen. Sprachliche Bilder haben eine lange Tradition. Sie finden sich in der Bibel, z. B. in den Psalmen Davids, und in der antiken griechischen Dichtung.

Für den bildhaften Ausdruck treten meist drei Formen auf:
- der Vergleich
- die Metapher
- die Personifikation

Mit dem **Vergleich** wird ein Gemeinsames ausgedrückt.

Bedecke deinen Himmel, Zeus, / mit Wolkendunst,
Und übe, *dem Knaben gleich* …

Eine **Metapher** ist ein Stilmittel, das einen (meist abstrakten) Sachverhalt bildlich anschaulich wiedergibt. Es wird nicht an die eigentliche Bedeutung des Wortes gedacht, sondern an einen übertragenen Sinn. Meist geht ein Wort oder Wortteil mit den übrigen Wörtern eine enge Verbindung ein.

*Engels*zungen, ein Wort *brechen,* Nerven*säge,* Zahn der Zeit, die Straße *schlängelt* sich …, … im Tale grünet *Hoffnungsglück* …

Die **Personifikation** als besondere Form der Metapher vermenschlicht häufig Naturerscheinungen. Meist geschieht das durch Verben, die menschliche Tätigkeiten bezeichnen.

*lachende* Sonne
noch *träumen* Wald und Wiesen …

**Arbeitsschritte und Leitfragen für eine Interpretation**

Am besten ist es, das Gedicht einmal laut zu lesen. So vermitteln sich Klangfarbe, Reim, auffallende Sprachmittel sehr gut.

1. Nach gründlichem Lesen Struktur und Gestaltungsmittel des Gedichts erfassen. Alles Auffällige zu Inhalt und Form und Gestaltung in Stichpunkten notieren. Wichtige, auffällige Stellen im Gedicht unterstreichen. Den Inhalt der Strophen (bei mehrstrophigen Gedichten) zusammenfassen. Das Reimschema notieren. Dieser erste Teil ist eine Analyse.
2. Beurteilen, in welcher Stimmung, Lage, Situation der Sprecher des Gedichts, der lyrische Sprecher sich befindet.
3. Notieren, wie der innere Aufbau des Gedichts ist (Bewegungs- und Entwicklungsverlauf von Vers zu Vers oder Strophe zu Strophe, Steigerungen, Brüche).
4. Feststellen, ob ein Motiv besonders stark ist.
5. Auffällige Sprachmittel benennen. Welche Wirkung haben sie (Verben der Bewegung, Adjektive, sprachliche Bilder)?
6. Was ist die Aussageabsicht des Dichters?

EDUARD MÖRIKE: „Septembermorgen“

| | | |
|---|---|---|
| stumpfe Kadenz | Im Nebel <u>ruhet</u> <u>noch</u> die *Welt* | vierhebiger Jambus |
| klingende Kadenz | <u>noch</u> <u>träumen</u> Wald und *Wiesen:* | |
| stumpfe Kadenz | <u>Bald siehst du</u>, wenn der Schleier *fällt,* | |
| stumpfe Kadenz | den blauen Himmel unver*stellt,* | |
| stumpfe Kadenz | herbstkräftig die gedämpfte *Welt* | |
| klingende Kadenz | in warmem Golde <u>fließen</u>. | |

4

### Hinweise zur Interpretation (Stichpunktzettel)

*Zeitform:* Präsens
*Stil:* Behauptungen mit Textstellen belegen (unterstreichen), Einzelbeobachtungen mit Oberbegriffen zusammenfassen. Einzelne Beobachtungen miteinander verbinden; dabei beachten, nicht Mörike spricht, sondern ein „Ich", das der Dichter sprechen lässt.

*Interpretationsaufsatz zum Gedicht „Septembermorgen" von E. Mörike:*
In dem Gedicht von Eduard Mörike wird ein herbstlicher Morgen stimmungsvoll dargestellt. In einer einzigen Strophe ist dieses Herbstbild erfasst. Erkennbar ist eine Entwicklung von der Ruhe des Morgens zur fließenden Bewegung des Tages. In den ersten beiden Versen wird durch die Verben „ruhen" und „träumen" die Stimmung einer schlafenden Welt vermittelt. Jedoch die Wiederholung von „noch" kündigt das baldige Ende dieses Zustands an, ebenso der Doppelpunkt. In den vier folgenden Versen enthüllt sich dann schrittweise – ausgehend von dem entscheidenden Satz „Bald siehst du", der als sichere Aussage über die Zukunft im Indikativ geschrieben ist – das farbenprächtige Bild des Herbstes. Die sanfte Bewegung scheint ins Unendliche zu „fließen" (in warmem Golde fließen). Unterstützt wird diese Stimmung durch die letzte klingende Kadenz.

### Dramen untersuchen/interpretieren

> Das **Drama** ist eine **Bühnendichtung,** ein Schauspiel. Im Drama gestaltet der Dichter eine abgeschlossene Handlung in szenischer Form, indem die unmittelbar beteiligten Personen die Handlung in Rede und Gegenrede darstellen.

Ein Drama zeigt häufig **Entscheidungssituationen,** die durch das Handeln der Personen gelöst werden müssen und dabei neue Entscheidungssituationen hervorbringen. Im Drama kann der Dichter im Gegensatz zum Roman zwischen den Szenen kaum etwas erklären oder erläutern. Er lässt seine Figuren mittels **Dialog** handeln, und die Darstellung muss so wirken, als bräche der Konflikt unmittelbar vor den Augen des Zuschauers aus.
Dramen sind also *Vorlagen* für Theater-, Opern- oder Ballettaufführungen, für Filme, Puppen- und Hörspiele. Ihre *traditionellen Formen* sind die **Tragödie** und die **Komödie** (vgl. BWS Abitur Deutsch).

Das Drama entstand im antiken Athen aus dem Kult um den Gott Dionysos.
Im 5. Jh. v. Chr. wurden die ersten großen Theater gebaut.

### Aufbau eines Dramas

Dramen sind in **Akte** oder **Aufzüge** eingeteilt. Diese setzen sich aus mehreren **Szenen** oder **Auftritten** zusammen. Ganz allgemein gelten für den Aufbau folgende Regeln:

*Erster Akt:* Einführung in die Situation, Vorstellung der handelnden Personen
*Zweiter Akt:* Auslösung des Konflikts

*Dritter Akt:* Umschlagen der Handlung – Scheinhöhepunkt
*Vierter Akt:* Um die Spannung zu erhalten, Verzögerung der Handlung
*Fünfter Akt:* Katastrophe oder gütliche Lösung des Konflikts

Das Wesentliche eines Dramas ist der **Dialog.** Im Gespräch – häufig Streitgespräch – werden die Positionen der handelnden Personen aufgeklärt. Der **Monolog** – das Selbstgespräch – gibt Auskunft über die Gedanken, Pläne, Gemütszustände einer Figur.



### Hinweise zur Untersuchung eines Dramas

Zuerst sollte eine Aufbauskizze erstellt werden, am besten in Form einer Tabelle.

| | **1. Akt** | **2. Akt** | **...** |
|---|---|---|---|
| **Ort** | | | |
| **Personen** | | | |
| **Kernaussagen/Handlungen** | | | |
| **Schwerpunkt** | | | |
| **Bedeutung** | | | |

Folgende Fragen können gestellt und in der Tabelle beantwortet werden:
*Ort:* Wo spielt sich das Geschehen jeweils ab?
*Zeit:* Wann geschieht etwas (morgens, am nächsten Tag, drei Jahre später ...)?
*Personen:* Welche Personen treten auf?
*Kernaussagen:* Welches sind die wesentlichen Textstellen?
*Schwerpunkt:* Worum geht es in dem Akt vor allem?
*Bedeutung:* Was ergibt sich aus dem Geschehen dieses Aktes für den folgenden Akt oder für das gesamte Drama?

Die Aufgabenstellung kann nun eine Inhaltsangabe eines Aktes (↗ S. 227), eine Wiedergabe einer Szene, eine Analyse einer bestimmten Textstelle, die Charakterisierung von Hauptpersonen oder anderen Personen oder eine Interpretation einer Szene, eines Aktes sein.

### Wiedergabe einer Szene

Zur *Vorbereitung* einer Wiedergabe kann so vorgegangen werden:
1. Kurze *Zusammenfassung,* was in dieser Szene geschieht.
2. Im Hinblick auf den weiteren Verlauf der Handlung sollte das Geschehen dieser Szene, die *Ursachen* und *Folgen* benannt werden.
3. Haben sich in der Szene *Veränderungen* für die beteiligten Personen ergeben – wodurch, durch wen?
4. Hat die Szene für den Verlauf der weiteren Handlung eine **Schlüsselfunktion?** Zum Beispiel: Macht die Hauptperson einen Fehler?

5. Hat die Szene *Einfluss* auf den *Schluss* des Dramas? Wodurch? Durch wen?

Das Marionettenspiel ist eine Form des Theaters, die Dramen, Opern etc. umsetzt.

### Genaue Untersuchung einer Textstelle

Ausgangspunkt ist die **Grundsituation,** d.h.: Wer spricht mit wem? Welche *Absicht* wird verfolgt?
Wie ist es zu dem Gespräch gekommen? Die *vorhergehende Handlung* muss kurz betrachtet werden, um die Textstelle *werten* zu können. Eventuelle *Auswirkungen* auf den weiteren Verlauf sollten genannt werden.
Die Art des Dialogs soll beschrieben werden. Werden z.B. eher Fragen gestellt oder Behauptungen geäußert? Wird ein Plan geschmiedet? Handelt es sich um einen Monolog – welche Gedanken bewegen die Person, welchen Einfluss haben sie auf den weiteren Verlauf?
Die **stilistische Darstellung** ist zu untersuchen: Mit welchen sprachlichen Mitteln wird Spannung, Freude, Stille, Trauer, Hoffnung hervorgerufen?

### Charakterisierung von Personen

Hier sollten folgende **Leitfragen** im Vordergrund stehen:

1. Wann und wo tritt die Person auf? – Am besten auf einem Notizzettel die Stellen herausschreiben und kurz zusammenfassen.
2. *Zentrale Aussagen* und *wichtige Dialogstellen* der Person kennzeichnen. Die Verbindungen zu anderen Personen und ihre Beziehungen erarbeiten. In einer Figurenskizze kann dargestellt werden, wie z.B. die Hauptperson zu den anderen Personen steht.

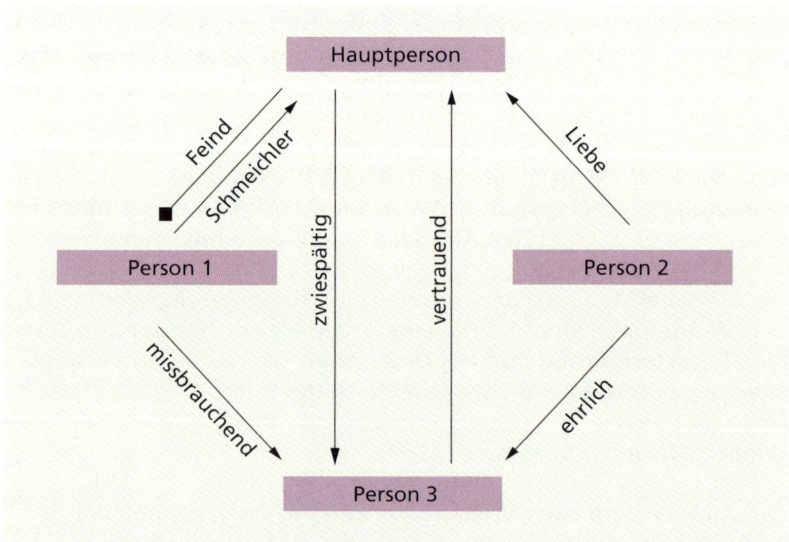


3. Die *Entwicklungsphasen* der Person beschreiben. Textstellen nennen, wo entscheidende Vorgänge und Veränderungen erfolgten. Die Bedeutung der Entwicklung für das weitere Geschehen darstellen.
4. Beurteilung der **Handlung** der Person. Diese **Beurteilung** muss genau begründet werden. Unter Einbeziehung des Gesamtgeschehens ist

die Frage zu beantworten, warum es z. B. zur Zuspitzung oder Lösung des Konflikts kam (vor allem bei Hauptpersonen).

Besonders aussagekräftig ist die Charakterisierung der Hauptperson(en) einer Schlüsselszene, eines **Schlüsseldialogs:**

Die **Charakterisierung** der handelnden Personen, besonders der Hauptpersonen, ist unter Beachtung der historischen Verhältnisse vorzunehmen.
Diese Einordnung erleichtert die Interpretation wesentlich.



Aufsatz (Charakterisierung) „Der Streit der Königinnen" (FRIEDRICH SCHILLER: Maria Stuart I. und II. Akt)

In den gegensätzlichen Frauen gestaltet Schiller den Dramenkonflikt: Maria, die Anspruch auf den Thron hat und damit auch ihren Kopf riskiert, ist eine stolze, schöne, begehrenswerte Frau. Von ihrem Recht felsenfest überzeugt und auch davon, dass die englischen Gerichte sie nicht verurteilen werden, sagt sie im I. Akt: „Ermorden kann sie mich, nicht richten." Sogar als Gefangene verhält sie sich wie eine Königin: „Man kann uns niedrig behandeln, nicht erniedrigen" (I, 2). Trotz ihrer politischen Klugheit erkennt sie nicht das Machtstreben Elisabeths und hofft auf sie in einer Begegnung: „Ihr allein, der Schwester, der Königin, der Frau kann ich mich öffnen" (I, 1). Gerade hier vertraut sie zu sehr auf ihre persönliche Wirkung und bezieht die Empfindlichkeit Elisabeths, der älteren, hässlichen, unter ihrer Glanzlosigkeit leidenden Frau, nicht mit ein.

Während Elisabeth sich kühl und überlegt in politischen Geschäften gibt, fühlt sie sich als Frau um ihr Glück betrogen, hasst die attraktive Rivalin, der gegenüber sie zwar ihre politische Macht ausspielen kann, aber entdecken muss, dass die Macht über Männer bei der anderen liegt. Sie will den Tod Marias, aber einen heimlichen, der die Königin nicht öffentlich mit der Hinrichtung belastet: „So muss ich Sorge tragen, dass mein Anteil an ihrem Tod in ewigem Zweifel bleibe" (II, 5).

Nach einem Einleitungssatz werden die entscheidenden Aussagen der Hauptpersonen mit *Textbeispielen* zur *Charakterisierung* genannt. Die wichtigsten Eigenschaften werden im Zusammenhang dargestellt. Mit Belegen wird auf Fehler der Personen verwiesen.

### 4.1.9 Zeitungsartikel, Kommentar, Kritik

#### Zeitungsartikel

Der **Artikel** ist im Pressewesen ein **Sachtext.** Ein Artikel äußert sich zu einer bestimmten Sache oder einem Sachverhalt.

**Glosse** = kurzer, oft polemischer Kommentar zu aktuellen Geschehnissen, vielfach in witziger Form. Der Verfasser ist um originellen Ausdruck bemüht.

Es gibt unterschiedliche Formen von Artikeln, die vom Zweck und Inhalt abhängen. Wesentliche Formen sind:
- Leitartikel
- Nachricht
- Kommentar
- Glosse
- Reportage

In wissenschaftlichen, populärwissenschaftlichen Veröffentlichungen werden Artikel zu spezifischen Themen in nicht journalistischer Form gedruckt.
Der **Leitartikel** ist ein politischer Zeitungsaufsatz, der über aktuelle Ereignisse und Entwicklungen an vorderster Stelle berichtet. In kurzer Form werden die Tatsachen dargestellt und die Ansicht der Redaktion oder des Verfassers wiedergegeben. Er trägt entscheidend zur **Meinungsbildung** der Leser bei. Die verschiedenen Zeitungen und Zeitschriften bringen die Fakten *objektiv* an den Leser, verbinden diese jedoch mit *unterschiedlichen Standpunkten.*

Beispiel für einen möglichen Leitartikel:

**Entschuldigung! Mea culpa! Und jetzt weiter so?**

Fakten zum aktuellen Ereignis

Das Hin und Her bei den Maßnahmen zur Bekämpfung der Corona-Pandemie wird durch eine neue spektakuläre Kehrtwende gekrönt. Angela Merkel nimmt in einer kurzen Pressekonferenz die vom Kanzleramtschef durchgesetzte „Osterruhe" zurück. Hintergrund der Entscheidung sei die Erkenntnis, dass sich die gefassten Beschlüsse rechtlich nur sehr schwer umsetzen ließen, so die Regierungschefin. Zu viele Fragen würden sich stellen, die in der Kürze der Zeit nicht abschließend geklärt werden könnten. Für die dadurch entstandene Verwirrung bittet die Kanzlerin die Bevölkerung in einer historischen Erklärung öffentlich um Verzeihung.

allgemeine Einschätzungen zum Thema

Dieses Eingeständnis wurde an vielen Stellen als authentisch und ehrlich gelobt – verbunden mit der Empfehlung, dass verantwortliche Politiker doch häufiger einen solchen Schritt wagen sollten.

Standpunkt des Verfassers und eigene Meinung zum Geschehen

Bei allem Respekt für diese Entscheidung muss allerdings eine Frage erlaubt sein. Hat sich die Kanzlerin eigentlich für die wahren Fehler in der Pandemiebekämpfung entschuldigt? Die völlig verunglückte „Osterruhe" bildet, wenn man ehrlich ist, nur den vorläufigen Endpunkt einer Fehlerkette, die seit Monaten anhält. Angefangen beim Maskendebakel über das Chaos bei der Impfstoffbeschaffung bis hin zur verspäteten Teststrategie – diese Punkte, um nur einige zu nennen, böten ebenfalls geeignete Anlässe für eine Entschuldigung. Stattdessen wird an der einfallslosen Lockdown-Politik nicht gerüttelt. Merkels Schritt war allerdings insofern klug, weil sie dadurch die Reihen hinter sich einigermaßen geschlossen haben dürfte und den einen oder anderen Kritiker eventuell besänftigen konnte. Das Kalkül, alles auf die eigene Kappe zu nehmen, schützt zudem die CDU – so hofft man – vor dem freien Fall und wendet Schaden vom Parteivorsitzenden ab. Schließlich soll der Nachmieter im Kanzleramt schon im Herbst gewählt werden.

Die **Nachricht** ist nur auf Fakten und Vorgänge beschränkt. Hier ist der Autor stets um **Objektivität** bemüht und steht den Tatsachen unparteiisch und unvoreingenommen gegenüber.
So zeichnen sich Nachrichten dadurch aus, dass sie aktuelle Ereignisse in den Vordergrund rücken und die Beantwortung der sechs W-Fragen aufnehmen: wer?, was?, wo?, wann?, wie? und warum?.

Der Artikel in Form einer **Reportage** ist eine umfassende Äußerung zu einem Ereignis oder Erlebnis. Die Reportage ist meist ein Augenzeugenbericht über ein aktuelles Geschehen *unmittelbar* vom jeweiligen Schauplatz. Hier fließen aber oft sogenannte Hintergrundinformationen ein, die das aktuelle Ereignis näher erläutern, Ursachen benennen und somit Zusammenhänge des Geschehens sichtbar machen. Häufig sind Interviewteile (wörtliche Rede) enthalten. Die Reportage ist vor allem eine Form, die sich aus verschiedenen Textsorten zusammensetzt, wie Nachricht, Bericht, Schilderung/Erzählung. Der Leser kann sich so emotional und gedanklich in das Geschilderte hineinversetzen und erhält außerdem eine reiche Faktensammlung. Beispiele sind **Sportreportagen** oder **Auslandsreportagen.**

Hier ein Beispiel:

**Traumtor von Mario Götze macht Deutschland zum vierten Mal zum Weltmeister**

Nach der regulieren Spielzeit stand es trotzdem weiterhin 0:0 und in beiden Endspielen vorher ging es auch diesmal in die Verlängerung. Die begann furios, denn direkt nach dem Wiederanpfiff scheiterte Andre Schürrle nur knapp am argentinischen Torhüter. Der geblockte Nachschuss von Özil bildete den Startpunkt für einen rasanten Konterversuch, der gerade noch durch ein beherztes Tackling von Boateng gegen Messi im Mittelkreis verhindert werden konnte. Beide Gegner schenkten sich nichts. In der 113. Minute schließlich der spielentscheidende Moment: Schürrle enteilte auf der linken Seite und fand Götze im Zentrum. Dieser nahm die Flanke technisch meisterhaft mit der Brust an und vollstreckte per Volley mit dem linken Fuß. Der Schock für die Argentinier saß tief und sie warfen alles nach vorn. Manuel Neuer im Tor der Deutschen war jedoch nicht zu überwinden und sorgte für eine magische Nacht im Estádio do Maracanã.

### Kommentar

> Der **Kommentar** zählt zu den meinungsäußernden, literarisch-journalistischen Textarten. Er nimmt erläuternd und wertend Stellung zu einem **aktuellen Sachverhalt, Ereignis** oder **Thema.**

**Kommentar,** lat. commentarius = Notizbuch, Niederschrift. Der Begriff wurde im 18. Jh. eingedeutscht. Das Verb dazu, *kommentieren,* steht für „Stellung nehmen, einen Text mit erläuternden und kritischen Anmerkungen versehen, politische, kulturelle u. a. Ereignisse erläutern, besprechen".
Im Gegensatz zur Nachricht erfüllt er so auch eine Appellfunktion.

**Kommentare** verwendet man in der täglichen Kommunikation und insbesondere in den **Medien.** In der Presse, im Fernsehen, im Hörfunk und im Internet setzt sich der Verfasser des Kommentars aus persönlicher Sicht (subjektiv) mit Tatsachen und Vorgängen auseinander. Der Kommentator kennt den Sachverhalt sehr genau. Er erörtert und bewertet dazu recherchierte

Fakten und Hintergründe. Der **Medienkonsument** kann sich dann mit dieser Meinung auseinandersetzen und selbst zu einer Position gelangen. Im Gegensatz zum Kommentar wird eine **Nachricht** knapp, präzise und möglichst objektiv verfasst. Ein Kommentar stellt Fragen, rüttelt auf, appelliert und zeigt Probleme auf. Der Kommentator verfasst seinen Text anschaulich und ausdrucksvoll. Emotional gefärbte Wörter und Wortfolgen sowie vergleichende Bilder und Ausrufe kennzeichnen den Text. Weitere stilistische Mittel sind Zitate in direkter und indirekter Rede sowie die Verwendung von Ironie, Satire und Humor.

| *Kommentar* | |
|---|---|
| Wie mutig bin ich eigentlich? Stellen Sie sich vor, Sie werden in aller Öffentlichkeit überfallen – und keiner steht Ihnen bei! Nein, das ist keineswegs das Horrorszenario eines Gewalt verherrlichenden Films. Das ist eine Szene aus dem Dresdner Alltag. | persönliche Formulierung der Problemstellung |
| Es war am Dienstag vor einer Woche, als ein 18-Jähriger auf der Busfahrt Pappritz Richtung Stadt von drei Gleichaltrigen *angepöbelt, geschubst* und *geschlagen* und zudem beraubt wurde, bevor die *Rowdys* ihn in Bühnlau aus dem Bus stießen. | Ereignisschilderung mit wertenden Bezeichnungen |
| Das war kein Spuk um Mitternacht, das passierte gegen 17.40 Uhr in einem öffentlichen Verkehrsmittel. Und keiner half. | Zuspitzung der Argumentation |
| Der Überfallene stand ob des Überraschungsangriffs unter Schock, vermochte nicht um Hilfe zu rufen. Der Fahrer der Linie 93 achtete auf den Verkehr, bemerkte die Auseinandersetzung auf der hinteren Plattform nicht. Ihn trifft kein Vorwurf. | Hintergrundinformation im persönlichen Stil |
| Auch nicht die sieben Fahrgäste, die mit im Bus saßen? Die Frage sollte sich wohl jeder einmal für sich stellen: Wie verhalte ich mich in einer ähnlichen Situation? Schaue ich weg, unterhalte ich mich angestrengt mit meinem Nachbarn, halte mir die Zeitung | appellierend |
| vor die Nase? Mein Vorbild – die heiligen drei Affen, die nichts hören, sehen und sagen. Oder mische ich mich ein, versuche zu schlichten? Gemeinsam mit dem Nachbarn, weiteren Fahrgästen? | ironische Anspielung mit Zitat |
| Allerdings, das erfordert eine gehörige Portion Zivilcourage, Mut. Wie mutig bin ich? | persönlicher Standpunkt mit Frage an den Leser |
| (Weichelt, Michael in: „Sächsische Zeitung“, 10. 02. 1993) | |

### Kritik

> Die **Kritik** im literarisch-journalistischen Sinne ist eine meinungsäußernde **Darstellungsform.** Im Vordergrund steht die kritische Betrachtung und **Wertung** von Texten, Theateraufführungen sowie Kunst-, Film- und Musikveranstaltungen. Es handelt sich um einen beschreibenden, einordnend-interpretierenden und z. T. auch glossierenden Bericht.

Eine häufige Form der Textkritik stellt die **Rezension** dar, die sich mit überwiegend **wissenschaftlichen Kriterien** der Kommunikation und Literatur zuwendet.

> In der Kritik setzt sich der Autor mit dem **Werk,** dessen **Umsetzung** (Einsatz der Mittel) und eventuellen **Wirkungen** auseinander.

In einer Kritik eines Buches, einer Film-, Theater- und Musikaufführung, eines Bildes oder einer Ausstellung werden *Schwachstellen* benannt, *Positives* wird hervorgehoben. Es sind meist mehrere Textsorten enthalten, wie Inhaltsangabe, Bericht und auch Schilderung, vor allem, wenn die Wirkung des Werkes beurteilt werden soll. Der **Stil** von Kritiken ist äußerst unterschiedlich. Das hängt sowohl vom *Gegenstand* ab als auch vom Medium, wo die Kritik erscheint oder gesendet wird, und damit auch von den Konsumenten. Natürlich hat auch jeder Kritiker seinen eigenen, ganz individuellen Stil.

Die häufig polemisch verfasste **subjektive Darlegung** sollte verständlich und nachvollziehbar sein. Sie hat keinen wissenschaftlichen Anspruch, sondern einen möglichst feuilletonistischen (plaudernden) Stil. Der Leser vergleicht dann seine Interpretation oder lässt sich einfach informieren, unterhalten.

**Feuilletonstil** = lockere, geistvolle, unterhaltende, auch satirische Darstellung

Überall in den Medien findet man Kritiken, z. B. in Tageszeitungen (Feuilletonteil), in literarischen oder künstlerischen Fachzeitschriften, in Bücherjournalen, in Theaterprogrammen, im Funk und Fernsehen, auf Film- und Musikportalen im Internet etc.

| | |
|---|---|
| *Nicht selten schlägt sich eine holprige Produktionsgeschichte auf das Endergebnis nieder. Anders bei „Tschick". Der neue Film von Fatih Akin präsentiert sich als verschroben-romantisches Jugendabenteuer mit Kultpotenzial.* | |
| Dass das Projekt „'Tschick'-Verfilmung" und der Hamburger Regisseur Fatih Akin im vergangenen Jahr zusammengefunden haben, ist nicht weniger als pures Glück. Der von dem ehemaligen Titanic-Illustrator Wolfgang Herrndorf | betont feuilletonistischer Einstieg |

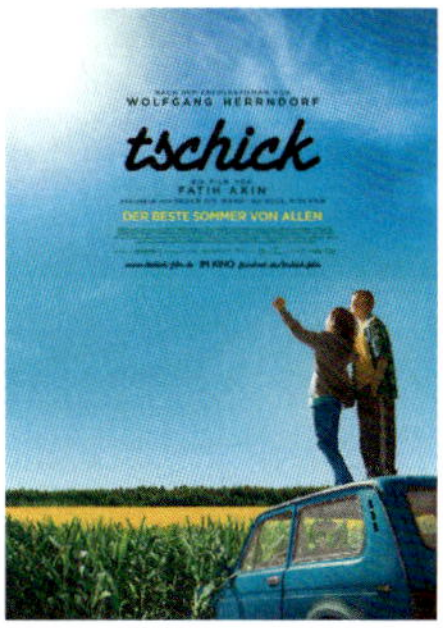

| | |
|---|---|
| verfasste Roman wurde direkt nach Erscheinen von diversen Filmschaffenden umworben. Verschiedene Studios, Produzenten und Regisseure meldeten ihr Interesse an einer Verfilmung an, doch vom ersten Angebot bis hin zum fertigen Drehbuch vergingen knapp fünf Jahre. Bis kurz vor Drehbeginn war Akin noch nicht in die Planungen involviert. Erst, als neun Wochen vor Drehbeginn im Sommer 2015 der eigentliche Regisseur aufgrund von Terminproblemen absagte, kam der gebürtige Hamburger mit an Bord des Projekts. Neun Wochen blieben dem Goldener-Bär-Preisträger (2004 für „Gegen die Wand"), um sich mit all dem vertraut zu machen, wofür Regisseure üblicherweise etwa ein Jahr brauchen. [...] | Hintergrundinformation zum Filmprojekt<br><br>Qualität des Regisseurs wird erwähnt |
| Die Figuren des wohlsituierten Maik Klinkenberg und des von seinen Mitschülern als asozial beschimpften Tschick, der in provokanter Lethargie nichts gegen sein angeschlagenes Image unternimmt, könnten kaum einladender geschrieben sein. Kein Wunder also, das der 256-Seiten-dicke Roman mittlerweile zur Stammlektüre an deutschen Schulen gehört. So wird in „Tschick" nicht bloß die Sinnlosigkeit von Vorurteilen betont, gleichzeitig geht es um den Wert wahrer Freundschaft, die Akzeptanz gegenüber Andersdenkenden und nicht zuletzt auch um Recht und Unrecht. Ganz ohne Brechstange lotete schon Wolfgang Herrndorf die Grenzen des Legalen aus, indem er seine Hauptfiguren von einer ebenso fragwürdigen wie skurrilen Situation in die nächste schickte. Zu einer Nummernrevue verkommt „Tschick" trotzdem nicht. Auch deshalb ist der in noch so komischen Momenten immer auch den menschlichen Kern findende Fatih Akin wie geschaffen für die Verfilmung. Obwohl „Tschick" einer strikten Dramaturgie folgt, macht Fatih Akin nie einen Hehl daraus, dass es ihm vielmehr um das Transportieren eines Lebensgefühls geht. Schon die das Finale vorwegnehmende Eröffnungssequenz zeigt auf, in welch missliche Lage sich Maik und Tschick auf ihrem Road Trip noch hineinmanövrieren werden. Der Zuschauer weiß also von Anfang an, wohin der Film gehen wird. Seine Dynamik zieht „Tschick" jedoch nicht aus dem „Was?", sondern aus dem „Wie?". [...] Die sich zunächst noch als Zweck- | Wertschätzung der Romanvorlage<br><br>zentrale Themen der Geschichte werden vorgestellt<br><br>Betonung der gelungenen Verfilmung im Vergleich zum Buch |

| | |
|---|---|
| gemeinschaft verstehenden Schulkameraden werden im Laufe der 92 Minuten zu echten Freunden; ein Prozess, den nicht nur das glaubhafte Spiel von Tristan Göbel und Anand Batbileg absolut au thentisch an den Zuschauer heranträgt, sondern auch das zurückhaltend geschriebene Drehbuch. Die beiden Autoren Hark Bohm und Lars Hubrich nutzen winzige Gesten und Blicke, um Emotionen und Gedanken zu transportieren. Im direkten Kontrast dazu stehen die mitunter einen Tick zu überzeichneten Nebenfiguren, denen das Skript lediglich als Triebfeder für den weiteren Handlungsverlauf Bedeutung beimisst. […] | Lob der schauspielerischen Leistungen und der Drehbuchautoren |
| Fazit: Der Sommer ihres Lebens – Fatih Akins Verfilmung des Kultromans „Tschick" ist eine Ode an das Anderssein und strotzt nur so vor verschrobener Energie. Die beiden Hauptdarsteller stoßen sich mit ihren Performances die Tür zu einer großen Schauspielkarriere auf. Ihnen und ihrem Regisseur gelingt es, ein einzigartiges Lebensgefühl von der Leinwand in den Kinosaal zu transportieren.<br>(von Antje Wessels, veröffentlicht am 13. September 2016 auf www.wessels-fimkritik.com) | Fazit und euphorische Empfehlung der Autorin |

### 4.1.10 Werbetexte

> Unter **Werbung** wird die Gesamtheit aller Maßnahmen zusammengefasst, die einzelne Personen oder Personengruppen zu einem *bestimmten Verhalten* veranlassen sollen. Bei **politischer Werbung** spricht man auch von **Propaganda,** bei **wirtschaftlicher Werbung** von **Reklame.**

In der Literatur findet sich die Werbung vor allem eingebunden in Kritiken, in Klappentexten von Büchern, aber auch auf Videokassetten oder CDs. Viele Gebrauchstexte enthalten Werbetexte, z. B. Anzeigen, Kaufangebote. Die Werbetexte beinhalten meist eine **Gegenstandsbeschreibung** und eine **Qualitätsanalyse.**

Der Sprachstil von Werbetexten ist vielfach geprägt duch *Superlative,* kurze und *einprägsame Sätze.* Der angesprochene Konsument, der Umworbene, soll „auf einen Blick" das Wesentliche erfassen. Dabei setzt die Werbung auf **Schlagwörter,** vertraute Formulierungen, vielfach auf **Modewörter**/Neuwörter. Aber auch der **sachliche Stil,** der sich durch Fakten, Informationen, Untersuchungsergebnisse aus Befragungen und Tests auszeichnet, ist in der Werbung anzutreffen. So treten *stilistische Unterschiede* in Abhängigkeit vom Gegenstand und von den Zielgruppen auf.

**Beschreibungstext zum aktuellen Rechtschreib-Duden**

Entdecken Sie den Wortschatz der deutschen Sprache! Mit dem neuen Duden 2020: - Rund 148.000 Stichwörter, davon 3000 Neuaufnahmen - Informationen zu Grammatik, Aussprache, Bedeutung der Stichwörter - Mit der Dudenempfehlung, wenn mehrere Schreibvarianten möglich sind - Hilfe beim Lösen von Zweifelsfällen - Hinweise zum geschlechtergerechten Sprachgebrauch – Nach dem aktuellen Stand der Rechtschreibregelungen Zusätzlich erklären wir Rechtschreib- und Zeichensetzungsregeln, wie ein Text korrigiert wird, wie ein Wort in den Duden kommt, welche Wörter am häufigsten verwendet werden und vieles mehr. Schreiben Sie sicher und lassen Sie sich inspirieren von der Vielfalt der Wörter!

Auf der Rückseite von Paperback-Ausgaben sind häufig kurze Werbetexte zu finden, die Besprechungen in Zeitungen und Zeitschriften entnommen wurden.

„Einsame Klasse, der neue Roman von Mary Higgins Clark. Spannung bis zur letzten Seite." Journal für die Frau
(auf der Paperbackrückseite des Romans „Ein Gesicht so schön und kalt")

„Fazit: Da capo – weiter so! Man wartet (sehn)süchtig auf den nächsten Fall dieses einmaligen Commissarios ..." Freundin
(auf der Paperbackrückseite des Romans „Die Stimme der Violine" von Andrea Camilleri)

„Suchen Sie einen Roman, den man nicht mehr aus der Hand legen kann? Dann kaufen Sie sich den neuen Sheldon!" New York Daily News
(auf der Paperbackrückseite des Romans „Das dritte Gesicht" von Sidney Sheldon)

### 4.1.11 Brief, Antrag, Gesuch

**Briefe** sind Mittel **schriftlicher Verständigung** zwischen räumlich getrennten Personen. Dabei werden unterschieden: **Privatbriefe** – Briefe von einer Privatperson an eine andere; **halbprivate Geschäftsbriefe** – Briefe von einer Privatperson an einen Betrieb oder eine Behörde – und **Geschäftsbriefe** – Briefe von Betrieb an Betrieb oder von Betrieb an Behörde.

Es gibt auch die Unterscheidung in persönliche und sachliche Briefe. Diese Unterteilung lässt aber außer Acht, dass persönliche Briefe auch sachliche Inhalte haben und sachliche Briefe persönliche Formen einschließen können.

Brief: lat. brevis = kurzes Schreiben. Erste Zeugnisse stammen aus Ägypten und Assyrien. Schon früh wurden Briefe zur literarischen Kunstform entwickelt. Aus der Antike ist eine umfangreiche Briefliteratur bekannt, z. B. von CICERO und SENECA.



**Historischer Rückblick**

Briefe dienen dazu, einem anderen seine Gedanken ausführlich darzulegen, über meist familiäre Ereignisse zu berichten, Glückwünsche und Anteilnahme zu übermitteln oder Rat zu suchen. Ausführliche und private Briefwechsel sind seit der frühen Neuzeit bekannt. Als historische Quellen dienen z. B. Briefe zwischen ERASMUS VON ROTTERDAM und MARTIN LUTHER, zwischen FRIEDRICH DEM GROSSEN und VOLTAIRE oder auch zwischen GOETHE und SCHILLER.

**Der private Brief**

**Inhalt** und **Stil** des privaten Briefs werden von der persönlichen *Beziehung* zwischen Absender und Empfänger bestimmt. Im Brief wird das vertraute Gespräch schriftlich fortgesetzt. Vielen Menschen fällt es leichter, sich schriftlich mitzuteilen, da die Distanz eine freiere Sprache zulässt, Emotionen zurückgedrängt werden können und so das Gespräch überlegter und toleranter „geführt“ werden kann. Geständnisse (z. B. erste Liebesgeständnisse) fallen schriftlich häufig leichter. Natürlich gibt es auch entgegengesetzte Fälle oder Situationen. **Privatbriefe** sind auch menschliche Dokumente einer bestimmten Entwicklung, der Bewältigung einer bestimmten Krise oder Situation.

Sonderformen von Briefen sind Briefe in Versform, offene Briefe mit meist politischem Inhalt, philosophische Lehrbriefe und Briefromane – bekannt ist z. B. der Briefroman von GOETHE „Die Leiden des jungen Werthers“ oder HÖLDERLINS „Hyperion“.

FRANZ MARC (1880–1916): Letzter Brief an seine Frau (Auszug)

> „Liebste, […] Momentan hausen wir mit der Kolonne auf einem gänzlich verwüsteten Schloßbesitz, über den die ehemalige französische Frontlinie ging. Als Bett hab ich einen Hasenstall auf den Rücken gelegt, das Gitter weg und mit Heu ausgefüllt und so in ein noch regensicheres Zimmer gestellt! Natürlich hab ich genug Decken und Kissen dabei, so daß sich ganz gut drin schläft. Sorg Dich nicht, ich komm schon durch, auch gesundheitlich. Ich fühl mich gut und geb sehr acht auf mich. Dank viel, vielmal für den lieben Geburtstagsbrief! Küsse Dein Fz.“

Der **Geschäftsbrief** hat neben der Funktion des **Informationsträgers** gleichzeitig eine **Repräsentationsfunktion.** Er ist die Visitenkarte eines Unternehmens. Deshalb soll für Form und Inhalt besondere Sorgfalt aufgewandt werden. Die Gestaltung sollte der DIN 676 und 5008 entsprechen.

**Geschäftsbriefe (halbprivate)**

Bei **halbprivaten** und **Geschäftsbriefen** müssen einige formale Festlegungen eingehalten werden. Diese Art von Brief sollte klar gegliedert, kurz und übersichtlich sein. Am Anfang des Briefes steht links der **Briefkopf,** der Angaben des **Absenders** und sechs Leerzeilen darunter die des **Adressaten** enthält. Auf der ersten Zeile des Briefkopfes steht rechts der *Ort* und das *Datum*. Die **Betreffzeile** wird vom Briefkopf mit vier Leerzeilen abgesetzt, danach folgt die **offizielle Anredeformel** einschließlich verliehener Titel und Dienstbezeichnungen. **Gruß-** und **Anredeformeln** sind übliche Wendungen und sollten vom Schreiber eingehalten werden,

4

um nicht unhöflich zu wirken. Der *sachliche Schreibstil* sollte sich durch klare Aussagesätze und eine abwechslungsreiche Gestaltung des Satzbaus auszeichnen.
Dabei ist nach jedem Gedanken ein Absatz zu machen, der durch eine Leerzeile gekennzeichnet ist. Der Brief endet mit der **Grußformel** und der Unterschrift. Bei der Grußformel ist auf Höflichkeit und Sachlichkeit zu achten. *Keine Superlative verwenden!*
Sind dem Brief Anlagen beigefügt, werden diese eine Leerzeile nach der Unterschrift genannt (↗ S. 271).

Ruth Wolle Nachhausen, 2021-05-13
Havelgasse 23 ((oder)) 13. 05. 2021
23456 Nachhausen

((6 Leerzeilen))

Firma Wassermann
Am Wasserturm 36
87654 Nassenheide

((4 Leerzeilen))

Anfrage zum Besuch der Produktionshalle

((2 Leerzeilen))

Sehr geehrte Damen und Herren, ((oder))
Sehr geehrte Frau Müller, ((oder))
Sehr geehrter Herr Schulze, ((oder))
Sehr geehrter Herr Direktor Wassermann,

((1 Leerzeile))

..........................................................................................................
.................................................................

((1 Leerzeile))

Mit freundlichen Grüßen ((oder))
Mit besten Grüßen ((oder))

((3 Leerzeilen))

((Unterschrift des Absenders))

### Antrag/Gesuch

> Ein **Antrag** oder **Gesuch** ist ein zumeist in schriftlicher Form vorgetragenes Verlangen auf Gewährung von Unterstützung oder Einholung einer Entscheidung in einer persönlichen Angelegenheit.

Ein **Antrag** ist im öffentlichen Recht das an eine behördliche Stelle gerichtete Begehren auf Tätigwerden. Gesuch ist dafür ein veralteter Begriff.



Anträge/Gesuche können
- an **Behörden** oder staatliche Stellen,
- an **gesellschaftliche** oder **private Einrichtungen,**
- an **Arbeitgeber**

gerichtet werden.

Michael Kluge
Promenade 7
10813 Berlin

Berlin, 2021-05-05
((rechtsbündig))

((6 Leerzeilen))

Kreiswehrersatzamt
Berlin-Mitte
Personenkennziffer: ...........

((6 Leerzeilen))

Sehr geehrte Damen und Herren,

((1 Leerzeile))

hiermit beantrage ich eine vorzeitige Musterung. Ich wurde im November 1992 geboren und möchte meinen Dienst am 1. Juli, unmittelbar nach Beendigung der Schule, antreten.

((1 Leerzeile))

Mit freundlichen Grüßen

((3 Leerzeilen))

((Unterschrift des Antragstellers))

4

### 4.1.12 Bewerbung: Anschreiben und Lebenslauf

In einem **Bewerbungsschreiben** wirbt der Verfasser für sich selbst. Deshalb ist das Bewerbungsschreiben in Form und Inhalt eine Art Visitenkarte, denn es vermittelt den *ersten entscheidenden Eindruck* von der Person des Bewerbers.

Mit dem Schreiben informiert der Bewerber z. B. den Ausbilder über Gründe der Bewerbung und lässt erkennen, warum er für die Stelle bzw. für die Aufgabe geeignet ist. Hier gelten keine Überredungskünste, sondern sachliche, selbstbewusste Überzeugung. Die **Bewerbungsunterlagen** (hierzu zählen noch der Lebenslauf, Zeugniskopien, Beurteilungen) sollen dem Empfänger ermöglichen, sich ein klares Bild von der fachlichen und persönlichen Eignung des Bewerbers zu machen.

Leitlinien für ein Bewerbungsschreiben sind:
- Bezug nehmen auf das Stellenangebot und die darin genannten Anforderungen;
- Nennung der Gründe für die Bewerbung, Qualifikationen aufführen;
- knappe Informationen mit einem präzisen Schreibstil verknüpfen;
- sachliche, höfliche und selbstbewusste Formulierungen wählen.

Gliederung für ein Bewerbungsschreiben:
1. Anlass der Bewerbung
2. bisherige Tätigkeiten
3. Fähigkeiten und Kenntnisse
4. Frage nach einem Termin für ein Vorstellungsgespräch
5. Hinweise auf beigefügte Anlagen, wie Lebenslauf, Zeugniskopien, Beurteilungen

#### Lebenslauf

Der **Lebenslauf** ist eine klar gegliederte, in zeitlicher Reihenfolge geordnete Darstellung der **persönlichen Entwicklung** des Schreibers.

Werden keine Angaben zur Form gemacht, ist immer der tabellarische Lebenslauf gefordert. Er soll auf einem unlinierten DIN-A4-Bogen maschinenschriftlich oder in sehr guter Handschrift in exakter Form angefertigt werden.

Der Lebenslauf soll knapp, aber lückenlos über den bisherigen Bildungsweg informieren. Der zukünftige Ausbildungsleiter oder Personalchef möchte auf einen Blick die Daten des Bewerbers erfassen. In Stellenanzeigen wird die Form des Lebenslaufs oft vorgeschrieben, (z. B. handschriftlich – maschinenschriftlich, tabellarisch). Daran muss sich der Bewerber halten.
Folgende Angaben enthält ein tabellarischer Lebenslauf:
- persönliche Daten,
- Fakten über den schulischen und beruflichen Werdegang,
- Angaben zu vorhandenen Berufserfahrungen,
- erworbene Sprachkenntnisse,
- besondere Kenntnisse,
- weitere Qualifikationen sowie
- persönliche Interessen und Hobbys.

Maria Kluge
Promenade 7
10813 Berlin

Berlin, 13.05.2021
((rechtsbündig))

((6 Leerzeilen))

Atelier Modische Linie
Frau
Helene Schneider
10200 Berlin

((4 Leerzeilen))

Bewerbung um einen Ausbildungsplatz als Modegestalterin
((2 Leerzeilen))

Sehr geehrte Frau Schneider,
((1 Leerzeile))

Sie suchen für den Herbst dieses Jahres zwei Auszubildende in der Fachrichtung Schneiderin/Modegestalterin. Nachdem ich in den Ferien bereits mehrmals in Ihrem Atelier arbeiten konnte, festigte sich bei mir immer stärker der Wunsch, eine Ausbildung in diesem Berufsfeld aufzunehmen.
((1 Leerzeile))

Bei meiner Berufswahl interessierten mich besonders die kreativen, z. T. künstlerischen Anforderungen, aber auch die handwerklichen Fähigkeiten.
((1 Leerzeile))

Ich verfüge bereits über einige Voraussetzungen im Bereich Malen und Textilgestaltung, denn seit drei Jahren besuche ich einen entsprechenden Zirkel an der Volkshochschule und habe hier vor allem meine Kenntnisse in Farbenlehre und Zeichnen vervollkommnen können.
Zurzeit besuche ich das Gymnasium und werde im Juni 2010 das Abitur ablegen.
((1 Leerzeile))

Mit freundlichen Grüßen

((3 Leerzeilen))

Unterschrift
((1 Leerzeile))

Anlagen
Lebenslauf
Zeugniskopie des letzten Zeugnisses
Kopie der Bescheinigung über den Besuch der VHS

4

Das Lichtbild muss ein aktuelles Passfoto sein.

**Lebenslauf**

Lichtbild

**Persönliche Daten**

| | |
|---|---|
| Name: | Muster |
| Vorname: | Hans |
| Anschrift: | Berliner Straße 10<br>10813 Berlin |
| Geburtsdatum: | 18. 05. 2003 |
| Geburtsort: | Oranienburg |
| Eltern: | Heinz Muster, Koch<br>Elke Muster, Lehrerin |
| Geschwister: | ein jüngerer Bruder |

**Schulischer Werdegang**

| | |
|---|---|
| 2009 bis 2015 | Grundschule „Am Postamt“, Oranienburg |
| 2015 bis 2019 | Heinrich-Heine-Oberschule |
| Voraussichtlicher Schulabschluss: | 2019, mittlerer Schulabschluss |
| **Berufserfahrung:** | dreiwöchiges Berufspraktikum in der buchhalterischen Abteilung der Firma Müller, Oranienburg |
| **Sprachkenntnisse:** | Englisch als 1. Fremdsprache (Schulkenntnisse)<br>Französisch als 2. Fremdsprache (Grundkenntnisse) |
| **Besondere Kenntnisse:** | Mathematik, Informatik |

**Weitere Qualifikationen:**

| | |
|---|---|
| 2017 | 10-Finger-Tastenschreiben (Grundkurs an der VHS) |
| Seit April 2017 | Jugendübungsleiter im Sportverein |
| **Persönliche Interessen/Hobbys:** | Computer, Lesen, Fußball |

Berlin, 13. Mai 2021

((Unterschrift))

## 4.2 Gesprochene Texte

Es gibt viele Möglichkeiten, Kontakt zu unserer Umwelt aufzunehmen: durch unsere Mimik und Gestik, durch Gerüche und Geräusche (nonverbale Mittel) und durch unsere Sprache (verbale Mittel).

> Die **Sprache** ist das gebräuchlichste und differenzierteste Mittel des Menschen, um mit anderen zu kommunizieren.

Sprachliche Äußerungen enthalten mehrere gleichzeitige Botschaften:
- Sie sagen über den Sender (Sprecher) selbst etwas aus.
- Sie lassen erkennen, in welcher Beziehung der Sender zum Empfänger (Gesprächspartner) steht.
- Sie verdeutlichen, worüber der Sender den Empfänger informieren will.
- Sie geben an, wozu der Sender den Empfänger veranlassen will.

Welche dieser vier Botschaften vom Empfänger stärker aufgenommen wird, hängt von der Absicht des Sprechers ab. Von seiner jeweiligen Absicht hängt auch ab, wie ein Text sprachlich gestaltet wird.

> Grundsätzlich werden **monologische Redeformen** und **dialogische Gesprächsformen** unterschieden.

**Monologische Redeformen,** z.B. Referate oder Parlamentsreden, sind durch eine asymmetrische Kommunikation gekennzeichnet. Das heißt, sie werden von einem Sprecher vorgetragen und sind an einen bestimmten Hörerkreis gerichtet. Die Hörer sind zwar Empfänger, treten in der Regel aber nicht als Gesprächspartner auf.

**Monolog:** griech. mónos = allein und lógos = Wort, Selbstgespräch, Alleinrede

**Dialogische Gesprächsformen,** z.B. Rundgespräche oder Interviews, basieren auf einer symmetrischen Kommunikation. Zwischen dem Sprecher (Sender) und dem Gesprächspartner (Empfänger) findet ein wechselseitiger Austausch statt.
Voraussetzung ist, dass die Gesprächspartner bereit sind, einander zuzuhören und auf geäußerte Standpunkte und Argumente einzugehen.

4

### 4.2.1 Rede, Referat, Vortrag

#### Rede

**asymmetrisch:** ungleichmäßig, einseitig, mit ungleicher Rollenverteilung

> Die **Rede** ist ein frei gehaltener mündlicher Vortrag, der zu einem *bestimmten Anlass* mit einem *bestimmten Ziel* gehalten wird. Er soll die Zuhörer informieren, anregen oder zu einer Handlung aktivieren.
> Die Rede ist eine asymmetrische, monologische Äußerungsform.

Es werden verschiedene **Redetypen** unterschieden:
- Reden mit darstellender Funktion – wenn vor allem ein Sachverhalt dargestellt wird, wie z. B. im Referat;
- Reden mit Ausdrucksfunktion – wenn der Redner seinen Zuhörern gegenüber Eindrücke und Gefühle zum Ausdruck bringt, wie z. B. in einer Festrede;
- Reden mit appellativer Funktion – wenn die Zuhörer zu etwas aufgefordert werden, wie z. B. in einer Wahlrede.

Nicht jede Rede lässt sich diesen Redetypen eindeutig zuordnen. So gibt es auch Reden, in denen hauptsächlich argumentiert wird, wie z. B. in Anklage- oder Verteidigungsreden vor Gericht.

> Politische Reden (Regierungserklärungen, Wahlreden u. a.), Gerichtsreden und Festreden sind *Formen öffentlicher Rede.*

**Redner und Zuhörer**
Auch wenn die Rede zunächst einseitig durch den Redner geprägt ist, darf sie nicht isoliert als „Redestrom“ nur in einer Richtung gesehen werden.

Der Redner wendet sich an bestimmte Hörer. Er will sie informieren, sie ansprechen und/oder anregen. Allerdings erfolgt die **Rückinformation** (Feedback) durch die Hörer nicht direkt wie im Gespräch. Es sind vielmehr *nonverbale,* also nichtsprachliche *Rückinformationen,* wie
- mimische Reaktionen (Gesichtsausdruck der Zustimmung, der Konzentration oder des Zweifels),
- gestische Reaktionen (abweisende Bewegungen der Hände oder Applaus) oder
- andere Erscheinungen des körperlichen Ausdrucksverhaltens (Unruhe, Müdigkeit, Verlassen des Raumes).

Manchmal geschieht die *Rückinformation* des Hörers auf die Ausführungen des Redners
- durch kurze verbale Rückäußerungen in Form von bestätigenden, zurückweisenden, zweifelnden Zurufen einzelner Hörer („Ganz richtig!“, „Wieso denn das?“),
- durch Rückäußerungen in Form lautlicher Äußerungen (Gemurmel, Lachen).

### Hinweise für eine gute Rede

> Bei der Vorbereitung auf eine Rede sollte man sich genau überlegen, *was* man *wem wie* sagen will.

Das erfordert vor allem:
- Das **Thema,** über das man reden will, soll klar umrissen sein. Dazu sind gute Sachkenntnisse notwendig, die durch das Auswerten von **Informationsmaterial,** wie Lexika, Zeitungsartikel, Fachliteratur, Videofilme u.a., erworben werden können. Auch durch Interviews, durch Befragen von Experten können Informationen eingeholt werden.
- Wenn das **Material** ausgewertet ist, sollte es geordnet und nach den Grundschritten Einleitung, Hauptteil, Schluss gegliedert werden. Zum Thema sind schriftliche Notizen in Form eines **Stichwortzettels** nützlich. Zitate, Formeln oder Definitionen, die genau wiedergegeben werden sollten, kann man darauf mit vermerken.
- Es ist zu bedenken, wer die Zuhörer sind, zu denen man sprechen will. Das heißt, man sollte überlegen, was die Zuhörer über das Thema eventuell bereits wissen, was sie interessieren könnte oder wie sie zu einigen Sachverhalten stehen.
- Eine gute Rede ist immer auch eine Frage des rhetorisch guten Vortrags. Vor allem ist klar und deutlich zu sprechen. Während der Rede ist es wichtig, sich auf die Zuhörer „einzustellen". Der Vortragende sollte immer im **Blickkontakt** zu ihnen bleiben und ihre Reaktion beachten (z.B. Interesse oder Langeweile).
  Die wirkungsvolle Gestaltung einer Rede hängt vom Einsatz bestimmter **rhetorischer Mittel** ab. Das sind vor allem folgende:
  - Die Zuhörer werden direkt angesprochen.
  - Es werden rhetorische Fragen formuliert („Ist es Ihnen/euch nicht auch schon so ergangen?").
  - Wichtige Wörter oder Gedanken werden wiederholt, um sie einprägsamer zu machen.
  - Antithesen (Gegensätze) werden vorgetragen, um die eigenen Argumente zu verdeutlichen.
  - Eine Übereinstimmung zwischen Redner und Zuhörer kann beispielsweise dadurch herbeigeführt werden, dass von „wir" gesprochen wird („Wir haben alle schon erlebt, dass ...").

**Rhetorik:** Wissenschaft von der wirkungsvollen Gestaltung öffentlicher Reden; auch Redebegabung, Redekunst

### Analyse einer Rede

Die Analyse einer rednerischen Leistung kann von folgenden Fragen ausgehen:

1. Wie ist die Redesituation?
   - *Wer* redet zu welchem Thema?
   - *Für wen* wird die Rede gehalten?
   - *Was* wird vorgetragen?
   - *Wo* wird gesprochen?
   - In welcher *historischen Situation* wird/wurde die Rede gehalten?
   - Aus welchem *Anlass* wird die Rede gehalten?

2. Welchen *Zweck* verfolgt die Rede? Wie wird das beabsichtigte Anliegen vertreten?
3. Um welche *Redeform* handelt es sich?

### Referat



> Das **Referat** ist ein frei gehaltener mündlicher Vortrag, der übersichtlich und klar über einen Sachverhalt oder ein Thema informiert.
> Das Referat ist eine asymmetrische, monologische Redeform.

Ziel eines Referats ist die sachgerechte Unterrichtung eines bestimmten Zuhörerkreises. Deshalb ist es wichtig, zur *Vorbereitung* eines Referats folgende Punkte zu beachten:
- Das **Thema** sollte genau umrissen werden.
- Es sollte **Informationsmaterial** besorgt werden, z. B. Lexika, Fachliteratur, Zeitungsartikel, Videofilme usw.
- Das Material sollte ausgewertet und geordnet werden.
- Eine **Gliederung** sollte erarbeitet werden (Einleitung, Hauptteil, Schluss).
- Für den Vortrag sollte ein **Stichwortzettel** angefertigt werden.

### Hinweise zur Vorbereitung und Gliederung eines Referats

Die Erarbeitung eines Referats umfasst einen längeren Zeitraum. Verschiedene Arbeitsschritte sind notwendig.

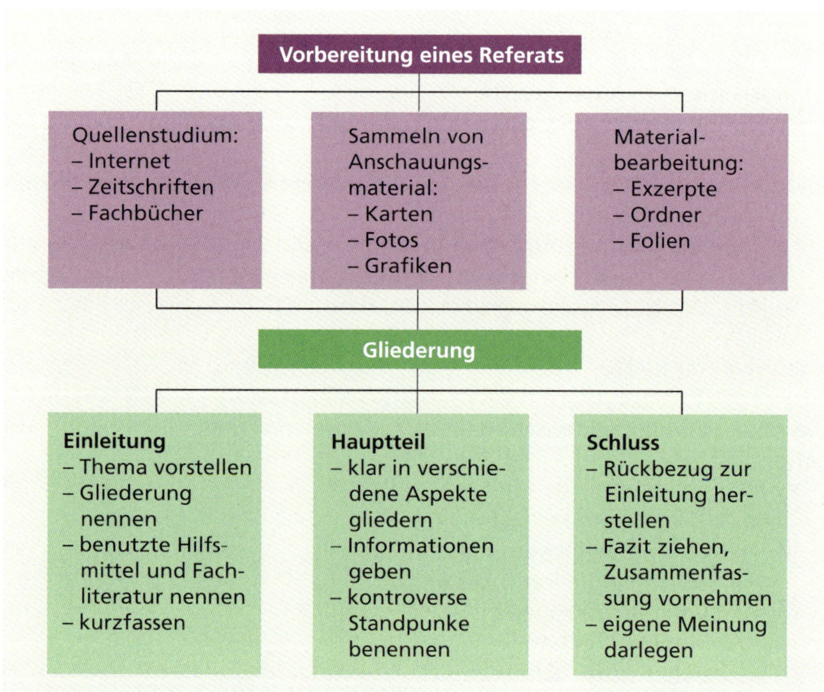

### Hinweise zur sprachlichen und rhetorischen Gestaltung

Auch wenn es zunächst schriftlich ausgearbeitet wird, sollte ein Referat in **freier Rede** vorgetragen werden. Dabei sind die Einstellung zu den Zuhörern und der Kontakt zu ihnen besonders wichtig.
Die Zuhörer für das eigene Thema zu interessieren und sie übersichtlich und klar zu informieren, bedarf einer guten Vorbereitung auf das, was man sagen will. Aber auch das Referieren selbst, also wie man spricht und seinen Vortrag gestaltet, sollte genau bedacht werden.

Folgendes ist für eine gute **sprachliche** und **rhetorische Gestaltung** eines Referats hilfreich:
- Die Zuhörer sollen auf das Thema und Anliegen des Referats gut eingestellt werden. Deshalb sollten zu Beginn des **Referats** Thema und Gliederung genannt werden. Auch über benutzte Hilfsmittel, Quellenmaterial und Fachliteratur sollte etwas gesagt werden.
- Auf die **Gliederungspunkte** sollte man im Laufe seines Referats wieder zurückkommen, damit sich die Hörer orientieren können.

„Jetzt komme ich zum zweiten Schwerpunkt des Referats: …"; „Damit beende ich diesen Teil des Referats, den ich … überschrieben habe."

- Die Zuhörer immer wieder *direkt ansprechen* und in die Darlegungen einbeziehen. Das kann durch solche Formulierungen geschehen wie:

„Sicher denkt ihr auch, dass …"
„Sehen wir uns das einmal genauer an."
„Das bedeutet für uns …"

- Durch Vorankündigungen, Rückverweise oder das Aufwerfen von **rhetorischen Fragen** können Verständnis und Interesse der Zuhörer gefördert bzw. wachgehalten werden.

**Rhetorische Frage:** nur zum Schein, aus Gründen der Rhetorik gestellte Frage, auf die keine Antwort erwartet wird

„Auf diese Frage werde ich im nächsten Punkt noch eingehen."
„Wie ich schon dargelegt habe, ist das besonders wichtig."
„Könnt ihr euch das vorstellen?"

- Man sollte langsam und *deutlich sprechen.* Zu lange und komplizierte Sätze erschweren das Verständnis. Wichtige Aussagen kann man stärker betonen oder auch wiederholen. Mit kleinen **Sprechpausen** kann auf einen neuen inhaltlichen Schwerpunkt bzw. Gedanken aufmerksam gemacht werden.
- Die wichtigsten inhaltlichen Gedanken sollte man am Schluss des Referats noch einmal *zusammenfassen.* Auch jeweils am Ende eines Gliederungsschwerpunktes kann eine kurze Zusammenfassung vorgenommen bzw. der Hauptgedanke noch einmal genannt werden.
- Ein Referat sollte immer auch anschaulich gestaltet werden. Das kann einerseits durch eine **bildliche Sprache** geschehen. Andererseits können **Anschauungsmittel** und -materialien genutzt werden; wichtige Begriffe können an die Tafel geschrieben, Skizzen oder Schemata an die Wand projiziert oder Handmaterialien verteilt werden.

### Vortrag

Vortragen: „nach vorn" tragen; vor anderen etwas mitteilen

Der **Vortrag** ist eine ausführliche Rede über ein **Sachthema** vor einem größeren Hörerkreis. Sie soll die Zuhörer informieren und ihnen Wissen vermitteln.
Der Vortrag ist eine asymmetrische, monologische Redeform.

Gebräuchliche **Formen des Vortrags** sind:
- die Vorlesung (vor allem an Universitäten),
- der Lehrervortrag, der Schülervortrag (in Bildungseinrichtungen),
- der Fachvortrag (in Expertenrunden).

### Vorbereitung eines Vortrags

Die Vorbereitung eines Vortrags sollte unter folgenden Gesichtspunkten erfolgen:
1. Sichere *Kenntnisse* zum Thema erarbeiten (Material sammeln, auswerten, auswählen).
2. Zusammengestelltes Material ordnen, Schwerpunkte des Themas benennen, eine **Gliederung** formulieren.
3. Sich Kenntnis über die **Zuhörer** verschaffen (Was können sie schon über das Thema wissen, was wird sie besonders interessieren?).
4. Überlegen, wie **Einleitung** und **Schluss** des Vortrags gestaltet werden können.

Ein Vortrag wird zunächst *schriftlich* ausgearbeitet. Dabei werden Zitate, statistische Angaben, Formeln und wichtige Kernsätze besonders kenntlich gemacht (unterstreichen, farblich markieren). Dadurch kann man diese Informationen in seinem *mündlichen* Vortrag auch sachlich korrekt und vollständig darbieten.

### Vorbereitung des Vortragens

Auch wenn ein Vortrag schriftlich ausformuliert wird, sollte er nicht einfach abgelesen werden. Es ist zu beachten:

Nur ein gut vorgetragener Text wirkt und erreicht die Zuhörer.

Gutes, wirkungsvolles Vortragen kann vorbereitet werden. Dafür sind folgende Schritte zu empfehlen:
- den aufgeschriebenen Text leise durchlesen;
- Sinneinheiten ermitteln und kennzeichnen, z. B. durch Schrägstriche (/.../.../);
- Sprechpausen markieren, z. B. durch zwei Schrägstriche (//...);
- Wörter, die besonders hervorzuheben sind, unterstreichen (aber nicht zu viele);
- in halblautem Lesen das Sprechtempo, das Einhalten der Sinneinheiten und der Pausen sowie die Betonung beim Lesen prüfen;
- laut für sich selbst lesen, auf korrekte Aussprache und angemessene Lautstärke achten.

### Hinweise für das Vortragen

Während des Vortrags ist es wichtig, den **Blickkontakt** zu den Zuhörern zu halten. Nur so kann festgestellt werden, wenn
- sie etwas nicht verstanden haben,
- sie eine Aussage besonders interessiert oder
- eine kleine Denkpause eingelegt werden sollte.

Hinweise für die sprachliche und rhetorische Gestaltung einer Rede oder eines Referats ↗ S. 275, 277

Gerade auch bei Fach- und Sachvorträgen sollte das *Mitdenken der Zuhörer* gefördert werden durch
- eine überschaubare Gliederung,
- Wiederholung wichtiger Aussagen,
- Zusammenfassungen am Ende von Gliederungsabschnitten,
- klare, kurze Sätze.

## 4.2.2 Rollenspiel

Das **Rollenspiel** ist eine *dramatische* (handelnde) *Form* des Gesprächs mehrerer Personen zu einem bestimmten Thema.
Es ist eine symmetrische, dialogische Gesprächsform.

Die Bezeichnung Rollenspiel geht auf eine Zeit zurück, als Schauspieler ihren Text noch von Papierrollen deklamierten.

Ausgehend von einer *realen Situation* (im Unterschied zur poetisch-literarischen) wird beim **Rollenspiel** menschliches Verhalten spielerisch-gestaltend nachgeahmt. Diese spielerische Art ermöglicht,
- dass der Spieler einer Rolle das Denken und Verhalten der gespielten Figuren besonders gut kennenlernt, weil er sich in sie hineinversetzt;
- dass der Spieler unterschiedliche Verhaltensvariationen durchspielen und erproben kann;
- dass sich der Spieler mit Konfliktsituationen oder alternativen Sachverhalten auseinandersetzen lernt.

### Vorbereitung und Ablauf eines Rollenspiels

Die *Vorbereitung* eines Rollenspiels sollte von den Spielern gemeinsam getroffen werden. Sie überlegen sich zu einer Problemstellung eine bestimmte Situation, indem sie *folgende Fragen* klären:
- Wo spielt sich das Geschehen ab?
- Welche Personen treffen zusammen?
- Worum soll es gehen, welche Hauptaussage wird beabsichtigt?
- Welches ist die Kernstelle, der Höhepunkt des Spiels?
- Welche Ausstattung (Geräte/Hilfsmittel) wird benötigt?

Dann besprechen und verteilen sie die dazu passenden Rollen.

Bei der *Durchführung* eines Rollenspiels ist zu beachten, dass
- das Vorspielen nicht unterbrochen werden sollte;
- die Sprache der Situation und der Rolle, die übernommen wurde, angepasst ist;
- die Zuschauer/Zuhörer keine Mitgestalter sind.

### Auswertung eines Rollenspiels

Die **Auswertung** eines Rollenspiels ist ein wichtiger Bestandteil des Gesprächs zwischen Zuschauern/Zuhörern und Spielern. Dabei sollten vor allem *folgende Fragen* im Mittelpunkt stehen:
- Was haben die Zuschauer wahrgenommen? Stimmen ihre Wahrnehmungen mit den Absichten der Spieler überein?
- Ist die im Spiel dargestellte Lösung des Problems realistisch? Gibt es andere Lösungen?
- Hätten sich die gespielten Personen auch anders verhalten können? Wie?

### Vorlagen für ein Rollenspiel

Für die Gestaltung von Rollenspielen können als *Vorlage* eine Lektüre, Anekdoten, Sagen, Fabeln und Märchen, aber auch eine aktuelle Streitfrage oder ein Unterrichtsthema genutzt werden.

Aber auch ohne solche Vorlagen können Rollenspiele gestaltet werden. Denkbar sind solche *Situationen* wie:
- ein Auto betanken,
- beim Tapezieren helfen,
- eine schwere Prüfung absolvieren,
- sich gegen Gewalttätige auf dem Schulhof wenden.

Wenn eine *Vorlage* genutzt werden soll, ist zunächst zu klären, was (welches Problem) im Rollenspiel umgesetzt werden soll. Auch sind die Fragen zu beantworten, die generell in Vorbereitung auf ein Rollenspiel gestellt werden sollten.
Auf dieser Grundlage kann dann eine kleine „Dramaturgie" für ein Rollenspiel entwickelt werden (Ort des Geschehens, handelnde Personen, Rollenverteilung).

So könnte ein Beispiel für eine Episode klingen:

> Es ist kurz vor 19 Uhr, draußen regnet es und Nach einem anstrengenden Tag sitzen Kerstin und Michael beim Abendbrot. Ihre Tochter Lisa ist auch anwesend. Der Urlaub steht bevor; aber Kerstin geht viel durch den Kopf.
>
> Um Viertel vor sechs stehe ich zusammen mit meinem Mann auf. Während er sich wäscht und rasiert, setze ich Kaffeewasser auf, decke den Tisch in der Küche, mache Schulbrote für unsere zwölfjährige Tochter. Ich gehe ins Bad, ziehe mich an, frühstücke im Stehen, lege die Betten aus, räume Kleider auf, stelle benutzte Teller zusammen, räume das gewaschene Geschirr aus dem Geschirrspüler, schon viertel sieben. Ich wecke Lisa, die von der Oma versorgt werden wird. Ein hastiger Blick, ob alles in Ordnung ist, Fenster schließen, könnte Regen geben, Hupen vor der Tür, ich komme. Flüchtige Ermahnungen an Lisa: Komm sofort nach der Schule nach Hause, ach,

der Schlüssel … Mein Mann fährt mich zur Haltestelle. Der Bus, wie gewohnt, überfüllt, Tor 2, mieser Pförtner, stempeln, rasch weißen Kittel und Häubchen anziehen, 7 Uhr 30, guten Morgen …

Angeregt von dieser Episode könnte ein Rollenspiel mit folgenden *Ausgangsüberlegungen* vorbereitet werden:

| | |
|---|---|
| *Thema:* | Familienalltag mit ungerechter Rollenverteilung |
| *Ort des Geschehens:* | Wohnung, vor dem Abendessen |
| *Personen:* | Mutter, Vater, Oma, Lisa |
| *Hauptaussage:* | Familienmitglieder fordern Verständnis und Hilfe von der Mutter, aber ihre Arbeit wird nicht anerkannt. |
| *Kernstelle/Höhepunkt:* | Die Mutter, die für alle das Essen zubereitet, bekommt nur Anwürfe und Probleme zu hören. |

**Mögliches Rollenverhalten/Darstellen der Situation:**

| *Person* | | *Verhaltensweise* |
|---|---|---|
| *Oma:* | Wann gibts Essen? | erwartet, dass man sich um sie kümmmert |
| *Michael:* | n' Abend. | schlecht gelaunt |
| *Kerstin:* | Du kommst spät. | Feststellung |
| *Michael:* | Sei froh, dass ich überhaupt komm! | wütend, unzufrieden |
| *Kerstin:* | Wieso, hast du was? | möchte ihn verstehen |
| *Michael:* | Hast du was? Ich kann nicht den ganzen Tag wie du am Fließband träumen. Ich muss ständig mit Kopf und Händen ran. | wertet Kerstins Arbeit ab, um seine Arbeit aufzuwerten |
| *Oma:* | Opa war früher nicht nur acht Stunden im Betrieb. | seine Mutter unterstützt ihn |
| *Lisa:* | Ich hab ne Fünf in Franz. | versucht, den Konflikt für sich zu nutzen |
| *Kerstin:* | Hier ist eure Suppe. | sie fühlt sich alleingelassen |

### 4.2.3 Interview

**Interview:** frz. entrevue = verabredete Zusammenkunft

Das **Interview** ist eine Gesprächsform zur Ermittlung von Wissen und Erfahrungen, Meinungen und Haltungen, Einstellungen und Bedürfnissen. Es wird durch die Abfolge von *Fragen und Antworten* zwischen zwei oder mehreren Personen in Gang gehalten.
Das Interview ist eine asymmetrische, dialogische Gesprächsform.

Das Besondere eines Interviews als dialogischer Gesprächsform besteht darin, dass sich der *Informationsfluss* von einem oder mehreren Antwortenden hin zum Interviewer vollzieht. Der Interviewer stellt seine Fragen zielgerichtet, er allein steuert das Gespräch.

**Anwendungsbereiche des Interviews**

Das Interview findet in verschiedenen Bereichen Anwendung:
- Es wird aber vor allem in der *Publizistik* eingesetzt, d.h., der Reporter oder die Reporterin stellt gezielte Fragen, zu denen sich der/die Interviewte äußert.
- In der *Meinungs-* und *Medienforschung* wird das Interview als Instrument der Befragung (Umfrage) verwendet. Befragungen werden mündlich, z.B. per Telefon, oder schriftlich mithilfe eines Fragebogens durchgeführt.
- In der *Medizin* und *Psychologie* findet das Interview als Instrument der Diagnostik (Bestimmung eines Krankheitsbildes) Anwendung.
- In der *Schule* wird die Befragung vor allem im Geschichtsunterricht genutzt, wenn bestimmte Informationen von Zeitzeugen eingeholt werden.

Je nach Anliegen und Zielstellung werden **Personen-** und **Experteninterview** unterschieden.
- Bei einem **Personeninterview** geht es um die Meinung/Stellungnahme einer bestimmten Person zu einem Sachverhalt/Ereignis oder zur Person selbst. Es wird zumeist mit den gestellten Fragen in den Medien (Zeitung, Zeitschrift, Fernsehen, Internet) veröffentlicht bzw. gesendet. Die Person steht im Zentrum des Interviews, z.B. ein Schauspieler oder Sänger.
- Ein **Experteninterview** wird hauptsächlich mit dem Ziel geführt, spezielle Informationen zu einer bestimmten Sache oder einem Ereignis zu erhalten. Ein Interview mit einem Wissenschaftler über den Stand der Genforschung ist z.B. ein Experteninterview.

Es gibt verschiedene **Interviewformen,** die sich nach Zielsetzung und Art der Durchführung unterscheiden:
- **Telefon-/Internetinterviews** werden sowohl in der Meinungsforschung als auch in der publizistischen Arbeit angewendet. Sie setzen eine genau umrissene Fragestellung voraus und sind zumeist auf den Erhalt möglichst vieler Informationen in einer kurzen Zeit gerichtet. Die befragten Personen beantworten die gestellten Fragen ohne besondere Vorbereitung.

- **Straßeninterviews** werden zumeist zur Erkundung von Meinungen einer breiten Bevölkerungsschicht zu einem bestimmten Ereignis oder einem Thema durchgeführt. Die befragten Personen antworten auf die gestellten Fragen spontan.
- Auch ein **Prüfungsgespräch** trägt den Charakter eines Interviews, da es auf dem Wechsel von Fragestellung und Antwort beruht.

Beachte: Das **Prüfungsgespräch** lässt keinen Rollenwechsel zu.
Die Dialogpartner sind nicht gleichberechtigt.



### Interviewplanung

Jedes Interview sollte gut vorbereitet werden. Die Vorbereitung kann in folgenden Schritten erfolgen:

1. Das konkrete *Thema* und die verfolgte Absicht werden festgelegt.
2. *Geeignete Personen,* die befragt werden sollen, werden ausgewählt. Ort und Zeit des Interviews werden mit dem Interviewpartner abgestimmt.
3. Ein **Fragenkatalog** wird ausgearbeitet. Dabei sollten neben den inhaltlichen Schwerpunktfragen auch die Eröffnungsfrage und die Abschlussfrage formuliert werden; das heißt, Einleitung, Hauptteil und Schluss sind zu beachten. Die Fragen sollten inhaltlich präzise und sprachlich klar formuliert sein. Mögliche Antworten auf die Fragen werden skizziert, damit man sich gedanklich weitergehend vorbereiten kann.

### Frageformen

Es gibt verschiedene **Frageformen,** die in Abhängigkeit von der jeweiligen Situation und den Interviewabsichten verwendet werden:

- **Meinungsfragen**
  Sie beziehen sich auf Haltungen, Einstellungen, Urteile, Erfahrungen, Motive, Wünsche, Interessen, Ansprüche, Erwartungen von Interviewpartnern.
  („Denken Sie, dass Ihre Arbeit künftig durch den Computer ersetzt wird?"
  „Wie beurteilen Sie die neuen Regelungen?")

- **Eröffnungsfragen**
  Sie gehören zu den Meinungsfragen, sind aber speziell darauf gerichtet, ein Interview einzuleiten. Sie dienen dem Bekanntmachen mit der interviewten Person oder dem Heranführen an das Thema, über das man sprechen will. Mit gut bedachten Eröffnungsfragen lassen sich Aufregung oder andere psychische Sperren, die bei einem Interviewpartner auftreten können, abbauen.
  („Wie sind Sie als einer der bekanntesten Komponisten eigentlich zur Musik gekommen?"

- **Tatsachenfragen**
  Sie beziehen sich auf Wissen, Erlebnisse und Erfahrungen von Interviewpartnern. Dazu gehören vor allem Faktenfragen. Sehr oft wird diese Art von Fragen mit „wer, wann, wo, was, warum" eingeleitet.
  („Wer hat diese Krankheit entdeckt?"
  „Wann sind Sie dieser Gruppe zum ersten Mal begegnet?")

- **Entscheidungsfragen**
  Sie gehören zu den Tatsachenfragen, zeichnen sich aber dadurch aus, dass sie als Antwort nur ein *Ja* oder *Nein* zulassen. Besonders in Fragebögen werden häufig Entscheidungsfragen formuliert.
  („Sind Sie gegen das Rauchen am Arbeitsplatz?"
  „Lesen Sie regelmäßig eine Tageszeitung?")

**Personeninterview**

Interview mit INGRID NOLL aus dem BücherJournal (Kiepert), Oktober 2000 (Auszug)

**Frau Noll, wie lebt die erfolgreichste und bekannteste Krimiautorin Deutschlands?**
(Eröffnungsfrage)

*Ich lebe so normal wie andere Frauen meines Jahrgangs ...*

**Ungewöhnlich ist auch, dass Sie in Schanghai geboren sind und dort Ihre Kindheit verbracht haben. Inwiefern haben Sie diese Jahre geprägt?**
(Tatsachenfrage)

*Meine Kindheit in China hat mir vor allem viel Freiheit geschenkt ...*

**Wenn Sie noch mal wählen könnten, wären Sie schon viel früher Autorin geworden oder hätten Sie etwas völlig anderes gemacht?**
(Meinungsfrage)

*Auf eine eigene Familie hätte ich ungern verzichtet, aber wenn ich geahnt hätte, dass ich Romane schreiben kann, hätte ich wohl früher damit begonnen ...*

**Durchführung von Interviews**

Bei der Durchführung eines Interviews ist vor allem Folgendes zu beachten:
- Um die Aussagen eines Interviewpartners auswerten zu können, sollte man sie entweder mit einem Kassettenrekorder aufnehmen oder in *Stichpunkten* notieren.
- Man stellt zunächst sich selbst vor und erklärt sein *Anliegen* (wenn nicht bereits eine Vorabsprache getroffen wurde).
- Die *Fragen* sind klar und präzise, in möglichst kurzen Sätzen zu formulieren.
- Nach jeder gestellten Frage sollte man Zeit für die Antwort geben und nicht mehrere Fragen zugleich stellen.
- Dem Interviewpartner wird am Ende eines Interviews gedankt.

### 4.2.4 Rundgespräch

> Eine der häufigsten, gebräuchlichsten und komplexesten Gesprächsformen im privaten wie im öffentlichen Bereich ist das **Rundgespräch,** das *Gespräch in der Runde.* Es kann straff organisiert sein (z. B. bei Konferenzen, Sitzungen, Meetings) oder spontan gestaltet werden.
> Das Rundgespräch ist eine symmetrische, dialogische Gesprächsform.

In einem Rundgespräch sitzen oder stehen die Gesprächspartner möglichst so, dass sie untereinander *Blickkontakt* halten können. Sie hören einander zu und gehen mit Beiträgen aufeinander ein.
*Rundgespräche dienen:*
- dem Meinungsaustausch,
- der Lösung von Problemen,
- dem Treffen von Absprachen und Vereinbarungen oder
- der Wissens- und Erkenntniserweiterung zu einem Thema.

> Rundgespräche können das *Gemeinschaftsgefühl* stärken, indem gemeinsame Ziele vereinbart werden, die erreicht werden sollen.

Je nach kommunikativer Situation gibt es verschiedene Arten von Rundgesprächen.

**Diskussion:** lat. discutere = zerteilen, zerlegen, zerschlagen

1. Die **Diskussion** ist eine von mehreren Personen geführte Auseinandersetzung über ein Thema oder Problem durch Austausch von Standpunkten und Argumenten. Sie wird zumeist von einem Diskussionsteilnehmer oder Vorsitzenden geleitet und zielt vor allem darauf, Meinungen zu bilden und zu überprüfen, Lösungsmöglichkeiten zu finden, Analysen zu erarbeiten und Wertungen vorzunehmen. Das **Argumentieren** steht dabei im Mittelpunkt.
   Der Erfolg einer Diskussion hängt vor allem von der Bereitschaft der Teilnehmer ab, den Gesprächsverlauf aufmerksam zu verfolgen, auf

4

**Argumentieren;** schlüssiges Darlegen von stichhaltigen Gründen zur Stützung oder Widerlegung einer These bzw. zur Begründung oder Ablehnung eines Vorhabens

die Standpunkte und Argumente der Partner einzugehen und sachlich zu diskutieren.
Ob eine Diskussion spontan oder vorbereitet geführt wird, ist abhängig von der jeweiligen Situation und dem angestrebten Ziel.

### Aufgaben des Diskussionsleiters

Die Aufgaben eines Diskussionsleiters bestehen vor allem darin,
- die Diskussion zu eröffnen und das Problem oder die Streitfrage darzulegen,
- den Diskussionsrednern das Wort zu erteilen,
- auf einen geordneten Ablauf der Diskussion zu achten und
- die Diskussionsergebnisse zusammenzufassen.

### Formen der Diskussion

Es gibt verschiedenen Formen der Diskussion, so vor allem die Podiumsdiskussion und die Debatte.
- Die **Podiumsdiskussion** ist ein Gespräch von mehreren Teilnehmern (etwa sechs bis acht), die über gute Sachkenntnisse zu einem Thema verfügen. Das Gespräch findet vor einer interessierten Zuhörerschaft statt, die sich jedoch nicht an der Diskussion beteiligt. Sie erhält erst im Anschluss an die Podiumsdiskussion Gelegenheit, Fragen zu stellen oder Anmerkungen zu machen.
- In der **Debatte,** beispielsweise einer Bundestagsdebatte, steht ein Antrag im Zentrum, der zumeist von einer Gruppe der Teilnehmer gestellt ist. In einem ersten Schritt wird der Antrag begründet, dann wird über ihn mit Argumenten dafür und dagegen diskutiert. Der Ablauf einer solchen Debatte ist zumeist durch Regeln (z. B. durch eine Geschäftsordnung) festgelegt.

**Debatte:** frz. débat = Diskussion, Debatte (vor allem im Parlament); débattre = durchsprechen, den Gegner mit Worten schlagen

Bei Einhaltung einer *strengen Form* läuft die Debatte in einer genauen Reihenfolge ab: Nach Benennung des anstehenden Problems durch den Vorsitzenden nehmen abwechselnd Für- und Gegensprecher das Wort. Argumente und Gegenargumente sollen gründlich geprüft werden.
In einer **offenen Debatte** ist der Ablauf nicht so streng geregelt. Aber auch hier wird auf eine gleich lange Redezeit geachtet.

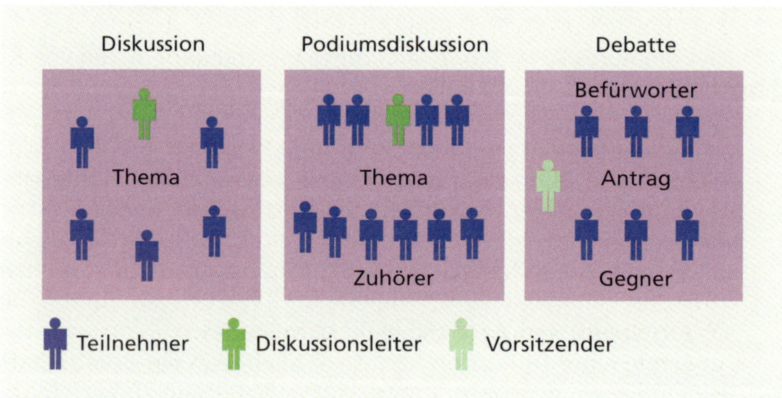

2. Die **Konferenz,** ein häufig einberufenes Gremium auf nationaler und internationaler Ebene, ist ein Rundgespräch, das von einem Moderator geleitet wird. Auf Konferenzen werden oft Teilnehmer mit unterschiedlichen Standpunkten und Auffassungen zusammengeführt und Beschlüsse gefasst (z. B. Umweltkonferenz, Schulkonferenz).
   - Die **Verhandlung** ist eine Gesprächsrunde, in der sich mehrere Personen mit einer Sachlage aus oft unterschiedlichen Blickwinkeln auseinandersetzen. Sie zielt darauf, eine Einigung zwischen den Verhandlungspartnern herbeizuführen oder eine Entscheidung vorzubereiten (z. B. Abkommen über die Beilegung eines Konflikts).

**Konferenz:** lat. conferre = konferieren; Besprechung mehrerer Personen über fachliche, organisatorische o. ä. Fragen



3. Das **Meeting** ist eine Versammlung oder Kundgebung, die häufig spontan oder kurzfristig stattfindet. Ein Meeting ist oft Ausdruck einer emotional geprägten Reaktion von Personen auf ein Thema oder ein gemeinsames Anliegen, zu dem sie ihre Meinung bekunden wollen (z. B. zur Schließung ihres Betriebes).

**Meeting:** engl. meeting, zu: to meet = begegnen, zusammentreffen; Zusammenkunft, Treffen

4. Der **Talk** ist eine Gesprächsrunde mehrerer Personen unterschiedlicher sozialer und beruflicher Herkunft, die zu einem gemeinsamen Thema Meinungen austauschen (z. B. Talkshow im Fernsehen). Das Gespräch wird vor einem Publikum geführt, das Meinungen äußern oder Fragen stellen kann. Ein Moderator übernimmt die Gesprächsführung. Es muss kein bestimmtes Ergebnis erzielt werden.

**Talk:** engl. talk, zu: to talk = reden, sprechen; Plauderei, Unterhaltung, öffentliches Gespräch

5. Das **Symposium** ist eine Tagung zur Erörterung wissenschaftlicher Themen (z. B. an Universitäten). Oft werden in Wortgefechten kontroverse wissenschaftliche Thesen verteidigt oder abgelehnt. Die Erörterung wird von einem Gesprächsführer geleitet.

**Symposium:** griech. sympósion; urspr. Trinkgelage, das der Hauptmahlzeit folgte; es war geprägt von philosophischen Gesprächen und Einlagen von Sängern, Tänzern und Gauklern; unter dem Einfluss von engl.-amerikan. symposium in der zweiten Hälfte des 20. Jh.s veränderte es seine Bedeutung im heutigen Sinne.

### Hinweise für die Teilnahme an einem Rundgespräch

Ein konstruktiver Beitrag in einer Gesprächsrunde setzt *Sachkenntnis* voraus.

Deshalb sollte sich jeder, der an einer Gesprächsrunde teilnimmt, *gut vorbereiten,* gedanklich oder auch schriftlich.
Ein vorbedachter oder vorformulierter Beitrag wird aber nur die *Grundlage* für eine Gesprächsteilnahme sein. Er ist immer in die jeweilige Gesprächsrunde, in einen bestimmten Stand der geführten Diskussion einzupassen. Und das bedeutet, dass man sich zu den anderen Gesprächsteilnehmern und zu ihren Positionen aufgeschlossen und konstruktiv verhält. Dabei ist Folgendes wichtig:

1. Bevor man das Wort ergreift, sollte man *prüfen:*
   - Was wurde bereits gesagt? (um *Wiederholungen* zu *vermeiden* oder sich einem wichtigen Gedanken nachdrücklich anzuschließen)
   - An welchen Beitrag bzw. welche Meinungen kann angeknüpft werden?
   - Welche *neuen* Aspekte sollten angesprochen werden und wie?

2. Bekommt man das Wort, kann die *Einleitung* des Beitrags auf unterschiedliche Weise erfolgen:
   - durch Aufgreifen eines Gedankens des/der Vorredner,
   - durch Ankündigen eines neuen, noch nicht geäußerten Gedankens,
   - durch eine provozierende (aber nicht verletzende) Aussage, die aber auch begründet werden muss.

3. Für den *eigenen Redebeitrag* sollte beachtet werden:
   - das Thema im Auge behalten, Weitschweifigkeit vermeiden, die eigenen Aussagen aber auch nicht zu knapp formulieren; sie sollen verstanden werden,
   - die eigene Meinung schlüssig und konkret darlegen, auf allgemeine Aussagen verzichten,
   - klar und deutlich, in angemessener Lautstärke sprechen.

4. Den *Schluss* des eigenen Beitrags sollte man so gestalten, dass die weitere Diskussion befördert wird. Das kann geschehen durch:
   - Zusammenfassen der vorgetragenen Gedanken und Ableiten von Schlussfolgerungen,
   - Formulieren einer Frage, die im weiteren Gespräch aufgegriffen werden kann,
   - Auffordern der Teilnehmer, sich zu dem Vorgetragenen zu äußern.

**Überblick über Rundgespräche**

| RUNDGESPRÄCHE | | |
|---|---|---|
| Diskussion | | Von einem Diskussionsleiter geführte Auseinandersetzung mit einem Thema; kann verschiedene Ziele haben, z. B. Meinungen bilden, Lösungsmöglichkeiten finden |
| | Debatte | Durch Regeln festgelegter Ablauf einer Diskussion zu einem Sachverhalt |
| | Podiumsdiskussion | Geleitetes Gespräch zu einem Thema vor Zuhörern |
| Konferenz | | Geplantes und geleitetes **Gespräch** mit **Beschlussfassung** |
| | Verhandlung | Geplantes Gespräch zu einem **Sachverhalt mit Ergebnis** |
| Meeting | | **Kundgebung** von Menschen, die ein Thema verbindet (oft emotional) |
| Talk | | **Gesprächsrunde** mit geladenen Gästen; Ergebnis muss nicht erzielt werden |
| Symposium | | Tagung zur **Erörterung** aktueller, wissenschaftlicher Themen (kontrovers) |

## Der Typenkreis

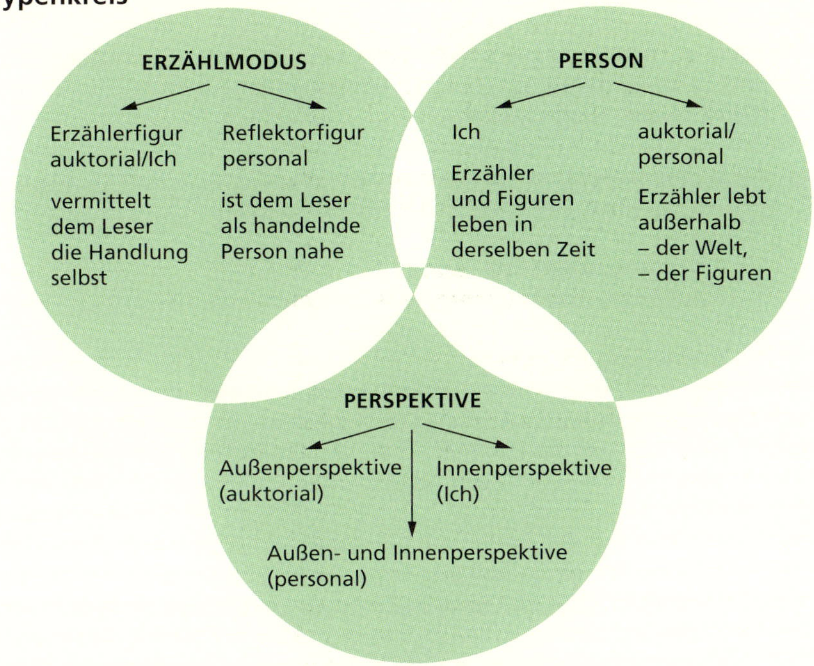


## Erzählende Textsorten

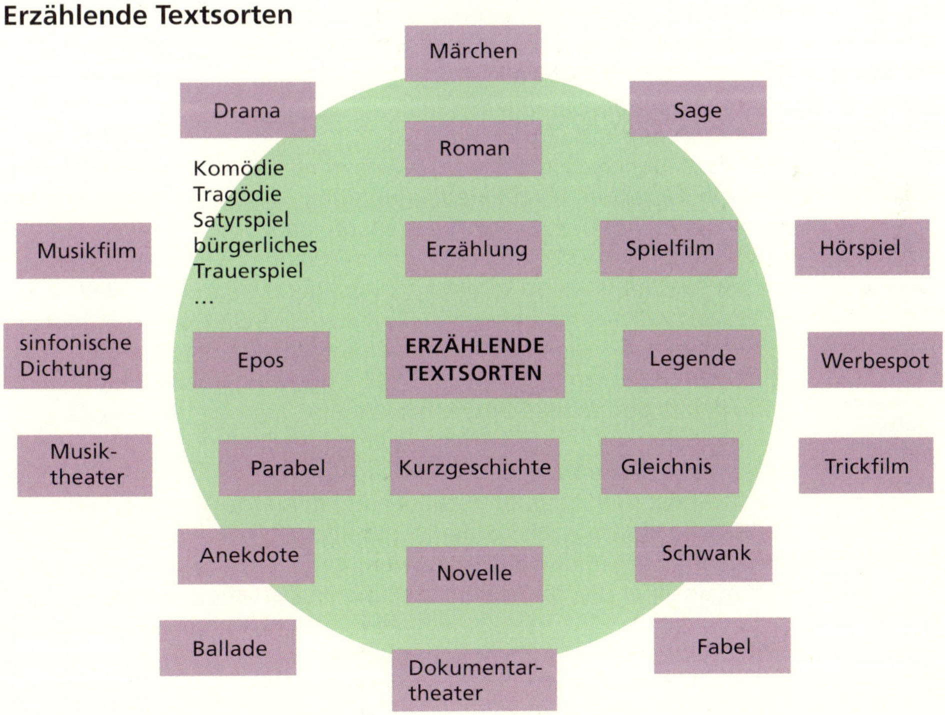

4

## Rhetorik: Die Kunst der Rede

„Eine gute Rede hat einen guten Anfang und ein gutes Ende – und beide sollten möglichst dicht beieinander liegen."
(Mark Twain, 1835–1910)

**Die fünf klassischen Elemente der Rede sind:**

**a)** Einleitung *(exordium):* Darlegung der Redeabsicht

**b)** Gliederung *(partitio, propositio):* Darlegung der Beweise

**c)** Darstellung und Widerlegung *(narratio/ dispositio):* Schilderung der Sachlage, Formulierung des Themas

**d)** Beweisführung *(argumentatio, tractatio, probatio):* Widerlegung anderer Argumente

**e)** Schlussfolgerung und Zusammenfassung *(peroratio/ conclusio):* kurze, prägnante Nennung eigener Argumente in der Zusammenfassung, Appell an die Emotionen der Zuhörer

Reden sollten gut vorbereitet werden. Im Folgenden einige Tipps, die sich an der klassischen antiken Rede orientieren:

1. **Erfindung (inventio)**
*Finden des Anlasses und des Gegenstands der Rede*

2. **Gliederung (dispositio)**
*Ordnen der Gedanken, Finden eines Schemas, wo am besten die* **schlagkräftigsten Argumente** *eingesetzt werden können. Die Aufmerksamkeit der Zuhörer sollte in dem Moment am größten sein (das ist nach* CICERO *am Anfang oder am Ende einer Rede der Fall).*

3. **Einkleidung der Gedanken (elocutio)**
*Einkleiden der Gedanken (Argumente) in Worte, die Gedanken (Argumente) so zur Sprache bringen, dass sie der* **Rede angemessen** *dargestellt werden. Beachtung des sprachlichen Stils, bewusste Nutzung rhetorischer Figuren und Tropen.*
a) Sprachrichtigkeit (latinitas, auch puritas)
b) Deutlichkeit (perspicuitas)
c) Redeschmuck (ornatus)

4. **Einprägen der Rede (memoria)**
*Grundsatz der Rede sollte sein, gar nicht vom Blatt abzulesen. Deshalb solltest du dir die Rede einprägen und dir allenfalls Stichpunkte aufschreiben. Es kann helfen, die wichtigsten Stellen des Vortrags/der Rede/des Referats vorher in unterschiedlichen Farben aufzuschreiben bzw. zu markieren, Absätze zu markieren oder die Redeabschnitte extra hervorzuheben und logische Folgen optisch mit Pfeilen oder Balken zusammenzuführen. Der Erfolg dieser Methode ist jedoch abhängig vom Lerntyp. Das Auf-Band-Sprechen könnte z. B. auditiven Lerntypen helfen.*

5. **Öffentlicher Vortrag (pronuntiatio, actio)**
Hier beweist sich die gute Vorbereitung der Rede. Wichtig sind der stimmliche Vortrag, die körperliche Haltung, in der vorgetragen wird, sowie der maßvolle Einsatz von Mimik und Gestik. „Pronuntiatio" meint hier die Stimme, „actio" die körperliche Erscheinung.

# Literatur und Medien

# 5

# 5.1 Ausgewählte literarische und mediale Gattungen

## 5.1.1 Kennzeichen der Epik

Charakteristisch für die Epik, also für *erzählende* Texte, ist die Vermittlung zwischen Leser oder Hörer und dem Erzählten. Als Vermittler fungieren der **Erzähler** oder Figuren **(Erzählperspektive).** Das erzählte Geschehen wird als vergangen geschildert, wobei mit den Mitteln der Rückblende, Zeitraffung, Zeitdehnung usw. die chronologische Abfolge des Geschehens durchbrochen wird.

Die Erzählperspektive bezeichnet den Blickwinkel, aus dem heraus Figuren, Handlung und Situation gesehen werden. Man unterscheidet
- überschauende Perspektive,
- figurengebundene Perspektive.

↗S. 223 ff.

Der Umgang mit der Zeit in der Epik

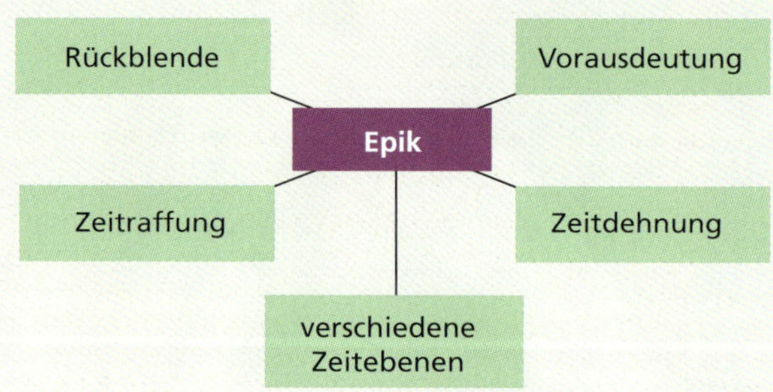


### Zeitgestaltung

Nach der **Erzählgeschwindigkeit** unterscheidet GÉRARD GENETTE zeitdeckendes Erzählen (Szene), Dehnung, Raffung, Zeitsprung und Pause.

In einem erzählenden (narrativen) Text spielt die Zeit in zweifacher Hinsicht eine wichtige Rolle. Man unterscheidet:

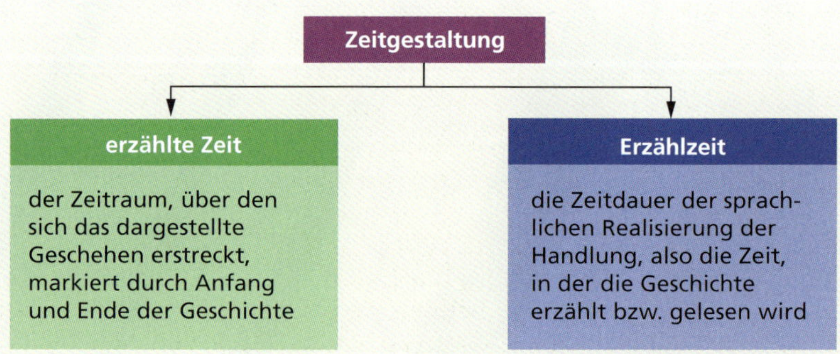


Das dargestellte Geschehen kann bei Weitem den Zeitraum übersteigen, den unser subjektives Erleben real ermöglicht. So umfasst das Geschehen in JEREMIAS GOTTHELFS Novelle „Die schwarze Spinne“ (1842) mehrere Generationen. Verschiedene Techniken lassen den Erzähler gleichsam über die Zeit „herrschen“.
Durch **Zeitraffung** kann ein womöglich Jahre dauernder Vorgang zusammengefasst werden. Die Handlung wird auf diese Weise vorangetrieben.

- Es regnete vier Jahre, elf Monate und zwei Tage.
(Gabriel García Márquez, „Hundert Jahre Einsamkeit", 1966)

**Erzähltechniken**

Da die meisten Geschichten einen größeren Zeitraum behandeln, als die Erzählzeit abdecken könnte, werden verschiedene zeitraffende **Erzähltechniken** verwendet. Die extremste Form der Zeitraffung ist der **Zeitsprung;** in der Erzählung wird einfach ein ganzer Zeitraum ausgelassen.

- Eine schöne lange Zeit war verflossen, achtundzwanzig Jahre, fast die Hälfte eines Menschenlebens; der Gutsherr war sehr alt und grau geworden, sein gutmütiger Gehülfe Kapp längst begraben.
(Annette von Droste-Hülshoff: Die Judenbuche, 1842)

Der Ich-Erzähler in MAX FRISCHS Roman „Homo Faber" (1957) geht folgendermaßen mit der Zeit um: Der Roman eröffnet mit einem Flug, der in New York während eines Schneetreibens startet. Sehr bald kommt es zu einer Notlandung inmitten der mexikanischen Wüste. In dieser Schilderung fallen erzählte Zeit und Erzählzeit zusammen, es wird nahezu **Zeitdeckung** erreicht.
Nach einer zeitdehnenden Reflexion des Erzählers über Schicksal und Wahrscheinlichkeit folgt eine *Zeitraffung* in einem zusammenfassenden Satz. Sodann schildert der Erzähler einige Eindrücke vom Landeplatz, beschleunigt die Handlung erneut: „Unser Nachmittag verging im Nu", um sie dann in einer ca. eine Seite umfassenden Reflexion des Erzählers zum Stillstand zu bringen, die folgendermaßen eingeleitet wird: „Ich habe mich oft gefragt, was die Leute eigentlich meinen, wenn sie von Erlebnis reden." Nach diesem verzögernden Moment der **Zeitdehnung** wird der Dialog zwischen dem Erzähler und seinem Schicksalsgenossen fortgesetzt, wobei wiederum *Zeitdeckung* entsteht.

Man sieht an diesem Beispiel, dass in einem erzählenden Text das **Erzähltempo** mehrfach variieren kann. Erzähltempo nennt man das Verhältnis von Erzählzeit und erzählter Zeit. Das Erzähltempo kann sich beschleunigen oder verzögern.
Die Zeit der Erzählung kann mit der ihres Inhalts zusammenfallen oder sich „auch sternenweit von ihr entfernen" (THOMAS MANN).
Um Geschehen in die Geschichte zu holen, das vor der eigentlichen Handlung der Erzählung liegt, bedient sich der Erzähler der *Rückwendung* oder **Rückblende.** Als allwissender Erzähler, der große Zeiträume überblickt, kann er einfach zurückliegendes Geschehen mitteilen.

- „Aber in der letzten Hälfte des vergangenen Jahrhunderts war ein grenzenloser Übermut eingebrochen ..."
(Jeremias Gotthelf: Elsi, die seltsame Magd, 1843)

Eine besondere Form der Rückwendung ist die **Binnenerzählung,** die zumeist einer der Figuren in den Mund gelegt wird. Seltener findet die **Vorausdeutung** in die Zukunft Verwendung. Sie verlangt zumeist einen Erzähler, der mehr weiß als seine Figuren.

5

## Erzählsituation

Der Anglist FRANZ KARL STANZEL (geb.1923) beschäftigte sich u. a. in „Theorie des Erzählens“ (1979) mit der Erzählweise.

Es ist wichtig, zwischen Autor (Verfasser) und Erzähler zu unterscheiden. Der *Erzähler ist nicht identisch mit dem Autor* eines erzählenden (narrativen) Textes. Der Erzähler ist eine *Rolle,* ein *Medium,* das sich der Autor erschafft, um dem Leser die Geschichte zu vermitteln.

Je nachdem, in welcher Weise der Erzähler in der Geschichte anwesend ist, ob als klar erkennbare Erzählerstimme, wie ein unsichtbarer Marionettenspieler hinter den Personen, oder als handelnde Person innerhalb der Geschichte, unterscheidet man:

| auktoriale Erzählsituation | personale Erzählsituation | Ich-Erzählsituation |
|---|---|---|

Die Abwesenheit eines Erzählers wird oft als neutrale Erzählsituation bezeichnet. Dies suggeriert scheinbare Wertfreiheit bzw. Objektivität.

Der **auktoriale Erzähler** (auch *allwissender Erzähler*) steht souverän, in *epischer Distanz,* über der Geschichte und dem Horizont seiner Figuren, er weiß immer mehr als diese und kann große geschichtliche und räumliche Zusammenhänge überschauen und sie im **Erzählerbericht** darbieten.

„In den Anfangstagen des Jahres 1523 zog nämlich das kleine Zürcherheer über die Alpen zurück, das wunderlicherweise dem Papsttum Land und Leute gegen Frankreich geschützt hatte, während in der Heimat schon das Evangelium gepredigt wurde.“
(Gottfried Keller: Ursula, 1876)

Nach dem **Erzählverhalten** unterscheidet JÜRGEN H. PETERSEN **auktorial** (Erzähler ist erzählendes Subjekt, wertet und kommentiert), **personal** (Erzähler erzählt aus seiner Perspektive), und **neutral** (szenische Darstellung durch Dialoge und Monologe).

GÉRARD GENETTE spricht in diesem Zusammenhang von **homodiegetischem** (Erzähler ist selbst auch Figur) **und heterodiegetischem Erzähler** (Erzähler ist nicht als Figur beteiligt).

Der *allwissende Erzähler* kann aber auch dicht an einzelne Figuren herantreten. Er kann ihr Handeln schildern, ja, er kann in ihr Gefühlsleben schauen.

„Unter den stattlichen Männern, die in der Nähe des Banners ritten, war Ulrich Zwingli selbst, und sein sympathischer Anblick erhellte die Seele des unverwandt schauenden Weibes.“
(Gottfried Keller: Ursula, 1876)

Mitunter tritt der Erzähler *heraus aus der Geschichte,* er nimmt gewissermaßen Gestalt an und wendet sich in *direkter Ansprache an den Leser:*

„Waren wir schon soweit, dass Herr Klöterjahn in die Heimat zurückgekehrt war?“
(Thomas Mann: Tristan, 1903)

Die auktoriale Erzählsituation ist immer eine *Er- oder Sie-Erzählung,* von den Figuren wird in der dritten Person berichtet.

In der **personalen Erzählsituation** wird stets in der *Er- oder Sie-Form* erzählt. Idealerweise wird das Geschehen aus dem Blickwinkel **(Erzählperspektive, Point of View)** einer Person mitgeteilt. Folglich erfährt der Leser die Geschichte aus der Perspektive dieser Person und das Mitgeteilte ist auf deren *Erfahrungs- und Bewusstseinshorizont* eingeschränkt.

Streckenweise, vor allem in den Dialogpassagen, scheint der Erzähler fast vollkommen hinter seine Personen zurückzutreten.

Man spricht von einer **Multiperspektive,** wenn die Erzählperspektive *zwischen den Personen wechselt.* Um die Sichtweise einer Romanfigur zu verlassen und die einer anderen anzunehmen, bedarf es in der Regel der *Einmischung und Vermittlung* des auktorialen Erzählers, wie im Folgenden deutlich wird.

„Marianne aß mehr und war ruhiger, als ihre Schwester erwartet hatte, wenngleich sie über alle Maßen unglücklich aussah. Hätte sie zu sprechen versucht oder wäre nur die Hälfte von Mrs. Jennings' wohlgemeinten, aber unangebrachten Aufmerksamkeiten in ihr Bewusstsein gedrungen, so hätte sie diese Ruh nicht bewahren können. Aber keine Silbe kam über ihre Lippen, und ihre Geistesabwesenheit ließ sie nicht bemerken, was um sie herum vorging."
(Jane Austen: Gefühl und Verstand, erschienen 1811)

JANE AUSTEN (1775–1817) gilt als Mitbegründerin der Romantik in England. Der Roman „Gefühl und Verstand" handelt von den Beziehungen zweier Schwestern zueinander. Während Elinor verstandesmäßig handelt, ist Marianne sehr impulsiv und leidenschaftlich.

Von einer **Ich-Erzählsituation** spricht man, wenn der Erzähler zugleich eine Handlungsfigur ist, also nicht außerhalb oder über dem Universum der Figuren steht. Vom auktorialen Erzähler, der sich mitunter auch als Ich-Stimme zu Wort meldet, aber nie als Person Konturen gewinnt, muss der Ich-Erzähler unterschieden werden.

Der Ich-Erzähler kann in sehr unterschiedlichem Maße in das Geschehen eingebunden sein. Immer ist er zweierlei: ein *erzählendes und ein handelndes Ich*. Der eine oder andere Aspekt kann mehr im Vordergrund stehen.
Eine handelnde Figur neben anderen ist der Erzähler in HERMAN MELVILLES „Moby-Dick" (1851), der sich mit folgenden Worten einführt:

„Nennt mich Ismael. Vor einigen Jahren [...] kam mir der Gedanke, ich könnte ein bißchen zur See fahren und mir den wäßrigen Teil der Welt besehen."
(Herman Melville: Moby-Dick, 1851, dt. 1927)

Die Ich-Erzählsituation lässt den Leser das Geschehen nur *aus dem Blickwinkel einer Person* nacherleben. Allerdings können mit dieser begrenzten Sichtweise enorme Effekte erzielt werden, so wie in dem frühen Ich-Roman „Simplicissimus" (1668) von GRIMMELSHAUSEN. Die naive Sicht des einfältigen Simplicissimus bildet einen starken Kontrast zu den geschilderten Gräueln des Dreißigjährigen Krieges.

„Von den gefangenen Weibern, Mägden und Töchtern weiß ich sonderlich nichts zu sagen, weil mich die Krieger nicht zusehen ließen, wie sie mit ihnen umgingen. Das weiß ich noch wohl, dass man teils hin und wieder in den Winkeln erbärmlich schreien hörte; schätze wohl, es sei meiner Meuder und unserm Ursele nit besser gangen als den andern."
(Johann Jakob Christoffel von Grimmelshausen: Der abentheuerliche Simplicissimus Teutsch, 1668)

Meuder = Mutter

5

In den seltensten Fällen kommen erzählende Texte mit einer Form von Erzählsituation aus. In der Regel wechseln Erzählsituationen und Erzählperspektiven. Dann gilt es, die in einem Text bzw. Textabschnitt vorherrschende Form zu erfassen.
Vor allem die Romane in der Tradition der **Moderne** zeichnen sich durch Versuche aus, die *Allmacht* des ordnenden und kommentierenden Erzählers einzuschränken bzw. ihn ganz aus dem Text zu verbannen.
Vor allem an den Formen der *Rede- und Bewusstseinswiedergabe* lassen sich im 20. Jh. Modernisierungen an erzählenden Texten ablesen.

## 5.1.2 Was ist ein Gedicht?

### Kennzeichen der Lyrik

**Lyrik,** von griech. Lyra = Leier bzw. lyrikós = zum Spiel der Lyra gehörend, mit Lyrabegleitung; ursprünglich Gesänge, die mit der Lyra begleitet wurden

> Allgemein ist **Lyrik** alles in Gedichtform Geschriebene und Überlieferte. Die lyrische Form ist meist kurz, eine Gliederung erfolgt in *Versen* und *Strophen*.

Unbetonte Silben erkennt man in der Alltagssprache oft daran, dass sie sehr flüchtig gesprochen bzw. dialektal „verschenkt" werden. Auf der betonten Silbe liegt der Hauptakzent.

Die Zuordnung eines literarischen Werkes zur Gattung Lyrik lässt sich nicht auf *rein formale Elemente* reduzieren. So ist Lyrik nicht unbedingt an den **Reim** und eine bestimmte **rhythmische Gestaltung** gebunden. Das Vorhandensein eines strukturierenden **Versmaßes** und/oder eines Reims wurde zwar bis ins 20. Jh. bei der Identifizierung eines lyrischen Textes angenommen, moderne Texte arbeiten jedoch auch mit **freien Versen** und mit **freien Rhythmen.**
Wichtig für die Zuordnung eines lyrischen Textes sind:
- Bildhaftigkeit,
- besondere sprachliche Ausdrucksmittel,
- Klangreichtum, Stimmungshaftigkeit und Rhythmusbetontheit,
- Assoziationsreichtum,
- Aus- bzw. Ansprechen von Empfindungen.

Wie in anderen poetischen Texten ist auch in der Lyrik der **lyrische Sprecher** lediglich eine Vermittlungsinstanz, die sich der Autor schafft und dessen Blick der Leser nachvollzieht, dessen Wahrnehmungen er folgen oder ablehnen kann. In vielen **Rollengedichten** sprechen sogar zwei oder mehrere Personen. Mitunter weisen sogar Gedichttitel (z. B. GOETHES „Prometheus") auf den lyrischen Sprecher hin.

### Klangliche Mittel

**Vers,** von lat. versus, eigtl. das Umwenden (des Pfluges), die gepflügte Furche, die Reihe

**Jambus,** griech. iambos von iaptein = schleudern, Wortherkunft unsicher

Der **Vers** ist die von einem bestimmten Rhythmus getragene Zeile innerhalb der gebundenen Rede. Den Rhythmus beschreibt man mittels des Versfußes. Der **Versfuß** besteht im Deutschen aus einer betonten Silbe (Hebung: –) und unbetonten Silben (Senkung: ◡). Jambische und anapästische Verse weisen **steigende Versfüße** auf. Sie beginnen stets auftaktig, d. h. mit einer unbetonten Silbe. Der **Jambus** besteht im Deutschen aus einer unbetonten und einer betonten Silbe. **Jambische Verse** weisen demzufolge das Versschema auf: ◡ – ◡ – ◡ – ◡ – ◡ – (unbetont,

betont ...). Sie werden oft als frisch, belebend, dynamisch beschrieben, können jedoch auch gemäßigt, fest und schwer wirken:

„Du siehst, wohin du siehst, nur Eitelkeit auf Erden.
Was dieser heute baut, reißt jener morgen ein"
(Andeas Gryphius: Es ist alles eitel)

Der **Anapäst** wird im Deutschen aus zwei unbetonten Silben und einer betonten Silbe gebildet.
**Anapästische Verse** weisen demzufolge das Versschema auf: ◡ ◡ – ◡ ◡ – ◡ ◡ –. Sie wirken oft vorwärtstreibend, bewegt:

**Anapäst,** von griech. anápaistos = rückwärts geschlagen

„Und es wallet und siedet und brauset und zischt"
(Friedrich Schiller: Der Taucher)

**Fallende Versfüße** beginnen stets auftaktlos, d.h. mit einer betonten Silbe. Trochäische und daktylische Verse weisen fallende Versfüße auf. Der **Trochäus** wird im Deutschen aus einer betonten und einer unbetonten Silbe gebildet. **Trochäische Verse** weisen das Versschema auf: – ◡ – ◡ – ◡ – ◡ (betont, unbetont ...). Sie werden oft als gemäßigt, fest, schwer beschrieben.

„Nach Korinthus von Athen gezogen
Kam ein Jüngling, dort noch unbekannt."
(Johann Wolfgang Goethe: Die Braut von Korinth)

Der **Daktylus** wird im Deutschen aus einer betonten und zwei unbetonten Silben gebildet. **Daktylische Verse** weisen das Versschema auf: – ◡ ◡ – ◡ ◡ – ◡ ◡ (betont, unbetont, unbetont ...). Sie wirken oft bewegt, heiter:

**Daktylus,** griech. dáktylos = der Finger, jeder Finger, mit Ausnahme des Daumens; drei Glieder

„Pfingsten, das liebliche Fest, war gekommen; es grünten und blühten Feld und Wald; auf Hügeln und Höhn, [...]"
(Johann Wolfgang Goethe: Reineke Fuchs, Anfang)

### Rhetorische Figuren und Tropen

Ein besonderes Kennzeichen der Lyrik ist ihre **bildhafte Sprache.** Sie zielt oft auf Mehrdeutigkeit, verweist auf die innere Welt des sich im Text verbergenden Subjekts, auf Gedanken, Gefühle, Träume, Wünsche und trifft auf die innere Welt des Lesers. Der Leser wird selbst zum *Bildproduzenten,* der die Spanne eines poetischen Bildes weit oder eng machen kann. Diese auch so bezeichneten **rhetorischen Figuren und Tropen** sind im Folgenden zusammengefasst.

| Figur | Beschreibung | Beispiel |
|---|---|---|
| **Allegorie** | Verbildlichung von Abstraktem, Darstellung des Allgemeinen im Besonderen, oft durch Personifikation, Bedeutung muss entschlüsselt werden | Justitia, Kreuz, Schiff |

| | | |
|---|---|---|
| **Anakoluth**<br>griech. an-akoluthos = ohne Folge | begonnene Satzkonstruktion, wird nicht richtig fortgesetzt, weil die Gedanken mitten im Satz eine andere Richtung nehmen | „Sie schlägt, die Rüstung ihm vom Leibe reißend, / Den Zahn schlägt sie in seine weiße Brust …" (HEINRICH VON KLEIST: Penthesilea, 23. Auftritt) |
| **Anapher**<br>griech. anaphorá = Rückbeziehung, Wiederaufnahme | Ein Wort oder mehrere Wörter werden zu Beginn mindestens zweier Satz- oder Verseinheiten wiederholt | „Wer nie sein Brot mit Tränen aß, / Wer nie die kummervollen Nächte / Auf seinem Bette weinend saß." (JOHANN WOLFGANG GOETHE: Wilhelm Meister) |
| **Antiklimax** griech. anti = gegen, klimax = Leiter, Treppe | Einzelne Satzteile oder Wörter sind mit abnehmender Gewichtung aneinandergereiht. Es soll ein belustigender Effekt erzielt werden. | „Urahne, Großmutter, Mutter, Kind …" (GUSTAV SCHWAB: Das Gewitter) |
| **Antithese**<br>griech. antithesis = Gegensatz | Gegensätzliche Begriffe und Gedanken werden in einem Satz oder einer Satzfolge gegenübergestellt, die häufig verschiedene Aspekte eines Oberbegriffs oder Themas darstellen. Sonderform: *Oxymoron*. | Himmel und Hölle, Wasser und Wein … |
| **Chiasmus**<br>griech. chiasmós = Gestalt eines Chi: X | (meist) spiegelbildliche Anordnung einander entsprechender Worte bzw. Satzglieder, a + b : b + a-Form, Verdeutlichung einer *Antithese* oder auf den hemmenden Abschluss einer Reihe von Parallelismen | „Die *Waffe* der *Kritik* kann … die *Kritik* der *Waffen* nicht ersetzen." (KARL MARX: Zur Kritik der Hegelschen Rechtsphilosophie) |
| **Chiffre** | Worte oder Wortverbindungen, deren Bedeutung nicht dem selbstverständlichen Gehalt entsprechen, die nur im Textzusammenhang geklärt werden können | bei TRAKL: blau = Chiffre für Wild, Steppe<br>bei BENN: blau = „das Südwort schlechthin" |
| **Ellipse**<br>griech. élleipsis = Auslassung, Mangel | Aussage wird auf die wichtigsten Teile reduziert. Es wird etwas ausgelassen, was jeder wie selbstverständlich dazu denkt, etwas leicht gedanklich zu Ergänzendes. | „Zwei Augen, ein kurzer Blick, die Braue, Pupillen, die Lider. Was war das? Von der Menschheit ein Stück! Vorbei, verweht, nie wieder." (KURT TUCHOLSKY: Augen in der Großstadt) |
| **Emblem**<br>griech. émblēma = Eingefügtes, Einlegearbeit | Sinnbild | Palme als Sinnbild der Treue |
| **Enjambement**<br>frz. enjamber = überspringen<br>**Zeilensprung** | Satzende fällt nicht mit dem Versende zusammen, ein Satz- oder Sinnzusammenhang wird über die Versgrenze hinweg fortgeführt | „Jähe Bewegung: von fernher ein Wind Wirbelt in den Erinnerungszweigen." (EVA STRITTMATTER: Erinnerungsbaum) |
| **Epanalepse**<br>griech. epanalepsis = Wiederaufnahme | Worte oder Wortgruppen werden am Anfang oder am Ende des Satzes wiederholt | „Mein Vater, mein Vater, jetzt fasst er mich an" (JOHANN WOLFGANG GOETHE: Erlkönig) |
| **Epipher**<br>griech. epiphorá = Herzubringen, Zugabe | Wiederholung von Wörtern oder Wortgruppen am Ende mehrerer aufeinanderfolgender Verse oder Strophen | „Doch alle Lust will Ewigkeit –, / – will tiefe, tiefe Ewigkeit!" (FRIEDRICH NIETZSCHE: Also sprach Zarathustra) |

| | | |
|---|---|---|
| **Euphemismus** griech. eúphēmos = Worte mit guter Vorbedeutung gebrauchen | etwas Schreckliches oder Feindliches wird gegenteilig bezeichnet, beschönigt | Kap der Guten Hoffnung |
| **Hendiadyoin** griech. hèn dià dyoĩn = eins durch zwei | zwei Substantive gleicher Bedeutung werden zum Zwecke der Verstärkung des Ausdrucks aneinandergereiht | Leib und Leben, Hab und Gut |
| **Hyperbel** griech. hyperbolé = Darüberhinauswerfen, Übermaß | Steigerung des Ausdrucks durch Unter- und Übertreibung bei Charakterisierungen oder Gleichnissen | Balken im Auge; eine Ewigkeit warten; ein Meer von Tränen „Ich fühle eine Armee in meiner Faust" (FRIEDRICH SCHILLER: Die Räuber) |
| **Hypotaxe** griech. hypótaxis = Unterordnung | Unterordnung in der Satzgliederung. Aufgliederung des Gedankens in Haupt- und abhängige Nebensätze (Schachtelsätze) | „Es braucht viele Jahre, bis mir aufgeht, daß das, was ein Aufschreiber mit dem, was er aufschreibt, erreichen will, nicht mit Händen zu greifen sein darf" (ERWIN STRITTMATTER: Der Laden 2) |
| **Inversion** lat. inversio = Umkehrung | Umkehrung der üblichen Wortstellung des Subjekts und Prädikats, um einen Begriff hervorzuheben | „Groß ist die Diana der Epheser"; „Röslein rot" (JOHANN WOLFGANG GOETHE) |
| **Ironie** griech. eirōneía = geheuchelte Verstellung, Unwissenheit | geäußerte Meinung stimmt nicht mit der gemeinten Bedeutung überein, Über- bzw. Untertreibung, Tadelung durch falsches Lob, Sich-lustig-Machen, Spotten | Du bist mir vielleicht ein Held! |
| **Katachrese** griech. katáchrēsis = Missbrauch | Verwendung eines nicht passenden Ausdrucks, fehlerhaft oder absichtlich (Bildbruch) | Er pflückte Kartoffeln; laute Tränen; welkes Licht |
| **Klimax** griech. klimax = Leiter, Treppe | eine sich steigernde Reihe von Worten, Satzteilen oder Sätzen | „Ich kam, ich sah, ich siegte" („veni, vidi, vici", JULIUS CAESAR) |
| **Litotes** griech: litótēs = Schlichtheit | Etwas wird durch Untertreibung, Verneinung oder Abschwächung seines Gegenteils verstärkt, etwas Positives durch die Verneinung des Gegenteils ausgedrückt. | Wir haben nicht wenig gelacht; nicht übel. |
| **Lautmalerei** Onomatopoesie, von griech. onomatopoiía = das Nachmachen **(Onomatopoesie)** | Schallnachahmung, Wiedergabe eines akustischen Eindrucks | summ, summ (Biene); miau (Katze) |
| **Locus amoneus** lat.= lieblicher Ort | **Topos** der Natur- und Idyllendichtung, ideale und fiktive Landschaft wird aus den stets gleichen „Requisiten" (Quelle, Bach, Hain, Wiese, Vögel) zusammengesetzt | |
| **Metapher** griech. metaphorá = Übertragung | Sprachbild, in dem der eigentliche Ausdruck durch einen uneigentlichen, bildhaften ersetzt wird | das Kupfer ihres Haares, Türflügel, Mensch als „Spiel der Zeit" |

| | | |
|---|---|---|
| **Metonymie** griech. metōnymía = Umbenennung | Ersetzung des eigentlich gemeinten Wortes durch ein anderes, das in einer realen Beziehung zu diesem steht | Ein Glas trinken. Im Schiller lesen. |
| **Neologismus** griech. néos = neu, lógos = Wort | Neubildung von Begriffen | „Steintag" (PAUL CELAN) |
| **Oxymoron** griech. oxýs = scharf; mōrós = dumm; scharfsinnige Dummheit | paradoxe Formulierung, etwas, das es eigentlich gar nicht geben kann | junger Greis, bittere Süße; „schwarze Milch der Frühe" (PAUL CELAN: Todesfuge); traurigfroh; ein sehr redendes Stillschweigen. |
| **Palindrom** griech. palíndromos = rückwärts laufend | Text, der vorwärts wie rückwärts gleich zu lesen ist | Dreh mal am Herd. Anna, Otto, Ein Esel lese nie. |
| **Paradoxon** griech. parádoxon = Unerwartetes | rhetorische Figur einer scheinbar widersprüchlichen Behauptung | Das Leben ist der Tod, und der Tod ist das Leben. |
| **Paralipse** griech. = paráleipsis = nebeneinander stehend | Ein Thema oder Gegenstand wird durch die nachdrückliche Bemerkung hervorgehoben, dass darauf nicht näher eingegangen werden könne. | |
| **Parallelismus** griech. parallelos = gleichlaufend | Wiederholung derselben Wortreihenfolge in aufeinanderfolgenden Sätzen oder Satzteilen | „Heiß ist die Liebe, kalt ist der Schnee." (HERMANN LÖNS: Rote Husaren) |
| **Parataxe** griech. parátaxis = das Nebeneinanderstellen | Beiordnung, Reihung, Nebenordnung von gleichberechtigten Sätzen. Gegenteil: Hypotaxe | „Der König sprach, der Page lief: Der Knabe kam, der König rief:" (JOHANN WOLFGANG GOETHE: Der Sänger) |
| **Parenthese** griech. parénthesis = zu pará = neben u. énthesis = das Einfügen | Unterbrechung einer geschlossenen Satzkonstruktion durch einen grammatikalisch eigenständigen Einschub, der durch Gedankenstriche oder Kommata abgetrennt wird | „Ich sei, gewährt mir die Bitte, In eurem Bunde der dritte!" (FRIEDRICH SCHILLER: Die Bürgschaft) ↗ S. 171, 182 |
| **Paronomasie** griech. paronomasía = Wortumbildung zur Erreichung eines Nebensinns | Wortspiel, das auf einer zufälligen Klangähnlichkeit beruht | „Der Rheinstrom ist worden zu einem Peinstrom, die Klöster sind ausgenommene Nester, die Bistümer sind verwandelt in Wüsttümer ..."(FRIEDRICH SCHILLER: Wallensteins Lager) |
| **Pars pro Toto** lat. = ein Teil fürs Ganze | Sonderfall der Synekdoche, bei dem ein Teil eines Gegenstandes für das Ganze steht | Die Versammlung zählte 20 Köpfe. |
| **Periphrase** griech. períphrasis = Umschreibung (lat. circumlocutio) | Beschreibung eines Bezeichneten durch die Beschreibung eines Begriffs, einer Person, eines Gegenstandes oder einer Handlung | „Scipios Klugheit vernichtete Karthagos Macht" statt „Scipio vernichtete Karthago" [Metonymie], (CICERO) |
| **Personifikation** | Einführung von Begriffen, Gegenständen und Tieren in Gestalt von handelnden und sprechenden Personen | Gesetz = „Justitia" Uncle Sam; der deutsche Michel; der „schlaue Fuchs" der Fabel |

| | | |
|---|---|---|
| **Symbol** | Sinnbild, Wort, das an und für sich etwas sinnlich Wahrnehmbares bezeichnet | die blaue Blume als Symbol für die Romantik |
| **Synästhesie** griech. synaisthánomai = mitempfinden, zusammen wahrnehmen | Vermischung von zwei oder mehr Sinneseindrücken | „Golden weh'n die Töne nieder" (CLEMENS BRENTANO: Abendständchen) „Die gläsernen Paläste klingen spröde an deinem Blick …" (RAINER MARIA RILKE: Spätherbst in Venedig) |
| **Synekdoche** griech. syn = zusammen; ekdoché = Übernahme, Verstehen | Ein engerer Begriff wird statt eines weiteren verwendet (bzw. umgekehrt); genannt wird statt der Art die Gattung, statt des Teils das Ganze, statt der Einzahl die Mehrzahl und umgekehrt. Die Grenzen zur Metonymie sind fließend. | „Unser täglich Brot gib uns heute"; tödliches Blei; „Segel" für Schiff |
| **Tropus** von griech. tropós = Wendung, Richtung | sprachliche Ausdrucksmittel der bildlichen Rede, Wörter und Wendungen, die nicht im eigentlichen, sondern in einem übertragenen Sinne verwendet werden (Metapher, Metonymie, Hyperbel, Synekdoche, Ironie, Litotes, Periphrase usw.) | |
| **Vergleich** | Eine Sache wird mit einer anderen verglichen, zu erkennen am Vergleichspartikel. | Fest wie ein Baum stand er. Er war stark wie ein Löwe. |
| **Zäsur** lat. caesura = Schnitt | ein durch ein Wortende markierter Einschnitt innerhalb der Verszeile, die den Vers in mehrere Teile gliedert | „Wir sind doch nunmehr gantz/ ja mehr denn gantz verheeret!" (ANDREAS GRYPHIUS: Thränen des Vaterlandes anno 1636) |
| **Zeugma** griech. zeũgma = Zusammengefügtes | rhetorische Figur der Worteinsparung. Ein Verb beherrscht mehrere gleichgeordnete, aber nicht gleichartige Objekte bzw. Sätze. | „Als Viktor zu Joachime kam, hatte sie Kopfschmerzen und Putzjungfern bei sich." (JEAN PAUL: Hesperus oder 45 Hundsposttage) |

### 5.1.3 Grundelemente des Dramatischen

Das **Drama** stellt ein *in sich geschlossenes Geschehen* dar, in dessen Verlauf durch *Dialog und Monolog* der handelnden Personen ein **Konflikt** entfaltet wird, d.h., die Spannung steigt bis zu einem Höhepunkt und fällt dann ab. Je nach Art des Konflikts wirkt das Drama entweder tragisch, komisch oder auch absurd. Für die Bühnendarstellung vorgesehen, wendet es sich an den *Zuschauer*.

Drama, von griech. drãma = Handlung, Geschehen

Drama ist ein Sammelbegriff für alle Spielarten von Bühnenstücken (Tragödie, Komödie, Schauspiel usw.).
Weiterhin kann man nach dem Aufbau unterscheiden, und zwar das **analytische Drama** (Enthüllungsdrama, im Handlungsverlauf wird die Katastrophe am Spielbeginn aufgelöst) und das **synthetische Drama** (auch **Entfaltungsdrama** oder **Zieldrama,** die Handlung läuft auf die Katastrophe am Ende hinaus). Weitere Kriterien bei der Differenzierung sind z.B.

auch Ideenkonzeption, Konfliktursache und Stoffwahl. Eine Sonderform stellt das **Lesedrama** dar, das eigentlich nicht zur Aufführung bestimmt ist.

Im Drama wird der Zuschauer meist unvorbereitet mit dem Geschehen konfrontiert. Er muss sich den Hintergrund aus den szenischen Vorkommnissen und den Äußerungen der beteiligten Figuren selbst zusammensetzen.

Der **Figurenrede** im Drama kommen zwei kommunikative Aufgaben zu.

- Die fiktiven Figuren reden in der vom Autor erfundenen Welt miteinander, um den Verlauf der Handlung in der vorgegebenen Weise zu motivieren und voranzutreiben.
- Die fiktiven Figuren reden so, dass der Zuschauer aus ihren Worten gleichzeitig all das über die Welt der Figuren erfährt, was zum Verständnis des Bühnengeschehens nötig ist.

Eine Vielfalt von außersprachlichen akustischen (Musik, Geräusche) und optischen (Bühnenbild, Maske, Requisiten, Beleuchtung) Signalen ergänzen das gesprochene Wort. Dadurch ergeben sich für das Drama vielfältige Inszenierungsmöglichkeiten.

### Die dramatische Handlung

> Die **Handlung** ist durch drei Elemente gekennzeichnet: eine oder mehrere handelnde *Personen,* eine *zeitliche Abfolge* mit Anfang und Ende und schließlich einen oder mehrere *Schauplätze*.

Handlung verfolgt ein bestimmtes Ziel, es lassen sich ein *Anlass* sowie *Gründe* für die Handlung erkennen. Im Drama wird Handlung auf der Bühne auf verschiedene Weise deutlich:

Ein *Geschehen* kann z. B. ein Naturereignis sein.

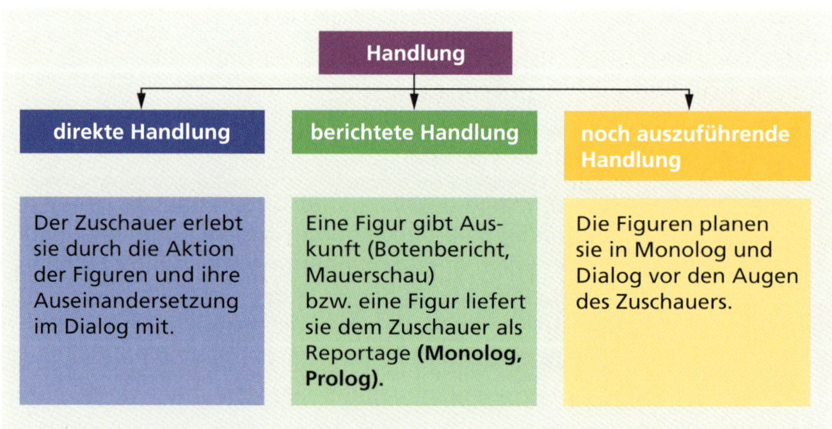


**Mimesis** griech. = Nachahmung, Charakterisierung des künstlerischen Schaffens als Nachahmung der Natur (Wirklichkeit).

Die Verwendung literarischer **Motive** stellt ein weiteres wichtiges gestalterisches Element der dramatischen Handlung dar.

Inhaltlich lassen sich **Situationsmotive** (typisch menschliche Situationen und Zustände, z. B. der Mann zwischen zwei Frauen, die Liebe der Kinder verfeindeter Familien) und auf einzelne Personen bezogene **Typenmotive** (z. B. der Einzelgänger, die böse Frau, der Selbstlose) unterscheiden.

Für die Qualität der Gestaltung einer dramatischen Handlung ist die **Komposition der Bühnenhandlung** entscheidend. Es muss dem Autor gelingen, eine Form der szenischen Darstellung zu finden, die dem Zuschauer das Handlungsganze glaubwürdig vor Augen führt.

**Grundsätze der Handlungskomposition**

| Konzentration | Auswahl | Konvention | Gliederung |
|---|---|---|---|
| Nur die Schwerpunkte einer Geschichte können auf der Bühne szenisch dargestellt werden. | Zur Darstellung werden deshalb bestimmte Handlungsabschnitte je nach kompositorischem Konzept des Autors ausgewählt. | Literarische Konventionen sind bei dieser Auswahl zu beachten (Erwartungshaltung der Zuschauer, Anstands- und Sittlichkeitsregeln). | Die Gesamthandlung muss in Segmente zerlegt werden, die geeignet erscheinen, repräsentativ für das Ganze zu stehen. |

> Wie wichtig die *Komposition der Handlung* ist, zeigt die Arbeit KLEISTS an seinem Lustspiel „Der zerbrochne Krug". In der von GOETHE umgearbeiteten Fassung als Dreiakter wurde das Drama 1808 in Weimar uraufgeführt und fiel bei Publikum und Kritik durch. Der kleistsche Einakter wurde dagegen ein Welterfolg.

Im **analytischen Drama** „Der zerbrochne Krug" wird nur das *Ende einer Geschichte* auf der Bühne dargestellt. Vom Aufbau her entspricht die Gretchentragödie in JOHANN WOLFGANG GOETHES „Faust" einem **synthetischen Drama.** Hier wird der entscheidende Vorfall in der Handlung selbst vorbereitet und ereignet sich im Höhepunkt.

Die **Komposition** der Gretchenhandlung von der ersten Begegnung bis hin zur Katastrophe (Niederkunft, Kindsmord, Gerichtsverfahren) schließt jedoch sämtliche äußeren Höhepunkte aus dem Bühnengeschehen aus. Dem Zuschauer werden nur Bruchstücke der insgesamt mindestens ein Jahr dauernden Handlung vorgestellt. Der Fantasie des Zuschauers bleibt es überlassen, daraus ein Handlungsganzes herzustellen.
GOETHE konzentriert sich auf die *Darstellung der inneren Vorgänge* der Hauptfiguren. Der Einsatzpunkt **(Point of Attack)** der Bühnenhandlung liegt zwar am Beginn der Handlung, das bruchstückhafte Geschehen auf der Bühne spiegelt aber nur die Fortsetzung dessen wider, was sich hinter der Bühne bereits abgespielt hat. Das Problem, unmöglich die ganze Handlung auf der Bühne darstellen zu können, löst GOETHE hier durch Schnitte und Unterbrechungen. Die zahlreichen Leerstellen muss der Zuschauer unter Zuhilfenahme der Andeutungen aus dem Bühnengeschehen füllen.
Hier zeigt sich ein weiteres Merkmal der dramatischen Gattung: das Verhältnis von szenisch dargebotenen und vom Zuschauer ergänzten Handlungsteilen.
Von dieser nicht gezeigten Handlung muss allerdings die **verdeckte Handlung** unterschieden werden, die der Zuschauer zwar nicht als Aktion auf der Bühne vorgeführt bekommt, über deren Verlauf ihm aber auf der Bühne mitgeteilt wird. Der **Botenbericht** lässt vergangene Ereignisse, die in räumlicher und zeitlicher Entfernung zum Bühnengeschehen stehen, von einer Figur erzählen. Meist handelt es sich dabei um technisch schwer darstellbare Begebenheiten, die in der Zwischenzeit

> Die lange Zeit der Schwangerschaft, die in Szene 13 angekündigt wird, überbrückt GOETHE mit der Walpurgisnacht-Szenenfolge (14), während der Szene 15 der Kindsmord bereits vorausgegangen ist und Gretchen sich schon im Kerker befindet.

außerhalb der Bühnenhandlung geschehen sind, um Ereignisse, deren Darstellung die Moral verbietet, oder um Handlungselemente, die der Wahrscheinlichkeit der Darstellung abträglich sind. Die **Mauerschau** wird eingesetzt, um *gleichzeitiges Geschehen,* das sich *außerhalb des Bühnenraums* abspielt, darzustellen. Sie ist eng verwandt mit dem Botenbericht, erzählt jedoch nicht von vergangenen, sondern von *gegenwärtigen Ereignissen.* Der Berichtende nimmt meist einen erhöhten Standpunkt ein und beobachtet einen *Vorgang.* Ihre besondere dramatische Qualität erhält die Mauerschau vor allem durch die Gleichzeitigkeit des Beschriebenen. Dadurch werden die Spannung und Suggestion im Vergleich zum Botenbericht ungemein erhöht.

Mauerschau, auch Teichoskopie, griech. = teichoskopia. Auf einer Mauer, einem Turm, einem Hügel usw. beobachtet die Figur Schlachten, einen Schiffsuntergang usw.

### Die Figuren

Die **Figuren** sind Träger der Handlung. Sie haben bestimmte Eigenschaften und Merkmale, verfolgen Absichten und lassen Gründe für ihr Handeln erkennen. Die Figuren stehen zueinander in bestimmten Beziehungen.
Das gleichnishafte Verhältnis zwischen dem Bühnengeschehen im Theater und dem Leben – sowie umgekehrt – wird schon von SHAKESPEARE um 1600 in seinem Stück „Wie es euch gefällt" hervorgehoben: „Die ganze Welt ist eine Bühne, und alle Männer und Frauen bloß Schauspieler. Sie haben ihre Abgänge und Auftritte. Und der Mensch spielt in seinem Leben viele Rollen …" **Rollenspiel** ist nicht nur Grundbedingung des Menschen im täglichen Leben und des Schauspielers auf der Bühne, sondern auch der **fiktiven Figuren** im Drama. Dabei sehen sich die Figuren häufig mit dem Problem konfrontiert, die Rollen keineswegs nacheinander zu spielen, sondern vielfach gleichzeitig in verschiedenen Rollen zu agieren. Unausweichlich geraten die fiktiven Figuren in *Rollenkonflikte,* genauso wie Personen im realen Leben. Für viele Schauspieler und Zuschauer erscheinen die Rollenkonflikte in älteren Dramen heute schwer nachvollziehbar. Die Ursache dafür ist in den *veränderten sozialen Strukturen* und Wertvorstellungen unserer Zeit zu suchen. Die Analyse des Rollenspiels der Figuren erscheint also nötig, um ein Drama angemessen verstehen zu können.

CALDERÓN lässt in seinem geistlichen Festspiel „Das große Welttheater" (1675) den Figuren vom Spielmeister im Namen Gottes Berufs- und Standesrollen zuteilen (z. B. König, Minister, General, Mönch, Verbrecher, Edelmann, Bauer, Dame, Bettler).

Folgende Möglichkeiten bieten sich an, wenn man die Eigenschaften bzw. **Merkmale einer Dramenfigur** herausarbeiten will:
- *Konzeption*
  Wie konzipiert der Autor die Figur in Hinblick auf die Handlung?
- *Charakterisierung*
  Welche Handlungen, Verhaltensweisen und Reden weist der Autor der Figur im Stück zu? Wird eine Charakterisierung der Figur durch eine andere Figur vorgenommen? Welche Perspektive nimmt die zu charakterisierende Figur ein? Wie schätzt die Figur das eigene Handeln ein, wie bewertet sie es?
- *Konstellation und Konfiguration*
  In welchem Verhältnis zur Gesamtheit der handelnden Figuren eines Stückes steht die Figur? Mit welchen anderen Figuren tritt die zu charakterisierende Figur wann auf?

Dramen konzentrieren sich in der Regel auf einen zentralen Punkt der Auseinandersetzung. Deshalb sind die **Motive,** sich „richtig" oder

„falsch“ zu entscheiden, von besonderem Interesse beim Erfassen einer Dramenfigur. Nicht nur die vordergründigen Handlungsanlässe sind hierbei in Betracht zu ziehen, sondern vor allem die Hintergründe und die oft im Verborgenen bleibenden Zusammenhänge.
Um die Besonderheiten einer **dramatischen Figur** herauszuarbeiten, sollte man folgende Fragen zu beantworten versuchen:

- Was hebt die Figur von anderen Figuren ab?
- Was unterscheidet die Figur von anderen mit gleichen Interessen?
- Mit welchen Gegenfiguren lässt sich die Figur vergleichen?
- Ist die Figur mit wirklich existenten Menschen vergleichbar?

Je nach Bühnenpräsenz und Anteil am gesprochenen Text lassen sich **Hauptfiguren** und **Nebenfiguren** unterscheiden. Die Hauptfiguren sind nach ihrer Funktion für den Handlungsverlauf in **Helden** (Protagonisten) und **Gegenspieler** (Antagonisten) einzuteilen.

*Protagonist,* griech. prōtagōnistés = „erster Kämpfer“, im griechischen Theater erster Schauspieler und gleichberechtigt neben dem Autor; heute die allgemeine Bezeichnung für den Haupthelden eines Stückes.

Figuren, die im Drama auf der gleichen Seite stehen, befinden sich in einer *Korrespondenzbeziehung*. Stehen Figuren dagegen auf den beiden entgegengesetzten Seiten dieser Konstellation Protagonist – Antagonist, sprechen wir von einer *Kontrastbeziehung*.
Als Hilfsmittel für die Darstellung der **Figurenkonstellation** wird häufig eine Grafik herangezogen. Für die Hauptfiguren des Trauerspiels „Emilia Galotti“ von LESSING könnte diese Grafik folgendermaßen aussehen:

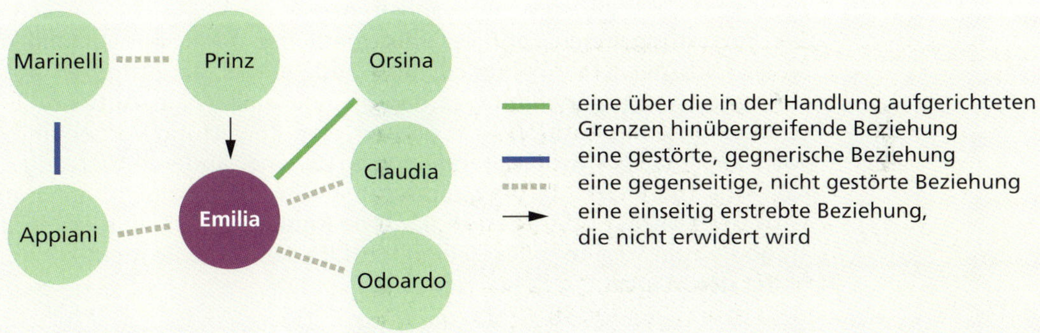


Darüber hinaus sind die sozialen Beziehungen der Figuren zueinander von Bedeutung, die sich aus dem Schema nicht ablesen lassen, aber die zu spielende Rolle maßgeblich beeinflussen:

| | | |
|---|---|---|
| Prinz und Marinelli | – | Herr und Diener |
| Appiani und Emilia | – | Bräutigam und Braut |
| Emilia und Odoardo | – | Tochter und Vater |

Aus der Entwicklung der Beziehung dieser Figuren ergibt sich dann in groben Zügen die Handlung des gesamten Dramas.
Ein wichtiges gestaltendes Element für den Verlauf des Dramas ist die **Konfiguration** der Figuren. Der Autor lässt immer nur bestimmte Figuren gleichzeitig in einer Szene auftreten.

konkomitant, lat. concomitari = jemanden begleiten

**Figurenkonfiguration**

| konkomitante Figuren | alternative Figuren | dominante Figuren |
|---|---|---|
| treten stets gemeinsam auf | treten nie gemeinsam auf | treten in Mehrzahl der Szenen gemeinsam auf |

### Der Konflikt

> Wenn zwei oder mehrere Figuren Ziele verfolgen, die sich gegenseitig ausschließen, entsteht ein **dramatischer Konflikt.**

Konflikt, lat. confligere = zusammenschlagen, zusammenprallen

Der **Konflikt** stellt dem Wesen nach den *Kern* eines Dramas dar. Machtinteressen, verschiedene Ideale oder Ideen, materielle Interessen usw. können die **Ursachen** für einen Konflikt sein. Er wird ausgelöst durch das Handeln der den Konflikt tragenden Figuren, deren Handlungsmotive bzw. -ziele es zu untersuchen gilt. Dazu zieht man die Dialoge, in die beide verwickelt sind, oder die den Handlungen vorausgehenden oder sie kommentierenden Monologe zur Untersuchung heran.
Die **Konfliktentwicklung** lässt sich daran ablesen, was die Figuren im Fortgang des Geschehens durch ihr Handeln erreichen oder verändern, welche Normen sie setzen, beachten oder verletzen und wen oder was sie dabei in Mitleidenschaft ziehen. Besondere Beachtung verdienen die Argumente, mit denen sie ihr Handeln begründen.
Die Bewertung eines Konflikts wird meist mit der Beantwortung der Frage nach der Rechtmäßigkeit des Handelns der Hauptfiguren abgeschlossen. Nicht immer gibt es darauf eine eindeutige Antwort. Entscheidend ist die Position, von der aus eine Bewertung vorgenommen wird. Ein staatspolitischer Standort kann zu einer anderen Wertung des Konflikts führen als die Anwendung moralischer Prinzipien. Im Drama läuft der Konflikt unweigerlich auf eine **Katastrophe** hinaus, die in der **Tragödie** zum Scheitern des Helden führt, in der **Komödie** meist komisch-heiter gelöst wird.

### Geschlossene und offene Form

Für die Dramenanalyse hat sich die Unterscheidung in *geschlossene und offene Form* im Drama bewährt. Der Prototyp des **geschlossenen Dramas** findet sich im fünfaktigen Drama, wie es seit HORAZ über die Renaissancepoetik bis heute die Dramenentwicklung mitbestimmt hat. Derartig gebaute Dramen zeichnen sich durch einheitliche, *konsequente Handlungsführung, hohes Handlungstempo* und *klare Figurenstrukturierung* aus.
Alle Stücke, die sich deutlich davon unterscheiden, werden unter dem Begriff *offene Form* zusammengefasst. Diese Dramenform ist somit viel *weniger streng* definiert, sie beschreibt lediglich die Negation der Merkmale der geschlossenen Form und kann somit auf ganz unterschiedliche Werke angewandt werden. JOHANN WOLFGANG GOETHES „Götz von Berlichingen" fällt genauso unter diese Kategorie wie „Die Soldaten"

von JAKOB MICHAEL REINHOLD LENZ, GEORG BÜCHNERS „Woyzeck" und FRANK WEDEKINDS „Frühlings Erwachen".
Charakteristische Merkmale lassen sich nach KLOTZ folgendermaßen gegenüberstellen:

| geschlossene Form | | offene Form |
|---|---|---|
| – einheitliche, in sich abgeschlossene Haupthandlung<br>– Nichtaustauschbarkeit der Szenen<br>– Handlungen in einer logisch und psychologisch zwingenden Abfolge | **Handlung** | – mehrere Handlungen gleichzeitig (Polymethie)<br>– Zerrissenheit der Handlungsabfolge<br>– relative Autonomie einzelner Episoden |
| – Einheit des Ortes<br>– Ort nur Rahmen des Geschehens | **Ort** | – Vielheit der Orte<br>– Räume charakterisieren und bestimmen das Verhalten |
| – Einheit der Zeit<br>– Zeit nur Rahmen des Geschehens<br>– keine Zeitsprünge | **Zeit** | – ausgedehnter Zeitraum<br>– Zeit als in die Ereignisse eingreifende Wirkungsmacht<br>– Zeitsprünge zwischen Szenen |
| – geringe Zahl<br>– Ständeklausel<br>– hoher Bewusstseinsgrad | **Personen** | – große Zahl<br>– keine Beschränkungen<br>– Zusammenspiel von Innenwelt und Außenwelt |
| – Handlungszusammenhang als Ganzes<br>– Gliederung vom Ganzen zu den Teilen<br>– funktionale Zuordnung der Szene zum Akt und des Aktes zum Drama<br>– lineare Abfolge des Geschehens | **Komposition** | – Dominanz des Ausschnitts<br>– Gliederung von den Teilen zum Ganzen<br>– Szenen haben ihren Schwerpunkt in sich selbst<br>– Variation und Kontrastierung von Szenen |
| – einheitlicher, an der Rhetorik ausgerichteter Sprachstil (Versform)<br>– Dialog als Rededuell (Stichomythie)<br>– Bewusstsein dominiert Sprache | **Sprache** | – Pluralismus des Sprechens<br>– Mischung der Stilebenen und der Ausdruckshaltung<br>– Sprache dominiert Bewusstsein |

### 5.1.4 Film und Video

Der **Film** und das **Video** sind audiovisuelle Medien, die *mithilfe von bewegten Bildern* zugleich erzählen und darstellen. Sie vereinen also sowohl epische als auch dramatische Elemente in sich.
Während Kinofilme in 16 bis 35 mm gewöhnlich mit 24 **Vollbildern** in der Sekunde aufgenommen werden, kann eine digitale Videokamera nur 25 zeitlich verschobene **Halbbilder** pro Sekunde aufnehmen. Der Unterschied von Film und Video besteht also größtenteils im technischen Bereich, der sich allerdings auf der Kinoleinwand auch visuell bemerkbar machen kann durch ausgefranste Ränder oder leicht verschobene Bilder.
Grundlage für das Produzieren von Filmen und Videos ist zunächst die Stoffentwicklung bis zum fertigen Drehbuch. Das heißt, zunächst muss

man eine filmische Idee haben, die in ein Szenario eingearbeitet wird, das dann wiederum in ein sogenanntes Storyboard einfließt. Auf dieser Grundlage kann ein Drehbuch geschrieben werden.

### Storyboard

**Storyboard** ist die englische Bezeichnung für eine zeichnerische Abfolge von Bildern, die zur Vorbereitung einer filmischen Sequenz dient. Dabei wird im Voraus festgelegt, aus welcher **Kameraperspektive** und aus welcher Entfernung das Geschehen gefilmt wird. Jede Veränderung, z. B. Kameraeinstellung, das Hinzukommen einer weiteren Person und Ähnliches, wird in einem neuen Bild festgehalten.

Storyboards enthalten jedoch nicht nur die szenische Abfolge in Bildern, sondern auch eine verbale Darstellung des Inhalts, **Regieanweisungen,** den zu sprechenden Text und die dazugehörigen **Geräusche** (Ästeknacken, das Rufen eines Kauzes, Musik).

### Filmanalyse

Ausgangspunkt bei der **Filmanalyse** ist in der Regel eine formal-inhaltliche Protokollierung des filmischen Ablaufs. In der Praxis haben sich folgende Schritte für eine exemplarische Filmanalyse als sinnvoll erwiesen:
- Inhaltsbeschreibung
- Problematisierung und Fragestellung
- Bestandsaufnahme mit Sequenzbeschreibungen
- Analyse und Interpretation unter Einbeziehung des historisch-gesellschaftlichen Kontexts
- Zusammenfassung der wichtigsten Ergebnisse

Bei der Filmanalyse, die sich häufig auf einzelne Sequenzen konzentriert, interessiert das *Aufschlüsseln von Elementen der Filmregie* wie: Einstellung, Kameraperspektive, Kamerabewegung, Licht, Ton, Filmschnitt.

### Kameraperspektive

Die Entfernung zwischen der Kamera und dem Objekt der Aufnahme bestimmt den **Bildausschnitt.** Mit der Wahl des Bildausschnitts entscheidet der Kameramann, welche Informationen der Betrachter von einer Szene mitgeteilt bekommt. Einstellgrößen sind:

Weit

Total

Halbtotale

Amerikanisch

Halbnah

Nah

Groß

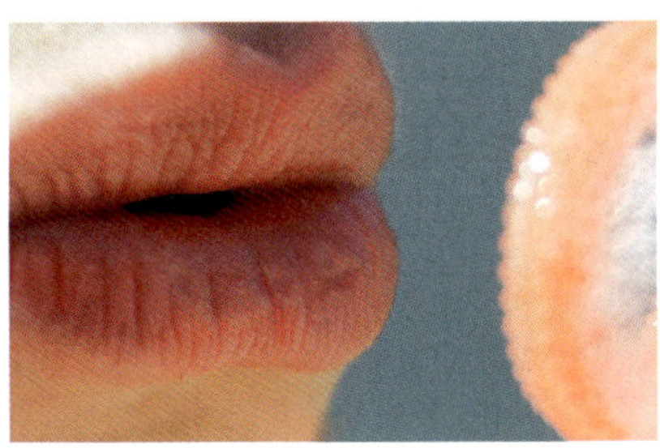

Detail

**Mittel der Kamera:**

- *Schnittrhythmus* (langsam, schnell)
- *Perspektivenwechsel* (Normalsicht, leichte Aufsicht, starke Aufsicht, Vogelperspektive, Froschperspektive, leichte Untersicht, starke Untersicht, ↗ S. 310)
- *Unterschiedliche Kameraeinstellungsgrößen* (↗ Bilder links)
- *Kameraführung* (Bewegungen, Fahrten, Zoom, Schwenks)
- *Blenden, Special Effects, Tricktechnik* (Hard Cut, Soft Cut, Blende/Überblendung/Wischblende/Abblende, ↗ S. 310)
- *Kamerabewegung, Montage*

Blickrichtungen können dabei aus unterschiedlichen Perspektiven festgelegt werden, sodass es die generelle Auswahl gibt zwischen **Normalsicht** – diese entspricht unserer Augenhöhe –, der **Vogelperspektive** – diese zeigt eine Aufnahme von oben – oder aber einer **Froschperspektive** – die die Aufnahme von unten wiedergibt.

Normalperspektive

Vogelperspektive

Froschperspektive

**Filmschnitt**

Der **Schnittmeister** (engl.: cutter) sorgt nicht nur für die fließenden Übergänge zwischen den Kameraeinstellungen und Szenen, sondern er ist gleichzeitig auch verantwortlich für die *Dynamik eines Films,* indem er, gemeinsam mit dem Regisseur, den Rhythmus der Bildwechsel bestimmt. Je schneller die Bilder wechseln, umso temporeicher erscheint uns der Film. Das Tempo ist bereits im Drehbuch vorgeschrieben.
In einem **Spielfilm** kommen meist mehr als 400 Schnitte vor.

Das französische Wort **Montage** (engl.: film editing) für die Tätigkeit des Schnittmeisters verdeutlicht aber, dass Cutting wesentlich mehr beinhaltet. So kommt es u. a. darauf an, die gedrehten Einstellungen neu zusammenzuführen. Dabei richtet man sich nach dem vorher erstellten Drehbuch. Beim **Dokumentarfilm** entscheidet jedoch erst das nach dem Abdrehen vorliegende Material über dessen Platz im Film.

Man kann grob in Schnitte **(Hard Cuts)** und Blenden **(Soft Cuts)** unterscheiden. Es gibt u. a.:
- **Überblende** (Ausblenden des alten, Einblenden des neuen Bildes),
- **Wischblende/Trickblende** (neues Bild von rechts/links/oben usw.),
- **Auf- und Abblenden** (schwarzes Bild wird aufgehellt bzw. helles Bild wird abgedunkelt),
- **Schuss-Gegenschuss** (kurze Sequenzen, z. B. in Dialogen mit Blick auf die jeweiligen Sprecher),
- **Match Cut** (eine Bewegung wird in einem anderen Bildmotiv fortgesetzt),
- **Parallelmontage** (Switch zwischen mehreren Handlungssträngen),
- **Plansequenz** (lange Filmeinstellung ohne Schnitt),
- **Cut In/Cut Out** (kleinerer/größerer Bildausschnitt eines Bildmotivs),
- **Split Screen** (Bildschirmaufteilung in mehrere Bilder).

## 5.2 Literaturgeschichte

### 5.2.1 Literatur der Antike

Als **Antike** bezeichnet man die Zeit des griechisch-römischen oder klassischen Altertums, das um 1100 v. Chr. beginnt und im 4.–6. Jh. n. Chr. endet. Die griechische Antike gliedert sich in Archaik (minoisch-kretische Kultur), Klassik und Hellenismus. Die römische Antike wird gegliedert in die Königszeit (bis etwa 500–470 v. Chr.), die Zeit der Republik (bis 27 v. Chr.) und die Kaiserzeit (27 v. Chr. bis 476 n. Chr.)

Vor rund 3000 Jahren begannen die *Griechen* das Mittelmeergebiet zu besiedeln. Aus den Bauern wurden Seefahrer. Es waren zunächst die Äoler (Achäer), dann die Ionier, später die Dorer, die von weit her kamen und in dem warmen Klima sesshaft wurden. Die Achäer besiegten die alte kretische Kultur des Königs MINOS und begründeten die **mykenische** *Kultur*. Im 13. und 12. Jh. v. Chr. befand sich die achäische Kultur gerade auf ihrem Höhepunkt. Für Mykene war Troja ein ernstzunehmender Konkurrent. Troja hatte sich als bronzezeitlicher Handelsplatz einen Namen gemacht. Auch Mykene war eine bedeutende Stadt.

Die Achäer beherrschten das Kriegshandwerk. Das hatten sie unter Beweis gestellt. Nun drangen sie nach Kleinasien vor. Und schließlich besiegten sie auch das mächtige Troja. Davon handeln die **Epen** HOMERS.

Und mit diesen Eroberungen brachten die Achäer nicht nur ihre Kultur, sondern auch ihre eigenen Götter mit in das fremde Land. Die griechischen Göttervorstellungen hatten Einfluss auf die gesamte Antike.

Bei neueren Ausgrabungen in Troja fand man Brandspuren und Überreste unbestatteter Leichen in der Ausgrabungsschicht Troja VII a. Und es gibt sogar Hinweise auf eine jahrelange Belagerung. So fand man große Vorratsbehälter, auch Spuren von Flüchtlingsbauten zwischen den steinernen Häusern.

#### Das antike Heldenepos: Homers Ilias und Odyssee

> Die **antiken Heldenepen** stammen aus der archaischen Zeit (800 v. Chr.–500 v. Chr.) Griechenlands.

Inschriften auf Gefäßen belegen, dass man Ende des 8. Jh.s v. Chr. das Alphabet verwendete, um einfache Dichtung aufzuschreiben. Diese neu erworbene Fertigkeit machte es nun möglich, dass die Werke verschiedener Dichter wortgenau aufgezeichnet wurden.

Die **griechische Literatur** fängt mit HOMER an. Er ist der erste *namentlich bekannte* Autor der abendländischen Welt. Als Lebenszeit HOMERS darf man etwa das 8. Jh. v. Chr. annehmen. Er gilt als Dichter der *„Ilias“* und *„Odyssee“*. Diese Epen gehören zur ältesten literarischen Gattung der Griechen, dem *Heldenepos*.

Die „Ilias“ und die „Odyssee“ sind auf mündliche Vorstufen frühgriechischer Stämme zurückzuführen, als diese in die Mittelmeerwelt vordrangen. Möglich sind sogar kretisch-mykenische Kulturreste in der „Ilias“.

**Ilias:** nach der Stadt Ilios (Troja) in Kleinasien benannt

Die **„Ilias“** schildert das Ende der zehn Jahre währenden Belagerung Trojas. Auf beiden Seiten nehmen Götter am Kampf teil. Zentrales Thema ist der Zorn des Achilleus. Dieser, von Agamemnon seiner Sklavin Briseïs beraubt, bleibt grollend dem Kampf fern. Nachdem sein Freund Patroklos gefallen ist, greift Achilleus wieder in den Kampf ein, um Rache zu nehmen. Er war durch seine Mutter Thetis bis auf die Ferse unverwundbar gemacht worden (daher Achillesferse; empfindliche Stelle) und erhält nun von ihr die von Hephaistos geschmiedete Rüstung. Er tötet Hektor im Kampf. Mit den Leichenspielen zu Ehren des Patroklos endet das Epos.

Die **„Odyssee"** schildert die Irrfahrten und Heimkehr des Helden Odysseus, König von Ithaka, aus dem Trojanischen Krieg. Das Epos setzt kurz vor der Heimkehr zu Odysseus' Frau Penelope ein. Während eines Aufenthalts bei der Nymphe Kalypso berichtet Odysseus seine früheren Erlebnisse. In einer Parallelhandlung erfährt der Leser, wie sich Penelope, die nicht an den Tod Odysseus' glauben will, listig der vielen Freier erwehrt. „Ilias" und „Odyssee" stellen den Übergang von der *Mündlichkeit zur Literatur* bei den Griechen dar.

HESIODS „Sichten auf die Jugend" klingen zeitlos: „Ich habe keine Hoffnung mehr für die Zukunft unseres Volkes, wenn sie von der leichtfertigen Jugend von heute abhängig sein sollte. Denn diese Jugend ist ohne Zweifel unerträglich, rücksichtslos und altklug. Als ich noch jung war, lehrte man uns gutes Benehmen und Respekt vor den Eltern. Aber die Jugend von heute will alles besser wissen und ist immer weit mit dem Munde voran."

HESIOD (740–670 v. Chr) ist der erste *mit Namen zeichnende* abendländische Dichter der Geschichte und Begründer der griechischen Lehrdichtung. Seine „Theogonia" (Götterabstammung) ist eine in **Hexametern** verfasste Theogonie über den Ursprung der Götter, in der die Entstehung der Welt durch Mythen verstehbar gemacht wird.

Die **Rhapsoden** HESIOD und HOMER sahen sich wohl eher als Medium der Musen, weniger als Verfasser im neuzeitlichen Sinne. Sie standen nicht am Anfang eines literarischen Werkes, d. h., sie „erfanden" keine Literatur, sondern schrieben das nieder, was andere verkündet hatten. Sie bedienten sich der vorhandenen **Mythen,** schmückten diese aus.

Das einzige griechische *Großepos,* das sich aus hellenistischer Zeit erhalten hat, ist „Argonautika" des APOLLONIOS aus Rhodos (ca. 290–250 v. Chr.). Es schildert die Abenteuer *Iasons* und seiner Argonauten, die mit dem Schiff „Argo" hinausfahren, um das *Goldene Vlies* zu suchen. Das Thema war in der klassischen Phase Athens bereits durch EURIPIDES auf die Bühne gebracht worden.

Die „Aeneis" stellt keine auf Überlieferungen beruhende Darstellung von Ereignissen dar wie etwa HOMERS Epen, sondern diente der Verherrlichung Roms.

VERGIL (PUBLIUS VERGILIUS MARO, 70–19 v. Chr.) verfasste das **römische Nationalepos** „Aeneis", das sich in Stil und Aufbau an die *homerischen Epen* anlehnt. Das Epos beschreibt die sieben Jahre währenden Fahrten und Abenteuer des Helden Aeneas vom Fall Trojas bis zu seinem Sieg über Turnus in Italien. Aeneas gelingt die Flucht aus der umkämpften Stadt. Er stellt eine Flotte zusammen, segelt gemeinsam mit den überlebenden Trojanern nach Thrakien, Kreta, Epirus und Sizilien und erleidet schließlich vor der libyschen Küste Schiffbruch. Dido, die Königin von Karthago, entdeckt ihre Liebe zu Aeneas. Als er dennoch abreist, verflucht sie ihn und begeht Selbstmord. Aeneas erreicht die Tibermündung und geht an Land. Im Kampf um die Hand Lavinias, der Prinzessin von Latium, tötet er Turnus, den König der Rutuler. VERGIL zufolge stammten die Römer in direkter Linie von Askanios ab, dem Gründer von Alba Longa, dem Ur-Rom.

### Aesops Fabeln

**Fabel,** lat. fabula = Erzählung, Sage, eine Kurzform der Epik

AESOP gilt als Begründer der **Tierfabel.** Es ist nicht gesichert, ob er jemals gelebt hat. Jedenfalls sind seine Fabeln erst Jahrhunderte nach seinem Tod aufgezeichnet worden. Nach Angaben HERODOTS lebte er vermutlich von 620 bis 560 v. Chr. auf der Insel Samos. Seine Lebensgeschichte selbst klingt abenteuerlich:

HERODOT (etwa 485–425 v. Chr.): griechischer Geschichtsschreiber

Er soll ein verkrüppelter, hässlicher Sklave gewesen sein, dessen Weisheit, Witz und Erzählungen beim Volk so beliebt waren, dass es seine Freilassung forderte. Danach soll er auf Reisen gegangen sein und sich sogar am Hofe des lydischen Königs KROISOS (Krösus) aufgehalten haben. Dieser, so erzählt HERODOT, soll ihm im Jahre 543 v. Chr. eine große, für das delphische Heiligtum bestimmte Summe Geldes anvertraut haben. Aus irgendwelchen Gründen geriet AESOP jedoch mit den Delphern in Streit. Aus Rache, wie es heißt, versteckten die Delpher einen goldenen Becher in seinem Gepäck. Als er sich auf den Heimweg machte, wurde er angehalten und durchsucht.

Man fand den Becher, AESOP wurde festgehalten, des Tempeldiebstahls beschuldigt, zum Tode verurteilt und von den Felsen oberhalb Delphis hinabgestürzt. Daraufhin sollen Hungersnöte und Seuchen über die Stadt hereingebrochen sein, und die Priester von Delphi hielten eine Entsühnung für nötig, die an einen Verwandten AESOPS gezahlt werden sollte. Es fand sich lange niemand, da AESOP Sklave gewesen war und keine Kinder hatte. Eines Tages besuchte IADMON die Stadt und hörte von der Bekanntmachung. Er erinnerte sich, dass AESOP einmal für seinen Großvater gearbeitet hatte. Diese Verbindung reichte den Delphern aus, sie zahlten IADMON die Entschädigung.

DIEGO VELÁZQUEZ: Aesop, 1639–40, Museo del Prado, Madrid

*Typische Charakteristika* der Fabeln AESOPS sind „ein klarer Aufbau, anschauliche Erfassung der Szene, behaglicher Ton der Gespräche, auf jener Elementarstufe geistiger Entwicklung, wo der Mensch noch ganz auf du und du mit Tier und Pflanze und aller Kreatur zu verkehren vermag" (in: DITHMAR, REINHARD: Die Fabel, Paderborn: Schöningh, 1974, S. 17). Zwei einzelne Tiere stehen sich oftmals gegenüber.

Tiere als Handelnde dienten den Autoren als Schutz vor der Willkür des Staates wegen der in der Fabel versteckten Kritik.

AESOPS volkstümliche Fabeln übten mit ihren Hauptfiguren in Tiergestalt *Gesellschaftskritik* und karikierten die menschlichen Schwächen auf vergnügliche Art.
In der lateinischen Fassung des PHAEDRUS (15 v. Chr.–um 50 n. Chr.) verschob sich der Akzent von der **Satire** zum **Lehrstück.** So erlangte die **Fabel** im **Mittelalter** und zur Zeit des **Humanismus** große Bedeutung. Seitdem gab es mit MARTIN LUTHER, FRIEDRICH VON HAGEDORN, CHRISTIAN FÜRCHTEGOTT GELLERT und GOTTHOLD EPHRAIM LESSING bedeutende deutsche Fabeldichter. Zum Kunstwerk erhob der französische Schriftsteller JEAN DE LA FONTAINE (1621–1695) das literarische Genre mit satirischem Biss.

### Die antike Tragödie: Sophokles' „Antigone"

Um 480/479 v. Chr., während der Perserkriege, entstand die attische Tragödie. Bedeutende lateinische Tragödien schuf erst der Römer SENECA (LUCIUS ANNAEUS SENECA, um 4 v. Chr. bis 65 n. Chr.).

SOPHOKLES entwickelte die **analytische Tragödie,** die das Geschehen von rückwärts aufrollt, und stellte das nach Wahrheit und Selbsterkenntnis suchende Individuum in den Mittelpunkt. Beispielhaft für diese Herangehensweise ist sein Stück „Antigone". Diese ist die Tochter des thebanischen Königs Ödipus. Nach dessen Tod regieren die Söhne Polyneikes und Eteokles die Stadt gemeinsam, bis Polyneikes mit seinem Bruder in Streit gerät und aus Theben vertrieben wird. Bald darauf zieht dieser gegen Theben und versucht es zu erobern. Im Kampf töten sich die Brüder gegenseitig.

Hier setzt die Handlung des Dramas ein. Polyneikes bleibt unbestattet am Ort des Zweikampfes liegen. Der neue König Kreon, Antigones Onkel, droht demjenigen mit der Todesstrafe, der ihn begräbt. Antigone weigert sich, dem Verbot zu folgen. Beim Versuch, ihren Bruder zu bestatten, wird sie gestellt. Ihr Todesurteil ist gefällt. Haimon, ihr Verlobter und Sohn Kreons, versucht vergeblich, den Vater umzustimmen: Man führt Antigone in ihr Felsengrab.
Der blinde Seher Teiresias versucht, Kreon zur Einsicht zu bringen. Erst die Prophezeiung unausweichlichen Unglücks bringt den König ins Wanken. Er will Antigone befreien. Seine Entscheidung kommt zu spät, um die Katastrophe zu verhindern: Die Verurteilte hat sich bereits erhängt, und Haimon ersticht sich neben der Leiche seiner Braut. Auch Eurydike, Kreons Gemahlin, nimmt sich daraufhin das Leben. Gebrochen und einsam bleibt Kreon zurück.

Der Konflikt zwischen Antigone und Kreon

| Antigone | Kreon |
|---|---|
| – vertritt die Traditionen<br>– Gesetz = Gottesgesetz<br>– Verstoß gegen irdisches Gesetz<br>– Gerechtigkeit = Recht der Familie<br>– Staat = Volksherrschaft<br>– Menschenrechte gelten immer<br>– handelt aus Liebe und Verantwortungsbewusstsein<br>– Humanität<br>– Freiheit des Individuums<br>– moralisches Recht<br>– Vernunft | – stellt sich gegen die Traditionen<br>– Gesetz = Machtwort des Königs<br>– Verstoß gegen göttliches Gesetz<br>– Recht des Staates<br>– Staat = König<br>– Loyalität zum Staat steht über Menschenrechten<br>– handelt aus egoistischem Machttrieb<br>– Inhumanität<br>– Tyrann-Despotie<br>– moralische Verfehlung<br>– Unvernunft |

Erst mit der **Renaissance** tritt die Figur der Antigone erneut ins Blickfeld: 1533 übersetzte LUIGI ALAMANNI das Stück erstmals ins Italienische, 1573 gab es die erste französische Übersetzung durch JEAN-ANTOINE DE BAÏF, 1636 die erste deutsche Übersetzung durch MARTIN OPITZ. HÖLDERLIN machte die Antigone zur Repräsentantin des Anarchischen (1804), 1917 veröffentlichte HASENCLEVER seine pazifistische Antigone. Im 20. Jh. wird Antigone zum Symbol der Friedenshüterin und des Widerstandes gegen autokratische Politik und der Verteidigung individueller Rechte: Während der deutschen Besetzung Frankreichs schrieb JEAN ANOUILH 1942 seine „Antigone", 1947 erschien ELISABETH LANGGÄSSERS „Die getreue Antigone", 1948 BRECHTS „Antigone – Modell 48", 1975 HOCHHUTHS „Berliner Antigone" und 1980 GRETE WEILS „Meine Schwester Antigone".

## 5.2.2 Literatur des Mittelalters

### Das Heldenlied

> In der Vor- und Frühgeschichte war das **Heldenlied** eine episch-balladeske, mündlich vorgetragene Dichtung, die mit der Verschriftlichung der Literatur als kleinere Form der **Heldendichtung** weiter besteht und Episoden aus dem Leben der Heldengestalten erzählt.

Das „Hildebrandslied" ist ein zur Zeit der **Völkerwanderung** entstandenes germanisches Heldenlied in deutscher Sprache und wurde ca. 820/840 im Kloster Fulda in eine christlich geprägte Variante für das im Zuge der Sachsenkriege eroberte niederdeutsche Missionsgebiet umgeschrieben. Die Sprache ist deshalb

- langobardisch (= Urtext),
- althochdeutsch (= Ort der Umdichtung = Fulda),
- altniederdeutsch (= Missionsgebiet).

Zur Aussprache: ð = th wie in engl. the, þ = th (hart), h am Wortende = ch alle einfachen Vokale mit Zirkumflex werden lang gesprochen: û, ô, î, ê,â, ebenso æ, iu = ü, Diphthonge sind als zwei Vokale zu sprechen (echte Doppellaute) oe, ue, uo.

Stofflich ist das „Hildebrandslied" der Dietrich-Sage zugehörig.

| | |
|---|---|
| Ik gihorta ðat seggen,<br>ðat sih urhettun ænon muotin,<br>Hiltibrant enti Haðubrant<br>untar heriun tuem. | Ich hörte berichten,<br>dass zwei Krieger aufeinanderstießen,<br>Hildebrand und Hadubrand,<br>zwischen ihren beiden Heeren. |

Diese beiden Krieger sind Vater und Sohn. Hildebrand, der Ältere, war einst mit Dietrich von Bern aus seiner Heimat vertrieben worden. Nun stehen sich beide als Feinde gegenüber, denn der Vater kämpft im Heer der Hunnen. Der Konflikt zwischen beiden eskaliert, denn wohl vermag der Vater in dem anderen den Sohn, der Sohn jedoch nicht in seinem Gegenüber den Vater zu sehen. Mitten im Kampf bricht die Handschrift ab. Spätere Quellen („Edda") legen den Schluss nahe, dass Hildebrand seinen Sohn im Zweikampf tötet. Zwar ist das „Hildebrandslied" vom alten germanischen Schicksalsglauben bestimmt, jedoch werden nicht germanische Götter angerufen, sondern der „waltant got" = der waltende Gott. Historisch kann die Entstehung des Stoffes für das „Hildebrandslied" durch den Untergang Burgunds 437 und den Tod des Hunnenkönigs ATTILA (ETZEL) sowie durch die Ermordung ODOAKERS durch DIETRICH VON BERN 493 festgemacht werden.

Die „Edda" ist eine alt-isländische Sagensammlung. Sie wurde nach der Christianisierung Islands verfasst (um 1240) und enthält germanische Götter- und Heldenlieder.

ATTILA = ETZEL ODOAKER = Heerkönig Italiens DIETRICH VON BERN = THEODERICH DER GROSSE, Ostgotenkönig

Im Mittelpunkt der *Heldendichtung* im **Hochmittelalter** stand die Darstellung der adligen Führungsschichten. Historische Ereignisse wurden oft nur angedeutet. Die bekannteste Heldendichtung jener Zeit ist das um 1200 entstandene „Nibelungenlied". Hier wird der Versuch unternommen, die bis dahin offenbar mehrheitlich mündlich überlieferten germanischen Heldenlieder in eine Form zu bringen, die nicht allzu sehr

5

von den Idealen der höfischen Kultur abwich. Aus den germanischen Wehrbauern wurden Ritter, aus den amazonenhaften Frauen wurden „Friuwen" = Damen.

Uns ist in alten mæren / wunders vil geseit
von helden lobebæren / von grôzer arebeit,
von fröuden, hôchgezîten, / von weinen und von klagen,
von küener recken strîten / muget ir nu wunder hœren sagen.

Aventiuren, sprich: Aventüren

Das „Nibelungenlied" entstand vermutlich zwischen 1198 und 1204 im Umkreis des Bischofs WOLFGER in Passau an der Donau. Es gliedert sich in zwei ursprünglich selbstständige Teile: Das „Siegfriedlied" (Geschichte von Siegfried und Kriemhild) umfasst die Aventiuren 1 bis 19, das „Burgundenlied" (Kriemhilds Rache an den Nibelungen) beinhaltet die Aventiuren 21 bis 39. Die 20. Aventiure bildet ein Übergangskapitel. Dem zweiten Teil liegen geschichtliche Ereignisse zugrunde: die Vernichtung der Burgunden am Rhein durch die Hunnen 436 oder 437 und der Tod ATTILAS 453.

Aventiur, nhd. = Abenteuer

Benannt ist das Lied nach dem König *Nibelung* („Sohn des Dunkels"; zusammenhängend mit Nebel). In der deutschen Sage war „Nibelungen" die Bezeichnung für ein von einem bösen Geist besessenes Zwergengeschlecht. Es ist Besitzer des Nibelungenhortes, eines Goldschatzes, an den ein Fluch gekettet ist. Er wird vom mächtigen Zwerg Alberich behütet. Siegfried besiegt das elbische Zwergengeschlecht: Er tötet die Könige Nibelung und Schildung und überwindet Alberich. Die Bezeichnung Nibelungen übernimmt er für sich und seine Mannen. Nach dem Tod Siegfrieds geht die Bezeichnung auf die Burgunderkönige über.

**Struktur des Nibelungenliedes:**

| | |
|---|---|
| Aventiuren 1 + 2 | Einleitung, Kriemhilds und Siegfrieds Kindheit und Jugend |
| Aventiuren 3 – 5 | Siegfrieds Reise nach Worms, sein Leben am Hof |
| Aventiuren 6 –11 | Reise nach Island und die folgende Doppelhochzeit, Kriemhild und Siegfried verlassen Worms und ziehen nach Xanten |
| Aventiuren 12 –19 | Die beiden kommen als Besucher zurück, der Streit der Königinnen, die Ermordung Siegfrieds, Hagen versenkt den Schatz |
| Aventiure 20 | Verbindungsstück zwischen den zwei Komplexen, die Hunnen werden vorgestellt, und Kriemhilds Reise zu ihnen wird vorbereitet |
| Aventiuren 21 – 22 | Kriemhilds Reise zu Etzel und ihre Hochzeit |
| Aventiuren 23 – 27 | Kriemhild lädt ihre Brüder ein, diese ziehen nach Etzelburg |
| Aventiuren 28 – 31 | Die Burgunden an Etzels Hof, erste Konflikte mit den Hunnen |
| Aventiuren 32 – 39 | Die Kämpfe, Tod fast aller Charaktere |

Die alten germanischen Motive von Liebe, Krieg und Rache konnten in der sich bildenden neuen Rittergesellschaft verstanden werden. Die realen Fehden zwischen den *Staufern* und *Welfen,* den *Schwaben* und *Sachsen* etc. konnten sich an denen des Nibelungenliedes messen lassen.

### Artus-Dichtung

Mit dem **Hochmittelalter** setzt im mittelhochdeutschen Sprachraum die Beschäftigung mit dem keltischen **König Artus** und seiner *Tafelrunde* ein. Dass dieser Stoff gerade im 12. Jh. so oft rezipiert wird, hat etwas mit der neuartigen Stellung des Rittertums zu tun.

Ritter, ursprünglich gepanzerte Reiter. In der Zeit der Kreuzzüge verschmolz der neue Ritterstand mit dem alten Adelsstand.

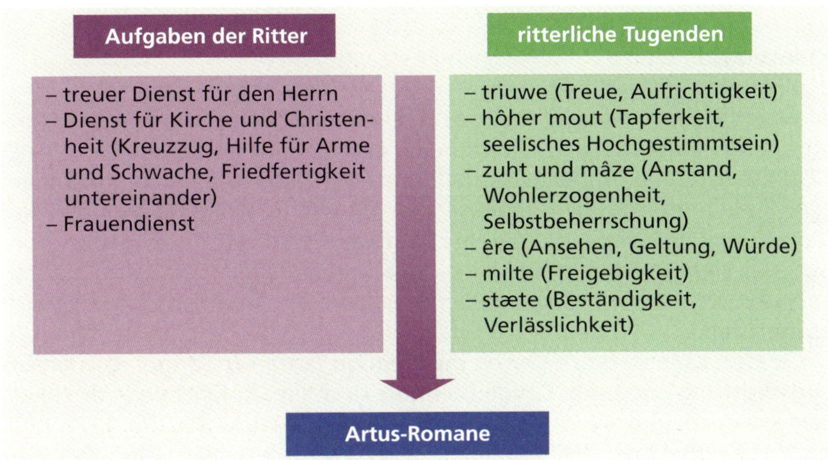


HARTMANN VON AUES „Erec" und „Iwein" (12. Jh.) sowie WOLFRAM VON ESCHENBACHS „Parzival" (um 1210) sind unter dem Einfluss des Artus-Romans von CHRÉTIEN DE TROYES entstanden. WOLFRAM VON ESCHENBACHS „Parzival" ist von allen Epen des Mittelalters mit über 80 Handschriften am reichsten überliefert. Damit gilt es als das erfolgreichste Werk mit ritterlichem Sujet jener Zeit. Die beiden Haupthelden sind Parzival und Gawan, deren Lebenswege sich kreuzen.
Am Beginn des Romans steht ein dritter Erzählstrang, in dem die Geschichte der Eltern von Parzival, Gahmuret und Herzeloyde, erzählt wird.

WOLFRAM VON ESCHENBACH: „Parzival" (Gahmurets Tod):

| | |
|---|---|
| swie den knappen jâmer jagte, | Wie sehr den Knappen der Schmerz auch quälte, |
| den helden er doch sagte: | er berichtete doch den Helden: |
| „mînen hêrren lebens lenge vlôch. | „Mein Herr musste so jung sein Leben lassen, |
| sîn härsenier von im er zôch: | weil er der großen Hitze wegen |
| des twanc in starkiu hitze. | seine Kettenhaube ablegte. |
| gunêrtiu heidensch witze | Verfluchte heidnische Hinterlist |
| hât uns verstoln den helt guot. | hat uns den tapferen Helden geraubt. |
| ein ritter hete bockes bluot | Ein Ritter hatte Bocksblut |
| genomen in ein langez glas: | in eine lange Flasche gefüllt |
| daz sluog er ûf den adamas: | und zerschlug sie auf Gahmurets Diamanthelm, |
| dô wart er weicher danne ein swamp." | der nun weicher wurde als ein Schwamm." |

GOTTFRIED VON STRASSBURGS (um 1170–ca. 1215) Epenfragment „Tristan und Isold“ (1210) gehört ebenfalls in diesen Stoffkreis *höfischer Dichtung*.

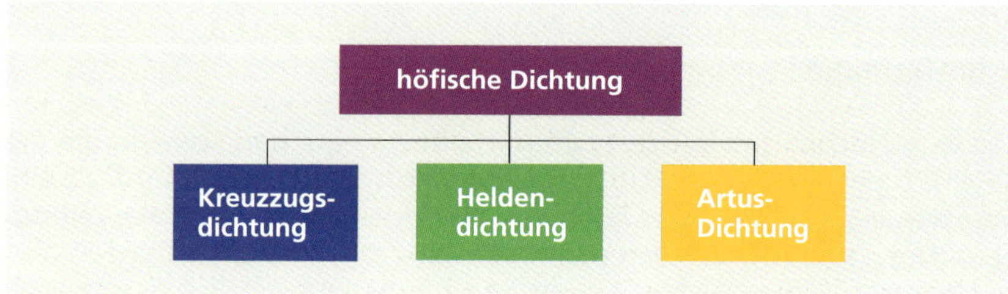


### Kreuzzugsdichtung

Mit dem Plan, Jerusalem und das Heilige Land (Palästina) von der Herrschaft der „ungläubigen“ Muslime zu befreien, hatte bereits Papst GREGOR VII. (um 1020–1085) versucht, seine weltliche Macht zu konsolidieren. Den *1. Kreuzzug* initiierte Papst URBAN II. (1088–1099) 1095 auf dem Konzil in Clermont. 1096 bricht die christliche Ritterschaft Europas auf, das Heilige Land zu erobern. Im Sommer 1099 wird Jerusalem von Teilnehmern des 1. Kreuzzuges erobert und ein lateinisches Königreich ausgerufen.
Unter den Kreuzfahrern waren auch einige *fahrende Sänger.* Die **Kreuzzugsdichtung** entstand. Einige Beispiele sind das „Rolandslied“ des PFAFFEN KONRAD (um 1170), WOLFRAM VON ESCHENBACHS (um 1170/1180 bis ca. 1220) Epos „Willehalm“, Lieder FRIEDRICH VON HAUSENS (vor 1171–1190), ALBRECHT VON JOHANSDORFS (urkundl. bezeugt zwischen 1180 und 1209) und WALTHER VON DER VOGELWEIDES (um 1170–um 1230):

> … Hie liez er sich reine toufen,
> daz der mensche reine sî.
> dô liez er sich hie verkoufen,
> daz wir eigen wurden frî.
> anders wæren wir verlorn:
> wol dir, sper, kriuz, unde dorn!
> wê dir, heiden! daz ist dir zorn…
>
> (Walther von der Vogelweide: Palästinalied. In: Die Gedichte Walthers von der Vogelweide. Hrsg.: Karl Lachmann. Berlin: G. Reimer, 1827, S. 14 f.)

### Die Minnedichtung

> **Minne** ist die Anbetung einer höhergestellten Frau als Herrin (mhd. frouwe) durch einen Gefolgsmann.

Minne ist hier als rein gedankliche Tat (vgl. das lateinische Wort memini = „gedenken, sich erinnern“). *Liebe im Hochmittelalter* muss als entsagungsvolles Sehnen nach Tugend und Sittlichkeit verstanden werden.

Dafür geht der Ritter in Turnier und Schlacht und freudig in den Tod, denn in der Person der Herrin (frouwe) wird symbolisch die Liebe zu Gott und zur Jungfrau Maria gesucht. Ein wesentliches Motiv ist die triuwe (Treue). *Ziel des* **Minnesangs** ist also die charakterliche Läuterung des Ritters. Er soll ein würdiges Mitglied der höfischen Gesellschaft werden.
**Minnelyrik** variiert einen engen Kreis von Motiven und Formen. Die Gedichte wurden zur Laute gesungen. Dies erforderte eine strenge Gliederung. Die ältesten erhaltenen Minnedichtungen entstanden zur Zeit BARBAROSSAS. Die Interpreten waren fahrende Sänger sowohl niederen als auch adligen Standes. Formen der Minnedichtung sind Kanzone, Kreuzlied, Pastourelle, Tanzlied, Tagelied, Minneleich. Das **Tagelied** beschreibt den Morgen, den Beginn des Tages. **Tanzlied** und **Minneleich** folgen in ihren rhythmischen Strukturen der Tanzbarkeit zugehöriger Musiken. Die **Pastourelle** ist ein häufiger Liedtyp der mittelalterlichen Lyrik. Ein höhergestellter Herr (Ritter, Kleriker, Scholar) und ein Bauernmädchen treffen sich zufällig im Freien. Der Herr versucht, das Mädchen zu einem Liebesabenteuer zu überreden oder, wenn es nicht anders geht, zu zwingen, zumeist – jedoch nicht immer – mit Erfolg.

Die Bezeichnung Pastourelle ist abgeleitet von dem provenzalischen Wort pastorel (Hirtin). Leich = Lied (zu angels. lacan, got. laikan = springen, tanzen), Bewegungslied

Die **Kürenbergerstrophe** ist im Wesentlichen identisch mit der **Nibelungenstrophe.** Sie besteht aus vier Langzeilen, von denen je zwei durch Reim verbunden sind:

**Der Kürenberger:** Dichter der sogenannten donauländischen Liebeslyrik, lebte um die Mitte des 12. Jh.s und war vielleicht bei Linz ansässig.

Ich zôch mir einen valken / mêre danne ein jâr.
dô ich in gezamete / als ich in wolte hân
und ich im sîn gevidere / mit golde wol bewant,
er huop sich ûf vil hôhe / und floug in anderiu lant.

Ich zog mir einen Falken / länger als ein Jahr.
Doch als er, wie ich wollte, / von mir gezähmet war
Und ich ihm sein Gefieder / mit Golde wohl bewand,
Hob er sich auf gewaltig / und flog hinweg in andres Land.

(Der Kürenberger: „Ich zôch mir einen valken“. In: Wackernagel, Wilhelm: Altdeutsches Lesebuch. Basel: Schweighauserrische Buchhandlung, 1835, S. 153)

Der Falke steht in diesem Minnelied für die Geliebte, die man umwirbt, hegt, um deren Vertrauen man buhlt. Liebe lässt sich nicht zähmen, die Geliebte entscheidet sich anders. Sichtbar und doch unerreichbar ist sie nun. „Gott bringe sie zusammen, die sich einander lieb und hold“, heißt es deshalb auch in der letzten Verszeile.

Die *Klassiker* des *Minnesangs* sind REINMAR VON HAGENAU, HEINRICH VON MORUNGEN, ALBRECHT VON JOHANSDORF. Der jüdische Minnesänger SÜSKIND VON TRIMBERG (ca. 1200–1250) steht für die enge Verknüpfung von jüdischer Kultur und christlicher Umgebung.
Um 1200 gab WALTHER VON DER VOGELWEIDE dem Minnesang entscheidende neue Impulse: Er vollzog seinen Abschied von der **hohen Minne** und begründete mit den „Mädchenliedern“ die **ebene Minne.** An die Stelle einer ehrenhaften, aber fruchtlosen Anbetung der adligen Frau

5

setzt WALTHER die Forderung nach Erhörung, nach Erfüllung der Liebe, nach einer gleichberechtigten Beziehung.

WALTHER VON DER VOGELWEIDE (um 1170–ca. 1230) in einer Darstellung der „Manessischen Liederhandschrift“

Zu den Liedern der ebenen Minne gehört das berühmte klang- und sinnenfrohe Lied „Under der linden“ sowie „Herzeliebes frowelîn“, „Muget ir schouwen“ und „Nemt, frouwe, disen kranz“. Sein elegisches Alterswerk „Owê war sint verswunden alliu mîniu jâr“ gilt heute noch als Meisterwerk und Ausnahmeerscheinung innerhalb des klassischen Mittelalters.

NEIDHART (VON REUENTAL) (vor 1210–nach 1230) besingt etwa um 1210 die **niedere Minne.** Diese zieht die handfeste Liebe, meist zwischen einem Ritter und einem Mädchen aus dem Bauernstand, einer rein platonischen vor. Es sind oft einfach gebaute Reigenlieder zum Thema *Minne:* Ein ritterlicher Sänger spielt im Dorf zum Tanz auf und erobert ein Bauernmädchen. NEIDHARTS Themen scheinen wie prall aus dem Leben gegriffen und erweisen sich doch oft als Parodie auf den Ritterstand.

### Die politische Dichtung

Die politische Lyrik ist Teil eines Komplexes, der heute definiert wird als Lyrik, welche Fragen der richtigen bzw. falschen Lebensführung (Moral/ Ethik), die Problematik der Sängerexistenz, Politik und Religion behandelt. Als bedeutendster Verfasser politischer Lyrik gilt WALTHER VON DER VOGELWEIDE. Er hielt sich an den Höfen von Wien bis Meißen auf. Offenbar beim Meißner Markgrafen DIETRICH, einem Anhänger der Welfen, verfasste WALTHER sein kritisches Papst-Gedicht:

Ahî wie kristenlîche nû der bâbest lachet,
swanne er sînen Walhen seit: „ich hânz alsô gemachet!“
daz er dâ seit, des solt er niemer hân gedâht.
er giht: „ich hân zwên Allamân under eine krône brâht,
daz siz rîche sulen stœren unde wasten.
ie dar under füllen wir di kasten:
ich hâns an mînen stoc gement, ir guot ist allez mîn …“

Wie christlich nun der Papst lacht, wenn er zu seinen Italienern sagt: „Ich habe das Ding so gedreht!“ Was er da sagt, sollte er nicht einmal gedacht haben. Er sagt: „Ich habe zwei Deutsche unter eine Krone gebracht, damit sie das Reich zerstören und verwüsten; währenddessen füllen sich unsere Truhen. Ich habe sie an meinen Opferstock getrieben, ihr ganzes Geld gehört mir …“

(Walther von der Vogelweide: Der Unmutston. In: a. a. O., S. 34)

Wie sehr das „Private“, die Existenzprobleme der Sänger, in die **mittelalterliche Lyrik** Einzug hält, verdeutlicht u.a. das Gedicht „Ich hân mîn lehen“. Von Kaiser FRIEDRICH II. (Enkel BARBAROSSAS) erhält WALTHER um 1220 sein Lehen in Würzburg, das er noch rund zehn Jahre als Alterssitz genießen kann:

Vgl. auch die Elegie **„Owê war sint verswunden alliu mîniu jâr!“**

Ich hân mîn lêhen, al die werlt, ich hân mîn lêhen.
nû enfürhte ich niht den hornunc an die zêhen
und wil alle bœse hêrren dester minre flêhen.
Der edel künec, der milte künec hât mich berâten,
daz ich den sumer luft und in dem winter hitze hân.
mînen nâhgebûren dunke ich verre baz getân,
sie sehent mich niht mêr an in butzen wîs als sî wîlent tâten.
Ich bin ze lange arm gewesen ân mînen danc,
ich was sô voller scheltens daz mîn âtem stanc:
daz hât der künec gemachet reine, und dar zuo mînen sanc.

Ich habe mein Lehen, hör es Welt, ich habe mein Lehen. / Nun fürchte ich nicht die Kälte an den Zehen / und will in Zukunft die schlechten Herren nicht mehr anbetteln. / Der edelmütige König, der großzügige König, hat so für mich gesorgt, / dass ich im Sommer Kühlung und im Winter Wärme habe. / Meinen Nachbarn scheine ich auch wohl gelittener. / Sie sehen mich nicht mehr wie einen Aussätzigen an, wie sie es früher taten. / Ich bin zu lange arm gewesen, außer in meinen Gedanken. / Ich war so schmähsüchtig, dass mein Atem stank. / Das alles hat der König wieder rein gemacht und meinen Gesang dazu.

(Walther von der Vogelweide: Ich hân mîn lêhen. In: a.a.O., S. 28)

### 5.2.3 Literatur des Barock

Als **Barock** bezeichnet man die Epoche zwischen *Reformationszeit* bzw. *Renaissance* und *Aufklärung* von etwa 1600 bis 1720. Der oder das Barock ist also die Kunst der Gegenreformation und des Absolutismus. Kennzeichen für die barocke Literatur ist der Hang zur Übersteigerung und übertriebenen Bildhaftigkeit.
Melancholie, Krankheit und Tod sind vorherrschende Themen der barocken Literatur.
**Vanitas** ist ein verbreitetes Motiv in Literatur und Kunst seit dem Mittelalter. Bezug nehmend auf das Buch Kohelet (Der Prediger Salomo) des Alten Testaments, symbolisiert es die Verbindung von vollem, sattem Leben mit dem Tod oder Todesboten.
Typisch für die Vanitas ist die provozierende Gegenüberstellung von Leben und Tod in einem Bild:

„Vanitas vanitatum et omnia vanitas“ = „Eitelkeiten der Eitelkeiten, und alles ist Eitelkeit!“ oder „Es ist alles eitel.“

- dunkle und tiefe Farbtöne, die Nacht bzw. die öde Wüste als Verdeutlichung der allgegenwärtigen Nähe des Todes,
- Motive sind die (verlöschende) Kerze, abgelaufene Sanduhr, der Spiegel, der Totenkopf, Ungeziefer (Käfer, Würmer), verfaulendes Essen wie beispielsweise Obst; das am weitesten verbreitete Vanitas-Attribut der bildenden Kunst ist der menschliche Schädel.

Die Vanitas korrespondiert einerseits mit dem „Memento mori" (Gedenke des Todes) seit dem frühen Mittelalter, der Mahnung, ein tugendhaftes und frommes Leben zu führen, um jederzeit auf das Sterben vorbereitet zu sein, sowie andererseits in der *bildenden Kunst* und *Literatur* mit den *Totentänzen*. Alle Menschen sind angesichts des Todes gleich.

### Petrarkismus und Schäferidylle als besondere Sujets des Barock

> **Petrarkismus** bezeichnet die in Europa verbreitete Nachahmung und Umdichtung von FRANCESCO PETRARCAS Liebeslyrik „Rime in vita e morta di Madonna Laura" (erschienen 1470).

Diese Gedichte haben fast ausschließlich PETRARCAS unerwiderte Leidenschaft zu Laura zum Inhalt. Der Autor benutzte die lyrischen Formen des **Sonetts** und Madrigals, der Kanzone, Sestine und **Ballade.** Die wichtigsten Repräsentanten des Petrarkismus kamen aus Italien, aber auch in Deutschland gab es Nachahmer: MARTIN OPITZ, PAUL FLEMING und CHRISTIAN HOFFMANN VON HOFFMANNSWALDAU.
Zwei Komponenten zeichnen den Petrarkismus aus:
- die Ambivalenz der Liebe und
- der Schönheitskatalog.

*Schäferdichtung* gab es vom 15. bis 18. Jh. in Italien, Spanien, Frankreich, England und Deutschland. Schauplatz ist oft Arkadien, ein **Locus amoenus** (lat. „lieblicher Ort") des befreiten Geistes, als Hort der Wissenschaften und Künste. Die Natur wird zur reinen Kulisse idealisiert. Für die deutsche Schäferdichtung des Barock kann Arkadien nach Wüstenei und Tod des Dreißigjährigen Krieges als Anspielung auf das goldene Zeitalter der Antike und somit als Friedenssehnsucht gelten, als Gegenstück zum allgegenwärtigen *Locus horribilis,* dem Furcht-, Unglücks- und Schreckensort.
GEORG PHILIPP HARSDÖRFFER (1607–1658) und JOHANN KLAJ (1616–1656) schrieben Schäferpoesie von zeitloser Schönheit. MARTIN OPITZ verwendet in seiner **Prosaekloge** „Schäfferey von der Nimfen Hercinie" (1630), einer Mischung aus Prosa und Versen, Material aus SANNAZAROS „Arcadia" (1482 bzw. 1504) und den Eklogen VERGILS.
Auf die *Utopien* der *Rokokozeit* antworteten die Dichter des **Sturm und Drang** schließlich mit der Umdeutung der **Schäferidylle.**

### Der barocke Roman

PHILIPP VON ZESENS (1619–1689) Roman „Adriatische Rosemund" (1645) gilt als der erste große deutsche Barockroman.
JOHANN JAKOB CHRISTOFFEL VON GRIMMELSHAUSEN (1622–1676) schrieb mit „Der Abentheurliche Simplicissimus Teutsch" (1669) den *ersten deutschen Prosaroman von Weltgeltung* und den berühmtesten aller *Barockromane* in der Manier des spanischen *Schelmenromans*. In urwüchsiger Sprache und mit hintergründigem Humor verarbeitete er gängige Schwankstoffe. Das Buch beschreibt, wie der Einzelne ausschließlich über Erfahrungen zu Urteilen kommt.

Es ist die Geschichte des Simplicius, des „Einfältigen", Simplicissimus, der im *Dreißigjährigen Krieg* (1618–1648) zunächst als Page am Hanauer Hof, dann bei den kaiserlichen Truppen den Narren spielen muss und sich schließlich als „Jäger von Soest" einen Namen macht, bis er in schwedische Gefangenschaft gerät, zu einer Heirat gezwungen wird, sich in Paris als Musiker und Schauspieler durchschlägt, eine zweite Ehe eingeht und schließlich den *Westfälischen Frieden* erlebt, sich nach Afrika einschifft, Schiffbruch erleidet und auf diese Art und Weise mehrere Kontinente bereist. GRIMMELSHAUSEN, der 1635 selbst in den Militärdienst gezwungen worden war, zunächst als kaiserlicher Dragoner und später als Regimentssekretär, verarbeitete in diesem Roman seine Erlebnisse. GRIMMELSHAUSENS sprachlich genauer *Realismus* bestach ganze Generationen von Lesern und gehört heute zum Lesenswertesten der **Schelmenliteratur.**

GRIMMELSHAUSEN schrieb seinen „Simplicissimus" unter dem Pseudonym Samuel Greifnson vom Hirschfeld, einem Anagramm aus seinem bürgerlichen Namen. Dieses Spiel setzte er fort mit: Philarchus von Trommenheim, Erich Stainfels von Grufenholm, Melchior Sternfels von Fuchshaim, Michael Rechulin von Sehmsdorff. Erst 1838 entdeckte man den wahren Autor.

Fortsetzungen findet der „Simplicissimus" in den Romanen „Trutz Simplex oder ausführliche und wunderseltsame Lebensbeschreibung der Erzbetrügerin und Landstörzerinn Courasche" und „Der seltzame Springinsfeld" (beide 1670). Die Hauptpersonen der Romane waren im „Simplicissimus Teutsch" bereits aufgetreten. Die „Courasche" als weibliches Gegenstück zum „Simplicissimus" zeichnet das erbarmungslos realistische Porträt einer Frau, die in die Wirren des Dreißigjährigen Krieges hineingezogen wird. Einst einigermaßen wohlhabend, endet sie als Landstreicherin. Die Geschichte der „Courasche" inspirierte BERTOLT BRECHT 1939, angesichts des gerade gescheiterten *Spanischen Bürgerkrieges* und des bevorstehenden *Zweiten Weltkriegs,* zu seinem **Antikriegsstück** „Mutter Courage und ihre Kinder". Der „Springinsfeld" beschreibt die Geschichte eines ehemals tüchtigen Soldaten, mit dem sich Simplicissimus in Westfalen befreundet hat. Später erscheint er als ausgemergelter und heruntergekommener Landstreicher.

Landstörzerin = Landstreicherin

CHRISTIAN REUTERS (1665–um 1712) „Schelmuffskys Warhafftige Curiöse und sehr gefährliche Reisebeschreibung zu Wasser und Lande" (1696/1697) ist eine derbe Vermischung von Abenteuer- und Schelmenroman und parodiert den **Abenteuerroman** als triviales *Genre*.

ACHIM VON ARNIM rühmte die Figur des Schelmuffsky als „deutschen Donquichote".

Der **Schäferroman** und der *Staatsroman* sind vor allem als Übersetzungen aus dem Englischen im Deutschland des **Barock** vertreten. Der erste **utopische Roman** Deutschlands entstand 1619 mit „Rei publicae christianopolitanae" des lutherischen Pastors JOHANN VALENTIN ANDREÄ (1586–1654) unter dem Einfluss der „Utopia" von THOMAS MORUS (1516) und THOMAS CAMPANELLAS „Cità del Sole" (1623). Herzog ANTON ULRICH VON BRAUNSCHWEIG UND LÜNEBURG (1633–1714) schrieb die Romane „Die durchläuchtige Syrerin Aramens" (5 Bände, 1669–1673) und „Römische Octavia" (6 Bände, 1677–1685).

„Cità del Sole", dt. = „Der Sonnenstaat"

Der heroisch-galante Roman schließlich verband den mittelalterlichen **Amadis-Roman** mit der antiken **Schäferdichtung.**

### Lyrik des Barock

Die **Lyrik des Barock** begegnet uns zunächst in starker Formelhaftigkeit. Sie diente vorwiegend höfisch-galanter Unterhaltung und der Erziehung zu katholischer Gläubigkeit. Ihre kunstvollen Stilmittel galten als Bildungsnachweis der Autoren. Neue Töne brachten protestantische Lyriker ein. Ihre Gedichte sind stark weltlich orientiert, sie sollen weniger etwas Persönliches ausdrücken, sondern eine allgemeingültige Behauptung, ein Lob oder eine Lehre, sie sind öffentlich und gesellig.

Die **religiöse Lyrik** in ihrer protestantisch geprägten Variante führte die von LUTHER begründete Tradition des **Kirchenliedes** fort. Lutherisches religiöses Liedgut bedeutete zunächst vor allem die *Umdichtung weltlicher Lieder auf geistliche Texte* bzw. die sehr volksnahe *Umsetzung religiöser Texte auf populäre Volksmusik.*

Die katholische *Kirchenliedgeschichte* beginnt in der *Karolingerzeit* und blieb im Wesentlichen auf die Klöster bzw. den Chorus der Kleriker beschränkt, die **Gegenreformation** musste dem **protestantischen Kirchenlied** jedoch etwas Adäquates entgegensetzen.

Als Gegenreformation bezeichnet man das Bestreben des Papsttums und der katholischen Kirche, den Einfluss des Protestantismus zurückzudrängen. Dies war einer der Anlässe für den Dreißigjährigen Krieg.

Der *Jesuit,* Lehrer, Seelsorger und bedeutende *Barockdichter* FRIEDRICH SPEE VON LANGENFELD (1591–1635) verfasste das erste ausdrücklich für Frauen geschriebene Andachtsbuch, das „Güldene Tugend-Buch", dessen Vorbild das biblische *Hohelied* ist. Es variiert das Thema der Jesusliebe. Die Themen kreisen um die drei göttlichen Tugenden Glaube, Hoffnung und Liebe. „Trutz Nachtigal oder Geistliches-Poetisch Lust-Waldlein" ist ein Zyklus geistlicher Lieder:

„Thu' auf, Thu' auf, du schönes Blut,
Sich Gott zu dir will kehren:
O Sünder! greif nun Herz und Muth,
Hör' auf die Sünd' zu mehren:
Wer Buß' zur rechten Zeit verricht't
Der soll in Wahrheit leben:
Gott will den Tod des Sünders nicht;
Wann willst du dich ergeben?

(Spee von Langenfeld, Friedrich: Ermahnung zur Buße. In: ders.: Auserlesene Gedichte. [Bibliothek deutscher Dichter] Leipzig: F. A. Brockhaus, 1831, S. 58)

SPEE ist sowohl der wichtigste Vertreter des katholischen Kirchenliedes als auch der *bedeutendste katholische Barockdichter* in Deutschland.
BENJAMIN SCHMOLCK (1672–1737), CATHARINA REGINA VON GREIFFENBERG (1633–1694) und PAUL GERHARDT (1607–1676) verfolgten mit ihrer **Erbauungslyrik** geistliche Sinnlichkeit. Dabei sind die Grenzen zwischen geistlichen und weltlichen Lyrikern schwer zu ziehen. Verkürzt formuliert, finden sich bei den weltlichen Autoren auch geistliche Themen, während geistliche Autoren weltliche Themen kaum streiften.

Ziel der Erbauungslyrik war die Stärkung des Glaubens und der Frömmigkeit. Auch war sie als Trostspender in Glaubensfragen gedacht.

Bei ANDREAS GRYPHIUS (1616–1664) wird die menschliche Geschichte nicht als Entwicklung, sondern als Vergänglichkeit definiert. **Vanitas** und Einsamkeit sind vorherrschende **Motive** seiner Lyrik: „Es ist alles Eitel", „Menschliches Elende", „Einsambkeit", „An die Welt", „Mitternacht" und „Am Ende".
Ein weiteres Beispiel für vanitatische Lyrik ist CHRISTIAN HOFFMANN VON HOFFMANNSWALDAUS „Vergänglichkeit der Schönheit". Gedichte wie HOFFMANNSWALDAUS „Auf den Mund" (1695), OPITZ' „Du schöne Tyndaris", das „Sonnet XXI.", „Francisci Petrarcae", und FLEMINGS „Wie Er

wolle geküsset seyn" (1642) sind Beispiele für eine sinnenfrohe, an PETRARCA geschulte Lyrik. In ihnen wird die Jugend und die Liebe (mitunter auch schwermütig) gefeiert, ganz wie es ihr gebührt und ohne vanitatischen Hintersinn.

Der erste ausgesprochene Natur- und Landschaftslyriker der deutschen Literatur ist BARTHOLD HEINRICH BROCKES (1680–1747). Kennzeichnend für seine Gedichte ist das Streben nach Einfachheit und Klarheit. Seine Gedichte „Irdisches Vergnügen in Gott" (1721–1748, 9 Bücher) bestechen durch genaue Beobachtung der Naturerscheinungen und einen protestantisch geprägten diesseitigen Gottesglauben.
BROCKES hatte als reicher Patrizier genug Muße, das Verhältnis Mensch–Natur–Gott zu reflektieren. Geprägt durch ISAAC NEWTONS naturwissenschaftliche Erkenntnisse, wagte er die Synthese von Naturwissenschaft und Religion. Seine Lyrik konzentriert sich deshalb viel stärker als die der Dichter vor ihm auf sinnenfrohes Leben, das Preisen der göttlichen Schöpfung und Detailreichtum in Naturbeschreibungen.

BARTHOLD HEINRICH BROCKES (1680–1747)

### Emblematik

Die **Emblematik** ist eine besondere Bildsprache des Barock. Ein *Emblem* besteht aus dem Bild *(pictura),* das z. B. Pflanzen, Tiere, Geräte, Tätigkeiten, Vorgänge des menschlichen Lebens, eine mythologische, biblische, historische Figur oder Szene zeigt, der Überschrift *(inscriptio),* die eine Sentenz, ein Sprichwort, eine moralische Forderung enthält, und einer in Versen verfassten Erklärung *(subscriptio).* Die Embleme (wörtlich „Sinnbilder") waren allgemein bekannt, ihre Bedeutung festgelegt und durch Tradition verbürgt.

## 5.2.4 Literatur des 18. Jahrhunderts

### Aufklärung

**Aufklärung** wird eine europäische Geistesbewegung genannt, die in der zweiten Hälfte des 17. Jh.s einsetzte und im 18. Jh. ihren Höhepunkt erreichte. Sie ist durch ein **naturwissenschaftliches Weltbild,** durch *Emanzipation des Denkens von kirchlich-dogmatischer sowie staatlicher Bevormundung* geprägt und wird begleitet durch *neue wirtschaftliche Methoden.* Der Verstand (ratio) wird zum obersten Prinzip jeglichen Handelns erhoben.

Aufklärung = engl. enlightenment, frz. les lumières, it. illuminismo, bedeutet auch Erleuchtung, Aufhellung im Sinne der Erleuchtung des menschlichen Geistes/Verstandes.
Licht galt als Symbol der Erkenntnis und Aufklärung.

Aufklärung meint *Licht ins Dunkel* bringen. Unter Licht ist die Fähigkeit des Menschen zu *wissenschaftlicher Erkenntnis* zu verstehen, während *Dunkelheit* so viel wie *Unmündigkeit, kritiklosen Glauben, Aberglauben* bezeichnet. Der deutsche Philosoph IMMANUEL KANT (1724–1804) formulierte eine Definition des Begriffs: „Aufklärung ist der Ausgang des Menschen aus seiner selbstverschuldeten Unmündigkeit. Unmündigkeit ist das Unvermögen, sich seines Verstandes ohne Leitung eines anderen zu bedienen. Selbstverschuldet ist diese Unmündigkeit, wenn die Ursache derselben nicht am Mangel des Verstandes, sondern der Entschließung und des Mutes liegt, sich seiner ohne Leitung eines andern zu bedienen. Sapere aude! Habe Mut, dich deines eigenen Verstandes zu bedienen! Ist also der Wahlspruch der Aufklärung."

(Kant, Immanuel: Beantwortung der Frage: Was ist Aufklärung? In: Berlinische Monatsschrift, Dezember-Heft 1784, S. 481)

Zum zentralen Begriff der Philosophie und Geisteshaltung des 18. Jh.s wurde **Vernunft.** Auch die Umbildung der Gesellschaft zu einer „natürlichen Ordnung" wurde angestrebt, wobei dies kaum auf politischem Wege, wohl aber im moralischen Sinne erreicht werden konnte.
Das Ziel der aufklärerischen deutschen Dichter war die *Erziehung des Menschen durch Literatur und Kunst.* Als nützlich erwiesen sich ganz bestimmte literarische Genres.

Die Fabel galt als volkstümliches Genre, das vor allem die unteren Schichten ansprach. GOTTSCHED, der theoretische Kopf der Frühaufklärung, vernachlässigte die Fabel als zu niedrig.

Als *didaktische Literaturform* war die **Fabel** hervorragend geeignet, Lehren zu vermitteln. FRIEDRICH VON HAGEDORN (1708–1754), CHRISTIAN FÜRCHTEGOTT GELLERT (1715–1769) und GOTTHOLD EPHRAIM LESSING (1729–1781) nutzten das *Genre*. Während HAGEDORN die Fabel als ironisch-kritisches Lehrgedicht umbaute und GELLERT sie mit Leichtigkeit komponierte, dass sie „seinem eignen Naturelle" folgte, nutzte LESSING die epigrammatisch kurze Prosaform. Ihnen gemeinsam war die vernunftbasierte Lehre der Fabel, die zugleich unterhalten sollte.

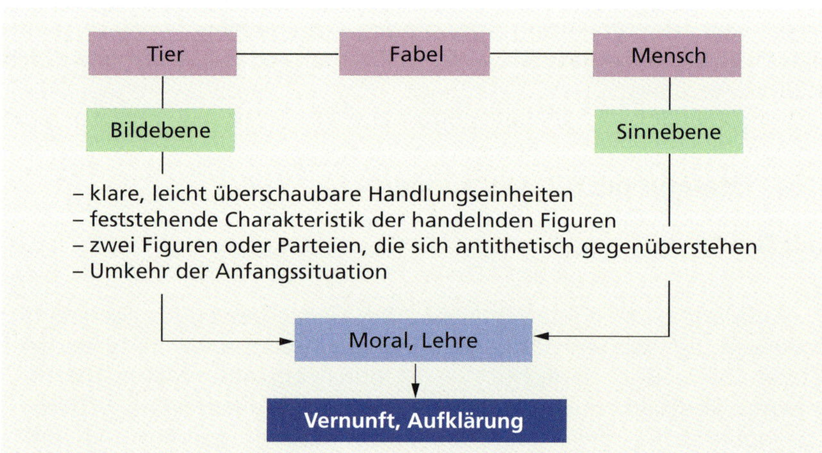


Besondere Bedeutung wurde den exakten Wissenschaften Mathematik und Physik als Impulsgeber für eine Neubestimmung der Geisteswissenschaften beigemessen.

Eine weitere Möglichkeit der „Erziehung" des Bürgertums war der *Roman*. JEAN-JACQUES ROUSSEAUS *Erziehungsroman* (1762) „Émile ou De l'éducation" („Émile oder Über die Erziehung") war zugleich das wichtigste Werk zur Etablierung eines aufgeklärten Erziehungswesens. Der Pädagogik wurde in der Aufklärung eine zentrale Funktion zugeschrieben. Kinder würden empfindsam geboren und erst im Laufe des Lebens vernünftig, meinte ROUSSEAU.
Der Erzieher müsse also Sorge tragen, dass das Kind lerne, vernünftig zu handeln. Der Zögling dürfe nicht indoktriniert werden. Das Kind solle eine Erziehung genießen, die an seine Entwicklung angepasst sei.

**Der Literaturstreit**

| GOTTSCHED | LESSING |
|---|---|
| **französisches Theater** | **englisches Theater** |
| – Fürstenerziehung<br>– belehrende erzieherische Figuren<br>– Vernunft<br>– Ständeklausel im Drama<br>– rationalistische Gesellschaftstragödie<br>– Furcht und Schrecken: Angst<br>– Alexandriner<br>– 3 Einheiten: Ort, Zeit, Handlung<br>– hoher Sprachstil (Tragödie)<br>– schmucklose Rede | – Erziehung des Menschengeschlechts<br>– realistische Figuren<br>– Identifikation mit den Helden<br>– Leidenschaft<br>– Aufhebung der Ständeklauseln<br>– realistische Gesellschaftstragödie<br>– Katharsis: Mitleid, Einfühlung<br>– Blankvers<br>– Bruch mit den 3 Einheiten<br>– Sprachstil passt sich den Inhalten an |

JOHANN CHRISTOPH GOTTSCHED (1700–1766) war der „Literaturpapst" jener Zeit. Er wollte vor allem das Theater nach französischem Vorbild reformieren und erfuhr so Schelte vor allem durch GOTTHOLD EPHRAIM LESSING. Dessen „Briefe, die neueste Literatur betreffend" (1759–1765) und die „Hamburgische Dramaturgie" wurden zur eigentlichen theoretischen Grundlage des deutschen Dramas.

In seinem **17. Literaturbrief** warf LESSING seinem Widersacher vor, mit der Theaterreform eher Verschlimmerungen als Verbesserungen bewirkt zu haben. GOTTSCHED habe es versäumt zu untersuchen, ob das französische Theater für das deutsche als Vorbild tauge. Hingegen werden SHAKESPEARE und das englische Theater zum Vorbild für ein deutsches Nationaltheater erhoben. SHAKESPEARES Theater sei natürlich und ursprünglich, auch sei das zeitgenössische englische Theater geeigneter, weil „das Große, das Schreckliche, das Melancholische besser auf uns wirkt als das Artige, das Zärtliche, das Verliebte" (LESSING).
Mit der Hervorhebung der Bedeutung des englischen Theaters und insbesondere SHAKESPEARES leitete LESSING eine lang anhaltende, vor allem für den *Sturm und Drang* und die *Romantik* bedeutende SHAKESPEARE-Rezeption ein.
LESSING strebte die Wandlung des Theaters vom Hoftheater zum Nationaltheater an. Er nahm deshalb begeistert eine Stellung als Dramaturg am Hamburger Nationaltheater an, kehrte aber der Hansestadt bald enttäuscht den Rücken. Jedoch wurden seine Vorstellungen Jahrzehnte später verwirklicht und bürgerliche Stadttheater gegründet.
Die in den Renaissance- und Barockpoetiken festgelegte **Ständeklausel** im Drama wurde überwunden. Die Ständeklausel sah vor, dass in der Tragödie ausschließlich Mitglieder höherer Stände (Adel) Handlungsträger sein durften.
LESSING gelang es, mit „Miß Sara Sampson" (1755), in nur vier Wochen niedergeschrieben, und „Emilia Galotti" (1771) das **bürgerliche Trauerspiel** in Deutschland zu etablieren. „Emilia Galotti" spielt in Italien.

Emilia soll den Grafen Appiani heiraten, jedoch Hettore Gonzaga, Prinz von Guastalla, verliebt sich in das Bürgermädchen. Marchese Marinelli, sein Kammerherr, soll nun alles tun, die Hochzeit zu verhindern. Bald darauf wird das Brautpaar von Verbrechern überfallen und Appiani ermordet. Emilia wird mit ihrer Mutter auf das Schloss des Prinzen „in Sicherheit" gebracht, bald trifft auch der Vater Odoardo dort ein. Gräfin Orsina, die ehemalige Geliebte des Prinzen, klärt Odoardo über die Hintergründe der Bluttat auf. Emilia fürchtet, den Verführungskünsten des Prinzen nicht standhalten zu können, und um die Ehre seiner Tochter zu retten, gibt der Vater ihrem Drängen nach und ersticht sie.

Die Prüfung der Dichtung darauf hin, ob sie tauglich sei zur Erbauung und Belehrung, führte bereits GOTTSCHED ein. Dieser benutzte auch das erste Mal das Wort „Kritik". LESSING als bedeutendem Literaturkritiker seiner Zeit kommt das Verdienst zu, die Kritik als eigenständige Disziplin eingeführt zu haben. Er forderte in seiner Schrift „Der Rezensent braucht nicht besser zu machen, was er tadelt" eine Trennung von Künstler und Kritiker. LESSING führte den Begriff des Original-Genies ein, der bei den Stürmern und Drängern zum Schlüsselbegriff werden sollte.
Zwischen 1748 und 1755 war LESSING Mitherausgeber der „Beyträge zur Historie und Aufnahme des Theaters". Mit „Briefe, die neueste Literatur betreffend" etablierte er mit FRIEDRICH NICOLAI (1733–1811) und MOSES MENDELSSOHN (1729–1786) die Literaturzeitschrift in Deutschland. Als Dramaturg am *Hamburger Nationaltheater* verfasste LESSING von 1767 bis 1769 die „Hamburgische Dramaturgie". Darin äußerte er:

> „Nicht jeder Liebhaber ist Kenner; nicht jeder, der die Schönheiten eines Stücks, das richtige Spiel eines Akteurs empfindet, kann darum auch den Wert aller andern schätzen. Man hat keinen Geschmack, wenn man nur einen einseitigen Geschmack hat; aber oft ist man desto parteiischer. Der wahre Geschmack ist der allgemeine, der sich über Schönheiten von jeder Art verbreitet, aber von keiner mehr Vergnügen und Entzücken erwartet, als sie nach ihrer Art gewähren kann."
>
> (Lessing, Gotthold Ephraim: Die Hamburgische Dramaturgie. In: ders.: Werke. Band 4, München: Winkler, 1970 ff., S. 232)

LESSING stattete seinen Nathan mit den Zügen seines Freundes MOSES MENDELSSOHN aus.

LESSINGS Toleranzdrama „Nathan der Weise", 1779 in Druck gegeben, spielt in der Zeit des 3. Kreuzzugs. Es thematisiert die Frage der Judenemanzipation und der religiösen Toleranz. Bereits 1749 hatte der Autor sich in der Komödie „Die Juden" mit dem Toleranzgedanken beschäftigt und die Überheblichkeit der Christen gegenüber Juden verspottet.
LESSING siedelt sein Stück in Jerusalem an, der Stadt der drei Weltreligionen. Auf Befehl des Sultans Saladin sind alle gefangenen Kreuzritter ermordet worden, bis auf einen, den Tempelherrn, der dem verstorbenen Bruder des Sultans ähnlich sieht. Der reiche Jude Nathan, gerade von einer Reise zurückgekehrt, erfährt, dass seine Tochter Recha vom Tempelherrn aus dem brennenden Haus gerettet worden ist. Recha und ihre christliche Gesellschafterin Daja, die von dem Schicksal des Tempelherrn erfahren haben, sehen in der Rettung ein Wunder.

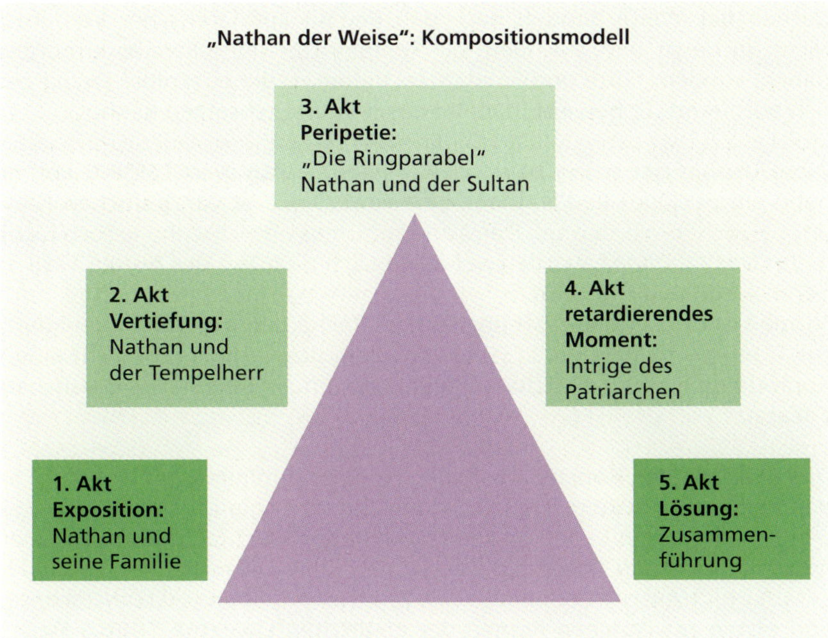

GOTTHOLD EPHRAIM LESSING (1729–1781)

Der Sultan lädt Nathan zu einem Gespräch ein. Da fügt es sich, dass der Sultan ihn mit der Frage konfrontiert, welche der drei Religionen die wahre sei. Nathan antwortet mit einem „Märchen“, der Ringparabel. Ein „Mann im Osten“ besaß einen Ring, der die Eigenschaft hatte, seinen Träger „vor Gott und Menschen angenehm zu machen, wer / In dieser Zuversicht ihn trug“. Er wurde vom Vater demjenigen Sohn weitervererbt, der ihm am liebsten war, bis er auf einen Herrscher kam, der seinen drei Söhnen mit gleicher Liebe zugetan war. Unfähig, sich für einen von ihnen zu entscheiden, lässt er nach dem Muster des echten Rings zwei vollkommen gleiche anfertigen und übergibt sie vor dem Tod seinen Söhnen. Deren Streit um den echten Ring schlichtet ein kluger Richter, indem er einzig *praktisches Handeln zum Maßstab* für die Echtheit des Rings erhebt: „Es eifre jeder seiner unbestochnen / Von Vorurteilen freien Liebe nach! / Es strebe von euch jeder um die Wette, / Die Kraft des Steins in seinem Ring an Tag / Zu legen! komme dieser Kraft mit Sanftmut, / Mit herzlicher Verträglichkeit, mit Wohltun, / Mit innigster Ergebenheit in Gott / Zu Hilf!“ Der Sultan erkennt in dem Bild von den drei Ringen die Religionen Christentum, Islam und Judentum, ist überrascht ob der Weisheit des Nathan, trägt ihm seine Freundschaft an. Religion, das erkennt der Sultan, muss sich durch praktische Humanität beweisen.

„Die Ringparabel“ entnahm LESSING einer Novelle aus BOCCACCIOS „Decamerone“. Sie bildet dort die dritte Novelle des ersten Tages.
Den Namen „Nathan“ entnahm LESSING der dritten Novelle des zehnten Tages.

Der Tempelherr, in leidenschaftlicher Liebe zu Recha entbrannt, begehrt sie zur Frau. Nathan erkennt mithilfe des vom Patriarchen ausgesandten Klosterbruders in dem Tempelherrn Rechas Bruder, und Saladin und dessen Schwester Sittah erkennen in ihm ihren Neffen, den Sohn des Bruders Assam. Märchenhaft löst sich die Szene in Umarmungen und der Erkenntnis auf, dass drei Religionen in einer Familie vereint sind.

Nathan der Weise handelt nach den Regeln aufklärerischer Vernunft. Nicht Rache ist sein, nachdem die Tempelritter seine Familie ermordet haben, sondern Güte und Solidarität, indem er die elternlose Recha bei sich aufnimmt. Er beweist, dass Vernunft sich durchsetzen kann.

Noch nach dem Wiener Kongress 1815 gab es in Deutschland vereinzelt Pogrome und antisemitische Hetzkampagnen. Erst 1871 erhielten die Juden volle staatsbürgerliche Rechte.

Diese Utopie rief schon bald Kritiker hervor. Man warf LESSING vor, er habe ein positives Bild Nathans gezeichnet, weil er von jüdischen Kreisen bestochen worden sei. Der Antisemitismus erreichte ihn jedoch nicht mehr: Der „Nathan" wurde zwei Jahre nach dem Tod des Autors 1783 in Berlin erstmals aufgeführt.
Formell ist der Dramenstoff um Nathan, Recha und den Sultan geeignet, zur Tragödie zu werden. LESSING gibt dem dramatischen Gedicht einen Komödienschluss. Er durchbricht hier die strengen Regeln des klassischen Theaters.

Der **Aufstieg des Romans** im 18. Jh. zu einem dominierenden Genre in der epischen Gattung begann wiederum in England. DANIEL DEFOES „Robinson Crusoes Leben und seltsame Abenteuer" (dt. 1720) gab einer neuen Stilrichtung innerhalb des Genres seinen Namen: **Robinsonade.** SAMUEL RICHARDSON etablierte den **Briefroman,** HENRY FIELDING schrieb den ersten realistischen Roman der englischen Literatur, TOBIAS SMOLLETT machte den **pikarischen Roman** populär und LAURENCE STERNE gab mit „A Sentimental Journey Through France And Italy" (Yoricks empfindsame Reise durch Frankreich und Italien, 1768) einer ganzen Richtung innerhalb der Aufklärung einen Namen: **Empfindsamkeit.**
CHRISTIAN REUTERS „Schelmuffskys Warhafftige Curiöse und sehr gefährliche Reisebeschreibung zu Wasser und Lande" (1697) bereitete den aufklärerischen Roman in Deutschland vor.

### Sturm und Drang

> Vielerorts als eigenständige literarische Epoche bezeichnet, wird der **Sturm und Drang** auf den Zeitraum von Mitte der 1760er- bis Mitte der 1780er-Jahre datiert und nach dem gleichnamigen Drama von KLINGER benannt.

Als politische Revolte bedeutungslos, erwies sich der Sturm und Drang als außerordentlich wirkungsvoll für die Literatur späterer Epochen **(Klassik, Romantik, Naturalismus, Expressionismus)** und einzelner Autoren (z. B. BÜCHNER, BRECHT).

Der Sturm und Drang (Geniezeit, Genieperiode) bildete innerhalb der *Aufklärung* im 18. Jh. eine neue Tradition, in der Begriffe wie Genie und Gefühl eine beherrschende Rolle spielten. Die literarischen Vertreter dieser geistigen Strömung versuchten eine *Verbindung zwischen Verstand und Gefühl* herzustellen. Sensibilität und Zärtlichkeit waren Schlagworte der Bewegung.

- Die Stürmer und Dränger waren unzufrieden mit der Regel- und Normengläubigkeit der Menschen ihrer Zeit.
- Sie lehnten die alleinige Anwendung des rein rationalistischen Prinzips ab.
- Sie bemängelten ein verflachtes Menschenbild, welches das Individuum nur als reagierenden, funktionierenden Bestandteil der Gesellschaft beschrieb und so in seiner Kreativität von vornherein beschränkte.

- Sie setzten Vernunft und Verstand als alleinigen Prüfsteinen menschlichen Handelns Gefühl, Trieb, Spontaneität entgegen.
- Die Überbetonung des Gefühls und der Subjektivität nahm dabei teilweise triviale Züge an und wirkte so der ursprünglich politisch-sozialen Emanzipationsbewegung Aufklärung entgegen.

Ausgangspunkt des Sturm und Drang als literarischer Bewegung war ein Treffen zwischen JOHANN GOTTFRIED HERDER (1744–1803) und JOHANN WOLFGANG GOETHE (1749–1832) in Straßburg im September 1770. HERDER hatte in seinen Schriften „Über die neuere deutsche Literatur" (1766–1767) und „Abhandlung über den Ursprung der Sprache" (1772) Ideen entwickelt, die in ihrem Kern auf die Befreiung der deutschen Literatur von gesetzgebenden Mustern und die Betonung ihrer Eigenständigkeit zielten. Er verwies auf die Natürlichkeit und *Ursprünglichkeit der Volkspoesie,* er sammelte und veröffentlichte Volkslieder („Volkslieder. Zwei Teile", 1778–1779; „Stimmen der Völker in Liedern", 1807). Die bloße Korrektheit, der stilistische Regelzwang, wurde verworfen, die *volkstümliche Sprache* in ihr Recht eingesetzt. Auch nicht schriftgemäße Ausdrücke und Wendungen sollten getrost verwendet werden.

Dem **Straßburger Kreis** gehörten neben HERDER und GOETHE auch FRANZ CHRISTIAN LERSE (1749–1800), den GOETHE im „Götz von Berlichingen" verewigte, CHRISTIAN GOTTHILF SALZMANN (1744–1811), JUNG-STILLING und JAKOB MICHAEL REINHOLD LENZ (1751–1792) an. Wichtig für das Denken des Kreises war außerdem EDWARD YOUNGS „Conjectures on original composition", ein Essay von 1759 (dt. 1761: „Gedanken über die Originalwerke").

Eine zweite Strömung des Sturm und Drang begann durch den losen Zusammenschluss einiger Dichterfreunde im September 1772 zum **Göttinger Hainbund.** Zu den Begründern dieses Zentrums der empfindsamen Lyrik gehörten HÖLTY, VOSS und MILLER sowie drei weitere Studenten der Göttinger Universität. Man gelobte, „ewig" zusammenzuhalten, und traf sich wöchentlich zum Austausch der Gedanken, die in einem Bundesjournal, und der Gedichte, deren beste in einem Bundesbuch festgehalten wurden. Bei der Namenswahl orientierten sich die jungen Dichter an KLOPSTOCK, der in seiner Ode „Der Hügel und der Hain" den *Hain* als Sinnbild bardischer Dichtung und Gesinnung gefeiert hatte. Die Mitglieder pflegten im Umgang miteinander einen gelegentlich übertrieben wirkenden *Freundschaftskult,* begeisterten sich für sittliche Ideale und verliehen ihrem *schwärmerischen Verhältnis zur Natur* Ausdruck. Der Versuch, den bei KLOPSTOCK angesprochenen nationalen Gedanken in das literarische Schaffen der Hainbündler einfließen zu lassen, ließ zahlreiche „Tyrannengesänge" entstehen, über die GOETHE später nicht ganz zu Unrecht spottete.

JOHANN HEINRICH VOSS (1751–1826) war Mitbegründer des Göttinger Hainbundes.

Im Sturm und Drang stand das **Drama im Mittelpunkt** der Literaturproduktion. Bevorzugte Themen waren der tragische Konflikt eines markanten Individuums mit der Gesellschaft oder dem Geschichtsverlauf sowie der Zusammenprall von Gefühl und Ehrenkodex. Hier taten sich vor allem KLINGER und LENZ hervor.

FRIEDRICH MAXIMILIAN KLINGER schrieb in wenigen Wochen sein Drama „Sturm und Drang" (1776), das der ganzen literarischen Bewegung den Namen gab. Hier versuchte er, seine Auffassungen an einem Gegenwartsstoff mit welthistorischer Bedeutung zu verdeutlichen.

Das dramatische Schaffen FRIEDRICH MAXIMILIAN KLINGERS (1752–1831) versiegte in den 80er-Jahren des 18. Jh.s.

Besondere Erwähnung verdient auch der zeitliche Verlauf des Dramas, den KLINGER in Abkehr von aristotelischen Regeln gestaltete. In knapp 24 Stunden spielen sich die Ereignisse ab, die die zuvor in der Exposition nur knapp angerissenen zehnjährigen Leiden des Helden beenden. Dieses atemberaubende Tempo ist Ausdruck der neuen Lebensverhältnisse, in denen sich der Held wiederfindet, und steht in deutlichem Kontrast zu den erstarrten Formen des gesellschaftlichen Lebens und Denkens in der deutschen Realität.

Ein weiteres zentrales Thema der Literatur des Sturm und Drang ist das *Motiv des verführten Mädchens und des Kindsmordes*, das sich zur Darstellung der moralischen Verkommenheit des Adels sowie gleichzeitig zur Anprangerung einer barbarischen, mittelalterlichen Justiz nutzen ließ. Die Ursachen für dieses weit verbreitete Verbrechen sahen die Männer des Sturm und Drang nicht in der allgemeinen Verderbtheit des Menschen, sondern in der gesellschaftlich bedingten Furcht vor der öffentlichen Schande, der uneheliche Mütter ausgesetzt waren. Das Häckerlingsstreuen, das GOETHE in der Brunnenszene des „Faust" erwähnt, ist ein Brauch, bei dem man der „nicht unbescholtenen Braut" am Vorabend ihrer Hochzeit gehacktes Stroh statt Blumen vor das Haus streute. Dieser Brauch stellte noch ein mildes Mittel der Verhöhnung dar. Vielerorts wurden Frauen öffentlich ausgepeitscht oder mit hohen Geldstrafen belegt. Uneheliche Kinder waren ein Leben lang rechtlos und wurden als Bankerte bezeichnet.

WAGNERS „Die Kindermörderin" wurde 1776 erstmals in Pressburg (heute Bratislava) aufgeführt. Nach der Umarbeitung des Stückes 1779 gab es in Frankfurt/M. eine Neuinszenierung unter dem Titel „Evchen Humprecht oder Ihr Mütter merkts euch!". PETER HACKS bearbeitete WAGNERS Stück 1963.

Im Drama „Die Kindermörderin" versucht HEINRICH LEOPOLD WAGNER (1747–1779) zu zeigen, dass die Opfer dieser gesellschaftlichen Umstände moralisch höher stehen als die, die sie verurteilen. Diese Absicht lässt sich an der Struktur des Dramas nachvollziehen. Die Hauptfigur ist eher passiver Natur, sie trägt fast nichts zu ihrem eigenen Untergang bei. Die dramatische Handlung entspricht der eines „geschobenen" Dramas, bei dem der Anstoß das Entscheidende bleibt. Es entsteht keine „Zielhandlung" (LESSING, „Emilia Galotti") oder „Entwicklungshandlung" (SCHILLER, „Die Räuber"), sondern eine sogenannte Folgehandlung. Der Vergewaltigung Evchens im ersten Akt folgt der Ablauf eines Gesamtvorgangs, in dem sich die Situationen immer wieder wandeln, bis nach der Tötung des Kindes im sechsten Akt eine ausweglose Lage entsteht. Wie alle Sturm-und-Drang-Autoren nutzte auch WAGNER starke szenische Eindrücke und Übersteigerungen, um die Wirklichkeit zu unterstreichen und die Bedeutung des Gefühls und der körperlichen Gebärde hervorzuheben (5. und 6. Akt):

> Frau Humprecht (*kommt gelaufen, rauft sich die Haare*). Dieselbe (*schlägt die Händ´ über dem Kopf zusammen, will reden, verstummt*), Humprecht (*fällt wie betäubt auf einen Stuhl, die Händ´ auf dem Tisch, den Kopf drauf*). Evchen (*die … wie sinnlos nur auf dem Bett saß und nur ihr Kind anstarrte*). Humprecht (*reißt sich die Westenknöpf alle auf*).

Im Mittelpunkt der Sturm-und-Drang-Poetik standen Emotionalität und Spontaneität des – vor allem lyrischen – Ausdrucks. Dabei wirkte HERDERS Begriff der „Urpoesie" stilbildend. Dichter wie GOTTFRIED AUGUST BÜRGER (1747–1794), CHRISTIAN FRIEDRICH DANIEL SCHUBART

(1739–1791), MATTHIAS CLAUDIUS sowie LUDWIG CHRISTOPH HEINRICH HÖLTY und JOHANN HEINRICH VOSS nutzten die Lied- und Balladenform als Medium einer Ästhetik des Sinnlichen. Eine Wurzel dieser neuen elegischen Sprache war der **Pietismus.** Stil und Sprache der Anakreontiker bestimmten maßgeblich die sentimentale Intensivierung der Darstellung eines subjektiv geprägten, am **Pantheismus** orientierten Naturgefühls.

**Pantheismus,** griech./neulat., Allgottlehre: philosophische Anschauung, nach der Gott das Leben des Weltalls selbst ist, negiert die alleinige Schöpferrolle Gottes, geht von der Anwesenheit Gottes (und seiner schaffenden Eigenschaft) in der Natur und auch im Menschen aus.

Die *lyrischen Formen* des Sturm und Drang sind einerseits von KLOPSTOCK beeinflusst. Vor allem die **freien Rhythmen** und die *Hymnenform* (GOETHE), aber auch die *Oden* (HÖLTY) wirken weiter. Andererseits gewinnen die gereimten Verse von Minnelied, Volkslied und Anakreontik an Beliebtheit. Das Sonett kommt wieder zum Vorschein, die *Balladendichtung nach englischem Vorbild* entwickelt sich. Wenn auch der Umfang der Lyrik des Sturm und Drang im Verhältnis zur Dramatik bescheiden ausfällt, übertrifft die Vielfalt der Formen und stilistischen Ausdrucksmöglichkeiten dieser Jahre die vorangegangene Dichtung bei Weitem.
Einen entschieden aggressiven Ton, vergleichbar dem Grundtenor der Dramatik des Sturm und Drang, schlug GOTTFRIED AUGUST BÜRGER mit seiner *offen antifeudalen Lyrik* an: „Wer bist du, Fürst, daß ohne Scheu / Zerrollen mich dein Wagenrad, / Zerschlagen darf dein Roß?" („Der Bauer / An seinen Durchlauchtigen Tyrannen")
In diesem **Rollengedicht** macht sich BÜRGER zum Sprecher der Bauern, schafft er eine Figur, die stellvertretend für eine ganze Gruppe eine subjektive Meinung ausdrückt. Im fiktiven Brief des Bauern an seinen Landesfürsten kommt schon in der Adressatenformulierung die grobe Verhöhnung zum Ausdruck. Die ehrerbietige Anrede („durchlauchtig") wird durch den *Vorwurf despotischen Machtmissbrauchs* („Tyrann") aufgehoben und in das Gegenteil verkehrt. Die Anrede des Fürsten mit dem gleichmachenden „Du" stellt darüber hinaus eine *grobe Beleidigung* dar. Stilebene und Verscharakter ahmen bewusst das sprachliche Unvermögen, die *bäuerlich unbeholfene Sprechweise* des sprechenden Subjekts nach, unterstützt durch die Derbheiten in der *Wortwahl* („ungebleut", „haun", „zerschlagen") und den Gebrauch von Gewaltverben („zerrollen", „zerschlagen"). Die hier angeschlagene *agitatorische Schärfe* bezeugt den neuen Ton, der für kurze Zeit in die politischen Gedichte des Sturm und Drang einzieht.
Dichtung zielte nicht mehr nur auf Wirkungen der Vernunfteinsicht und der rationalen Argumentation im Sinne der Aufklärung, sondern führte *individuelle Schicksale* vor, die beim Leser *innere Anteilnahme und Identifikation* hervorrufen sollten. HERDERS Polemiken gegen den einseitigen Gebrauch der Verstandesklugheit und der Forderung nach „Herz! Wärme! Blut! Menschheit! Leben!" lässt das Individuum mit seiner subjektiven Erlebnisbereitschaft stärker in den Mittelpunkt dichterischen Schaffens rücken. Die sprachliche Mitteilung des innerlich Erlebten, als **Erlebnisdichtung** verstanden, darf jedoch nicht dazu verleiten, diesen Typus von Lyrik als poetische Widerspiegelung wirklich erlebter Vorgänge misszuverstehen. Dennoch erzeugen die erlebnisstarken Motive und die leidenschaftliche Sprachgebung oft den Eindruck solcher Identität.
Das Erlebte wird hier eindeutig zum Anlass der Dichtung genommen, was häufig dazu führte, dass man z.B. GOETHES Lyrik aus seinem Leben zu erklären versuchte. Auf diese Weise besteht jedoch die Gefahr, die

Den Versuch, das Werk eines Autors aus der reinen Biografie (ohne fiktive Elemente) heraus zu beschreiben, nennt man Biografismus.



Werke als bloße Lebensdokumente des Autors zu verkürzen, wenn auch die Kenntnis der Entstehungsbedingungen dem Verstehen behilflich sein kann.

Der Eindruck unmittelbaren Erlebens, die Wiedergabe momentaner Empfindung wird beispielsweise in GOETHES „Maifest" deutlich:

Wie herrlich leuchtet
Mir die Natur!
Wie glänzt die Sonne!
Wie lacht die Flur!
Es dringen Blüten
Aus jedem Zweig
Und tausend Stimmen
Aus dem Gesträuch,
Und Freud und Wonne
Aus jeder Brust.
O Erd, o Sonne!
O Glück, o Lust! […].

(Goethe, Johann Wolfgang von: Mailied. In: ders.: Berliner Ausgabe. Herausgegeben von Siegfried Seidel: Band 1. Berlin: Aufbau-Verlag, 1960 ff., S. 54)

Die innere Bewegung des lyrischen Sprechers, die Lebendigkeit der Natur und die Dynamik der Verse reißen den Leser in den Strudel der *Gefühlsunmittelbarkeit*. GOETHE hebt den Abstand zwischen Gott, fühlendem Ich und Natur weitgehend auf. Natur ist ihm näher und vertrauter, Natur und Liebe bilden ein inniges Beziehungsverhältnis.

Typisches Beispiel für die kraftvoll-trotzige Selbstbehauptung der Stürmer und Dränger ist GOETHES im Jahre 1774 entstandene Hymne „Prometheus". Die in **freien Rhythmen** gestaltete Hymne ist in sieben verschieden lange Abschnitte mit jeweils unterschiedlicher Verslänge gegliedert. Anhand der unterschiedlichen Sprechhaltungen lassen sich wiederum drei große Teile erkennen: erstens die *aggressiv-verhöhnenden Ausrufe* und Fragesätze (Vers 1–28), zweitens die *vorwurfsvoll-anklagenden* Fragesätze (Vers 29–51) und drittens die resümierenden *Schlussfolgerungen* (Vers 52–58).

In der ersten Strophe formuliert Prometheus die Trennung zwischen göttlichem und irdischem Bereich und betont damit die *Unabhängigkeit des Menschen,* dessen Leben ohne den Einfluss der Götter verläuft. Alle Naturgewalten, die Zeus zur Verdeutlichung seines Herrschaftsanspruches bemüht, gleichen nur dem folgenlosen Spiel eines übermütigen Knaben. Das *greifbare Diesseits* wird in der Schrittfolge Erde – Hütte – Herd – Glut verengt und auf das Licht/Feuer als *Symbol der Erkenntnis und Aufklärung* fokussiert. Feuer in Verbindung mit *Sesshaftigkeit* („Hütte", „Herd") gilt uns zugleich als Urquell der eigenständigen menschlichen Zivilisation überhaupt.

Das *Motiv der Auflehnung* zu Beginn der Hymne bezieht sich zunächst auf die Vorstellungswelt antiker Mythen, beinhaltet jedoch in seiner *Auflehnung gegen die Gottgewalt* auch Elemente des biblischen Sündenfalls. Der angerufene Zeus, auch als *Gleichnisgestalt* des biblischen Gottes zu verstehen, ist der gleichgültig „Schlafende", der empfindungslos Kalte, dem die Gefühlsbereitschaft und Wärme der menschlichen Geschöpfe entgegengesetzt wird. Die in den Strophen 4, 5 und 6 geäußerten rhetorischen Fragen formulieren Erwartungen, die in den Psalmen der Bibel versprochen, von Gott aber nicht erfüllt wurden. Schlussfolgernd daraus ergibt sich, dass der Mensch seinen Daseinszustand nur sich selbst zu verdanken habe, weshalb Prometheus beschließt, den *Gott zu ignorieren,* ihn „nicht zu achten". Gegen Ende des Gedichts werden Prometheus Schöpfungskräfte zuerkannt, nähert sich der Mensch zunehmend *göttlicher Daseinsweise* an.

Der **Roman** der Aufklärung war meist ein statisch angelegtes Konstrukt, die Figuren wirkten exemplarisch und vertraten entweder die eindeutig positiven Werte des bürgerlich-aufklärerischen Ideals in seinen verschiedenen Varianten oder waren die negativen Gegenfiguren dieses Ideals. Individuelle Entwicklungen wurden im deutschen Roman der Aufklärung kaum gestaltet. Besonders die Familienromane des Briten RICHARDSON zeichneten sich jedoch durch eine neue Qualität aus. Seine Romanfiguren mussten sich durch *vielfältiges Leiden* bewähren, was zu einer *gesteigerten* **Empfindsamkeit** führte. Mit ihm wurden englische Romane maßgebend für die deutsche Romanentwicklung.
Die epischen Produkte des Sturm und Drang weisen starke *autobiografische Bezüge* auf, was sich aus dem gesteigerten Interesse der Autoren an der *Gestaltung des Individuums* erklärt.
Den ersten Bestseller der neueren deutschen Literatur schrieb GOETHE mit seinem Briefroman „Die Leiden des jungen Werthers" (1774). Er verarbeitet darin eigene Erlebnisse mit CHARLOTTE BUFF, aber auch die biografischen Reflexe seines Bekannten KARL WILHELM JERUSALEM aus seiner Zeit in Wetzlar.
Die Verbindung von *Leidenschaft, Gesellschaftskritik und Natursehnsucht* setzte eine Welle von Empfindsamkeit in Gang, die dem Zeitgefühl entsprach und dem Roman eine sensationelle Wirkung bescherte. „Die Wirkung dieses Büchleins war groß, ja ungeheuer, und vorzüglich deshalb, weil es genau in die rechte Zeit traf" (GOETHE in „Dichtung und Wahrheit").

▶ GOETHE in Wetzlar:
GOETHE kam am 10. Mai 1772 als Rechtspraktikant am Reichskammergericht nach Wetzlar. Er lebte zusammen mit JAKOB HEINRICH BORN, einem Bekannten aus der Leipziger Studienzeit und Sohn des Bügermeisters von Leipzig, in einem Haus.
Nach der unglücklichen Liebe zu CHARLOTTE BUFF verließ GOETHE Wetzlar am 11. September 1772 wieder. Nach dem Freitod des Gesandtschaftssekretärs KARL WILHELM JERUSALEM Ende Oktober 1772 kehrte GOETHE vom 6. bis 10. November 1772 noch einmal für kurze Zeit nach Wetzlar zurück.

Vor einem Ball lernt Werther Lotte kennen und liebt sie leidenschaftlich, obwohl er weiß, dass sie schon an den strebsam nüchternen Albert vergeben ist. Als der Verlobte auftaucht, muss er erkennen, dass ihm Lotte versagt bleibt. Da stürzt er vom höchsten Glücksgefühl in tiefste Verzweiflung. Seine Lage wird unerträglich. Werther nimmt eine Stelle in einer Gesandtschaft an, doch Adelsdünkel und Engstirnigkeit drängen ihn aus dem Amt. Er kehrt zur inzwischen verheirateten Lotte zurück. Als er die Ausweglosigkeit seiner Lage erkennt, erschießt er sich.
Der absolute Geltungsanspruch von Werthers Gefühl ist unvereinbar mit den Institutionen der Gesellschaft (Ehe, Beamtenberuf ...). Es ist seine Tragik, dass ihn seine Empfindungsfülle zerstört, dass sein unbedingter Freiheitswille ihn in den Tod treibt. Der Schwärmer, der aus der Ichseligkeit seiner Empfindungen in die Leere hinabstürzt, wirkt als Protestfigur gegen die enge Ständegesellschaft.
Um die Unbedingtheit seiner Gefühle zum Ausdruck zu bringen, richtet die Hauptfigur Werther einseitig Briefe an seinen Freund Wilhelm,

JERUSALEMS Selbstmord war für GOETHE der Auslöser für seinen Roman „Die Leiden des jungen Werthers". Darin verbindet er die eigenen Erlebnisse mit seiner angebeteten CHARLOTTE BUFF mit dem Schicksal JERUSALEMS, das er in Gesprächen mit Personen, die kurz vor seinem Tod noch mit ihm zu tun gehabt hatten, ergründete.

5

in denen er sich unmittelbar mitteilt. Die Gattung des Briefromans verliert hier ihren dialogischen Charakter, da angemessene Antworten nicht mehr vorstellbar sind. Um so intensiver erfasst der Leser das Geschehen aus der Perspektive der Zentralfigur.
Auf kirchlicher Seite entfachte der „Werther" einen Proteststurm. Die junge Generation hingegen fühlte sich verstanden und nahm den Roman begeistert auf. Ein *Werther-Fieber* brach aus, *Werther-Mode* wurde getragen, begleitet von einer Selbstmordwelle im Werther-Stil. Zahlreiche *Parodien* und *Nachdichtungen* verstärkten das Interesse am Werther-Stoff.

### Weimarer Klassik

Über die zur Weimarer Klassik gehörenden Autoren ist man sich nicht einig. Bisweilen wird die Weimarer Klassik auch nur auf GOETHE und SCHILLER reduziert. Von wenigen Literaturwissenschaftlern werden JEAN PAUL und HEINRICH VON KLEIST auch als der Weimarer Klassik zugehörig eingeordnet.

**Weimarer Klassik** ist eng mit dem gemeinsamen Schaffen JOHANN WOLFGANG GOETHES und FRIEDRICH SCHILLERS in Weimar verbunden. Sie beginnt mit GOETHES Italienreise (1786–1788) und SCHILLERS Übersiedlung nach Weimar im Jahre 1787. Die Weimarer Klassik endet mit SCHILLERS Tod (1805).

Das GOETHE-SCHILLER-Denkmal vor dem Nationaltheater Weimar

Um 1770 genoss der „Musenhof" der Herzogin ANNA AMALIA (1739–1807) in Weimar als Begegnungsstätte zwischen Bürgertum und Adel bereits ein hohes Ansehen. CHRISTOPH MARTIN WIELAND war ab 1772 als Erzieher des 15-jährigen Prinzen KARL AUGUST (1757–1828) in der Stadt.
Das *Ideal* einer *Fürstenerziehung* fand seinen Niederschlag im aufgeklärten Herzog. Der hatte keine Berührungsängste mit dem Bürgertum, als er dem einstigen Stürmer und Dränger JOHANN WOLFGANG (VON) GOETHE (1749–1832) im Jahr 1776 als Geheimem Legationsrat im „Geheimen Conceil" Regierungsverantwortung übertrug. GOETHES Regierungsverpflichtungen wuchsen ständig: 1779 wurde er Geheimer Rat, 1782 Leiter der Finanzkammer, außerdem hatte er die Oberaufsicht über den Ilmenauer Bergbau. Um seinen Verpflichtungen zu entfliehen, unternahm GOETHE eine Reise nach Italien (1786–1788). Der Eindruck antiker Formenwelt prägte sein späteres (klassisches) Schaffen.
1784 war FRIEDRICH (VON) SCHILLER von Herzog KARL AUGUST VON SACHSEN-WEIMAR zum „Weimarischen Rat" bestimmt worden. 1787 widmete er sich zunächst seinen geschichtlichen Studien, einem reinen Broterwerb, um seinen Bekanntheitsgrad zu vergrößern. Seine Werke „Geschichte des Abfalls der vereinigten Niederlande von der Spanischen Regierung" (1788) und „Geschichte des Dreißigjährigen Krieges vom Prager Fenstersturz bis zum Westfälischen Frieden" (1790–1792) waren das Ergebnis dieser Arbeit.

Aus der Beschäftigung mit dem Dreißigjährigen Krieg entstand seit den 1790er-Jahren die „Wallenstein"-Trilogie.

1789 ernannte man SCHILLER auf Initiative GOETHES hin zum außerordentlichen Professor der Geschichte und Philosophie in Jena.
GOETHE und SCHILLER kannten sich bereits relativ lange. So war GOETHE seinem jüngeren Kollegen bereits auf der Karlsschule und auch im Hause der VON LENGEFELDS in Rudolstadt begegnet, was für beide jedoch ohne Folgen geblieben war. GOETHE sah in SCHILLER immer noch den stürmenden und drängenden Dichter, er selbst hatte sich durch die italienische Reise und seine Beschäftigung mit der Antike bereits stark von seinem Frühwerk entfernt.
Am 23. Juni 1794 lud SCHILLER den von ihm verehrten GOETHE brieflich ein, an seiner neuen Zeitschrift, dem „Musenalmanach", mitzuarbeiten. Dieser willigte zwar ein, zur Zusammenarbeit kam es jedoch nicht. Am 20. Juli 1794 verließen GOETHE und SCHILLER gleichzeitig eine Sitzung der „Naturforschenden Gesellschaft" in Jena und kamen ins Gespräch.
Zwischen beiden fand sich „eine unerwartete Übereinstimmung, die um so interessanter war, weil sie wirklich aus der größten Verschiedenheit der Gesichtspunkte hervorging. Ein jeder konnte dem anderen etwas geben, was ihm fehlte, und etwas dafür empfangen", schrieb SCHILLER an seinen Freund KÖRNER.
In den „Horen" veröffentlichte SCHILLER 1795 „Über die ästhetische Erziehung des Menschen, in einer Reihe von Briefen". Hierin begründete er, dass eine ästhetische Erziehung den Weg zum Vernunftstaat bereiten sollte: „Der Weg zum Kopf" müsse „durch das Herz geöffnet werden". Ästhetik ist nach seiner Auffassung *Vermittlung von Vernunft und Sinnlichkeit.* Nicht durch einen gewaltsamen Umsturz gelange man zum Vernunftstaat, sondern durch evolutionäre Fortentwicklung der Gesellschaft. Deshalb genügt nicht die Reform des Staates. Ziel ist seine allmähliche Auflösung.
Auf seiner italienischen Reise schrieb GOETHE die jambische Neufassung von „Iphigenie auf Tauris". Darin legte er seine Vorstellungen vom klassischen Humanitätsideal dar.

CHRISTIAN GOTTFRIED KÖRNER (1756–1831) war Jurist und Rat am Dresdner Oberkonsistorium für Kirchen und Schule. Er war der Vater THEODOR KÖRNERS. (↗ S. 345)

Agamemnons Tochter Iphigenie wird von der Göttin Diana dem Opfertod entrissen und nach Tauris gebracht. Dort ist sie seitdem Dianas oberste Priesterin. Thoas, König der Taurier, wirbt um sie. Sie aber möchte in ihre Heimat zurück. Widerwillig verspricht er, sie gehen zu lassen, wenn es dafür eine Gelegenheit gebe. Als zwei Fremde an Tauris' Strand erscheinen, sollen diese geopfert werden. Iphigenie erkennt in dem einem ihren Bruder Orest wieder. Dieser glaubt, für Apoll das Standbild Dianas rauben zu sollen, doch nun findet er hier seine totgeglaubte Schwester. Gemeinsam mit Pylades bereitet er die Flucht vor.
Das Schiff ist in einer Bucht verborgen. Iphigenie soll den König hinhalten, der auf das Opfer drängt. Doch Iphigenie, das Ideal der schönen Seele, kann den König nicht belügen. Sie gesteht den Fluchtplan und macht ihm zugleich deutlich, dass er kein Recht habe, sie und die anderen festzuhalten. Er hatte ihr sein Wort gegeben – jetzt sei die Zeit, sie ziehen zu lassen. Thoas gewährt es, doch nicht im Groll will Iphigenie von dem Mann scheiden, den sie wie einen zweiten Vater verehrt. Sie bezwingt das harte Herz des Königs, und in wahrhafter Freundschaft dürfen die Gefährten scheiden.

Mit seinem symmetrischen Dramenaufbau gilt die „Iphigenie" als das klassische Drama schlechthin.

Die römische Göttin Diana entspricht der griechischen Artemis. Diese ist Schwester Apollos.

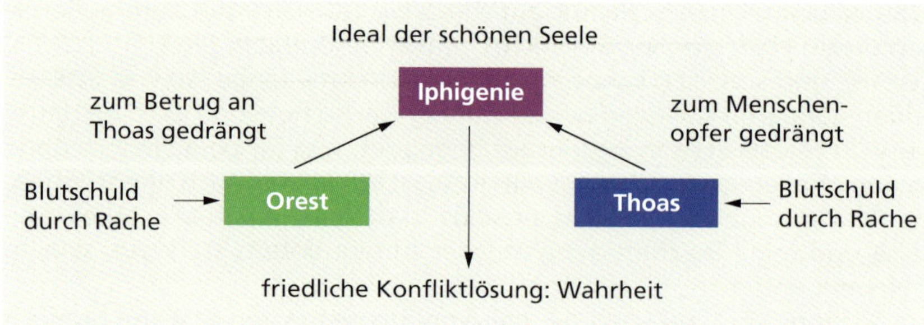


5

Xenien, griech. xénion = Gastgeschenk; geistreich, pointierter Zweizeiler

1796 dichteten SCHILLER und GOETHE die „Xenien", die im „Musenalmanach 1797" erschienen. SCHILLER begann seine Arbeit am „Wallenstein" und wurde dabei von GOETHE unterstützt und beraten. 1797 ging als **Balladenjahr** in die Literaturgeschichte ein. GOETHE und SCHILLER hatten ihre Gedanken über Inhalt und Form, besonders über das Wesen des Epischen und Dramatischen ausgetauscht. Da die Ballade dramatische, epische und lyrische Elemente enthält, konnten die beiden Dichter ihre theoretischen Überlegungen an der Praxis beweisen.

Die Ballade gilt als Mischform zwischen den literarischen Gattungen. Eine Handlung repräsentiert das Epische, ein Konflikt das Dramatische und die Strophenform und der Reim das Lyrische.

1791 war das Weimarer Hoftheater (seit 1919 Deutsches Nationaltheater), dem GOETHE bis 1817 vorstand, gegründet worden. Am 12. Oktober 1798 eröffnete das umgebaute Haus mit der Uraufführung von „Wallensteins Lager" von SCHILLER wieder. Das Stück spielt während des Dreißigjährigen Krieges vor den Toren der Stadt Pilsen in Böhmen. Innerhalb der „Wallenstein"-Trilogie (1800) bildet es quasi das „Vorspiel". Wallenstein wird lediglich im Spiegel seines zusammengewürfelten Söldnerhaufens gezeigt. Die Soldaten saufen, prassen, betrügen einander. Sie sind die eigentlich Freien in einer Welt der Angst, die die Bevölkerung ausrauben und selbst als Glücksritter leben. Auch der Feldherr wird bewundert ob seines Glückes. Einen Zustandsbericht zur Lage Deutschlands bringt schließlich die „Kapuzinerpredigt" in einer Häufung von **Paronomasien:**

Zu den Stilmitteln der Lyrik ↗S. 297 ff.

Die Arche der Kirche schwimmt in Blute,
Und das römische Reich – daß Gott erbarm!
Sollte jetzt heißen römisch Arm,
Der Rheinstrom ist worden zu einem Peinstrom,
Die Klöster sind ausgenommene Nester,
Die Bistümer sind verwandelt in Wüsttümer,
Die Abteien und die Stifter
Sind nun Raubteien und Diebesklüfter,
Und alle die gesegneten deutschen Länder
Sind verkehrt worden in Elender --

(Schiller, Friedrich: Walleinsteins Lager. In: ders.: Sämtliche Werke. Band 2, 3. Auflage, München: Hanser Verlag, 1962, S. 293)

SCHILLER orientierte sich hier am Realismus GOETHES, wollte die „Welt und das Allgemeine" zeigen. Insofern ist der erste Teil seiner Trilogie rein episch angelegt. Dem zweiten Teil, „Die Piccolomini", kommt die Aufgabe zu, das Wesen Wallensteins an den kriegführenden Parteien offenzulegen. In diesem Sinne hat das Drama, wie THOMAS MANN später feststellte, eine „europäische Optik". Aber auch den Offizieren und Generälen geht es nur um ihre eigenen Freiheiten. Als diese gefährdet ist, schmiedet man Mordpläne. Selbst der Feldherr ist vom Machtkalkül besessen. Weil er siegen will, glaubt Wallenstein den Sternen. Und je mehr er den Sternen glaubt, desto näher gelangt er dem Tod. Die vermeintliche Glückskonstellation führt direkt in den Mord. In „Wallensteins Tod" (1799) wird das Schicksal des Einzelnen zum Schicksal der Gemeinschaft: Wallensteins Tod symbolisiert den Untergang der „alten Welt". Damit reflektierte SCHILLER noch einmal auf die Französische Revolution und die ihr nachfolgenden Napoleonischen Kriege. Auch der Tod Max Piccolominis wirkt symbolisch: Er stirbt unter den Hufen eines Pferdes. Die Apokalypse ist nicht aufzuhalten.

▶ Die vier apokalyptischen Reiter stehen für Krieg, Hunger, Pest und Tod.
Die Apokalypse, griech. apokálypsis = Enthüllung, wird im Neuen Testament (Offenbarung des Johannes) als Weltuntergang beschrieben.

1799 übersiedelte SCHILLER von Jena nach Weimar. SCHILLERS letzte Werke greifen historische Stoffe auf: „Maria Stuart. Ein Trauerspiel in fünf Akten" (1801) variiert das Schicksal der schottischen Königin, „Die Jungfrau von Orleans. Eine romantische Tragödie in fünf Aufzügen" (1803) behandelt *Episoden aus dem Hundertjährigen Krieg*, „Die Braut von Messina oder Die feindlichen Brüder. Ein Trauerspiel mit Chören" beschäftigt sich mit dem *antiken Schicksalsbegriff*. „Wilhelm Tell" (1804) wurde SCHILLERS letztes vollendetes Stück. Es ist ein Drama um den schweizerischen Unabhängigkeitskampf. Der Reichsvogt Hermann Geßler unterdrückt die drei Kantone Schwyz, Uri und Unterwalden. Als jemand den Burgvogt erschlägt, hilft Wilhelm Tell dem flüchtigen Mörder. Er ist nicht gewillt, sich vor einem an einer Stange befestigten Hut zu verneigen, wie Geßler befahl. Als Feind des Kaisers wird er in Haft genommen. Als Geßler ihn auffordert, mit der Armbrust auf den Apfel auf seines Sohnes Kopf zu schießen, trifft er den Apfel genau in der Mitte. Tell sinnt nach Rache, in der hohlen Gasse durchbohrt ein Pfeil Tells die Brust des Reichsvogts. Diese Tat ermutigt zur Befreiung des Landes.
Am 9. Mai 1805 starb SCHILLER.

### Romantik

Unter **Romantik** ist eine gesamteuropäische geistes- und kunstgeschichtliche Epoche zu verstehen, die Ende des 18. Jh.s begann und bis in die 1830er-Jahre andauerte. Deutschland bildete das Zentrum der Romantik.

▶ Romantik: abgeleitet von lat. lingua romana = Volkssprache

Der Begriff der Romantik entstand im 17. Jh. zur Beschreibung der Eigenart romanhaften Erzählens. Gemeint waren damit abenteuerliche, fantastische, unwirkliche, erfundene Geschichten. Diese wurden in den Volkssprachen verfasst. „Romanz" (afrz.) bedeutete aber auch Unwirkliches, Überspanntes, Schwärmerisches. Es symbolisierte wilde Landschaft, Ruine, Regellosigkeit, ungestümes Naturgefühl. Im 18. Jh. waren Schauergeschichten, naturhafte und *volkstümlich erzählte Prosa* sehr beliebt. Diese bildeten einen Anknüpfungspunkt für die um 1790 entstehende künstlerische Epoche der Romantik. Ab 1770 galt *romantisch als Gegensatz zu klassisch.*

Die Romantik war in allen Künsten sowie in der Philosophie präsent. Sie war zugleich eine Gegenbewegung zu Aufklärung und Klassik. Wie der *Sturm und Drang*, mit dem man sich verwandt sah, wurde auch die Romantik zunächst von jungen Künstlern getragen. Mit der *Empfindsamkeit* verband sie das Aufgehen der empirischen Wirklichkeit in einer höheren, kunstgeschaffenen. Fantasie galt als grundlegend und mächtig für eine *ganzheitliche Poetisierung des Lebens*. Die Romantik war eine *Gegenwelt zur Vernunftswelt:* Der Traum, die Sehnsüchte, das Unbewusste, das Dämonische und das Heilige galten als darstellenswert. Die Abgründe der Seele interessierten. Die Nacht barg das Geheimnis, das Mythisch-Religiöse, dem man sich hinwendete, und war der Gegensatz zum geschäftigen („tüchtigen"), klaren Tag. Die Nacht symbolisierte den Tod als *Aufhebung aller Grenzen*, die „blaue Blume" die reale Unerfüllbarkeit der Sehnsüchte und Bestrebungen.

Die Romantiker waren zunächst Befürworter der republikanischen Ideen der Französischen Revolution Freiheit, Gleichheit, Brüderlichkeit (darin unterschieden sie sich von den Klassikern) und Kritiker der bestehenden Gesellschaft. Besonders nach dem Zusammenbruch des *Heiligen Römischen Reiches deutscher Nation* im Jahre 1806, verursacht durch die Napoleonischen Kriege und den am 12.6.1806 gegründeten Rheinbund, idealisierten sie das Mittelalter als letzte universale Kultur in einer „Reichsherrlichkeit". **Zentren der Romantik** waren Jena, Berlin, Dresden, Tübingen und Heidelberg. Zu unterscheiden sind:

▶ 1806 legte Kaiser FRANZ II. (1768–1835) die deutsche Krone ab. Als FRANZ I. wurde er Kaiser von Österreich.

- Frühromantik (Jenaer Romantik)
- mittlere bzw. Hochromantik (Heidelberger und Berliner Romantik)
- Spätromantik (Schwäbische Romantik)

Das literarische *Biedermeier* (1815–1845) trug ebenfalls stark romantische Züge mit einem Hang zum Realismus. Es wird deshalb häufig auch als eine *spätromantische Strömung der Literatur* bezeichnet.
Die Poesie sollte der Bewusstseinserweiterung dienen, alle Grenzen überwinden und Mensch und Natur versöhnen. FRIEDRICH SCHLEGEL (1772–1829) und NOVALIS gebrauchten als Erste das Wort Romantik für die Literatur. Für F. SCHLEGEL war Romantik gleichzusetzen mit Poesie:

▶ seit 1815 FRIEDRICH VON SCHLEGEL

„Die romantische Poesie ist eine progressive Universalpoesie. Ihre Bestimmung ist nicht bloß, alle getrennten Gattungen der Poesie zu vereinigen und die Poesie mit der Philosophie und Rhetorik in Berührung zu setzen. Sie will und soll auch Poesie und Prosa, Genialität und Kritik, Kunstpoesie und Naturpoesie bald mischen, bald verschmelzen, die Poesie lebendig und gesellig und das Leben und die Gesellschaft poetisch machen, den Witz poetisieren und die Formen der Kunst mit gediegenem Bildungsstoff jeder Art anfüllen und sättigen und durch die Schwingungen des Humors beseelen. Sie umfaßt alles, was nur poetisch ist, vom größten, wieder mehrere Systeme in sich enthaltenden Systeme der Kunst bis zu dem Seufzer, dem Kuß, den das dichtende Kind aushaucht in kunstlosem Gesang."

(Schlegel, Friedrich von: Athenäums-Fragmente. in: Kritische Friedrich-Schlegel-Ausgabe. Bd. 2, München, Paderborn, Wien, Zürich: Schöningh, 1967, S. 182)

## 5.2.5 Literatur des 19. Jahrhunderts

### Frühromantik

Ihren Ursprung hatte die **Frühromantik** in Jena, weshalb sie auch *Jenaer Romantik* genannt wird. Hier trafen Ende des 18. Jh.s die Dichter und Philosophen FRIEDRICH VON SCHELLING (1775–1854), die Brüder AUGUST WILHELM und FRIEDRICH SCHLEGEL, CLEMENS BRENTANO (1778–1842), NOVALIS (eigentl. GEORG FRIEDRICH PHILIPP FREIHERR VON HARDENBERG, 1772–1801) und LUDWIG TIECK (1773–1853) zusammen. Sie begeisterten sich für GOETHES klassische *weltbürgerliche Ideen* in „Wilhelm Meisters Lehrjahren" (Vorbild des romantischen Romans) und die *Einheit von Leben und Dichtung* in dessen Schaffen. In weiten Teilen war ihnen die klassische Dichtung jedoch nicht volkstümlich genug. Um ihre theoretischen Grundlagen zu untermauern, gründeten die Brüder SCHLEGEL die Zeitschrift „Athenäum".

Die Frühromantik dauerte zwar nur von 1795 bis 1804, als programmatische Bewegung wirkte sie jedoch bis in das Biedermeier fort. Hier wurden die *theoretischen Grundlagen der Romantik* formuliert.
Die Romantiker gehörten zur ersten *Avantgarde* Europas. Sie bildeten *neue Formprinzipien,* die sich auf die Literatur späterer Epochen auswirkten.
Kennzeichnend für die *Literatur der Frühromantik* sind:
- stark fragmentarisches Schreiben
- progressive Universalpoesie (F. SCHLEGEL) = Mischung der Gattungen und Erweiterung der Ausdrucksformen
- Leser ist der Vollender eines literarischen Werkes

Die Periodisierung der Jenaer Romantik ist in der Literatur uneinheitlich. Einige Wissenschaftler datieren auch von 1798 bis 1802 oder lassen sie bereits 1794 bzw. 1790 beginnen.

NOVALIS' Romanfragment „Heinrich von Ofterdingen" ist ein „Schlüsselwerk" der Frühromantik. Als *Entwicklungs- bzw. Bildungsromans* beschreibt der Autor die Reifung des mittelalterlichen Helden Ofterdingen zum Dichter. I. d. S. ist das Werk zugleich ein *romantischer Künstlerroman.* Er besteht aus zwei Teilen: „Die Erwartung" und „Die Erfüllung", wobei nur der erste Teil beendet wurde. Der Roman sollte das Wesen und Wirken von Poesie sinnlich vorführen und fassbar machen.

Heinrich von Ofterdingen sieht in einem Traum die „blaue Blume". Auf einer Reise erfährt er in abenteuerlichen, ans Märchenhafte grenzenden Begegnungen und Erlebnissen das menschliche Leben in seinen gegensätzlichen Möglichkeiten und Gestalten. Das alles verdichtet sich in seiner empfindsamen Seele und sucht nach einem Ausdruck in der Kunst: „Heinrich war von Natur zum Dichter geboren", heißt es im 6. Kapitel. Die Begegnung mit Klingsohr und dessen Tochter Mathilde, der er verlobt wird, sowie das Märchen von Eros und Fabel schließen die Reifung des Helden zum Dichter ab.

NOVALIS (1772–1801)

Im zweiten Teil sollte die Vollendung des Dichters gezeigt werden, das Fragment bricht jedoch mitten in einem Gespräch mit dem Gärtner Sylvester ab. Am Ende soll Heinrich die blaue Blume finden und sie erlösen. Denn die Blume ist niemand anderes als Mathilde.

5

Heinrich treibt eine unbestimmte Sehnsucht. Das Symbol für die ewige Unerfülltheit und Prozessualität des menschlichen Lebens wird die „blaue Blume", die zugleich das Finden des eigenen, persönlichen Glücks und Lebenssinns bedeutet. Sie wird zur Chiffre für die Liebe.
Die Poesie wird bei NOVALIS zum Projektionsraum innerer Empfindungen:

NOVALIS' Romanfragment „Heinrich von Ofterdingen" wurde posthum 1802 in den „Schriften" Bd. 1 von FRIEDRICH SCHLEGEL und LUDWIG TIECK herausgegeben.

> „Die Welt muß romantisiert werden. So findet man den ursprünglichen Sinn wieder. […] Indem ich dem Gemeinen einen hohen Sinn, dem Gewöhnlichen ein geheimnisvolles Ansehen, dem Bekannten die Würde des Unbekannten, dem Endlichen einen unendlichen Schein gebe, so romantisiere ich es" (NOVALIS: „Fragmente über Poesie").

Der Fragment gebliebene Roman NOVALIS' birgt in einer Rahmenhandlung eine Fülle von Gesprächen, Gedichten und Märchen, die der Bildung und Reifung des Helden dienen sollen. Zum Helden wählte NOVALIS einen mittelalterlichen Minnesänger. Heinrich von Ofterdingen ist eine Sagengestalt im Umkreis des Sängerkriegs auf der Wartburg und historisch nicht verbürgt. WALTHER VON DER VOGELWEIDE, WOLFRAM VON ESCHENBACH und REINMAR DER ALTE preisen in einem Wettstreit HERMANN VON THÜRINGEN als den besten Fürsten. Heinrich von Ofterdingen verteidigt Herzog LEOPOLD VII. von Österreich und verliert. Er soll unter dem Henkerbeil sterben, wird aber durch die Güte und Milde der Fürstin vor dem Tod bewahrt.

Athenaion = ursprünglich Heiligtum der Göttin Athene

Als die Brüder SCHLEGEL 1798 als Gegenpublikation zu SCHILLERS „Horen" ihre ästhetisch-kritische Zeitschrift „Athenäum" gründeten, hatten sie die *Pflege von Dichtkunst* im Sinn.
Die Brüder nutzten die Zeitschrift als Plattform für die Erläuterungen ihrer Kunstauffassungen. So schrieb F. SCHLEGEL, wenn die Kunst die „absolute Anschauung" vermittle, dann könne ihr Feld nicht nur die Schönheit sein, denn das Absolute schließe auch den Gegenentwurf ein, das Böse, das Schlechte, das Unvollkommene, Torsohafte, Ruinöse, mit einem Wort: das Hässliche. Er trat für eine „Ästhetik der Ehrlichkeit" ein. Die „Interessantheit" und die „interessant machende" Hässlichkeit wurden so zu wichtigen ästhetischen Leitideen neben der Fantasie. In diesem Sinne kann man die Frühromantik avantgardistisch nennen und ihre Ästhetik als modern.

Diese Anschauungen begründen die Gothic Novels und wirkten bis in den Surrealismus und Symbolismus weiter. Als direkte Erben dieser Theorien gelten u. a. MARY SHELLEY, BAUDELAIRE, POE.

Auch andere Romantiker schrieben fürs „Athenäum". So veröffentlichte NOVALIS dort seine „Blüthenstaub"-Fragmente, „Die Christenheit oder Europa" (1799) und die „Hymnen an die Nacht" (1799/1800). Nach zwei Jahren musste die Zeitschrift ihr Erscheinen einstellen.

### Hochromantik

JOSEPH GÖRRES (1776–1848), anfangs begeistert von der Französischen Revolution, wandte sich nach 1800 in Heidelberg gegen französische Einflüsse und verstärkt der deutschen Vergangenheit zu. Im Mittelalter sah er ein Vorbild für „Ebenmaß und Ruhe". Er trat für die Stärkung nationaler Kräfte und für die innere Erneuerung Deutschlands ein. Deshalb bezeichnet man die Hochromantik auch als *Nationalromantik*. GÖRRES wurde zu ihrer Leitfigur. Die Heidelberger verzichteten auf philosophische und theoretische Überlegungen. Politisch engagierten sie sich für einen Patriotismus gegen die napoleonische Fremdherrschaft. Zur Heidelberger Romantik rechnet man: E. T. A. HOFFMANN (1776–1822), CLEMENS BRENTANO (1778–1842), ACHIM VON ARNIM (1781–1831), ADALBERT VON CHAMISSO (1781–1838), JOSEPH VON EICHENDORFF (1788–1857), JACOB (1785–1863) und WILHELM GRIMM (1786–1859). Die noch für die Frühromantik geltende Bindung zur Klassik ist nicht mehr existent. Vorbilder sind GOETHES „West-östlicher Divan" und der englische Romantiker LORD BYRON (1788–1824).

ACHIM VON ARNIM (1781–1831)

Nach 1801 wurde Berlin Mittelpunkt romantischer Gruppierungen. Die sogenannte **Berliner Romantik** umfasste die Brüder SCHLEGEL, ADALBERT VON CHAMISSO, FRIEDRICH DE LA MOTTE FOUQUÉ (1777–1843), ZACHARIAS WERNER (1768–1823) sowie ab 1814 E. T. A. HOFFMANN. Um 1810/11 kehrten BETTINA und ACHIM VON ARNIM nach Berlin zurück und mit ihnen BRENTANO; auch befand sich HEINRICH VON KLEIST (1777–1811) in der Stadt. In den Zentren geistiger Kommunikation, den berühmten Salons der RAHEL VARNHAGEN VON ENSE und der HENRIETTE HERZ, trafen sich die Romantiker. Männer und Frauen, Adlige und Bürger, Christen und Juden, In- und Ausländer nahmen gleichermaßen am geistigen Austausch teil.

Weltberühmt wurde ADALBERT VON CHAMISSO mit der in Briefform verfassten „phantastischen Novelle" (THOMAS MANN) „Peter Schlemihls wundersame Geschichte" (1813).

Das Wort „Schlemihl" ist der Gaunersprache zugehörig und bedeutet Gottlieb, hebr. Theophil, und ist die Bezeichnung für einen Menschen, dem nichts genügt.

Der Titelheld verkauft einem mysteriösen Fremden seinen Schatten. Er ist von der Nützlichkeit seines Schattens nicht überzeugt. Und bald begegnet man ihm deswegen auch mit Misstrauen und Angst. Mithilfe seines Dieners gelingt es ihm, dass der Verlust seines Schattens in der Gesellschaft kaum bemerkt wird. Er will die Försterstochter Minna heiraten, jedoch kurz vor der Hochzeit wird seine Schattenlosigkeit durch Verrat offenbar. Nach einem Jahr erscheint der mysteriöse Fremde wieder bei Schlemihl, der seinen Schatten zurückkaufen will, doch der Preis ist hoch: Der Teufel, um niemand anderes handelt es sich bei dem Fremden, will nun Schlemihls Seele. Dieser wehrt jedoch erschrocken ab. Er kauft sich ein Paar Wanderschuhe, die sich als Siebenmeilenstiefel erweisen, und bereist so die Welt. Als Naturforscher verbringt er zufrieden den Rest seines Lebens.

Die „Schattenlosigkeit" Peters kann auch als ein Symbol für die Andersartigkeit von Menschen gesehen werden. Schlemihl, da er seines Schattens verlustig ging, wird zum gläsernen Menschen (denn auch Glas wirft keinen Schatten), die Körperlichkeit ist angegriffen und somit die menschliche Ganzheit. Damit hebt er sich von der Masse ab, wird anders als die anderen um ihn herum. Anderssein ist aber zugleich ein Teil von Ausgrenzung. Und genau das passiert Schlemihl: Er wird aus der „Normalität" des Alltags ausgestoßen. Er wird zum Phantom.

Auf seinen **Stoff** stieß CHAMISSO eher zufällig. Auf einer Reise hatte er neben seinem Mantel auch fast alle anderen Kleidungsstücke verloren. Ein Freund fragte ihn im Scherz, ob er denn auch seinen Schatten verloren hätte. Diese Begebenheit regte den Autor zum Schreiben des „Schlemihl" an. Das Glückssäckel, das der Held als Gegengabe für seinen Schatten erhält und aus dem er alles ziehen kann, was er sich wünscht, entlehnte CHAMISSO bei LA FONTAINE.

5

Die Brüder GRIMM begannen 1806 mit der Aufzeichnung. Der Bd. I enthielt 86 Märchen, der Bd. II 70 Märchen.

Zu den herausragendsten Leistungen der Hochromantiker gehörte das Sammeln von Volksliedern und Märchen. In der Epoche der Romantik wurden das **Märchen** und die **Sage** erstmals als literarische Genres anerkannt. Auch das Volkslied erhielt einen neuen Stellenwert. Diese „volkstümliche" Literatur konnte den nationalen Charakter der Volksdichtungen herausheben und eine Identifikation als Nation erleichtern. Denn jedes Volk hat, so meinten die Nationalromantiker, seine spezifischen Märchen und Sagen, die z. T. auf seine eigene Geschichte zurückgreifen. Zudem war diese Dichtung in einem historischen Prozess gewachsen und mündlich tradiert. Schöpfer war also ein kollektives Ich: das Volk.

ARNIMS und BRENTANOS „Des Knaben Wunderhorn" (1805), die „Kinder- und Hausmärchen" (1812–1815) der Brüder GRIMM sowie die „Deutschen Volksbücher" (3 Bände, 1836–1837) und die „Schönsten Sagen des klassischen Altertums" (3 Bände, 1838–1840) von GUSTAV SCHWAB (1792 bis 1850) entstanden unter Anregung von HERDERS Volksliedsammlung.
Neben den Märchen, die man im Volk gesammelt hatte, entstanden nun die ersten „wirklichen", von einzelnen Autoren stammenden Märchen, sogenannte **Kunstmärchen.** Zwar hatte WIELAND das erste Kunstmärchen geschrieben und GOETHE in den „Unterhaltungen deutscher Ausgewanderten" ein Märchen verfasst. Aber erst die Romantiker waren die eigentlichen Begründer des Kunstmärchens.

Eine der bedeutendsten Autorinnen der Romantik war KAROLINE VON GÜNDERRODE (1780–1806), die 1799/1801 mit den ARNIMS und BRENTANO bekannt wurde.
Ihre Dichtung lässt sich keiner der literarischen Zentren eindeutig zuordnen. GÜNDERRODES Lyrik umkreist vornehmlich die Themen Liebe und Tod. Bekannt wurde die Autorin durch BETTINA VON ARNIMS „Die Günderrode" (1840).

Die literarische *Zeitschrift der Heidelberger Romantiker* war die „Zeitschrift für Einsiedler" von ARNIM und BRENTANO. Sie erschien 1808 bis 1809. In ihr publizierten u. a. JOSEPH GÖRRES, LUDWIG TIECK und JACOB GRIMM. In Dresden gab KLEIST mit ADAM MÜLLER (1779–1829) von 1808 bis 1809 die Kunstzeitschrift „Phöbus" sowie in Berlin von 1810 bis 1811 die „Berliner Abendblätter" heraus.

### Die Literatur der Befreiungskriege

Als Literatur der Befreiungskriege bezeichnet man die vor allem zwischen 1812 und 1815 entstandene patriotisch-bekenntnishafte Lyrik.

Deutschland um 1806 war dreigeteilt: Der Rheinbund stand unter französischem Einfluss, der Norden unter Preußens, der Süden unter Österreichs Kontrolle.

Im Zuge der Forderung nach einer *Erneuerung des Nationalbewusstseins* verfassten ERNST MORITZ ARNDT (1769–1860), THEODOR KÖRNER (1791 bis 1813, „Leier und Schwert", 1814), MAX VON SCHENKENDORF (1783–1817, „Soldaten-Morgenlied", „Freiheit, die ich meine") und FRIEDRICH RÜCKERT (1788–1866, „Geharnischte Sonette", 1814) Befreiungskriegslieder. FICHTE schrieb die „Reden an die deutsche Nation" (1807–1808), FRIEDRICH LUDWIG JAHN (1778–1852) gründete eine nationale Turnerbewegung.
Die Literatur der Befreiungskriege sollte Freiwillige für den Befreiungskampf gegen die französische Fremdherrschaft mobilisieren. Sie ist deshalb zunächst *agitatorische Literatur:*

Erhebt euch von der Erde, / ihr Schläfer aus der Ruh!
Schon wiehern uns die Pferde / den guten Morgen zu.

(Schenkendorf, Max von: Soldaten-Morgenlied. In: ders.: Gedichte, Leipzig: Reclam, o. J., S. 99)

Sie verfolgt klare *politische* Ziele:

Ins Feld! ins Feld! Die Rachegeister mahnen.
Auf, deutsches Volk, zum Krieg!
Ins Feld, ins Feld! Hoch flattern unsre Fahnen;
Sie führen uns zum Sieg.

(Körner, Theodor: Lied der schwarzen Jäger. In: ders.: Werke, Band 1, Leipzig und Wien: Bibliographisches Institut, 1893, S. 92)

THEODOR KÖRNER (1791–1813)

Um die *Gleichberechtigung des Bürgers gegenüber dem Adel* zu erreichen, hatte man in Preußen die *Stein-Hardenbergschen Reformen* erlassen, die nun auch Nichtadligen eine Offizierslaufbahn ermöglichten. „Das Volk steht auf, der Sturm bricht los" (THEODOR KÖRNER).
NAPOLEON als singuläres Feindbild reichte nicht aus, um den Widerstand zu organisieren. Feind war nun das ganze französische Volk.

Die Stein-Hardenbergschen Reformen wurden 1807 erlassen.

„Wir wollen heute Mann für Mann / Mit Blut das Eisen röten, / Mit Henkerblut, Franzosenblut / O süßer Tag der Rache!"

(Arndt, Ernst Moritz: Vaterlandslied. In: ders.: Werke. Teil 1: Gedichte, Berlin u. a.: Bong & Co., 1912, S. 100)

Das kleinstaatliche, ungeeinte Deutschland wurde stilisiert: „O Deutschland, heilges Vaterland! O deutsche Lieb und Treue!" (ARNDT). Man wollte Einheit und Nationalstaatlichkeit: „Das ganze Deutschland soll es sein!" (ARNDT). Diese *nationalstaatlichen Bemühungen* entgleisten zum **Nationalismus**, der äußerte sich nicht nur im Hass auf Frankreich. FRIEDRICH LUDWIG JAHN schrieb in „Deutsches Volkstum" (1809): „Hass alles Fremden ist des Deutschen Pflicht", und: „Franzosen, Polen, Pfaffen, Junker und Juden sind Deutschlands Unglück!"
**Antisemitismus** gab es auch bei ERNST MORITZ ARNDT. Wer sich wie jüdische Mitbürger „mit Frankreich verbündet und Frankreich um Hilfe anschreit, der meint Tückisches und Verräterisches gegen Deutschland, der ist wie das Schaf, das dem Wolf die Hürde öffnet". ACHIM VON ARNIMS „Christlich-deutsche Tischgesellschaft" verbot die Mitgliedschaft von Juden. Nach den Befreiungskriegen nahm der Antisemitismus weiter zu, die Pogrome des Jahres 1819 waren beispielsweise von dem Ruf begleitet: „Hepp-Hepp – Jud verreck!" Der Fanatismus nahm wahnsinnige Züge an. Auch später gab es kaum Unterschiede in den Positionen nationalkonservativer und liberaler Kräfte hinsichtlich der Bewertung des Judentums. WILHELM BUSCH dichtete:

In der DDR der 1950er-Jahre wurde die Einheit Deutschlands mit eben diesem Ausspruch ARNDTS beschworen.

Der Jenenser Burschenschaftler KARL LUDWIG SAND (1795–1819) ermordete 1819 AUGUST VON KOTZEBUE (1761–1819), einen Schriftsteller und Staatsrat in russischen Diensten. Dadurch wurde die „Demagogenverfolgung" eingeleitet.

„Und der Jud' mit krummer Ferse, / krummer Nas' und krummer Hos' / schlängelt sich zur hohen Börse / tiefverderbt und seelenlos."

(Busch, Wilhelm: Die fromme Helene. In: ders.: Werke. Historisch-kritische Gesamtausgabe, Bde. I–IV, Band 2, Hamburg: Standard-Verlag, 1959, S. 204)

## Spätromantik und Biedermeier

Gothic Novel = Schauerroman

In der Spätromantik ist eine *Hinwendung zur Mystik und zum Unheimlichen* zu beobachten. Die patriotischen Gefühle der Romantiker wandelten sich hin zu konservativen und restaurativen Bestrebungen. Wegen ihrer Wendung zum Katholizismus und zur **Gothic Novel** wird die Spätromantik auch *Schwarze Romantik* genannt. Zentren der Spätromantik waren Tübingen, Dresden, München und Wien.
JOSEPH VON EICHENDORFF mit seinem Roman „Ahnung und Gegenwart" (1815) und seiner späten Lyrik gehört zur Spätromantik.

„Mondnacht" von EICHENDORFF findet sich in fast jeder Epochen übergreifenden Lyrik-Anthologie von Geltung wieder. Es ist in dreihebigen Jamben (◡ – ◡ – ◡ –) verfasst und endet wechselweise mit weiblicher und männlicher Kadenz.

JOSEPH VON EICHENDORFF
**Mondnacht**

Es war, als hätt´ der Himmel
Die Erde still geküsst,
Dass sie im Blüten-Schimmer
Von ihm nun träumen müsst´.

Die Luft ging durch die Felder,
Die Ähren wogten sacht,
Es rauschten leis die Wälder,
So sternklar war die Nacht.

Und meine Seele spannte
Weit ihre Flügel aus,
Flog durch die stillen Lande,
Als flöge sie nach Haus.

(Eichendorff, Joseph von: Mondnacht. In: ders.: Werke., Bd. 1, München: Winkler Verlag, 1970 ff., S. 285)

Seit 1831 lebte EICHENDORFF in Berlin.

EICHENDORFF beschreibt hier eine *absolute Idylle.* Es ist die *Versöhnung der Natur mit sich selbst,* die er im heimatlichen Lubowitz (Oberschlesien) beobachtet hatte. Nun, 1836, lebt der Autor in der „weiten Welt", der „geschäftigen Welt", aber das Sehnen nach der Welt der Harmonie ist geblieben. Bewusst wird die Großstadt aus der Betrachtung ausgeklammert, denn der Autor will in seinem Innern das Bild bewahren von der Vertrautheit mit der Natur. „Mondnacht" ist aber nicht nur eine reine Naturidylle. Gleichsam heilig mutet hier alles an, so sanft ist der Ton des Gedichts. Hier passiert etwas Religiöses: Die *Vereinigung des Subjekts mit der es umgebenden Natur.* Deshalb ist „als flöge sie nach Haus" nicht eine bloße Anspielung auf das Gut in Schlesien, das der Dichter 1810 aufgeben musste, sondern ein religiöser Akt der *Befriedung der Seele,* des Einsseins mit Gott. Konservatismus und tiefe Religiosität kennzeichnen EICHENDORFFS späte Lyrik sowie die Lyrik der Spätromantik an sich.
Auch HEINRICH HEINES (1797–1856) lyrisches Frühwerk wird zur Spätromantik gezählt. Allerdings gibt es andere konzeptionelle Ansätze. Hier ist von den seelischen Verletzungen durch unerwiderte Liebe die Rede, wie auch in seinem wohl berühmtesten Gedicht der Frühphase: „Die Loreley". Die Schöne auf dem Felsen tötet jeden, der sich ihr nähert.

„Junge Leiden 1817–1821“ heißt deshalb auch der erste Teil des „Buches der Lieder“, in dessen Kontext „Die Loreley“ gehört. Die **romantische Ironie** wandelt sich im Spätwerk in beißende Satire und scharfen Spott. Die Spätromantik geht ab 1815 in das **Biedermeier** über.

„Die Loreley“ war das einzige Gedicht HEINES, das die Nationalsozialisten 1933 nicht verboten. Allerdings war bei ihnen der „Verfasser unbekannt“.

Die Epoche des *Biedermeier* umreißt in etwa die Zeit vom Ende der Romantik (1815/1820) bis zur deutschen bürgerlichen Revolution von 1848. Sie wird auch **Restaurationszeit** genannt. Der Begriff ist als Abgrenzung von liberal-revolutionären Tendenzen innerhalb der deutschen Literatur jener Zeit zu verstehen, die man als Junges Deutschland bzw. Vormärz bezeichnet. Das literarische Biedermeier vereinte hingegen die konservativ-restaurativen Kräfte.

Obwohl das Biedermeier auch Romane hervorgebracht hat, gilt jedoch die kürzere **Erzählprosa** wie Märchen und Novelle sowie Versepos, Lyrik und Idyllendichtung als eigentliche literarische Leistung der Autoren.

Die bedeutendsten Biedermeier-Autoren waren ADALBERT STIFTER (1805–1868), EDUARD MÖRIKE (1804–1875), JEREMIAS GOTTHELF (1797–1854), ANNETTE VON DROSTE-HÜLSHOFF (1797–1848), KARL IMMERMANN (1796–1840), FERDINAND RAIMUND (1790–1836), FRANZ GRILLPARZER (1791–1872) und AUGUST VON PLATEN (1796–1835). Auch der Schwäbische Dichterbund mit LUDWIG UHLAND (1787–1862), JUSTINUS KERNER (1786–1862) und WILHELM HAUFF (1802–1827) gehört zum literarischen Biedermeier.

JEREMIAS GOTTHELF spiegelte in seinen Erzählungen die Düsternisse und Geheimnisse seiner Schweizer Heimat wider. In der Erzählung „Die schwarze Spinne“ erzählt ein Bauer nach einer Kindstaufe am Himmelfahrtstag eine parabelhafte Schauergeschichte. Darin will ein grüner Jäger einem Bauerndorf gegen die Fronlasten des Feudalherren helfen.

Die Bauern wollen nicht auf den Handel eingehen, nur Christine schließt diesen Pakt: Der Kuss des Jägers auf die Wange der Frau brennt wie Feuer. Als das erste Kind im Dorf geboren wird, tauft es der Pfarrer. So ist es für den Jäger verloren. Ein stechender Fleck auf Christines Wange wird zu einer schwarzen Spinne, der Schmerz wird unerträglich. Das zweite Kind wird geboren und getauft. Nun gebärt die Spinne viele kleine Spinnen, die das Vieh töten. Die Bauern sind ratlos und wollen dem Jäger ein ungetauftes Kind übergeben. Christine entreißt einer Mutter ihr Neugeborenes in einer Gewitternacht und bringt es dem Teufel. Der Pfarrer eilt zum Ort der Übergabe. Pfarrer und Teufel kämpfen miteinander, dabei schrumpft Christine zur Spinne zusammen. Der Teufel aber flieht vor dem Weihwasser, das Kind wird getauft. Kind und Pfarrer sterben.

Die Spinne sucht das Dorf, schließlich die Burg heim, die Menschen sterben. Und nur eine gottgläubige Mutter bringt die Fähigkeit auf, die Spinne zu fassen und einzusperren.

Auch in ANNETTE VON DROSTE-HÜLSHOFFS *Kriminalgeschichte mit novellistischer Struktur,* „Die Judenbuche“ (1842), geht es unheimlich zu. Es ist die Milieustudie eines Mörders. Sie beschreibt den Weg der Selbstzerstörung Friedrich Mergels bis hin zu seiner Selbstrichtung.

DROSTE-HÜLSHOFF hatte für ihre Novelle Gerichtsakten ihres Onkels AUGUST VON HAXTHAUSEN verwendet, um die Mutationen menschlichen Geistes zu beschreiben. Das Unveränderliche in der Geschichte ist die Natur, die als „Gedächtnis“ der Bluttaten fungiert.

LEVIN SCHÜCKING (1814–1883) war ein enger Freund der DROSTE, die seine literarischen Arbeiten sehr förderte. Aber auch SCHÜCKING wirkte nachhaltig auf DROSTES literarisches Schaffen zurück.

„Die Judenbuche" ist zugleich eine Studie über den moralischen Verfall der damaligen Gesellschaft: Die Gerechtigkeit kommt nicht aus der Gemeinschaft, sondern aus der mahnenden Natur und dem Gewissen des Mörders. Schicksal und Schuld verweben miteinander: Zum einen kann Friedrich aufgrund seiner Herkunft seinem Schicksal nicht entgehen, zum anderen muss er seine Schuld selbst rächen. „Wenn du dich diesem Orte nahest, so wird es dir ergehen, wie du mir getan hast", steht auf einem Schild an der Judenbuche.

ANNETTE VON DROSTE-HÜLSHOFF ist die bedeutendste Lyrikerin der deutschen Literatur neben ELSE LASKER-SCHÜLER. Ihre Lyrik ist vielschichtig wie kaum eine andere. Sie umfasst Idyllen, Balladen, Naturgedichte, Bekenntnislyrik, allegorische, stark symbolhafte Gedichte und auch Gelegenheitsdichtungen. Immer wieder wird die Natur zur zentralen Metapher für die Unterordnung des Menschen unter seine Umwelt. Der Mensch als Teil der Natur vergeht in ihr.
Der Band ihrer späten Gedichte von 1844 gliedert in „Zeitbilder", „die Haidebilder", in „Fels, Wald und See" usw. Das Gedicht „Im Moose" (1841) zeigt diese Verwobenheit des Menschen mit der Natur auf sehr eindringliche Weise:

„Im Moose" ist ein Gedicht aus fünfhebigen Jamben (∪ – ∪ – ∪ – ∪ – ∪ –), das im dritten und sechsten Vers weiblich, in den anderen Versen männlich endet.

Als jüngst die Nacht dem sonnenmüden Land
Der Dämmrung leise Boten hat gesandt,
Da lag ich einsam noch in Waldes Moose.
Die dunklen Zweige nickten so vertraut,
An meiner Wange flüsterte das Kraut,
Unsichtbar duftete die Heiderose.

(Droste-Hülshoff, Annette von: Im Moose. In: dies.: Sämtliche Werke in zwei Bänden. Band 1, München: Winkler, 1973, S. 71–72.)

Hier wird eine friedliche, beschauliche Idylle berichtet. Es ist eine belebte Idylle, die Nacht hat ihren Boten, die Dämmerung, gesandt, das Gras flüstert. Der lyrische Sprecher spürt die Beseeltheit des Ortes, und es ist ein freudiger Blick auf die Welt. Auffallend ist die Detailgenauigkeit, mit der das Umfeld geschildert wird.

Etwa zur selben Zeit wie DROSTES „Im Moose" entsteht EDUARD MÖRIKES humoristische „Waldplage".

„Waldplage" ist in sechshebigen Jamben verfasst. Die Versausgänge sind fast alle männlich. MÖRIKE unterstreicht das Prosaische des Beschriebenen, indem er keinen Reim verwendet.

Im Walde deucht mir alles miteinander schön,
Und nichts Mißliebiges darin, so vielerlei
Er hegen mag; es krieche zwischen Gras und Moos
Am Boden, oder jage reißend durchs Gebüsch,
Es singe oder kreische von den Gipfeln hoch,
Und hacke mit dem Schnabel in der Fichte Stamm,
Daß lieblich sie ertönet durch den ganzen Saal.
Ja machte je sich irgend etwas unbequem,
Verdrießt es nicht, zu suchen einen andern Sitz [...]

(Mörike, Eduard: Waldplage. In: ders.: Sämtliche Werke in zwei Bänden. Band 1, München: Winkler Verlag, 1967, S. 813)

Der lyrische Sprecher stellt zwar eine Naturverbundenheit fest, jedoch hat sich der Blick verändert. Da kreischt und hackt das Getier. Sind das liebliche Geräusche? Hier blickt jemand aus dem Abstand des Beseelten auf das Unbeseelte. Und weil er das weiß, beobachtet er aus der Distanz. Der Blick auf die Natur ist ganz diesseitig.

> … Ein einzig Übel aber hat der Wald für mich,
> Ein grausames und unausweichliches beinah.
> Sogleich beschreib ich dieses Scheusal, daß ihrs kennt; …
>
> … Und wie es anfliegt, augenblicklich lässet es
> Den langen Rüssel senkrecht in die zarte Haut;
> Erschrocken schlagt ihr schnell darnach, jedoch umsonst,
> Denn, graziöser Wendung, schon entschwebet es.
> Und alsobald, entzündet von dem raschen Gift, … (ebenda, S. 814)

Der lyrische Sprecher wehrt sich gegen die Natur. Nur das, was ihm angenehm scheint, ist eines Blickes würdig. Der humoristische Ton erweist sich als Ironisierung aller Poesie. Hier wird nicht Einswerden mit der Natur zelebriert. Die Idylle wird zwar beschworen, aber das Ich weiß um die Ausweglosigkeit seines Tuns.
Zuletzt wird der ironische Grundton unüberhörbar, der Versuch des Romantisierens der Natur scheitert:

> … So mag es kommen, daß ein künftger Leser wohl
> Einmal in Klopstocks Oden, nicht ohn einiges
> Verwundern, auch etwelcher Schnaken sich erfreut. (ebenda, S. 815)

Eine völlig andere, sehnsuchtsvolle, freudige Haltung nimmt dagegen der lyrische Sprecher in folgendem Gedicht ein:

> Er ist's
>
> Frühling läßt sein blaues Band a
> Wieder flattern durch die Lüfte b
> Süße, wohlbekannte Düfte b
> Streifen ahnungsvoll das Land a
> Veilchen träumen schon, c
> Wollen balde kommen d
> – Horch, von fern ein leiser Harfenton! c
> Frühling, ja du bist's!
> Dich hab ich vernommen! d
>
> (ebenda, S. 684)

Hier reimt sich die Überschrift mit der 8. Zeile.

„Er ist's" ist in Trochäen verfasst. Vers 1–4 sind vierhebig und haben das Versschema abba (umschlingender Reim). Vers 5, 6,8 und 9 sind dreihebig, Vers 7 ist fünfhebig. Vers 5, 6, 7 und 9 bilden einen Kreuzreim (cdcd). Vers 8 ist eine Waise.

Hier zeigt sich MÖRIKES vom Volkslied kommendes lyrisches Verständnis. Helle, fröhliche Metaphern wetteifern miteinander, der lyrische Sprecher vernimmt den Frühling mit allen Sinnen. In diesem Gedicht wird MÖRIKE dem lyrischen Verständnis der DROSTE-HÜLSHOFF vergleichbar. HUGO WOLFF (1860–1903) und ROBERT SCHUMANN (1810–1856) vertonten dieses sehr romantisch anmutende Gedicht MÖRIKES.

5

## Vormärz, Junges Deutschland

Der **Vormärz** bezeichnet jene Epoche, die literarisch zur deutschen bürgerlichen Revolution von 1848 hinführt und damit ihr Ende findet. Der Beginn des Vormärz wird in der Literaturgeschichtsschreibung unterschiedlich aufgefasst (1815, 1819, 1830 bzw. 1840). Zur Literatur des Vormärz werden die Schriften GEORG BÜCHNERS sowie die des **Jungen Deutschlands** gezählt. Das Junge Deutschland orientierte sich an bürgerlich-liberalen Ideen.

Das **Junge Deutschland** orientierte sich an der von GIUSEPPE MAZZINI gegründeten Bewegung „La Giovine Italia" (Junges Italien). Nach diesem Vorbild entstanden die Bewegungen des „Jungen Europa".

Vormärz meint also die Zeit vor der *März*revolution 1848. HEINRICH LAUBE (1806–1884) prägte als Erster den Begriff „jungdeutsch". Zum Kreis der Jungdeutschen werden außerdem oft KARL GUTZKOW (1811–1878), LUDOLF WIENBARG (1802–1872), LUDWIG BÖRNE (1786–1837), FERDINAND FREILIGRATH (1810–1876), GEORG WEERTH (1822–1856), GEORG HERWEGH (1817–1875), AUGUST HEINRICH HOFFMANN VON FALLERSLEBEN (1798–1874), THEODOR MUNDT (1808–1861), FERDINAND GUSTAV KÜHNE (1806–1888) und ERNST WILLKOMM (1810–1886) gezählt.

Die Dichter des Vormärz waren radikaler in ihren Ansichten. Ab 1840 nahm die Politisierung des öffentlichen Lebens zu, worauf die Dichter des Vormärz vor allem mit kämpferischer Lyrik reagierten. Zu diesen Dichtern zählt man GEORG HERWEGH, HEINRICH HEINE (1797–1856), FERDINAND FREILIGRATH, GEORG WEERTH und ERNST WILLKOMM.

1840 bestieg FRIEDRICH WILHELM IV. den preußischen Thron. Die Hoffnungen auf Veränderung der Verhältnisse erfüllten sich jedoch nicht.

### Literatur und Politik

In Deutschland hatte es nach den Befreiungskriegen keine erhoffte Veränderung der gesellschaftlichen Verhältnisse gegeben. Nach dem Wiener Kongress 1815 erstarkten die restaurativen Kräfte erneut. Das metternichsche System hatte lediglich einen *lockeren Staatenbund* geschaffen, der die Souveränität der Einzelstaaten garantierte. Die Herausbildung eines deutschen Nationalstaates mit *gleichen Bürgerrechten für alle* wurde somit wiederum verhindert. Die „Heilige Allianz" zwischen Russland, Österreich und Preußen duldete keine revolutionären und nationalen Regungen in ihren Staaten. Die *„Karlsbader Beschlüsse"* von 1819 lösten die berüchtigten *„Demagogen"-Verfolgungen* aus. Seit der *Julirevolution in Frankreich* 1830, dem *Hambacher Fest* 1832 sowie dem *Frankfurter Wachensturm* 1833 wurden Werke der liberalen Opposition zudem zensiert. Aufgrund eines Bundestagsbeschlusses von 1835 wurden die Schriften von KARL GUTZKOW, HEINRICH LAUBE, LUDOLF WIENBARG, THEODOR MUNDT und HEINRICH HEINE strengsten *Zensurmaßnahmen* unterzogen.

Restauration; spätlat. restauratio = Wiedererrichtung der alten politisch-sozialen Ordnung, Rückschrittlichkeit

Zensur, lat. censura = Prüfung, Beurteilung; durch Kirche oder Staat institutionalisierte Kontrollmechanismen zur Steuerung oder Verhinderung gesellschaftlicher Kommunikation

Die Autoren des Vormärz und des Jungen Deutschland waren sich der *Rückständigkeit des deutschen politischen Lebens* sehr bewusst. Sie gaben der Hoffnung auf die Veränderbarkeit der gesellschaftlichen Verhältnisse hin zu mehr *bürgerlichen Freiheiten* literarischen Ausdruck. Das politische Bewusstsein des Volkes sollte wachgerüttelt, die Rechtlosigkeit und *Verelendung der Massen* beseitigt werden. Vor allem die Forderung nach Gedankenfreiheit spielte eine große Rolle, wurden doch alle Druckerzeugnisse über 20 Bogen der Zensur unterzogen. Auch der *Kampf um einen einheitlichen deutschen Nationalstaat* stand auf dem Programm der Autoren des Vormärz. Ihre Kritik richtete sich gegen das immer noch bestehende *Ständeprinzip des Feudalismus,* insbesondere gegen Adel und Klerus. Als in Frankreich die Julirevolution (1830) wieder bürgerliche Kräfte an die Macht brachte, hatte das auf weite Teile Europas nachhaltige Auswirkungen. PHILIPP JAKOB SIEBENPFEIFFER (1789–1845) und JOHANN GEORG AUGUST WIRTH (1798–1848) organisierten 1832 in Deutschland das *Hambacher Fest,* auf dem die *Forderung nach einem Einheitsstaat* laut wurde. Mehr als 25 000 Menschen demonstrierten für Freiheitsrechte, Volkssouveränität und ein *geeintes Vaterland.* Die *sozialen Probleme der Massen* verschärften sich im Zuge der *Industrialisierung* immer mehr. 1844 kam es zum verzweifelten *Aufstand der schlesischen Weber,* der vom Militär blutig niedergeschlagen wurde. HEINRICH HEINE dichtete:

Mit LOUIS PHILIPPE hatte lediglich das Großbürgertum eine Lobby gefunden.

Das Schiffchen fliegt, der Webstuhl kracht,
Wir weben emsig Tag und Nacht –
Altdeutschland, wir weben dein Leichentuch,
Wir weben, wir weben!

(Heine, Heinrich: Die schlesischen Weber. In: ders.: Werke und Briefe in zehn Bänden. Band 2, Berlin und Weimar: Aufbau-Verlag, 1972, S. 343)

Die Dichter des Vormärz und des Jungen Deutschland begaben sich auch ästhetisch in eine *Gegenhaltung zur deutschen Klassik.* LUDWIG BÖRNE (1786–1837) sagte dazu: „Seitdem ich fühle, habe ich Goethe gehasst, seit ich denke, weiß ich warum." Es ist nicht die künstlerische Leistung, die BÖRNE an GOETHE kritisiert, sondern seine Haltung gegenüber den sozial Unterprivilegierten. In sein Tagebuch schrieb BÖRNE: „Dir (d. i. GOETHE) ward ein hoher Geist, hast du je die Niedrigkeit beschämt? Der Himmel gab dir eine Feuerzunge, hast du je das Recht vertheidigt? Du hattest ein gutes Schwert, aber du warst immer nur dein eigener Wächter. Glücklich hast du gelebt. Aber du hast gelebt" (BÖRNE, LUDWIG: Aus meinem Tagebuche. In: ders.: Gesammelte Schriften. Band VIII. Hamburg: Hoffmann und Campe, 1832, S. 93).

Ein wichtiges literarisches Genre wurde der Brief (BÖRNE, HEINE, BETTINA VON ARNIM), der subjektiv, spontan und fragmentarisch auf die Wirklichkeit reagierte.

Die Dichter wollten sich aus den überlieferten ästhetischen Formen befreien. Für BÖRNE war die Form gleichzusetzen mit Schönheit. Also musste die Form gesprengt werden.
Dem Jungen Deutschland und dem Vormärz war der programmatische Inhalt (Tendenz) wichtiger als die künstlerische Form (Ästhetik). Man fasste die **politische Lyrik** als wirkungsvolles Medium der politischen Agitation auf. FREILIGRATH äußerte: „Ich will [...] ein Trompeter der Revolution sein." Sein Gedichtband „Ça ira!" (dt. „Es wird schon gehen!") erregte 1846 großes Aufsehen. Hier wurde deutlich wie nie vorher in der deutschen Literatur die Forderung nach einer Revolution laut: „Ein Schlag von mir zu dieser Frist, / und siehe, das Gebäude stürzt, von welchem Du die Spitze bist!" („Von unten auf!"), „... Hier die Kugeln! Hier die Büchsen! Rasch hinab! – Da sind wir schon!" / Und die erste Salve prasselt! – Das ist Revolution!" („Freie Presse"), „Umstürzt der Thron, die Krone fällt, in seinen Angeln ächzt das Reich! / Aus Brand und Blut erhebt das Volk sieghaft sein lang zertreten Haupt ..."(„Wie man's macht"). Mit seinen Revolutionsgedichten gilt FREILIGRATH als *Begründer der sozialistischen Literatur.*

5

HOFFMANN VON FALLERSLEBENS Einsatz für die nationale Einheit Deutschlands manifestiert sich in den „Unpolitischen Liedern" von 1840 und in den „Deutschen Liedern aus der Schweiz" (1841/42). Es waren singbare politische Kampflieder. Über den ästhetischen Ansatz dichtete er:

„[…] Du sollst das alte lassen,
Den alten verbrauchten Leiertand,
Du sollst die Zeit erfassen!
Denn anders geworden ist die Welt,
Es leben andere Leute; […]

(Hoffmann von Fallersleben, August Heinrich: Ein Lied aus meiner Zeit. In: ders: Deutsche Lieder aus der Schweiz. Hildesheim u. a.: Olms, 1975, S. 25)

Für GEORG HERWEGH (1817–1875) war Lyrik die „Vorläuferin der Tat". Er stellte den Kampf um demokratische Freiheit und soziale Gerechtigkeit in den Mittelpunkt seiner Dichtung. 1841 veröffentlichte er die „Gedichte eines Lebendigen", die sofort verboten wurden. Trotzdem wurden sie ein großer Erfolg. HERWEGH wurde ausgiebig gefeiert. Im Gedicht „Aufruf" heißt es:

Reißt die Kreuze aus der Erden!
Alle sollen Schwerter werden,
Gott im Himmel wird's verzeihn.
Gen Tyrannen und Philister!
Auch das Schwert hat seine Priester,
Und wir wollen Priester sein!

(Herwegh, Georg: Aufruf [1841]. In: Herweghs Werke in drei Teilen. Band 1, Berlin, Leipzig, Wien, Stuttgart: Bong & Co., [1909], S. 38)

### Die Sonderrolle Heinrich Heines

Indem HEINRICH HEINE die Lyrik HOFFMANN VON FALLERSLEBENS, FREILIGRATHS oder HERWEGHS als **Tendenzpoesie** ablehnte, kritisierte er lediglich den „prosaisch-bombastischen" (HEINE) Grundton dieser Werke („gereimte Zeitungsartikel") und entlarvte sie als liberale Phrasendrescherei, als „vagen, unfruchtbaren Pathos, … nutzlosen Enthusiasmusdunst" (HEINE). Er wandte sich gegen die *Eindimensionalität* ihrer Gedichte, verfolgte er selbst doch ein *romantisches Ästhetikkonzept,* das die politische Wirklichkeit nicht ausschloss, sondern als (wichtigen) Teil der Gesellschaft begriff. HEINE sah die Aufgabe der Poesie darin, die *Wirklichkeit in ihrer Ganzheit* zu reflektieren. Das schmerzhafte Erleben seiner eigenen Wirklichkeit, sein französisches Exil, die eigene Hilflosigkeit gegenüber der *restaurativen Politik in Deutschland,* all das fließt in seine Ästhetik ein. Die desillusionierenden Passagen seiner Lyrik gehen somit einher mit der Zerstörung der romantischen Bilder.
Mit der *Sehnsucht nach der Harmonie* und deren gleichzeitiger *Konfrontation mit der zerrissenen Wirklichkeit* der Welt schafft HEINE eine quasi **antiromantische Ästhetik,** die notwendig sich satirischer und ironischer Elemente bedienen muss. HEINE selbst schaffte in seinen Gedichten oft

HEINRICH HEINE (1797–1836)

eine spöttische Distanz dem eigenen Werk gegenüber. Er benutzte die zum Klischee erstarrten romantischen Bilder, um sie letztendlich als bloßen Schein zu entlarven. So wird seine Lyrik zugleich Vollendung und Überwindung der romantischen Poesie.
Unter den Eindrücken seiner ersten Rückreise aus dem französischen Exil 1843 schrieb HEINE die Verssatire „Deutschland. Ein Wintermärchen", eine seiner schärfsten Stellungnahmen zu den deutschen Missständen. Er verspottete die deutsche Kleinstaaterei, kleinbürgerliches Obrigkeitsdenken, Franzosenhass, militantes Nationalgefühl, preußischen Militarismus. Die Trauer in seinem Gedicht „Nachtgedanken" ist nicht Phrase, sondern entspringt HEINES Grundeinstellung: „Denk ich an Deutschland in der Nacht / dann bin ich um den Schlaf gebracht / Ich kann nicht mehr die Augen schließen, / und meine heißen Tränen fließen", schrieb er („Neue Gedichte", 1844). Zu einer wesentlich ironischeren Haltung gelangte HEINE in Caput I des „Wintermärchens":

In dem Versepos „Deutschland. Ein Wintermärchen" (1843) kritisiert HEINRICH HEINE die politischen und gesellschaftlichen Verhältnisse in Deutschland.

Im traurigen Monat November war's,
Die Tage wurden trüber,
Der Wind riß von den Bäumen das Laub,
Da reist' ich nach Deutschland hinüber. […]
Ein kleines Harfenmädchen sang.
Sie sang mit wahrem Gefühle
Und falscher Stimme, doch ward ich sehr
Gerühret von ihrem Spiele. […]
Sie sang das alte Entsagungslied,
Das Eiapopeia vom Himmel,
Womit man einlullt, wenn es greint,
Das Volk, den großen Lümmel. […]

(Heine, Heinrich: Werke und Briefe in zehn Bänden. Band 1, Berlin und Weimar: Aufbau-Verlag, 1972, S. 435–437)

„Deutschland. Ein Wintermärchen" stellt den Höhepunkt der politischen Versdichtung HEINES dar. Dabei umkreiste der Autor die Frage, ob und inwieweit Deutschland für einen gesellschaftlichen Wandel bereit war. Wirklichkeit, Traum, Imagination und Mythos werden bemüht, um die inneren deutschen Zustände zu beleuchten. So lässt HEINE Kaiser BARBAROSSA, preußische Zollpolizei, KARL DEN GROSSEN, die „Heil'gen Drei Kön'ge aus Morgenland", „Vater Rhein" auftreten.

### Poetischer Realismus

Der poetische Realismus war zunächst gekennzeichnet durch Desillusionierung nach dem Scheitern der bürgerlichen Revolution in Deutschland. Man begann, genauer auf die gesellschaftlichen Zustände in den deutschen Ländern zu schauen. Die Wirklichkeit sollte „poetisiert" werden.

#### Geschichtlicher Hintergrund

Nachdem die *Nationalversammlung* in Frankfurt nach 1848 die Gründung des Nationalstaates nicht hatte erreichen können, wurde die politische Dominanz Preußens immer stärker akzeptiert. Die Idee, dass jeder Fortschritt nur noch *im Rahmen eines Nationalstaates* organisiert werden könnte, war eine *europäische Erscheinung*. Deshalb entwickelten viele Zeitgenossen – auch unterschiedlicher politischer Ausrichtung – eine „vaterländische Gesinnung", die sich aus der Geschichte legitimierte und in der demokratische, liberale Ideen zweitrangig waren. SCHILLER, der als der Klassiker mit patriotischer Gesinnung galt, war für viele der Kronzeuge ihrer Überzeugung.

Nach 1848 besannen sich viele Deutsche auf bürgerliche Tugenden und die private Welt. Auch wenn sie sich nicht immer von politischen Großzielen verabschiedeten, so ließen sie doch die *Politisierung des Alltags* hinter sich. Als Privatmänner gaben sie die Ausführung des politischen Willens an Repräsentanten ab. Nach den unruhigen Zeiten der Revolution verspürten sie wieder Lust auf Ruhe, Reflexion, suchten Räume für Fantasie, Poesie und eine *gewaltfreie Sprache*. Angst vor dem Chaos und der politischen Sprache der Straße verstärkten den Wunsch nach Harmonie und Ordnung.

Mit der *Industrialisierung* wurde Deutschland ein Industrieland. Diese Entwicklung hatte 1834 mit der Zollunion begonnen, die eine allmähliche Entwicklung des Warenverkehrs und damit auch der industriemäßigen Produktion förderte. Die Gründerzeit ab Mitte der 1850er-Jahre löste die Gründung neuer Firmen aus. (Diese Veränderungen beeinflussten auch die Autoren des Realismus wie FONTANE, STORM oder KELLER.) Bestehende Firmen wie KRUPP erweiterten ihre Produktion erheblich und beschäftigten viele neue Arbeiter. In den 1890er-Jahren erfolgte erneut ein großer Aufschwung. Es entstanden Massenquartiere in den Städten.

Neben der Revolution von 1848/49 stellte die *Reichseinigung* 1871 die entscheidendste politische Zäsur seit 1830 dar. Die vier süddeutschen Staaten schlossen sich nach dem Deutsch-Französischen Krieg (1870 bis 1871) dem Norddeutschen Bund an. Eine föderale Verfassung ließ ihnen eine eng begrenzte Selbstständigkeit. Die Reichseinigung und die Industrialisierung führten zu einem *extremen Bevölkerungswachstum* in den Städten und zu enormen *sozialen Krisensituationen*.

▸ 1834: In Deutschland fahren die ersten Eisenbahnen.

Zwischen den revolutionären Unruhen in Europa (1830–1848) entwickelte vor allem der junge GEORG BÜCHNER (1813–1837) einen *Realismus mit radikal materialistischer Ausprägung.* An diese Frühphase des Realismus knüpfte die junge literarische Generation um 1880 mit ihrem programmatischen Naturalismus wieder an.

### Begriff des Realismus

▸ real = vorhanden, realistisch = an der Wirklichkeit orientiert

> **Realismus** als Begriff beschreibt das Verhältnis des Menschen zum realen Leben, als Philosophie oder Kunstauffassung ein immer wiederkehrendes und im 20. Jh. heftig umstrittenes Phänomen, hier als Bezeichnung für eine Epoche bzw. einen Zeitabschnitt in der Kunstgeschichte.

Das Attribut *poetisch* haben sich die Zeitgenossen selbst gegeben. Sie wollten darauf aufmerksam machen, dass ihre Texte trotz Realitätsnähe von Menschen geschaffene Kunstprodukte sind. Der Zusatz wurde auch als Unterscheidungsmerkmal gegenüber anderen realistischen Kunst-

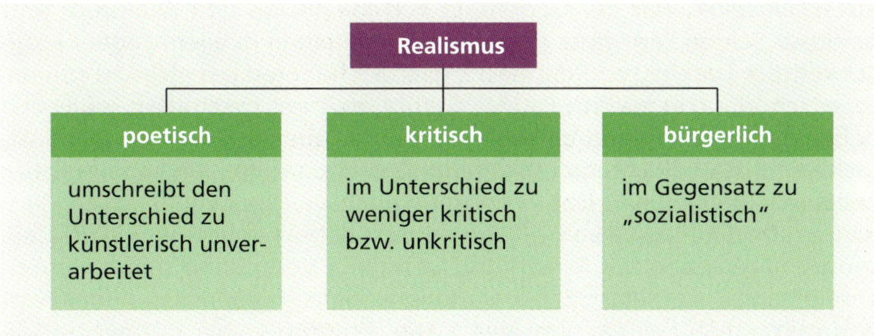


strömungen, vor allem des 20. Jh.s, (magischer Realismus, Neorealismus u. a.) beibehalten. Der Begriff **bürgerlicher Realismus** trifft hier auch insofern zu, als die meisten Autoren aus bürgerlichen Verhältnissen kommen. Andere Benutzer beschreiben damit eine politische Tendenz oder Richtung der Texte, wodurch Texte der realistischen Literatur den Beinamen „Tendenzliteratur" erhielten.

*Kritisch* beschreibt eine besondere Qualität, meist in Polemik, wenn dem Benutzer soziales Engagement der Kunst wichtig ist. Dieses Attribut steht für Sozialkritik, Auseinandersetzung mit neuen Entwicklungen, Vermeiden von Harmonisierungen im analytischen Gesellschaftsroman, der im 19. Jh. zuerst in Frankreich und England zu beobachten ist. In Deutschland verbindet man mit dieser Bezeichnung Werke von THOMAS und HEINRICH MANN. Ihre Kritik galt den bürgerlichen Emporkömmlingen der neuen Zeit im Gegensatz zu denen, die in der Tradition humanistischen Denkens standen. Jene waren jedoch nicht nur in der Minderheit, sondern wie ihre Gegenspieler Zeichen eines nicht wiederkehrenden alten, scheinbar harmonischen und ruhigen Zeitalters, das das 19. Jh. bei allen Problemen für die Zeitgenossen noch darstellte.

Neorealismus ist eine in den 1950er-Jahren entstandene Strömung, die vor allem im italienischen und französischen Film vorherrschte und durch besonders genaue Wiedergabe der Wirklichkeit (vor allem der „kleinen Leute") gekennzeichnet war.

Nach dem Wirklichkeitsbezug kann man den Realismus auch als „magischen", „symbolischen" oder „Fotorealismus" bezeichnen.

Poetisch *und* realistisch sollten die Geschichten sein. Sie sollten Gegenwartsnähe und poetische Darstellung der Zeitverhältnisse vereinen, sollten die zeitgenössische Wirklichkeit darstellen und sie gleichzeitig in der Darstellung des als wesentlich Empfundenen, Typischen, immer Gültigen interpretieren. Um der Produktion den Rang des Künstlerischen geben zu können, musste die Geschichte von Nebensächlichem, Banalem gereinigt und mit einem gewissen Pathos versehen werden; nicht die „nackten" Tatsachen oder die Genauigkeit einer Fotografie interessierten.

Als unkünstlerisch galt die Darstellung von Sexualität und Krankheit sowie des Lebens der Unterschichten und als asozial geltender Gruppen.

Durch eine *gehobene, gewählte Sprache* suchten die Autoren einen Weg zwischen den Extremen.

Das wichtigste Werk des deutschen **Frührealismus** ist GEORG BÜCHNERS Novelle „Lenz" (1835). In ihr werden naturalistische, auch expressionistische Tendenzen vorweggenommen. BÜCHNER orientierte sich nicht an den klassischen idealen des „Guten, Wahren, Schönen". Von den Romantikern übernahm er die Ästhetisierung des Hässlichen. Das heißt, Leben war für ihn Ganzheit. Das Leben, wie es ist, schließt auch den Wahnsinn des Helden ein. Damit begab sich BÜCHNER in eine Gegenposition zu den zeitgenössischen Kritikern.

GEORG BÜCHNER studierte u. a. Medizin, Geschichte und Philosophie, gründete 1834 „Die Gesellschaft für Menschenrechte". Er starb 1837 in Zürich an Typhus.

BÜCHNER selbst war der Gegensatz von Idealismus und Realismus sehr bewusst. Seinen Lenz lässt er sagen: „Ich verlange in allem Leben, Möglichkeit des Daseins, und dann ist's gut; wir haben dann nicht zu fragen, ob es schön, ob es häßlich ist, das Gefühl, daß was geschaffen sei, Leben habe, stehe über diesen beiden, und sei das einzige Kriterium in Kunstsachen." BÜCHNERS literarische Haltung entsprang seinem Lebensmotto: Leben als Selbstzweck. Das bedeutet, Leben um des Lebens willen. Deswegen schuf BÜCHNER keine Kunstfiguren als Verkörperung von Idealen, sondern Menschen aus Fleisch und Blut. Eine Verklärung seiner Figuren verbietet sich von selbst. Diese Haltung findet sich ebenso in seinem fast naturalistischen Drama „Woyzeck". Der einfältige, aber gutmütige Soldat Woyzeck wird von seinem Vorgesetzten ausgenutzt und geschunden. Als jemand ihm noch seine Geliebte fortnehmen will, wird er zum Mörder. Sprachlich nähert sich das Drama, das nur als Fragment vorliegt, dem Naturalismus an: Die Figuren sprechen größtenteils Darmstädter Dialekt.

**Realistische Prosa**

Der Roman setzte sich, als Genre umstritten, gegenüber dem hochgeschätzten **Epos** in diesem Jahrhundert durch und wurde zur modernen Großform des Erzählens.

In England und Frankreich entwickelte sich ein *starker analytischer Ansatz* **(Gesellschaftsroman),** in Deutschland ein Typ, der die Bewusstseins- und Persönlichkeitsbildung des Einzelnen verfolgt **(Bildungs- und Entwicklungsroman).** Charakteristisch für beide Formen ist eine stärkere *Psychologisierung der Darstellung,* eine interessantere und ausführlichere *Beschreibung der Psyche* einzelner Figuren. Dies gilt jedoch weniger für die Varianten im Bereich der Unterhaltungsliteratur.

THEODOR STORM (1817–1888)

THEODOR STORM (1817–1888) war ein aus Husum stammender Schleswiger, er absolvierte ein Jurastudium in Kiel und Berlin, begann als Rechtsanwalt, seine literarischen Anfänge waren lyrische Stimmungsbilder. Diese Schreibart prägte auch seine frühen Novellen (z. B. „Immensee", 1850). Man bezeichnet diese Art seiner Texte auch als **Novellenlyrik.**

Er dichtete Märchen in der Tradition romantischer Kunstmärchen („Der kleine Häwelmann", „Die Regentrude").

STORM studierte die Theorien FEUERBACHS und DARWINS: Der Mensch ist von seinen *natürlichen und sozialen Bedingungen* abhängig. Er lebt in *konkreten Bindungen.* In diesen muss er sich bewähren. Das „allgemein Menschliche" ist für jeden Einzelnen konkret.

STORMS Werk ist gekennzeichnet durch die Kritik an Adelsprivilegien. Seine Figuren stellen integre kleinbürgerliche Menschen dar.

Mit zunehmendem Alter werden in seiner Literatur die darwinschen Ideen verstärkt verarbeitet. Alle Kreaturen sind *grausamen Gesetzen* unterworfen. Seine Novellen, häufig mit einer Rahmenerzählung, nähern sich den Formen des Dramas an und enthalten meist ein tragisches Element. STORM erzählt von dem *Leben in der Dorfgemeinschaft* und deutschen Kleinstadt, wo Biederkeit zur Fassade gehört und die neuen Einflüsse *familiäre Bindungen* und *moralische Grundwerte* zerstören. Er erzählt, um die Geschichten und *Erlebnisse als Erinnerung* zu bewahren gegen quälende Gefühle der Vergänglichkeit, des Vergessen-Werdens und der Einsamkeit (z. B. „Pole Poppenspäler", 1874, „Der Schimmelreiter", 1888).

„Der Schimmelreiter“ ist seine letzte Novelle. Sie ist mit *starker Handlungsdramatik,* dichten *Stimmungsbildern* und Elementen *traditioneller Sagen- und Mythenvorstellungen* ausgestattet. Die doppelte Rahmenhandlung soll den Eindruck vermitteln, es handle sich um eine Legende oder Sage, um eine weit zurückliegende Geschichte. Manche nennen diese Form „Chroniknovelle“.

Der Dichter erzählt, er habe als Kind eine Geschichte gelesen. Diese Geschichte sei jedoch nicht mehr auffindbar, sodass er für die Wahrheit des Erzählten nicht bürgen könne. Laut Erinnerung erzählte ein Schulmeister die Geschichte von Hauke Haien, der vom Kleinknecht zum Deichgrafen aufgestiegen war. Er wäre besessen gewesen von der Idee, die Deiche technisch zu verbessern und sicherer zu machen. Die Dorfbewohner hätten ihm misstraut und seine Vorhaben geneidet, auch wenn Haiens Projekte ihnen Vorteile gebracht hatten. Beim Neubau eines Deiches wäre Hauke in offene Konfrontation zu seinem Feind, einem Großknecht geraten, der den Aberglauben der Deicharbeiter ausnutzte: Haien hätte sich wider besseres Wissen auf einen Kompromiss bei den Reparaturarbeiten an jener gefährdeten Stelle eingelassen, wo der alte und der neue Deich aneinanderstießen. Bei einer Sturmflut wäre der alte Deich gebrochen, wären Frau und Kind ertrunken und Haien hätte sich auf seinem Schimmel hinterhergestürzt. Als Zeichen der Warnung erschiene von da an bei Gefahr das Bild des Schimmelreiters, erzählte der Schulmeister.

WILHELM RAABE (1821–1910)

WILHELM RAABE (1821–1910) schilderte in seinem Erstlingswerk „Die Chronik der Sperlingsgasse“ (1857) bereits 36-jährig erfolgreich mit Liebe und Humor das Milieu und die skurrilen Menschen in einem Stadtteil Berlins. Er erzählt die Geschichte von Johannes Wacholder, der seit dreißig Jahren in der Berliner Sperlingsgasse lebt. Seine fiktiven Tagebuchaufzeichnungen beginnt Wacholder am 15. 11. 1854. Ein halbes Jahr arbeitet er an seiner Chronik, sein Leben reflektierend und das seiner Freunde, die schon gestorben oder längst weggezogen sind. RAABE erzählt in seinen Romanen von der *moralischen Verkommenheit der Verhältnisse* in den deutschen Kleinstaaten, in denen *Intrige, Verrat und Geldgier* herrschen. Dieses Prinzip prägt auch die privaten Beziehungen in allen sozialen Schichten. Der Autor kultivierte das *auktoriale Erzählen,* das Erzählen von einer welterfahrenen und allwissenden Position aus. In einigen Fällen erreichte er dabei das andere Extrem, indem er seinen Figuren die Macht verlieh, Wahrheiten zu verschweigen oder auszusprechen (vgl. „Abu Telfan oder Die Heimkehr vom Mondgebirge“, 1868). Bewusst spielt RAABE mit den Assoziationen der Leser, indem er mit den Titeln seiner Werke falsche Erwartungen weckt. In späteren Geschichten war RAABE *Chronist der Gründerjahre* und der *kolonialen Expansion* des jungen deutschen Kaiserreiches. Ihm selbst war die große Politik immer fremd geblieben.

THEODOR FONTANE (1819–1898) stammt aus einer Berliner Hugenottenkolonie, war zunächst Apotheker, der Balladen dichtete, dann Journalist, Auslandskorrespondent in England, Kriegsberichterstatter in Frankreich. Er war ein bekannter Theaterkritiker und Förderer der jungen Natura-

5

listen in Berlin, *Verfasser von Reisebeschreibungen,* begann mit etwa 59 Jahren Romane über die zeitgenössische Gesellschaft Berlins und die Nachfahren des märkischen Adels zu schreiben. Er hatte ein *positives Verhältnis zu Preußen* und interessierte sich vor allem für die Geschichten, in denen *Figuren aus alten Adelsfamilien* verwickelt waren. FONTANE erzählte vorurteilsfrei und geduldig von den Problemen seiner Figuren, ihrem Bedürfnis nach gesellschaftlicher Anerkennung und dem *Verzicht auf Glück und Liebe,* da sie den Skandal oder die gesellschaftliche Isolierung fürchten. Auffallend sind die stille Noblesse des Verzichts, des Leidens und letztendlich Vergebens, vor allem der Frauenfiguren. Wer dauernd gegen die moralischen Gesetze verstößt, gehe daran zugrunde, lässt FONTANE seine Figuren in „Irrungen, Wirrungen" (1887) sagen.
Sein größter Verkaufserfolg war „Effi Briest" (1895), eine Geschichte, die auf einen *Ehebruchskandal in Berlin* zurückgeht, über den die Zeitungen ausführlich berichtet hatten. FONTANE ist ein Chronist der Schwierigkeiten, denen Liebesbeziehungen und Ehen seiner Zeit ausgesetzt waren, sowie philosophischer Plauderer.

▶ Wer den Zeitgeist dieses Romans verstehen möchte: *Lesetipp* MARGA BERCK, „Sommer in Lesmona", eine Sammlung authentischer Briefe, geschrieben 1893 bis 1896 von der siebzehnjährigen Matti an ihre Freundin Bertha; bis 2000 in 33 Auflagen erschienen.

Nach einer unbeschwerten Kindheit auf dem Gut der Eltern heiratet die kindliche Effi auf Wunsch der Eltern hin den einundzwanzig Jahre älteren Baron Geert von Instetten, der ein früherer Verehrer der Mutter war. Sie zieht mit ihm ins hinterpommersche Kessin und freut sich auf ein Leben in der Gesellschaft.
Dort lebt sie in dem Landratshaus, das ihr unheimlich ist, weil ihm eine alte Spukgeschichte anhaftet, ein ereignisloses Leben. Da tritt Major Crampas in ihr Leben ein. Diese Begegnung beeinflusst ihr Leben und das Instettens nachhaltig. Crampas ist zu dieser Zeit einundvierzig Jahre alt, er hat sehr laxe Moralauffassungen, vor denen Effi gewarnt wird. Sie wehrt sich gegen ihre Gefühle, dennoch kommt es zu einer Liebesbeziehung zwischen beiden. Als Instetten zum Ministerialrat ernannt wird und ein Umzug nach Berlin notwendig wird, trennen sich Effi und Crampas.
Sieben Jahre später findet Instetten Liebesbriefe seines Freundes Crampas an Effi, als diese zur Kur in Bad Ems weilt. Es kommt zum Duell zwischen den beiden alten Freunden, wobei Crampas getötet wird. Die Ehe mit Effi wird geschieden, Effi lebt allein in einer Berliner Wohnung. Ihr Kind darf sie nicht sehen.
Inzwischen unheilbar erkrankt, darf Effi zu ihren Eltern aufs Landgut zurück und stirbt.

▶ „Effi Briest" wurde mehrfach verfilmt, u. a. 1938 unter der Regie von GUSTAV GRÜNDGENS mit MARIANNE HOPPE in der Rolle der Effi, 1968 von der DEFA unter der Regie WOLFGANG LUDERERS mit ANGELIKA DOMRÖSE, 1974 von RAINER WERNER FASSBINDER mit HANNA SCHYGULLA, 2009 von HERMINE HUNTGEBURTH mit JULIA JENTSCH als Effi.

Nach Meinungen der Literaturhistoriker war FONTANE „der einzige wirkliche Realist, den es jemals gab, und (der) die Kunst völlig in die Realität verlegen, die geheimen Ordnungen des Lebens selbst belauschen und sichtbar machen … (konnte)" (PAUL FECHTER). FONTANE ist „ein außergewöhnlicher Fall der Literaturgeschichte" (WOLFGANG VAN RINSUM).

GOTTFRIED KELLERS (1819–1890) Geschichten sind *im städtischen Milieu* angesiedelt, der einzige Sinn des Lebens besteht für ihn in der Ordnung.
„Der grüne Heinrich" (autobiografischer Roman, Urfassung 1854–1855 und Zweitfassung 1879–1880; zwischen den Fassungen gibt es große Un-

terschiede) beschreibt seine *Entwicklung zum Künstler* (Maler), Bürger und Mann. Jedoch steht am Ende seines Weges nicht die ideale Person. Der Weg des grünen Heinrich ist nicht gerade und er erlebt nicht das glückliche Gefühl, an einem guten Ende angekommen zu sein. Die Literaturkritiker sind sich einig in der künstlerischen Qualität des Romans. Sie loben die „psychologisch überzeugenden Figuren", die „schlichte klassische Sprache" und den Episodenreichtum (KURT ROTHMAN).
Als besonders lebendig beschreiben die Literaturgeschichten die erste Fassung, in der KELLER für die zeitgenössischen Leser unerwartet offen von der Kindheit und Jugend erzählt. Der jugendliche Held ist eine Figur *mit positiven und negativen Charaktereigenschaften*. Welches das „wirkliche" Kunstwerk ist, die erste oder die zweite Fassung, darüber streiten die Literaturhistoriker.
KELLER war vor allem ein Meister der Novelle, der „Schwester des Dramas" (THEODOR STORM), deren Gestaltungsmöglichkeiten ihn reizten. Auf überschaubarem Raum konnte der Erzähler die Aufmerksamkeit des Lesers auf einen Punkt konzentrieren, während ihm der Roman wie ein nicht enden wollender „Strickstrumpf" vorkam, an den der Autor über längere Zeit immer neue Teile „anstrickte", ohne ein wirkliches Ende vor Augen zu haben. In den Novellen spielt KELLER vergnüglich mit den *Mitteln der Ironie,* Komik und der Parodie (u. a. der Märchenparodie).
KELLERS berühmte Novellenzyklen sind „Die Leute von Seldwyla" (1. Teil 1856, 2. Teil 1873–1874), die „Züricher Novellen" (1878) und „Das Sinngedicht" (1881).

GOTTFRIED KELLER (1819–1890)

**Dorfgeschichte**
Die **Dorfgeschichte** entstand in den 1840er-Jahren, u. a. im Widerspruch zum lebensfernen und mit Bildung überladenen Salonroman. Es sind Geschichten, die im dörflichen Leben angesiedelt waren. Der Bauer wird zu einer akzeptierten literarischen Figur. Die Dörfer werden oft als *Zentrum des Lebens* verstanden, sind im Unterschied zu den entstehenden Städten *Orte lebendiger Traditionen* und stabiler menschlicher Beziehungen mit einer Nähe zur Natur, nicht selten mit der Tendenz zur Idylle und modischen Form. Später sind sie auch Ort der Beschwörung des *Mythos vom Bauerntum* und seiner Bindung an den Boden. Bedeutende Vertreter waren KARL IMMERMANN, LUDWIG AUERBACH, OTTO LUDWIG und JEREMIAS GOTTHELF. MARIE VON EBNER-ESCHENBACH (1830–1914) schrieb Geschichten über das Leben des mährischen Landproletariats.
JEREMIAS GOTTHELF (d. i. ALBERT BITZIUS 1797–1854) war Pfarrer in der Schweiz, Kanton Bern. GOTTHELF war einer der Autoren, die die *Dorfgeschichte* populär machten und als *Typus* kreierten. Er schrieb Romane und Geschichten über die Emmentaler Bauern und Texte für den Kalender. Dabei ergibt sich eine reizvolle Mischung von Berner Mundart und bildreichem, „kernigem" Schriftdeutsch. Er versuchte damit die Bauern zu erreichen. Gelesen wurde er jedoch vor allem im Bildungsbürgertum. Die mittelständische Bauernschicht war für ihn *Basis für ein moralisches Leben*. GOTTHELF erzählte von *dörflichen Konflikten* und von *Verletzungen moralischer Normen,* zog *gegen den religiösen Verfall* des 19. Jh.s zu Felde. Seine Werke sind von *starkem Wirklichkeitsbezug* geprägt. Das Volk war für ihn keine ideale Größe, er beschreibt es ohne Sentimentali-

tät. Er engagierte sich sozial als Pfarrer und Schulkommissär seines Bezirks, war Anhänger PESTALOZZIS (1746–1827).

JEREMIAS GOTTHELF (1797–1854)

Sein wohl bis heute am nachhaltigsten wirkendes Werk ist „Die schwarze Spinne" (1842). Hier geschieht die Verflechtung von Zeitlichem mit Überzeitlichem, die Ausweitung des Geschichtlichen ins Mythische. GOTTHELF schafft Sinnbilder für die *Verantwortung des Einzelnen gegenüber der Gemeinschaft* in einer dörflich geprägten Rahmenerzählung.

**Naturalismus und antinaturalistische Strömungen**

CHARLES DARWIN (1809–1882)

Die Autoren des **Naturalismus** gingen davon aus, dass der Mensch durch die Natur und durch seine Natur, durch *biologische Vererbung* und von seiner *sozialen Umwelt* geprägt ist. Sie interessierten sich für die psychischen und psychopathologischen Zustände des Menschen als eine Form seiner psychosozialen Natur.
Der Naturalismus war eine programmatische Strömung und hatte damit auch ein deklamiertes und reflektiertes Ende.

**Geschichtlicher Hintergrund**
Es ist die Zeit der Firmengründungen. Siemens, AEG, Bosch und damit Stahl (der Ofen) und Elektrizität (die Glühbirne) sind Symbole der Zeit. Die Industrie in den Städten braucht viele neue Arbeitskräfte. Die arbeitende Bevölkerung wächst schnell. Das Proletariat wohnt in den industriellen Ballungszentren wie dem Ruhrgebiet, in denen sich Großstädte zu entwickeln beginnen.
Mit der Gründung der SPD entwickelt sich eine neue politische Kraft, die gerade in der Zeit ihres Verbots (Sozialistengesetz 1878–1890) besonders schnell wächst, Sympathisanten findet und sich durch ein umfassendes Vereins- und Organisationswesen im Alltag der arbeitenden Schicht fest etabliert. Die sich entwickelnde **sozialistische Literatur** thematisiert besonders die Arbeits- und Lebensbedingungen der unteren sozialen Schicht als *soziale Frage*. Unter diesem Aspekt knüpft sie an den poetischen Realismus an und hat Berührungspunkte mit dem Naturalismus. Neu an dieser Literatur ist, dass Arbeiter über ihr eigenes Leben zu schreiben beginnen.
Die meisten Schriftsteller des Naturalismus sympathisierten mit der gemäßigten Richtung der Sozialdemokratie.

Seit 1871 ist Deutschland ein durch Kriege geeinigtes Land mit einer konstitutionellen Monarchie. Unter dem Kanzler der Einigung, OTTO VON BISMARCK (1815–1898), findet eine *Militarisierung fast des gesamten öffentlichen Lebens* statt, was u. a. eine Vernachlässigung und Herabsetzung von Kunst und Kultur vonseiten des Staates im öffentlichen Leben zur Folge hat. Weit verbreitet in dem neu entstandenen Reich sind die

nationale Staatsidee, ein nationalkonservatives Denken und ein starker politischer Katholizismus.
MICHAEL GEORG CONRAD (1846–1927), Literaturkritiker und Schriftsteller, der gemeinsam mit KARL BLEIBTREU (1859–1928) die Zeitschrift „Die Gesellschaft für modernes Leben" herausgab, äußerte ironisch: „Der dümmste Soldat ist mehr wert als der beste Lyriker."
Die „soziale Frage" ist wie bereits zur Zeit des poetischen Realismus einer der wichtigsten Streitpunkte. Thematisiert wird auch die soziale Lage freier Autoren, der Schriftsteller bzw. Journalisten. Der Journalist wird in der zweiten Hälfte des 19. Jh.s ein selbstständiger und akzeptierter Beruf.

Weltbild: Okzident vs. Orient, der das Abendland des Christentums bedroht, Verwurzelung in Heimat- und Volksideen, aristokratische Haltung gegen drohendes Chaos und die Auflösung aller Wertesysteme

**Die Natur als allgemeines Organisationsprinzip**
Die Naturwissenschaften begannen die Philosophie als die Wissenschaft, die die Welt erklärt, zu verdrängen. Vor allem durch Ergebnisse der neuen biologischen Anthropologie als einer neuen Lehre von der Abstammung des Menschen erhielt die biologistische Deutung des Menschen einen großen Zulauf.
ERNST HAECKEL (1843–1919) entwarf eine sehr populäre Entwicklungstheorie, war ein bedeutender Fortführer der *darwinschen Abstammungslehre* in Deutschland.
Seine These lautete: Der Mensch wiederholt in seiner Entwicklung von der Eizelle bis zur ausgebildeten Form noch einmal die gesamte Stammesentwicklung. Der Mensch ist das produktive Endglied einer langen biologischen Entwicklungskette.
Dies galt als Bestätigung der *Deszendenztheorie* und als Kritik am christlichen Schöpfungsgedanken zugunsten einer *naturphilosophischen Evolutionstheorie.* HAECKEL verkündete auf der *Grundlage naturwissenschaftlicher Erkenntnisse* eine durch Materialismus, Monismus und Atheismus bestimmte Weltanschauung.
Weitere Popularisierung erfuhren diese Ideen durch WILHELM BÖLSCHE (1861–1939) vor allem in den 1890er-Jahren.

Deszendenztheorie: Abstammungslehre, nach der die höheren Lebewesen aus niederen hervorgegangen sind

„Der Dichter [...] ist in seiner Weise ein Experimentator, wie der Chemiker, der allerlei Stoffe mischt, in gewisse Temperaturgrade bringt und den Erfolg beobachtet. Natürlich: der Dichter hat Menschen vor sich, keine Chemikalien. Aber [...] auch diese Menschen fallen ins Gebiet der Naturwissenschaften. Ihre Leidenschaften, ihr Reagieren gegen äußere Umstände, das ganze Spiel ihrer Gedanken folgen gewissen Gesetzen, die der Forscher ergründet hat und die der Dichter bei dem freien Experimente so gut zu beachten hat, wie der Chemiker, wenn er etwas Vernünftiges und keinen wertlosen Mischmasch herstellen will, die Kräfte und Wirkungen vorher berechnen muß, ehe er ans Werk geht und Stoffe kombiniert."

(aus: Bölsche, Wilhelm: Die naturwissenschaftlichen Grundlagen der Poesie, 1887)

HENRIK IBSEN (1828–1906)

Milieu = soziales Umfeld und Umgebung

Neue Sachlichkeit
↗ S. 373 ff.

BISMARCKS Arbeitergesetzgebung 1881 bis 1889 regelte nur das Notwendigste wie grundlegende Formen der Versicherung bei Arbeitsunfällen, die in großer Zahl passierten.

### Begriff des Naturalismus

Als **Naturalismus** bezeichnet man eine Strömung in der Literatur und Kunst etwa ab den Siebzigerjahren bis Mitte der Neunzigerjahre des 19. Jh.s, die an den poetischen Realismus anschloss und deren programmatische Grundüberzeugungen zu z. T. kontroversen künstlerischen Praxen führte.

Der Naturalismus entwickelte sich in Deutschland im *Dialog mit der realistischen Literatur aus Frankreich* (ÉMILE ZOLA), Skandinavien (HENRIK IBSEN, AUGUST STRINDBERG) und Russland (LEO TOLSTOI, FJODOR DOSTOJEWSKI, MAXIM GORKI). *Vererbung und Milieu* sind zentrale Begriffe, mit denen der Zustand der Menschen und ihrer Realität erklärt wird. Milieuprägung und Vererbung waren die beiden Faktoren, die aus dem Menschen das machen, was er ist. Bildung, Konvention und Moral galten als „Masken".
Die *Natur war allgemeines Organisationsprinzip,* auch der künstlerischen Formen. Seinen antiklassizistischen und antiromantischen Reflex bezog der deutsche Naturalismus aus den Vorbildern **Sturm und Drang** und **Junges Deutschland.** Seine literarischen Hauptformen waren das Drama und der Roman. Der Naturalismus bildete eine wichtige Tradition der **Neuen Sachlichkeit.**
Die Zeit von 1880 bis 1890 nennt man das eigentliche naturalistische Jahrzehnt.

### Themenkreise des Naturalismus

- Was macht den Menschen zu dem, was er ist, tut und denkt?
- die politisch-soziale Wirklichkeit des Industriezeitalters (Stellung des Menschen innerhalb der Technik)
- die naturwissenschaftlich-technische Realität
- Konzeption einer neuen Dichtung
- Auseinandersetzung mit
  - kultureller Scheinblüte,
  - wirtschaftlichem Pragmatismus,
  - deutschnationaler Hochstimmung des wilhelminischen Bürgertums,
  - autoritärem Obrigkeitsstaat und Untertanenverhalten,
  - mangelnder Freiheit des Geistes
- soziale Mißstände, Notlage der arbeitenden Masse
- Darstellung der zerstörenden Kraft des Alkohols, von Siechtum und Tod

In diesen Werken gibt es *keine Helden* mehr. Szenenreihen amoralischen Verhaltens, schrankenloser Verwirrung und abseitiger Empfindungen sollten die Wahrheit über den Menschen aufdecken.

*Die Welt der Industrie, der Maschine und der Technik* hält Einzug in die Literatur, sowohl in ihrer Bejahung als auch in der Ablehnung und skeptischen Haltung. In den Werken des Naturalismus findet sich selten eine rein sachliche Darstellung der technischen Welt, wie das etwa bei der Neuen Sachlichkeit der Fall sein wird. Autoren haben weniger Interesse an den Details der modernen Technik als an dem generellen Problem, wie eine *neue Sachlichkeit* in der Literatur gefunden werden kann. Man proklamierte den „Geist der absoluten Objektivität". Ziel ist die Entfaltung einer realistischen Ästhetik, die auf dem naturwissenschaftlichen Empirismus basiert.

**„Experimentelles"/„Technisches"**

ARNO HOLZ formulierte wahrscheinlich die stärkste, klarste und prägnanteste, geschlossenste Ästhetik des Naturalismus. (Von ihm stammt die Formel Kunst = Natur – x".)

ARNO HOLZ
(1825–1898)

JOHANNES SCHLAF (1862–1941) und ARNO HOLZ (1863–1929) erprobten in Studien und Skizzen, wie man stilistisch und technisch eine fotografisch präzise Darstellung kleinster, auch beiläufiger Vorgänge und Handlungen geben kann. Ihnen gelang eine *protokollarische Erfassung* im sogenannten **Sekundenstil.** Wie erzähle ich Langeweile, die Reinigung von Fingernägeln, das nicht enden wollende Sterben, bei dem jede Minute kein Ende nehmen will usw., z. B. im Skizzenbuch „Papa Hamlet" (1889). SCHLAF versuchte den Sekundenstil auch in der Lyrik zu entwickeln. Wie HOLZ in der Lyrik trennten sich HERMANN SUDERMANN (1857–1928) und GERHART HAUPTMANN (1862–1946) von dem reinen „naturalistischen Schema" und verbanden es mit anderen Motiven und künstlerischen Elementen.

Der Sekundenstil strebte eine völlige Deckungsgleichheit von Erzählzeit und erzählter Zeit an. (↗ S. 292)
Der Nouveau Roman griff Aspekte des Sekundenstils in den Fünfzigerjahren des 20. Jh.s wieder auf.

**Das naturalistische Drama**

Viele Dramen spielen in den Elendsquartieren, Bordellen, Kneipen, Hinterhöfen und Kellerwelten der *Mietskasernen* in den Städten. Es sind Orte, an denen – ohne Schleier – die *menschliche Psyche und Natur* sichtbar werden. Dargestellt wird das Nackte, Kranke, Hässliche, Animalische, Anarchische.

Handwerker kämpfen vergebens gegen die neue *Maschinenwelt*. Ihr Leben und ihre Arbeit verlieren ihren Sinn. Die unausweichliche Folge ist Verarmung. Nicht selten werden die Hand-Arbeiter dadurch zu *Maschinenstürmern,* deren Zorn sich gegen die Maschinen als Zeichen der neuen Welt richtet.

GERHART HAUPTMANN stammt aus dem ländlichen Schlesien. Er wurde bekannt durch sein erstes Drama „Vor Sonnenaufgang" (Uraufführung 1889). Dieses Stück machte ihn zum umstrittensten, gefeierten und erfolgreichsten Autor des deutschen Naturalismus. „Vor Sonnenaufgang" gilt als das *erste naturalistische Drama,* als das Drama, das die Vorstellung von einem naturalistischen Drama durchgesetzt und geprägt hat.

GERHART HAUPTMANN
(1862–1946)

HAUPTMANN schuf eine neue, plastische Form des *sozialen Milieudramas,* vor allem in „Die Weber" (1892), ist aber mit seinem langen Schaffen nicht allein dieser Richtung bzw. dieser Strömung zuzuordnen. Er nimmt in dieser Phase wichtige Anregungen der naturalistischen Programmatik auf; sie verbinden sich in den Dramen, Komödien und Prosatexten („Bahnwärter Thiel") mit seinen Vorstellungen von der *Schicksalhaftigkeit des Lebens* und dem Wirken innerer Mächte, die den Menschen mitleiden lassen und zur Suche nach Erlösung treiben: Den Gesetzen der naturgegebenen Welt stehe der Einzelne ohnmächtig gegenüber. Was ihm bleibe, sei die Welt seiner Fantasie, seine „Seele".

Seine Werke zeigen die Lebendigkeit der Tradition des Barock und der Mystiker. Literaturhistoriker sprechen auch von einer geistigen Verwandtschaft mit dem realistischen Skeptizismus von GEORG BÜCHNER.
In „Die Weber" (1893), als unretuschierte Mundartfassung „De Waber" (1892), verbinden sich naturalistischer Reportagestil mit der Gewissheit der zentralen Figuren, das Heil zu finden. Sie ereilt jedoch ein tragisches Schicksal.

Uraufführung der Komödie „Biberpelz" war am 21. September 1893 am Deutschen Theater in Berlin.

Die in Berliner Mundart geschriebene Diebeskomödie „Biberpelz" (1893) greift den Kampf gegen die Macht der Verwahrlosung auf, den Versuch, mit List, Zähigkeit und Vitalität sozial aufzusteigen. Mutter Wolffen, die ehrbare Diebin, ist eine Volksgestalt voller Mutterwitz und Energie. Eine Fortsetzung erfuhr der „Biberpelz" mit der Tragikomödie „Der rote Hahn" (1901).
Die Novelle „Bahnwärter Thiel" ist 1887 in Erkner bei Berlin entstanden.

Ein introvertierter Bahnwärter im märkischen Wald, innerlich noch immer seiner ersten Frau verbunden, verfällt der sinnlichen Ausstrahlung seiner zweiten Frau und fühlt sich deshalb schuldig. Sprachlos lässt er selbst die Züchtigungen seines Sohnes Tobias durch seine zweite Frau geschehen. Er tötet seine zweite Frau und das gemeinsame Kind im Wahnsinn, nachdem diese aufgrund von Fahrlässigkeit den Tod seines Kindes aus erster Ehe verschuldet hat. Sein Sohn Tobias wurde von einem Schnellzug überfahren.

Die Erstveröffentlichung von „Bahnwärter Thiel" erfolgte in der Zeitschrift der Münchner Naturalisten, in der „Gesellschaft".

In dieser Novelle treffen aufregende Reize, die das Leben in Unordnung bringen, und die Reinheit der Gefühle aufeinander. Der streng geregelte, ruhige Fluss des Lebens wird – symbolisch – von einem Schnellzug erfasst. Das Milieu ist bestimmend, das Geschehen ist Schicksal. Die Figuren erleben es als Strafe für ihr sündhaftes Leben. Die Geschichte des Bahnwärters Thiel endet in der Irrenanstalt der Charité.

### Antinaturalistische Gegenströmungen

RAINER MARIA RILKE (1875–1926)

Die im Ergebnis des Deutsch-Französischen Krieges 1870–1871 und der Proklamierung des Deutschen Kaiserreichs zu beobachtende Liberalisierung dauerte nicht lange. Die Ära Bismarck sollte mit dem „Gründerkrach" 1873 und dem erneuten Konservatismus, der sich u. a. im *Sozialistengesetz* von 1878 und der Einführung von Schutzzöllen 1879 manifestierte, ihr langsames Ende finden. 1879 konnte zwar noch der geheime Zweibund zwischen Deutschland und Österreich-Ungarn abgeschlossen werden, der mit dem Beitritt Italiens zum Dreibund erweitert wurde,

BISMARCKS Bündnispolitik war jedoch gescheitert. Nach dem Regierungsantritt WILHELMS II. erfolgte die Entlassung des Eisernen Kanzlers. Mit der Berufung LEO VON CAPRIVIS zum Reichskanzler 1890 setzte innen- und außenpolitisch ein „neuer Kurs" ein, der mit der Aufhebung des Sozialistengesetzes 1890 sein sichtbarstes Zeichen fand. Eine *Eindämmung der Sozialdemokratie* gelang jedoch auch WILHELM II. nicht. Die Parlamentarisierung und Demokratisierung des Deutschen Reiches stagnierten. Außenpolitisch erneuerte VON CAPRIVI den Rückversicherungsvertrag mit Russland nicht mehr, was zu einem Bündniswechsel Russlands führte. Mit der Eroberung außereuropäischer Gebiete versuchte Deutschland, den Anschluss an die Kolonialmächte England und Frankreich zu schaffen („Platz an der Sonne"). Das *Wettrüsten* begann u. a. mit dem Aufbau einer starken Kriegsflotte.
Mit der Militarisierung einher ging auch das Erstarken nationalistischer und rassistischer Kreise des deutschen Bürgertums.
Nach dem Zweiten Kaiserreich unter NAPOLEON III. und dem Deutsch-Französischen Krieg etablierte sich am 4. September die *Dritte Republik* (1870–1940). Frankreich blieb außenpolitisch isoliert. Der Beitritt in die *Entente cordiale* mit England 1904 führte zu einer Polarisierung der Mächte in Europa: auf der einen Seite Deutschland, Italien, Österreich, auf der anderen Seite Frankreich, Großbritannien und Russland. Das führte am 1. August 1914 zum Ausbruch des *Ersten Weltkriegs.*

Naturwissenschaftlich ist die Jahrhundertwende geprägt durch die Entdeckung der Radioaktivität und des Tuberkelbazillus, technisch durch die Erfindung der Fotografie und die rasche Entwicklung der Eisenbahn.

Wirtschaftlich prägte die *industrielle Revolution* mehr und mehr das Zeitalter. Neue Fabriken und Industrien entstanden. Mit der Industrialisierung stieg die *Bevölkerungszahl in den Großstädten* massiv an. Das trug stark zur Vergrößerung der Kluft zwischen den Bevölkerungsschichten bei. Die Lebenslage der Arbeiter hatte sich zwar gegenüber der 1. Hälfte des 19. Jh.s verbessert. Jedoch war es nicht leicht, die Entwicklung der Umwelt zu verarbeiten. In *vierhöfigen Mietskasernen* in Berlin bewohnten Familien oft nur ein Zimmer ohne genügend Licht. Probleme wie *Isolation, Alkohol- und Drogensucht* traten auf. Hatten die Literaten des *Naturalismus,* die die objektive und naturgetreue Wiedergabe der Wirklichkeit forderten, noch versucht, das Elend der Arbeiterschaft zu beschreiben (GERHART HAUPTMANN: „Die Weber", 1892), begannen viele Künstler nun, in neuromantischer Manier die vergangene Welt zu beschwören.
Die Erfahrung der *sozialen Entfremdung und Isolierung* erwies sich als gesamteuropäisches Problem. In der Philosophie thematisierte FRIEDRICH NIETZSCHE („Also sprach Zarathustra") diese Veränderungen, innerhalb der Psychologie entwickelte SIGMUND FREUD die *Psychoanalyse*. Seine „Traumdeutung" (1900) trug zu einem modernen Verständnis der menschlichen Natur bei. Besonders die durch das Unterbewusste verdrängten Erfahrungen und Vorstellungen, die im Traum materialisierten Instinkte und Triebe des Menschen und ihre Steuerung durch das „Über-Ich" regten bildende Künstler und Literaten zur Reflexion an. FREUDS und NIETZSCHES Einfluss auf die moderne Kunst wirken von **Symbolismus** über **Surrealismus** und **Pop-Art** bis in die Gegenwart nach.
Auch MAX PLANCKS (1858–1947) *Quantenphysik* und ALBERT EINSTEINS *Relativitätstheorie* veränderten das Weltbild der Jahrhundertwende entscheidend.

1851 hatte Wien 431 000 Einwohner, im Jahr 1900 waren es bereits 1 702 000 Einwohner.
1896 begann der Bau der Berliner U-Bahn.

FREUD führte Bewusstseinsstörungen vor allem auf „aktuelle sexuelle Konflikte oder Nachwirkungen früherer sexueller Erlebnisse" zurück.
Damit ging er gegen „Verlogenheit und Geheimtuerei" sowohl der Gesellschaft als auch des Einzelnen an. Diese Methode wirkte auf die Literaten zurück.

5

Angesichts der steigenden Bevölkerungszahlen entwickelten sich Wien, München und Berlin zu Kulturzentren. Ausdruck dafür sind die **Wiener Moderne** (das 1890 gegründete „Junge Wien" um HUGO VON HOFMANNSTHAL, ARTHUR SCHNITZLER, RICHARD BEER-HOFMANN, HERMANN BAHR und LEOPOLD ANDRIAN), die **Berliner Moderne (Berliner Secession)** und die sogenannte **Kaffeehaus-Literatur** (PETER ALTENBERG). Aber auch die österreichisch-ungarische Metropole Prag brachte mit RAINER MARIA RILKE, FRANZ WERFEL (1890–1945), MAX BROD (1884–1968) und FRANZ KAFKA (1883–1924) bedeutende Literaten hervor.

frz. fin de siècle = Ende des Jahrhunderts

**Fin de Siècle** (1870–1910) ist eine Sammelbezeichnung für die gegen den Naturalismus gerichteten Strömungen der Literatur, wie Dekadenzliteratur, Jugendstil, *Symbolismus* oder *Impressionismus*. Diese Begriffe umschreiben die gleichen Autoren unter jeweils verschiedenen Betonungen oft gleich beschriebener Phänomene.

Die vielfältigen Strömungen der Jahrhundertwende können durch die damaligen Stimmungen erklärt werden. Der Beginn einer neuen Zeit schloss auch das *Nachdenken über die Gegenwart* ein. Die einen betrachteten sie als *Zeit des Verfalls und des Untergangs.* Die anderen sahen den *Beginn einer besseren Zeit* anbrechen. Somit beschrieben die einen das Morbide, die anderen das anbrechende Neue. Resignation und Aktion lagen dicht beieinander.
Wollten die Autoren des Naturalismus die sie umgebende Welt möglichst genau abbilden, versuchten zeitgleich andere eine *Innenschau*.

frz. **décadence** = Niedergang, Verfall

Die **Décadence**-Literatur verbindet die Vorliebe für das künstlich Verfeinerte mit dem Hang zum Morbiden unter Verwendung von Verfalls- und Untergangsmotiven.

Die Dichter der *Décadence* flüchteten in eine subjektiv *übersteigerte Grundhaltung.* Angesichts des kulturellen Verfalls, den NIETZSCHE in seinen Werken beschrieb, richteten sie ihr Augenmerk auf das Traumhafte, das Innen und negierten das „Gewöhnliche" ihrer Umwelt.
Die bevorzugte Gattung der *Décadence* war die Lyrik. Generell ist eine Trennung der Décadence-Literatur von anderen **Fin de Siècle**-Strömungen jedoch nicht möglich. Die Autoren der Jahrhundertwende können lediglich über ihre Werke der einen oder anderen literarischen Richtung zugeordnet werden.

Symbolismus, von griech. sýmbolon = Merkmal, Wahrzeichen

Der **Symbolismus** war eine von Frankreich ausgehende literarische Strömung zum Ende des 19. Jh.s in Europa, die sich gegen den Geist des Materialismus und Rationalismus richtete.

Der *Symbolismus* wandte sich gegen den *Naturalismus,* der nur die *sichtbare Welt* wiedergeben wollte. Der Begriff selbst stammt von JEAN MORÉAS' „Symbolistischem Manifest", das er 1886 im „Figaro" veröffentlichte, und meint die Darstellung einer *künstlerisch autonomen Welt*

*der Schönheit.* Die Kunst wurde als Gegennatur begriffen und war reine Wortkunst:
- Lautmalereien
- Farb- und Lautsymbolik
- Musikalität der Sprache

Kennzeichnend für den *Symbolismus* sind **Motive** *der Visionen,* mit *religiöser Mystik* bereichert.
Sein Wegbereiter in Deutschland ist STEFAN GEORGE (1868–1933). Bezeichnend für das lyrische Werk GEORGES ist der Wille zur Form. Die Entwurzelung, Sinnentleertheit und der Rückbezug auf das Ich des Künstlers im ausgehenden 19. Jh. werden gerade im frühen Werk GEORGES sichtbar. Der Wirklichkeit stellt er eine Gegenwelt der Kunst entgegen, in ihr zählen lediglich Stilideal und Dekorativität. GEORGES **Ästhetizismus** ist sowohl Lebens- als auch Kunsthaltung.
Stilistisch sind seine frühen Gedichte durch **Neologismen** charakterisiert. In seinem Werk „Das Jahr der Seele" (1897) ist Literatur für GEORGE noch Fluchtort vor der Wirklichkeit, jedoch das Ende seiner *L'art-pour-l'art-Phase* kündigt sich bereits an. Immer stärker entwickelte er einen Hang zum Kultischen. Er gründete die „Blätter für die Kunst" (1892), aus dem der **George-Kreis** hervorging. Zu ihm gehörten zeitweilig RUDOLF BORCHARDT, MAX DAUTHENDEY, PAUL CASSIRER, WILHELM DILTHEY, HUGO VON HOFMANNSTHAL, THEODOR LESSING, LEOPOLD VON ANDRIAN-WERBURG und der nach dem Attentat auf HITLER vom 20. Juli 1944 hingerichtete CLAUS SCHENK GRAF VON STAUFFENBERG.
HUGO VON HOFMANNSTHAL und RAINER MARIA RILKE mit ihren Frühwerken sowie RICHARD VON SCHAUKAL (1874–1942) waren die deutschen Nachahmer der französischen Symbolisten. Die Schönheit wurde eigentliches Ziel und Ideal der Kunst („L'art pour l'art"). Das Symbol des „Elfenbeinturms" beschreibt dieses Ideal recht genau: Die Welt der Kunst lebt für sich, ist autonom. Die Poesie sollte von Bindung an Zweck, Belehrung, Moral und Realität frei sein. Diese Kunstauffassung prägte vor allem die Lyrik. **Rhythmus, Reim** und eine kunstvoll gesetzte Sprache wurden zum entscheidenden Kriterium für symbolistische Lyrik.
Als markantes Beispiel für symbolistische Prosa mag HUGO VON HOFMANNSTHALS „Brief des Lord Chandos" (1900) gelten. Dieser *fiktive Brief* des Lord Chandos an den Philosophen und Naturwissenschaftler FRANCIS BACON verbalisiert die *Krise des Denkens und der Welthaltung* insgesamt, deren sichtbarer Ausdruck die Krise der Sprache ist. Die Sprache als *ästhetisches und soziales Problem* geht einher mit der Abkehr von der Realität. Lord Chandos findet immer weniger Zugang zum *sprachlichen Austausch zwischen Menschen,* vielmehr fühlt er sich zu Außersprachlichem, zum *Unterbewusstsein der Dinge* hingezogen. „Sehr tief gefaßte Symbole sind Realitäten", meinte HOFMANNSTHAL.
HOFMANNSTHAL drückt im „Brief des Lord Chandos" zum ersten Mal die für die *moderne* **Literatur** charakteristische *Sprachskepsis* aus – ein Thema, das auch seine späteren Werke bestimmt.

*Charakteristiken des Symbolismus* sind:
Nicht die äußere Wirklichkeit ist betrachtenswert, sondern die innere Welt der Dichter, die Ideen und Träume. Darstellenswert sind Motive der

Neologismus, von griech. néos = neu, lógos = Wort

STEFAN GEORGE huldigte man als „Meister" innerhalb des George-Kreises. Obwohl anfänglich alle Autoren des Kreises etwa gleichaltrig waren, ordneten sie sich vorbehaltlos ihrem „Führer" unter. GEORGE wurde „Kult".

Sprachskepsis wurde im 20. Jh. vor allem nach dem Zweiten Weltkrieg festgestellt. Das führte zu einer Literatur, die bewusst dunkel, chiffreartig, rätselhaft bleiben sollte (hermetische Literatur).

Visionen, mit religiöser Mystik bereichert. Die *innere Wirklichkeit* kann nur durch die *Symbolkraft der künstlerischen Sprache* ausgedrückt werden. Das Symbol ist das rational Unzugängliche. Der Gehalt dieser Dichtung ist die Schönheit allein. Sie hat nichts mit der äußeren Welt zu tun. *Schlüsselbegriffe* sind: „Geheimnis", „Schönheit" und „Seele".

Impressionismus, frz. impression = Eindruck; benannt nach CLAUDE MONETS Gemälde „Impression, soleil levant" (Eindruck bei Sonnenaufgang)

Der **Impressionismus** ist eine um 1870 in Frankreich entstandene Stilrichtung der Literatur und Kunst, der seinen Höhepunkt etwa von 1890 bis 1920 hatte. Er ist gekennzeichnet durch Abwendung vom *Naturalismus* und Wiedergabe von Stimmungen.

Als Ästhetizismus bezeichnet man das vorrangig ästhetische Erleben der Welt, das oft mit Weltflucht und dem alleinigen Wahrnehmen des schönen Scheins und der Harmonie verbunden ist.

Bevorzugte Darstellungsmittel des **Impressionismus** sind: **erlebte Rede, freie Rhythmen, Lautmalerei, Parataxe, Synästhesie, innerer Monolog, Sekundenstil** und **Bewusstseinsstrom.**
Der Rückzug auf Subjektivismus und Individualismus ist mit einer Abkehr von allem Politischen verbunden. Stattdessen gewinnt der *einmalige Augenblick* das Interesse der Autoren. Die eindringliche *Schilderung der Natur* wird zum Gegenstand impressionistischen Gestaltens: Landschaften, Sonnenuntergänge und andere Naturereignisse werden in Bildern und Eindrücken aneinandergereiht. Wichtig ist die *ästhetische Gestaltung von Natur und Leben,* nicht ihr realistischer Gehalt.

**Jugendstil** bezeichnet, aus der Malerei und Architektur kommend, eine literarische Strömung in Europa, die vor allem in der Lyrik und in epischen Kleinformen präsent war und romantische Anklänge aufwies. Worte werden in der Literatur des Jugendstils Rankenwerk und Ornament, die das Eigentliche aussparen.

**Jugendstil,** benannt nach der 1896 in München gegründeten Kunstzeitschrift „Die Jugend". In Frankreich nennt man diese Bewegung Art nouveau, in England Modern Style und in Österreich Secessionsstil.

Der literarische *Jugendstil* wird deshalb auch vielerorts als **Neuromantik** bezeichnet.

HERMANN HESSE (1877–1962)

Wichtigste Vertreterin der Neuromantik ist RICARDA HUCH (1864–1947). Auch HERMANN HESSE (1877–1962) mit den Gedichten „Romantische Lieder" (1899) und seinen ersten autobiografisch gefärbten Romanen „Peter Camenzind" (1904) und „Unterm Rad" (1906) ist zu den Neuromantikern zu zählen. Seine Werke spiegeln die Naturinnigkeit der Neuromantik und die psychologische Einfühlung des **Impressionismus** wider.
Der Konflikt eines Heranreifenden mit seiner Umwelt, insbesondere mit der Schule und der Familie, ist ein um die Jahrhundertwende häufig auftretendes Motiv in der Literatur. Zu diesem Kreis gehören Bücher wie FRIEDRICH HUCHS (1873–1913) „Mao" (1907), ROBERT MUSILS „Die Verwirrungen des Zöglings Törleß" (1906), „Frühlings Erwachen" (1891) von FRANK WEDEKIND, „Der Vorzugsschüler" (1901) von MARIE VON EBNER-ESCHENBACH, „Die Buddenbrooks" (1901) von THOMAS MANN und „Jakob von Gunten" (1909) von ROBERT WALSER.

## Stadien der Romantik

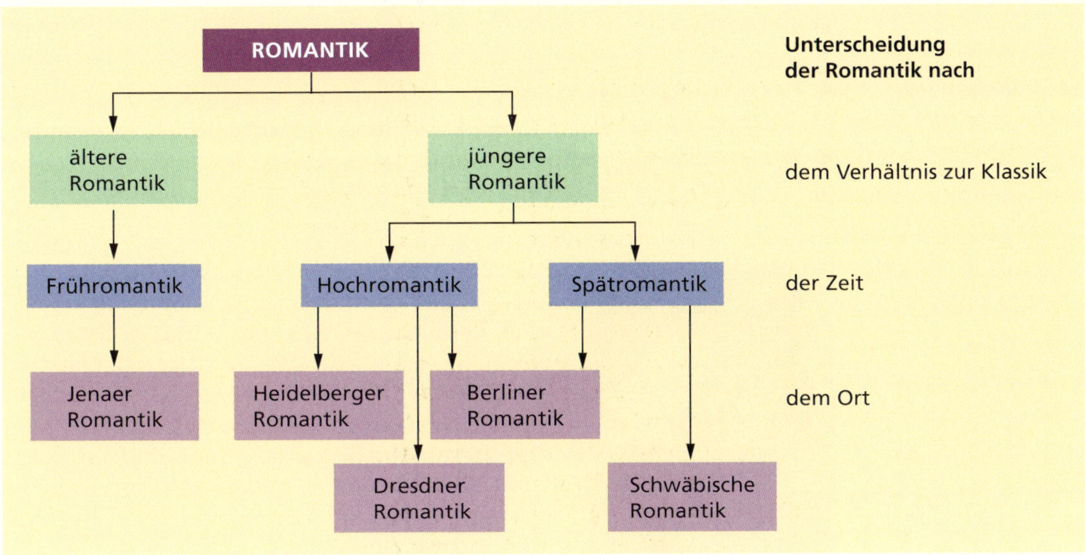


## Einflüsse auf die Dichter des Naturalismus

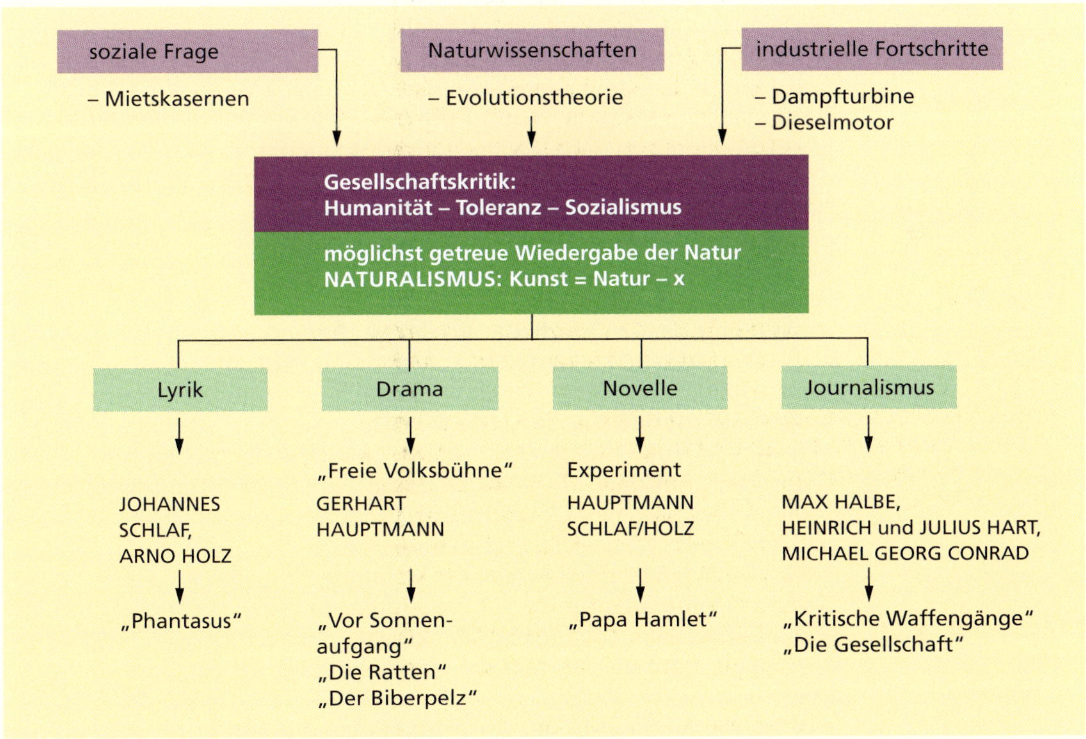

### 5.2.6 Literatur des 20. Jahrhunderts

#### Expressionismus

**Expressionismus,** von lat. expressio = Ausdruck. Der Begriff wurde 1911 von KURT HILLER geprägt.

**Expressionismus** bezeichnet Literaturströmungen zwischen 1910 und 1925 und ist eine Gegenbewegung zu **Naturalismus, Realismus** und **Impressionismus.** Er strebte die Erneuerung des Menschen an und befreite die Literatur von der herkömmlichen Ästhetik.

OSKAR KOKOSCHKA (1886–1980)

Der Begriff Expressionismus stammt ursprünglich aus der Kunst. Künstler der „Brücke" (1905) und des „Blauen Reiters" (1911) suchten die irreale, fantastische Welt des Unterbewussten, der Träume und des Alogischen hinter den Phänomenen zu ergründen und darzustellen.
Der literarische Expressionismus ging auch erstmals eine *Symbiose mit anderen Künsten* ein. So wirkte ERNST BARLACH als Bildhauer, Grafiker und Dichter, der Maler OSKAR KOKOSCHKA war auch Lyriker. Nicht zuletzt deshalb ist der literarische Expressionismus durch *besondere Vielfalt und Verschiedenartigkeit* gekennzeichnet.
Die bevorzugte Gattung war zunächst die Lyrik. ELSE LASKER-SCHÜLER (1869–1945) begann so ihr Frühwerk („Styx", 1902). Die Gesellschafts- und Bürgerkritik der skandinavischen *Naturalisten* AUGUST STRINDBERG (1849–1912), HENRIK IBSEN und KNUT HAMSUN (1859–1952) wirkte auf die Expressionisten nach. Zivilisationskritik übernahm man auch vom Impressionismus. Die psychologische Erzählweise FJODOR MICHAJLOWITSCH DOSTOJEWSKIS (1821–1881) hinterließ einen nachhaltigen Eindruck. Von den gesellschaftlichen Veränderungen um die Jahrhundertwende beeinflusst, wurden die Texte stark rhythmisch.
Wichtige *Sujets* waren:

morbid = krankhaft

- das Tempo der Großstadt (GEORG HEYM: „Berlin", PAUL BOLDT: „Berlin"),
- das Morbide (GOTTFRIED BENN: „Mann und Frau gehn durch die Krebsbaracke"),
- der Tod (GEORG HEYM: „Die Tote im Wasser", „Ophelia", GEORG TRAKL: „An den Knaben Elis", BENN: „Kleine Aster", „Morgue", 1912).
- der Weltuntergang als Voraussetzung für die Schaffung eines neuen Menschen (JAKOB VAN HODDIES: „Weltende", ELSE LASKER-SCHÜLER: „Weltende", PAUL BOLDT: „Novemberabend"),
- Rückbesinnung auf den **Vanitas**-Gedanken des Barock während des Ersten Weltkriegs führte zur Thematisierung der Nichtigkeit des Daseins angesichts des Todes (PAUL BOLDT: „Der Leib", GOTTFRIED BENN: „Schöne Jugend", GEORG TRAKL: „Ruh und Schweigen").

Barock ↗S. 321

Man konstruierte die Gedichte von nun an weniger architektonisch, sondern stärker zugunsten der *Ausdrucksstärke*. Es ging nicht mehr um die innere Schönheit, sondern um das innere Erleben der Außenwelt. Der *Expressionismus* sprengte deshalb die herkömmliche Grammatik, um *Visionen, Träume, Mystik, Exstase* literarisch darstellen zu können (AUGUST STRAMM). Worthäufungen, gewagte **Neologismen** und *groteske Satzge-*

*staltung* kennzeichneten die expressionistische Literatur. Dieses Hinwegsetzen über die formalen Kriterien der Reim- und Gedichtformen hatte man an den späten Gedichten RIMBAUDS beobachtet.
Das Hinwegsetzen über traditionelle Formen, das Entwerfen neuer Formen und das ganz bewusste Verwenden besonders strenger Formen wie des **Sonetts,** um diese mit neuen Inhalten „aufzubrechen", wurde besonders in der Lyrik praktiziert (ERNST STADLER, FRANZ WERFEL). Man wollte sich auch hier von den Fesseln der Konvention befreien.
Das Pathos, von den Impressionisten strikt abgelehnt, wurde zum Ausdruck dichterischer Stärke. Man verwendete *Interjektionen, Ausrufe, Laute und Satzzeichen* als wichtige Stilmittel: „Oh, Mensch!" Diese Haltung visualisierte EDVARD MUNCHS Bildnis „Der Schrei" (siehe Bild).
Die wichtigsten expressionistischen Zeitschriften waren „Der Sturm" (1910) und „Die Aktion" (1910). Nach dem Ersten Weltkrieg erschienen die Anthologien „Kameraden der Menschheit" (1919) von LUDWIG RUBINER (1881–1920), schließlich „Menschheitsdämmerung" (1920) von KURT PINTHUS (1886–1975) und „Verkündigung" (1921) von RUDOLF KAYSER.

Neben der Lyrik wurde die **Dramatik** seit 1910 wichtig.
Nach 1914 ist eine starke Politisierung der Literatur zu beobachten. GEORG KAISERS „Die Bürger von Calais" (1914) behandelt eine Episode aus dem *Hundertjährigen Krieg,* in „Gas I" (1918) und „Gas II" (1920) wird der Giftgaskrieg thematisiert. BERTOLT BRECHTS „Baal" (1920) nimmt den syrischen Erdgott zum Titel, um die Geschichte des Joseph K. zu erzählen, eines Wüstlings und Vagabunden, dessen reale Vorlage sich auf FRANÇOIS VILLON und ARTHUR RIMBAUD bezog.

Nach dem Kriegsausbruch gingen täglich etwa 50 000 Kriegsgedichte bei Zeitschriften und Zeitungen ein (nach JULIUS BAB, 1880–1955).

### Dadaismus

Der **Dadaismus** ist eine internationale Kunst- und Literaturrichtung, die 1916 in Zürich unter dem Eindruck des Ersten Weltkriegs entstanden ist. Sie stellt eine Synthese aus kubistischen, futuristischen und expressionistischen Tendenzen dar. Zentren des *Dadaismus* waren Zürich, Paris, New York, Köln, Berlin und Hannover.

dada = kindliche Bezeichnung für Holzpferdchen

Die Dadaisten lehnten die *bürgerliche Kultur* ab und suchten stattdessen in der Kunst nach neuen Ausdrucksformen. So strebten sie die *Rückkehr zur kindlichen Naivität* an und waren der Meinung, jeder Mensch sei ein Künstler. Die Basis des Dadaismus waren der *Zufall und die Beliebigkeit der Materialien.* Die Dadaisten stellten den Vortrag in Form des **Lautgedichts** mit musikalischer Untermalung (in Form von Geräuschkulissen) in den Mittelpunkt ihrer Performances.
Ihre künstlerischen Mittel waren Montagen und Collagen, auch in der Wortkunst. Sie verbanden zuweilen bildende Kunst, Musik und Literatur. **Surrealismus, Neorealismus** und **konkrete Poesie** wurden durch die Dadaisten angeregt.
HUGO BALL eröffnete 1916 in Zürich das *Cabaret Voltaire*. Gemeinsam mit seiner Frau EMMY HENNINGS und HANS ARP (1887–1966), TRISTAN TZARA (1896–1963) sowie RICHARD HUELSENBECK (1892–1974) u. a. wurden Le-

Das 1918 herausgegebene gemeinsame dadaistische Manifest der Zürcher und Berliner („Was ist der Dadaismus und was will er in Deutschland?") enthält Forderungen nach *grundlegenden Veränderungen in der Gesellschaft.*

seabende veranstaltet. Im selben Jahr entstand auch die Dada-Bewegung in New York (MAN RAY, MARCEL DUCHAMP, FRANCIS PICABIA). Nach dem Krieg konnte sich Dada auch in Berlin niederlassen. Am 21.2.1918 wurde dort der Club Dada gegründet. Mitglieder waren RAOUL HAUSMANN (1886–1971), RICHARD HUELSENBECK, JOHANNES BAADER (1875–1955), GEORGE GROSZ (1893–1959), JOHN HEARTFIELD (1891–1968), WALTER MEHRING (1896–1981) und JEFIM GOLYSCHEFF (1897–1970).
In Hannover wirkte KURT SCHWITTERS (1887–1948). JOHANNES THEODOR BAARGELD (1892–1927), MAX ERNST (1891–1976) und HANS ARP waren die Gründer der Kölner Dada-Gruppe.

### Surrealismus

> Der **Surrealismus** ist eine avantgardistische Strömung in der Literatur und Kunst, die nach dem Ende des Ersten Weltkriegs in Frankreich entstanden ist. Sie versucht, in die Bereiche des Traums und des Tiefenbewusstseins vorzudringen, das Sinngefüge der Erfahrungswelt wird dabei aufgehoben und Wirkliches mit Fantastischem vermischt.

Surrealismus, frz.: surréalisme, von lat. super = oben, darüber, über … hinaus und Realismus.

Der *Surrealismus* ist direkt aus der *Dada*-Bewegung entstanden und wie diese *Ausdruck des Protestes* gegen alle Spielarten westlicher Kultur. Hatte der *Dadaismus* das Unbewusste lediglich als kreativen Anstoß für die Kunst gesehen, bezog der Surrealismus nun auch das *psychisch Unbewusste* in die Kunstproduktion ein. Besonderen Einfluss hatte die „Traumdeutung" SIGMUND FREUDS auf die Surrealisten. Über diesen „Umweg" wurden auch romantische und symbolistische Elemente spürbar.

FREUD bevorzugte anfänglich die Hypnose, um Neurosen zu heilen.

Am häufigsten findet sich in der surrealistischen Dichtung das **Traummotiv** als *Gegenwelt zur Wirklichkeit*. Der Traum ist handlungsauslösend und erhellt die seelische Verfassung der Personen. Utopien und Idealschilderungen können durch ihn transportiert werden. Das irrationale Unbewusste wird jedoch auch durch *wahnhafte Visionen* und *spontane Assoziationen* ausgelöst. Durch Drogenkonsum ebenso wie durch *Hypnose* konnten neue *Bewusstseinszustände* erreicht werden. Die Vernunft spielt in der Kunstproduktion keine Rolle mehr, die innere Logik eines Textes interessiert nicht, er ist syntaxlos und stark bildhaft. Vielmehr wird der *Automatismus,* d.h. die Zufallsniederschrift, die Assoziation zum Schreibimpuls. Die eigentliche Wahrheit und Kunst entsteht im spontanen Prozess des Schreibens. Dabei erfährt die wahrnehmbare Welt eine *Verfremdung, das Absurde* wird mystifiziert.

**Automatische Dichtkunst,** frz. écriture automatique, von griech. autómatos = sich selbst bewegend

PHILIPPE SOUPAULT (1897–1990), LOUIS ARAGON (1897–1982) und ANDRÉ BRETON (1896–1966) sind die Begründer des *Surrealismus* und Autoren des ersten (automatischen) surrealistischen Textes „Les Champs magnétiques". Sie gründeten 1919 die Zeitschrift „Littérature". 1924, mit der Veröffentlichung des „Manifeste du Surréalisme" (Manifest des Surrealismus), findet die literarische Strömung ihre theoretische Untermauerung durch BRETON.
**Surrealismus** und **Dadaismus** waren, anders als andere literarische Bewegungen jener Zeit, von vornherein international und interkulturell. Bildende Kunst und Literatur sind die Wurzeln für MAX ERNST und HANS

ARP. ERNST, der studierte Philosoph, Philologe, Kunstgeschichtler und Psychologe, wurde mit Frottagen und Bühnendekorationen bekannt, ARP, der Bildhauer und Maler, mit Holzreliefs.
ALFRED DÖBLIN verwendete in „Berlin Alexanderplatz" surrealistische Elemente, indem er die Techniken des *Stream of Consciousness* und der **Collage** nutzte.

stream of consciousness (engl.) = Bewusstseinsstrom. Der **Stream of Consciousness** ist eine Erzähltechnik des modernen Romans, die Gedanken und Bewusstseinsvorgänge in spontan-assoziativer und in ungeordneter Form wiedergibt. Die Inhalte des *Stream of Consciousness* müssen nicht notwendig einen Bezug zur eigentlichen Handlung der Prosa haben.

### Literatur der Weimarer Republik und Neue Sachlichkeit

**Epische (literarische) Formen der Neuen Sachlichkeit**

**Epische Kleinformen**
- Novelle (ANNA SEGHERS „Grubetsch")
- Satire (KURT TUCHOLSKY „Deutschland, Deutschland über alles")

**Roman**
- Zeitroman (ALFRED DÖBLIN „Berlin Alexanderplatz")
- Reportageroman (ERIK REGER „Union mit eisener Faust")
- historischer Roman (LION FEUCHTWANGER „Die häßliche Herzogin")

**Literarisch-journalistische Formen**
- Feuilleton
- Chronik
- Essay
- Reportage
  - impressionistisch geprägt: EGON ERWIN KISCH „Der rasende Reporter",
  - analytische Form: SIEGFRIED KRACAUER „Die Angestellten",
  - Reisebericht: ARTHUR HOLITSCHER, MARIELUISE FLEISSER
  - Kriminalfall

**Neue Sachlichkeit** bezeichnet eine in allen Bereichen der Kultur auftretende Strömung in der Zeit der Weimarer Republik (1918–1933). Sie ist ein Teil der *Moderne*-Bewegung des 20. Jh.s und definierte sich selbst als eine der Publizistik angenäherte Gebrauchsliteratur. Eine zentrale Kategorie war die der Beobachtung. Die wichtigsten Formen der neusachlichen Literatur waren die Publizistik und der Roman.

Andere Bezeichnungen: **„Neue Gegenständlichkeit", „Materialästhetik",** frz. „la nouvelle objectivité"

Neusachliche Literatur nahm in der Konstituierungsphase auf den **Naturalismus** Bezug und entfaltete sich in der Auseinandersetzung mit den Prozessen der Industrialisierung und Urbanisierung. Der Begriff der Neuen Sachlichkeit basierte vor allem auf dem *Lebensgefühl in den großen Städten,* die sich seit Anfang des Jahrhunderts entwickelt hatten. Eine neue *Wirklichkeit der Technik, Wirtschaft und Gesellschaft* prägte

5

das künstlerische Bewusstsein dieser Zeit. Die Neue Sachlichkeit war keine interne Kunstangelegenheit!
*Sachlichkeit* bedeutete:
- sachliches, realitätsbezogenes Schreiben
- nüchternes und emotionsloses Erzählen
- Verzicht auf Pathos bis zur Befreiung von allem Pathos
- Verzicht auf Dekoratives und Ornamentales
- Präzision
- faktenorientierte Darstellung, Konzentration auf „Tatbestände"
- Akzeptanz der Macht der Dinge, Sachen und Situationen
- das Postulat der wahrheitsgemäßen Darstellung
- Objektivität durch Beobachtung
- Abkehr vom Psychologisieren, von Gefühlen der Melancholie, Trauer usw.
- Ablehnung von „falschem" Poetisieren
- die Sache ganz aus sich heraus zu verstehen und bis zur letzten Konsequenz darstellen zu wollen

Sinnbilder der neuen Technik wurden der moderne Ozeandampfer, das Flugzeug, das Flugschiff. Neue Berufs-, Käufer- und Konsumentengruppen entstanden. Die Produzenten entwickelten die Werbung in großem Stil. Frauen trugen Bubikopf und zogen Hosen an.

Nie zuvor hatte es eine vergleichbare *Politisierung der Öffentlichkeit* gegeben.
Leben in der Großstadt bedeutete viele Menschen auf einem Raum. Sie bewegten sich im Rhythmus der Arbeit zu bestimmten Zeiten in Strömen durch die Stadt. Arbeiten im *Takt des Fließbandes* wurde für viele Alltag. Technik und Wirtschaft gingen ihren Weg, ohne sich um die individuellen Erlebnisse und Stimmungen zu kümmern. Es ist die Zeit der *Massenmedien*. Zeitungen mit großer Auflage, viele neue Zeitschriften, das Radio, die Schallplatte, das Kino für alle und der Tonfilm entwickelten sich.
Der Kulturmarkt wurde international und kommerziell. Es war die Zeit des Charleston, Foxtrott und Jazz. Hollywood wurde auch in Europa ein Begriff. Sportwettkämpfe wie das Sechstagerennen oder Boxveranstaltungen waren riesige Spektakel vor großem Publikum.
Die Helden und Stars dieser Zeit waren Luftschiffkonstrukteure, Pol-Entdecker, Autorennfahrer, Sechstage-Champions, Boxsportler, Künstler wie CHARLIE CHAPLIN und GRETA GARBO, Hochstapler und Ganoven.

Durch die Elektrifizierung und Mechanisierung der Großstadt veränderte sich das *Zeitgefühl* ihrer Bewohner erheblich. Dies ging einher mit einer bisher nicht gekannten *Wahrnehmung des Alltags*. Mit dem neuen Lebensgefühl veränderte sich auch die Sprache im Alltag.
Die neusachliche Literatur beobachtete das *Verhalten des Einzelnen in der Masse* und die Zwänge, denen er ausgesetzt war und in denen er sich bewegen musste. Sie machte Verhaltensgebote.
Mit dem Ende der Weimarer Republik endete auch die **Neue Sachlichkeit** als dominante kulturelle und literarische Strömung.
Die Literatur der Neuen Sachlichkeit durchzog alle literarischen Gattungen, war aber besonders erfolgreich in den epischen Genres.
Im Unterschied zum *Naturalismus* dominierte vor allem der **Roman.**

Zeitschriften der **Neuen Sachlichkeit** waren: „Der Scheinwerfer", Essener Theaterzeitschrift (1927–1933, Hg. HANNES KÜPPER, Dramaturg an den Essener Bühnen), „Querschnitt", „Literarische Welt".

- Der Roman profitierte von der „episierenden Ausstrahlung des Films". Der Roman stand dem Film nahe und damit dem sich damals massenhaft entfaltenden Medium. Diese Nähe versprach hohe Auflagen, wobei das Epische in der Dramatik, wie die Entwicklung BRECHTS zeigt **(episches Theater),** für diese Gattung auch befruchtend wirkte.

- Die zweite wirkungsvolle Zeitkraft, von der die Neigung zu den Erzählgattungen gefördert wird, ist die Berichterstattung in der Presse. Nicht ohne Bedacht wurde deshalb zur Kennzeichnung der sachlichen Romane mehrmals der Begriff „Bericht" verwendet. Die Presse habe eine neue Ebene und ein neues Niveau erreicht. Sie gewann literarischen Rang, sodass Sammlungen von Pressetexten in Buchform erschienen. Von der Publizistik gingen *stilbildende Anregungen* auf den neusachlichen Roman aus. Viele Autoren haben sich auch auf beiden Gebieten betätigt wie LUDWIG RENN, ERICH MARIA REMARQUE (1898 bis 1970) und ERICH KÄSTNER.



Auch wenn der Roman (neben der Reportage) die *literarische Form der Neuen Sachlichkeit* war, hieß er doch häufig „Bericht"; nicht selten sprachen die Autoren nicht davon, dass etwas „erzählt", sondern dass etwas „berichtet" wird.
Zu den Autoren der *Neuen Sachlichkeit* gehörten zeitweise IRMGARD KEUN (1905–1982) mit dem Roman „Gilgi – eine von uns" (1932), HANS FALLADA (1893–1947) mit dem auch verfilmten Roman „Kleiner Mann, was nun?" (1932), LION FEUCHTWANGER (1884–1958), ERICH KÄSTNER (1899–1974) mit „Fabian. Die Geschichte eines Moralisten" (1931), SIEGFRIED KRACAUER (1889–1966), VICKI BAUM (1888–1960) und andere.

ERICH KÄSTNER (1899–1974)

ERICH KÄSTNER war ein erfolgreicher Journalist, Kabarett- und Drehbuchautor. Weltbekannt wurde er durch seine Kinderbücher. Bereits mit seinem Debüt „Emil und die Detektive" (1929) hatte er großen Erfolg.

Dem Schüler Emil Tischbein wird auf der Zugfahrt nach Berlin jenes Geld gestohlen, das er seiner Großmutter bringen sollte. Er selbst ist fremd in der Stadt, aber er will den mutmaßlichen Täter beobachten und verfolgen, um so wieder in den Besitz des Geldes zu kommen. Es beginnt eine wilde Verfolgungsjagd durch das Berlin der 1920er-Jahre. Bald schließen sich ihm einige Berliner Jungen an, und mit ihrer Hilfe gelingt es ihm, den Dieb zu stellen.

In den Kinderbüchern wie auch seinen Romanen für Erwachsene porträtierte KÄSTNER die eigene Zeit kritisch in einer leicht verständlichen und unterhaltsamen, sarkastisch bis komischen Sprache. Er gehört damit zu den Autoren, die – auf sehr unterschiedliche Weise – das Genre des Zeitromans bereicherten.
Einen anderen Weg ging der Schriftsteller, Arzt und Wissenschaftler ALFRED DÖBLIN (1878–1957). Er orientierte sich am **Wissenschaftsstil.**
DÖBLIN war ein aktiver Vermittler des italienischen Futurismus. Bereits vor dem Ersten Weltkrieg war er einer der entschiedensten Verfechter der Sachlichkeit. Von ihm kamen wichtige Anregungen für die Ästhetik der Neuen Sachlichkeit.
1912 beschrieb er in seinem „Berliner Programm" sein Sachlichkeitskonzept mit den Begriffen der „entseelten Realität", „Tatsachenphantasie" und „Romanpsychologie". Sein von Sachlichkeit gesättigter „steinerner Stil" steht für die *Entpsychologisierung der Literatur und Konzentration*

*auf die empirische Realität.* Er postulierte die Neutralität des Autors. Dieser dürfe seine Figuren nicht dafür benutzen, um seine „Ansichten zu besten (sic) zu geben", und nur der Leser solle „urteilen, nicht der Autor" (DÖBLIN: Über Roman und Prosa, 1917). 1920 in seinem „Bekenntnis zum Naturalismus" betonte er, der Autor solle „nichts von außen heranbringen an die Dinge", er solle dem „Ding nichts ankleben", wohl wissend, dass ein restlos *entsubjektiviertes Schreiben* nicht möglich sei.

ALFRED DÖBLIN (1878–1957)

Der Roman „Berlin Alexanderplatz" „berichtet" die Geschichte des ehemaligen Zement- und Transportarbeiters Franz Biberkopf, seiner Odyssee durch das Berlin von 1928.
DÖBLIN greift mit der „Geschichte vom Franz Biberkopf" (Untertitel) exemplarisch eine Figur aus der *Menschenmasse der Großstadt* heraus, führt die Hauptfigur als typisches Beispiel seiner Zeit vor, um sie dann in die Masse wieder einzugliedern. Die Großstadt in ihrer Dynamik und Ruhelosigkeit wird samt ihren Bewohnern zu einem einzigen Korpus, in dem Franz Biberkopfs Leben bereits im Erleben Vergangenheit ist.

„Im Westen nichts Neues" (1929/30, „All quiet on the western front") wurde von LEWIS MILESTONE in den USA verfilmt. Am 11. Dezember 1930 verbot die Film-Oberprüfstelle Berlin alle weiteren Aufführungen.

Der Erste Weltkrieg wurde zu einem weiteren wichtigen Stoff der Neuen Sachlichkeit (ERICH MARIA REMARQUE „Im Westen nichts Neues", 1928). Mit zwei Ausnahmen, „Ginster" (1928) von SIEGFRIED KRACAUER und „Der Streit um den Sergeanten Grischa" (1927) von ARNOLD ZWEIG (1887–1968), sind es Texte von Augenzeugen.
„Im Westen nichts Neues" ist das Buch einer Generation, die „vom Kriege zerstört wurde – auch wenn sie seinen Granaten entkam" (REMARQUE). Es thematisiert die Erlebnisse des jungen Soldaten Paul Bäumer und seiner einstigen Klassenkameraden während des Ersten Weltkriegs.

An die Westfront kommandiert, erlebt Paul die Grausamkeiten des Krieges und ist unfähig, sie bei einem Heimaturlaub zu schildern. Der Tod der halben Kompanie wird zu einem Glücksfall, weil die Übriggebliebenen die doppelte Essens- und Tabakration erhalten. Den Soldaten ist das Sterben vertraut, wenn sich im Körper der Tod ausbreitet und selbst die „Stimme klingt wie Asche". An die Front zurückgekehrt, muss er mit ansehen, wie seine Klassenkameraden durch Gas- und Granatenangriffe sterben, bis auch er als Letzter tödlich getroffen wird, „an einem Tag, der so ruhig und so still war, daß der Heeresbericht sich auf den Satz beschränkte, im Westen sei nichts Neues zu melden".

„Im Westen nichts Neues" wurde 1928 als Vorabdruck in der „Vossischen Zeitung" als „authentischer", und „wahrer" dokumentarischer Bericht eines Dabeigewesenen veröffentlicht. Der Erfolg war grandios: Bis zum Juni 1930 wurden 1 Million gebundener Exemplare ausgeliefert.

BERTOLT BRECHTS erklärte Intention, die Welt durchschaubar und ihren Kausalnexus sichtbar zu machen, ist Kern seines Sachlichkeitskonzepts, das in einer linksbürgerlichen bis radikal kommunistischen Weltsicht verankert war. Seine Ästhetik zielte auf die Aktivität des Zuschauers und Lesers, die sich durch das Vorzeigen von Verhaltensmustern seiner Figuren provoziert fühlen sollten.

**Verfremdung** nennt man eine künstlerische Technik, bei der Gewohntes bzw. Bekanntes aus einer neuen, den Sehgewohnheiten fremden Perspektive gezeigt wird. Verfremdung basiert auf den Gefühlen der Überraschung, Ablehnung, des Staunens usw.

1929 arbeitete BRECHT mit dem Typ des Lehrstücks. „Der Jasager" entstand nach einer japanischen Vorlage. Nach Diskussionen entstand „Der Jasager und Der Neinsager". Mithilfe der Dialektik sollten diese Stücke zu einem Ort des Trainings für politisches Denken werden.

Das **Lehrstück** ist eine dramatische Form der Parabel, die einen Grundkonflikt in der Reduktion auf das Wesentliche zeigt.

Auf Typen reduzierte Akteure spielen verschiedene Handlungs- und Haltungsoptionen durch. Der Zuschauer soll sich nicht in den Akteur einfühlen, sondern erkennen, warum er wie handelt. Er soll zu einem Urteil und zur Analyse von gesellschaftlichen Prozessen herausgefordert werden, um sein Schicksal selbst in die Hand nehmen zu können. Der Stücketypus war ein Versuch, das Publikum zur Reaktion zu zwingen und zu polarisieren. BRECHTS Ziel war es, eine neue Zuschau-Kunst und damit ein neues Verhältnis zwischen Spieler und Zuschauer zu entwickeln.

BERTOLT BRECHT (1898–1956)

Auch für BRECHT war die Erfahrung des Ersten Weltkriegs mit seinen Massenschlachten neuen Typs prägend: Das Individuum hatte seine zentrale Position verloren. Nach BRECHT konnte es nur noch als Repräsentant von vielen Bedeutung und Wirkung gewinnen. Er zeigte die großen ökonomischen Grundkonflikte und Krisen der Zeit und wollte die soziale Frage in der Welt für die Zuschauer durchschaubar machen.

BRECHT experimentierte mit der Form der Oper, mit Formen der Agitpropkunst und in seinen Arbeiten für das neue Medium Radio. Seine Idee des **epischen Theaters** war offen für verschiedenste Techniken und Kunstmittel. Dabei war seine Methode der *Verfremdung* eine der umstrittensten zu seinen

Lebzeiten, weil in einer Zeit großer politischer Lager von jedem Parteinahme gefordert wurde, die diese Methode jedoch nicht plakativ zur Schau stellte.
BRECHT gilt als einer der bedeutendsten Regisseure des 20. Jh.s, von 1949 bis 1956 inszenierte er am *Berliner Ensemble* in Berlin (DDR).

BRECHT prägte den Begriff „Gebrauchslyrik" (1927):

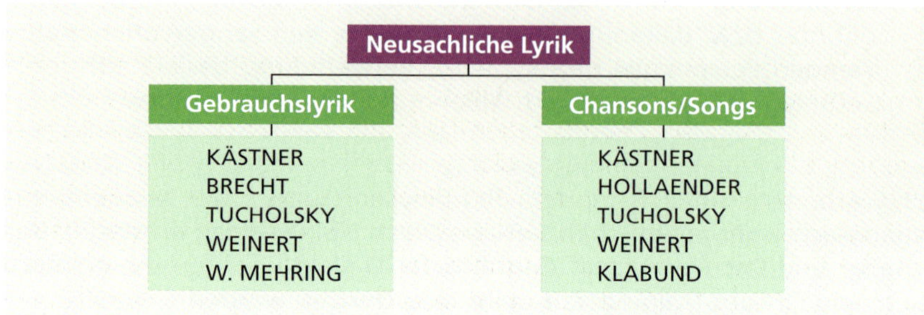

KURT TUCHOLSKY (1890–1935)

1. distanziert den *Rhythmus der Großstadt* beschreibend wie in TUCHOLSKYS „Augen in der Großstadt":

   ... Millionen Gesichter:
   Zwei fremde Augen, ein kurzer Blick,
   die Braue, Pupillen, die Lider –
   Was war das? Vielleicht dein Lebensglück ...
   vorbei, verweht, nie wieder. ...

   (Tucholsky, Kurt: Gesammelte Werke in zehn Bänden. Band 8, Reinbek bei Hamburg: Rowohlt, 1975, S. 70)

2. *satirisch* wie in TUCHOLSKYS „Joebbels":

   Mit dein Klumpfuß – seh mal, bein andern
   da sacht ick nischt; det kann ja jeda ham.
   Du wißt als Recke durch de Jejend wandern
   un paßt in keen Schützenjrahm? (ebenda, Band 9, S. 138)

3. *politisch* wie in TUCHOLSKYS „Deutsche Richter von 1940":

   Wie lange, Männer und Frauen,
   seht ihr euch das mit an – ?
   Wenn sie sich heut selber verhauen:
   Euch fallen sie morgen an!
   Ihr seid das Volk und die Masse
   von der Etsch bis an den Rhein:
   soll das die herrschende Klasse,
   sollen das unsere Führer sein – ? ... (ebenda, Band 7, S. 295)

Die Individualität des Menschen in der modernen Gesellschaft der Weimarer Republik wurde zum einen reduziert, zum anderen jedoch potenziert. Das Aufgehen des Einzelnen in der „Masse Mensch" (ERNST

TOLLER) geschah weitgehend über das Phänomen der Arbeit und die Anonymität der „Großstadt". Die Individualität gewann aber zugleich an Qualität durch *mehr Freizeit, wachsenden Wohlstand, Anonymität in der „Großstadt"* und *politische Mitbestimmung.* Diese Extreme ließen sich in Bahnen lenken: In der politischen Lyrik der 1920er-Jahre spielte das „Wir", die „Gemeinschaft", das „Überinteresse der Partei" eine gewichtige Rolle. Andererseits gemahnten Verse wie die TUCHOLSKYS an die *Verantwortung des Einzelnen* vor der Geschichte aller.

Das **politische Chanson** wurde vor allem in den Kabaretts gepflegt. MAX HERRMANN-NEISSE, WALTER MEHRING, ERNST TOLLER, ERICH WEINERT, HANS SAHL und KLABUND schrieben für die Kleinkunststars der 1920er-Jahre ihre Texte. Man bediente sich oft des *Couplets,* eines zumeist in Mundart vorgetragenen satirischen Liedes. Eine der bekanntesten Couplet-Sängerinnen war CLAIRE WALDOFF. Ihr Chanson „Hermann heeßt er" wurde von den Nazis als Angriff auf HERMANN GÖRING verstanden. Aber auch die Autoren selbst trugen ihre Werke vor (KÄSTNER, JOACHIM RINGELNATZ, WEINERT).

### Franz Kafka – ein Autor der Neuen Sachlichkeit?

FRANZ KAFKA (1883–1924)

KAFKA ist einer der wichtigsten Autoren aus dem Kreis der deutschsprachigen Prager Literatur, zu dem auch KARL KRAUS, EGON ERWIN KISCH, MAX BROD, FRANZ WERFEL gehörten. In dieser Literatur verschmolzen tschechische, deutsche, österreichische und z. T. jüdische Traditionen.
Zeitgenössische Literaturhistoriker und -kritiker ordneten KAFKA sowohl dem **Expressionismus** als auch der **Neuen Sachlichkeit** zu. Seine Zuordnung ist umstritten. Unumstritten ist, dass er einen neuen, *modernen Erzählstil* fand, der die *Machtverhältnisse der neuen Zeit* sowie die *Zwänge des Einzelnen* offenbart. Das Besondere dabei ist, dass dem verständlichen Wunsch des Menschen, der letzten Hoffnung auf ein „gutes Ende" eine Chance zu geben, jeder Zugang zu den Geschichten verweigert wird. Sie folgen alle einer, z. T. bitteren, eigenen Logik, auch noch in den Fantasien und Träumen der Figuren. Die Figuren haben keine Macht über ihre Erlebnisse und Erfahrungen. Insofern steht Kafka den verschiedenen Verfahren der Neuen Sachlichkeit sehr nahe. Viele Leser empfanden seine Texte als Fantasien eines Fiebernden: „rätselhaft" und „dunkel". Auseinandergesetzt hat er sich nicht nur mit dem „privaten" Konflikt des als übermächtig erlebten Vaters, sondern auch mit Beobachtungen in seiner täglichen Arbeit, in der die zu versichernde Person nur als *statistische Größe und genormte Handlung* (die zu einem Versicherungsfall führt oder auch nicht) von Interesse war. KAFKA, der aus einem jüdischen Elternhaus kommt und als Versicherungsangestellter arbeitete, thematisierte eigene *Erfahrungen der Isolation* und des Fremdseins, den Kampf mit als anonym erlebten Zwängen und Mächten, gegen die väterliche Autorität, Tagträume der Verwandlung in tierische Existenzformen.

„Die Verwandlung“ (1916), eine der bekanntesten Arbeiten KAFKAS, zählt wahrscheinlich zu den Texten, die im letzten Jahrhundert so konträr wie kein anderer interpretiert worden sind, obgleich sich die Geschichte zunächst recht einfach darstellt:

Eines Morgens erwacht der Sohn, der als Handlungsreisender die Familie ernährt und damit die Rolle des Oberhauptes übernommen hat. Er findet sich in ein „ungeheures Ungeziefer“ verwandelt, unfähig, sich mit den anderen Familienmitgliedern zu verständigen. Er ist ihren Reaktionen, von Mitleid bis Abscheu, ausgesetzt. Der Vater gewinnt an Autorität zurück, während der Sohn allmählich mit seiner Mistkäfergestalt eins wird. Er beginnt zu ahnen, dass es für ihn nur ein Ende gibt: zu verschwinden. Er hört auf zu essen und zu trinken; eine Putzfrau findet ihn und wirft seine Überreste in den Müll.

Der Text hat vielfältige Interpretationen gefunden: mythologische, psychoanalytische, religiöse und philosophische. Besonders umstritten waren die unterschiedlichen gesellschaftspolitischen Lesarten in den 1950er- und 1960er-Jahren, in denen sich die Ost-West-Konfrontation Europas spiegelte.

### Thomas und Heinrich Mann und der Realismus in der Literatur der 1920er-Jahre

THOMAS MANN und sein Bruder HEINRICH (Foto um 1927)

THOMAS MANN (1875–1955) fällt insofern aus dem Rahmen der **Neuen Sachlichkeit,** als er sich eher als konservativer Autor verstand. Er nahm sogar eine ablehnende Haltung gegenüber der jungen **Moderne** ein. Der Autor identifizierte sich einerseits mit seiner patrizischen, bürgerlichen Herkunft, sah sich als Künstler andererseits jedoch als deren absoluten Gegenpunkt. Als Letzterer nahm er dankbar die Lehren NIETZSCHES an und verinnerlichte sie. Der Ästhet, Verfechter absoluter Schönheit und Genussselige fühlte sich dem **Nihilismus** NIETZSCHES verwandt. Im *Dualismus* von Künstler und Bürger, von Ästhetizist und Moralist lag sein Schreibmotiv, immer auf der Suche nach dem Ausgleich von Leben und Geist bis hin zur Selbstverleugnung. So lebte er seine Homosexualität nicht aus, sondern versuchte sie literarisch zu bewältigen („Der Tod in Venedig“, 1912). Wenn THOMAS MANN schon die „Umwertung aller Werte“ im nietzscheschen Sinn nicht mittragen konnte, wurde er doch zum Chro-

THOMAS MANN erhielt für „Buddenbrooks“ 1929 den Literaturnobelpreis.

nisten des *„Zerfalls aller (bürgerlichen) Werte".* Er betrieb dabei keine Gesellschaftskritik als *Systemkritik,* sondern suchte nach einem neuen Zeitverständnis der veränderten Realität: MANN hatte zunächst den Ersten Weltkriegs euphorisch begrüßt und sich dann emphatisch von ihm distanziert („Bekenntnisse eines Unpolitischen", 1918, „Deutsche Ansprache. Ein Appell an die Vernunft", 1930). Diese Kritik schlug sich in seinen Werken der 1920er-Jahre nieder.
Bereits in seinem Frühwerk nimmt die Biografie MANNS und seiner Familie einen dominierenden Stellenplatz ein. Mit dem Roman „Buddenbrooks. Verfall einer Familie" (1901) gelang THOMAS MANN der Durchbruch zum etablierten Schriftsteller. An vier Generationen einer Lübecker Kaufmannsfamilie (1835 bis 1877) wird dieses „vom Verfallsgedanken überschattete ... Kulturgemälde" (TH. MANN) exemplifiziert. Der Untergang der Patrizier läutet zugleich den Aufstieg des „modernen Bourgeois" ein.
1930 erschien die aus einem Urlaubserlebnis des Jahres 1926 gespeiste Erzählung „Mario und der Zauberer", in der sich MANN mit den freudschen Theorien des Unbewussten und mit dem Verhältnis Führer und Gefolgschaft auseinandersetzte.
Im Gegensatz zu seinem eher nationalkonservativ eingestellten Bruder THOMAS war HEINRICH MANN gegen den Ersten Weltkrieg und von Beginn seines Schreibens an ein *Kritiker des Bürgertums.* Viel leichter fiel es ihm auch, sich von modernistischen Schreibweisen inspirieren zu lassen. Waren seine ersten Werke noch vom Ästhetizismus des **Symbolismus/Impressionismus** beeinflusst, fand er bereits mit „Professor Unrat oder Das Ende eines Tyrannen" (1905) zu einer ironisch-distanzierten Kritik bürgerlicher Doppelmoral.

In „Professor Unrat" benutzte HEINRICH MANN stilistische Mittel des Expressionismus. In den 1920er-Jahren wandte er sich den deutsch-französischen Beziehungen zu und erstrebte eine Aussöhnung beider Völker miteinander. Dazu veröffentlichte er die **Essay**-Sammlungen „Macht und Mensch" (1920), „Geist und Tat" (1931), „Bekenntnis zum Übernationalen" (1932) und andere.

### Die Arbeiterreportage

In den 1920er-Jahren gab es eine Vielzahl periodisch erscheinender Zeitschriften. Linksbürgerliche Periodika waren die „Schaubühne", die spätere Die „Weltbühne" von SIEGFRIED JACOBSOHN (1881–1926) bzw. CARL VON OSSIETZKY. KURT TUCHOLSKY schrieb u.a. als PETER PANTER sowohl für „Die Weltbühne" als auch für das neue Blatt „Tempo", das seit 1928 erschien. WILLI MÜNZENBERG (1889–1940) gab die „Arbeiter-Illustrierte-Zeitung" (AIZ) heraus. In wenigen Jahren gründete er relativ unabhängig von der kommunistischen Parteipresse mehrere Tages- und Wochenzeitungen, u.a. „Berlin am Morgen". ERICH MÜHSAM, KURT HILLER, ALFONS GOLDSCHMIDT, ERNST TOLLER, F(RANZ) C(ARL) WEISKOPF und JOHANNES R. BECHER schrieben für das Blatt Beiträge. Die genannten Autoren hatten bereits als Schriftsteller für Aufmerksamkeit gesorgt und versuchten sich nun im Bereich des Journalismus. Gerade bei der Mitarbeit am „Berlin am Morgen" ging es um *Vermittlung zwischen Arbeiterbewegung und linksbürgerlichen Intellektuellen.*

1977 wurde der Egon-Erwin-Kisch-Preis von HENRI NANNEN gestiftet.

Exilliteratur zu lat. exilium = Verbannung. Bereits OVID schrieb einen Teil seines Werkes in der Verbannung. HEINRICH HEINE schrieb im Pariser Exil u. a. **„Deutschland, ein Wintermärchen“.** AUGUST VON PLATEN ging ins selbst gewählte Exil nach Italien. Auch nach der Oktoberrevolution in Russland (1917) und nach der faschistischen Machtübernahme in Italien (1922) verließen Schriftsteller ihre Heimatländer.

Das Organ der KPD war „Die Rote Fahne“. Der „Bund proletarisch-revolutionärer Schriftsteller“ nannte seine Zeitung „Die Linkskurve“. Das Genre der Reportage diente innerhalb der KPD vor allem dem *Aufdecken von Missständen* und der *Dokumentation von politischen Geschehnissen*. Der Sohn eines Tuchhändlers EGON ERWIN KISCH (1885–1948) gilt als Schöpfer und Meister der literarischen Reportage. Seine Reisen führten ihn nach Afrika, China, Australien, in die USA und die Sowjetunion. Der Buchtitel „Der rasende Reporter“ wurde zum Synonym für ihn selbst. Anfänglich der Überzeugung, Reportagen müssten sich als *neutrale Tatsachenberichte* verstehen, entwickelte KISCH mehr und mehr eine Reportage als *revolutionäres Kampfmittel.* Anfangs schrieb er erfolgreich für die „Arbeiter-Illustrierte-Zeitung“. In seinem Band „Zaren, Popen, Bolschewiken“ (1927) berichtete er über seine Erlebnisse in der Sowjetunion und in „Paradies Amerika“ (1929) über seinen illegalen Aufenthalt in den USA. „Prager Pitaval“ (1931) und „Geschichten aus sieben Ghettos“ (1934) widmeten sich seiner Heimatstadt Prag. „China geheim“ (1933) berichtet über den ebenfalls illegalen Aufenthalt in China.

### Literatur des Exils und Innere Emigration

Unter *Exilliteratur* versteht man die Literatur jener Autoren, die ihr Heimatland aus politischen oder religiösen Gründen verlassen müssen bzw. freiwillig verlassen. Die Thematik dieser Literatur kreist zudem meist um die Umstände, die zum Exil führten, und um die jeweilige Exilsituation des Autors. I.e.S. wird der Begriff auf jene Autoren angewendet, die 1933 und danach aus dem nationalsozialistischen Deutschland fliehen mussten.

**Möglichkeiten der Reaktion auf den Machtantritt der Nazis**

| Exil | Innere Emigration | Mitläufertum | Illegalität |
|---|---|---|---|
| Flucht wegen Verfolgung – Gründe:<br>– *politisch*<br>BERTOLT BRECHT,<br>WILLI BREDEL,<br>ERICH WEINERT<br>– *religiös*<br>ANNA SEGHERS,<br>ELSE LASKER-SCHÜLER<br><br>Flucht als Protest:<br>HEINRICH MANN,<br>THOMAS MANN,<br>KLAUS MANN | Beharren auf den Traditionen:<br>RICARDA HUCH,<br>JOCHEN KLEPPER,<br>ERNST WIECHERT,<br>WERNER BERGENGRUEN<br><br>Bleiben aus Hilflosigkeit:<br>HANS FALLADA<br><br>Schreibverbot:<br>ERICH KÄSTNER | offene oder versteckte Sympathie für die NS-Machthaber:<br><br>HANS GRIMM,<br>ERNST JÜNGER,<br>GOTTFRIED BENN,<br>HANNS JOHST | Kampf gegen Nationalsozialismus:<br>JAN PETERSEN<br>(„Unsere Straße“)<br>ELFRIEDE BRÜNING |

Mit dem Machtantritt der Nationalsozialisten am 30. Januar 1933 wurde die deutsche Kultur um ihre Vielfalt gebracht. Musiker, Maler, Schriftsteller, Philosophen erklärten ihre Gegnerschaft zum Naziregime.

Erste *Massenverhaftungen* linker Intellektueller fanden bereits im Februar und März statt (ANNA SEGHERS, CARL V. OSSIETZKY, WILLI BREDEL, ERICH MÜHSAM, LUDWIG RENN, BRUNO APITZ, KURT HELD u. a.). Aufgrund dieser Repressionen sahen sich viele rassisch oder politisch verfolgte deutsche Schriftsteller gefährdet und mussten ins Exil gehen. Mehr als 2 000 Autoren verließen Deutschland innerhalb nur weniger Monate (ALFRED DÖBLIN, ELSE LASKER-SCHÜLER, ERNST TOLLER). Unter ihnen waren auch zahlreiche österreichische Schriftsteller, die in Berlin gelebt hatten (FRANZ BLEI, JOSEPH ROTH). In Österreich begann der Exodus 1934 nach den Februarunruhen (STEFAN ZWEIG) sowie 1938 nach dem Einmarsch deutscher Truppen und dem „Anschluss Österreichs“ (ELIAS CANETTI, FRANZ WERFEL, ROBERT MUSIL, HERMANN BROCH).
Außerdem flohen die dort exilierten Autoren aus dem Land. Nach dem Einmarsch deutscher Truppen in die Tschechoslowakei am 15. März 1939 mussten auch die hier beheimateten Autoren ins Exil gehen (MAX BROD).

Die Autoren, die nach 1933 aus Deutschland fliehen mussten, suchten zunächst in den Nachbarländern Deutschlands ein Exil. Großenteils glaubten sie, HITLERS Herrschaft würde nicht lange dauern.

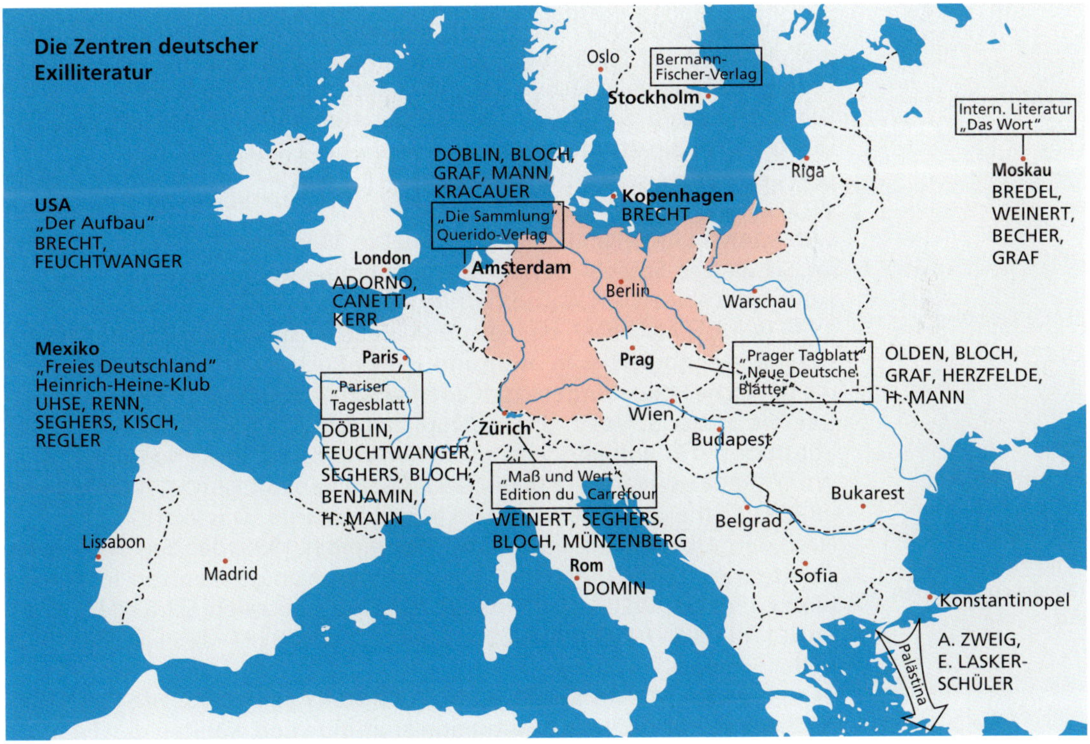


Im französisch besetzten Saargebiet hielten sich GUSTAV REGLER (1898 bis 1963) und THEODOR BALK (1900–1974) auf, bevor sie in andere Länder emigrierten. Nur knapp zwanzig Autoren entschieden sich für Österreich als „Asylland wider Willen“, obwohl der Vorteil der deutschen Muttersprache auf der Hand gelegen hätte (CARL ZUCKMAYER).

Die exilierten Autoren waren *finanziell nicht abgesichert* und in nicht deutschsprachigen Ländern *isoliert von der vertrauten Sprache*. Schwierig war zuweilen die Verständigung in der Sprache des Exilandes.

▶ Zwischen 1933 bis 1938 gab es rund 10 000 registrierte Flüchtlinge aus Deutschland in Prag.

Nur wenige Autoren (etwa THOMAS MANN und LION FEUCHTWANGER) hatten ein relativ sorgenfreies Leben im Exil. *Materielle Not* zwang viele, in artfremden Berufen zu arbeiten. Oft jedoch wurde eine Arbeitserlaubnis verweigert. Hilfsorganisationen wie die „American Guild for German Cultural Freedom“ (ab 1935) unterstützten diese Autoren finanziell.
Bevorzugte Stadt in der Tschechoslowakei wurde Prag. Die Stadt hatte einen bedeutenden Vorteil für die deutschen Exilanten: Es gab dort viele ansässige Deutsche sowie deutsch sprechende Juden und Tschechen. Man hatte also ein *potenzielles Publikum,* denn vom heimatlichen waren die Exilanten abgeschnitten.

STEFAN ZWEIG (1881–1942)

WIELAND HERZFELDE führte in Prag seinen Malik-Verlag weiter und gab mit ANNA SEGHERS und OSKAR MARIA GRAF die antifaschistisch orientierten „Neuen Deutschen Blätter“ heraus.
THOMAS MANN (1875–1955) gab in der Schweiz die Zeitschrift „Maß und Wert. Zweimonatsschrift für freie deutsche Kultur“ heraus.
In Amsterdam erschien „Die Sammlung“ (Herausgeber war KLAUS MANN, 1906–1949). In Paris wurde die „Deutsche Freiheitsbibliothek“ von ALFRED KANTOROWICZ (1899–1979) gegründet. Dort etablierten sich auch die „Editions du Carrefour“, ein von WILLI MÜNZENBERG gegründeter Verlag, der ausschließlich in deutscher Sprache veröffentlichte.
Die kleine Stadt Sanary-sur-Mer an der französischen Mittelmeerküste war bis 1939 ein Zufluchtsort vieler deutscher Exilschriftsteller. Dort hielten sich zeitweise auf: BERTOLT BRECHT, LION FEUCHTWANGER, FRANZ WERFEL und die Familie von THOMAS MANN.
WOLFGANG LANGHOFFS (1901–1966) „Die Moorsoldaten“ erschien 1935 im Schweizer Spiegel Verlag. Der „unpolitische Tatsachenbericht“ erzählt von LANGHOFFs *Aufenthalt im KZ Börgermoor* im Emsland.
1936 wurde LANGHOFF, der seit 1934 als Schauspieler am Zürcher Schauspielhaus engagiert war, aufgrund seines Buches von den NS-Behörden die deutsche Staatsbürgerschaft aberkannt. LANGHOFF war einer der Letzten, die in der Schweiz Unterschlupf fanden. Die Schweiz erklärte 1942 „das Boot“ für voll und verfügte einen *rigorosen Einwanderungsstopp.*

▶ Erst 1944 lockerte die Schweiz ihre Asylpraxis wieder. 1945 nahm das Land schließlich alle gefährdeten Personen auf.

WILLI BREDEL war von 1936 bis 1939 zusammen mit FEUCHTWANGER und BRECHT Mitherausgeber der Moskauer Zeitschrift „Das Wort“.
Nach dem Überfall auf Polen am 1. September 1939, der den Beginn des Zweiten Weltkriegs markiert, konnten nur wenige Autoren in Europa bleiben. PETER WEISS (1916–1982) blieb im neutralen Schweden, ELIAS CANETTI (1905–1994) in Großbritannien und ROBERT MUSIL (1880–1942) in der Schweiz.
KLAUS MANN, STEFAN ZWEIG, KURT TUCHOLSKY und CARL EINSTEIN (1885 bis1940) gingen an ihrer Exilsituation zugrunde und wählten den Freitod.

▶ Erster Präsident des „Kampfbundes für deutsche Kultur“ war HANNS JOHST.

**Innere Emigration**

Am 10. Mai 1933 fand die erste große *Bücherverbrennung* auf dem Berliner Opernplatz (heute August-Bebel-Platz) statt. Überall im Land erstellte man nun schwarze Listen „verbrennungswürdiger“ Bücher.

Schon kurz nach der Machtergreifung wurden missliebige Parteien verboten, die Gewerkschaften aufgelöst, die Antifaschisten verfolgt, viele Zeitungen mussten ihr Erscheinen einstellen. Bereits 1929 hatte ALFRED ROSENBERG einen „Kampfbund für deutsche Kultur" ins Leben gerufen. Eine ganze Reihe „völkisch" gesinnter Schriftsteller identifizierte sich mit dem Naziregime und ließ sich in der 1933 gegründeten *Reichsschrifttumskammer* protestlos „gleichschalten". Zu ihnen gehörten u. a. HANNS JOHST, ERNST JÜNGER und GOTTFRIED BENN. Damit begann eine neue Verbotspolitik in Deutschland. Wer zukünftig seine Werke veröffentlichen wollte, musste Mitglied dieser Vereinigung sein. Auch Verleger, Redakteure und Buchhändler gehörten ihr an.

**Innere Emigration** benennt Autoren innerhalb der **deutschen Literatur,** die 1933 zwar in politischer Opposition zum Nationalsozialismus standen, jedoch nicht ins Exil gingen, sondern mit literarischen Mitteln Widerstand leisteten.

Die Autoren entwickelten, waren sie nicht mit einem Schreibverbot belegt, eigene Formen des „Zwischen-den-Zeilen"-Schreibens („Sklavensprache", „verdeckte Schreibweise"), sie beriefen sich auf die an der Klassik und der Antike geschulten *humanistischen Grundwerte* bzw. auf den abendländisch-christlichen Glaubenskanon und deren moralische Konsequenzen.
ERIK REGER (1893–1954), vor 1933 ein erklärter Gegner der Nationalsozialisten, schrieb in der inneren Emigration unpolitische Kindheitserinnerungen, Liebes- und Landschaftsromane. WERNER BERGENGRUEN (1892–1964) wurde wegen seines Romans „Der Großtyrann und das Gericht" (1935) aus der Reichsschrifttumskammer ausgeschlossen, was einem Berufsverbot gleichkam. RICARDA HUCH (1864–1947) trat 1933 aus der Preußischen Akademie der Künste aus. ERNST WIECHERTS (1887 bis 1950) „Der Totenwald" (1939) beschreibt Erlebnisse nach der Internierung des Autors im Konzentrationslager Buchenwald. Er stand seit 1938 unter Aufsicht der Gestapo. JOCHEN KLEPPER (1903–1942), mit einer jüdischen Frau verheiratet, wurde 1937 aus der Reichsschrifttumskammer ausgeschlossen und wählte den Freitod, als die Deportation von Frau und Kind kurz bevorstand. ERNST BARLACH (1870–1938), von den Nationalsozialisten als „entarteter" Künstler diffamiert, widmete sich in seinem Güstrower „Exil" nur der Bildhauerkunst. HANS CAROSSA (1878–1956) lehnte die Berufung in die Preußische Akademie der Dichtung ab.

HANS CAROSSA (1878–1956)

HANS FALLADA zog sich nach Mecklenburg zurück und schrieb mehrere Romane, die auch veröffentlicht wurden: „Wer einmal aus dem Blechnapf frißt" (1934), „Wolf unter Wölfen" (2 Bde., 1937) und „Der eiserne Gustav" (1938). Er schrieb unverfängliche Kinderbücher und Märchen („Hoppelpoppel – wo bist du?", 1936, „Geschichten aus der Murkelei"). FALLADA flüchtete in Alkohol und Drogen. MARIELUISE FLEISSER (1901–1974) erhielt 1935 Schreibverbot. MARIE LUISE KASCHNITZ (1901–1974) schrieb in dieser Zeit die Liebesromane „Liebe beginnt" (1933) und „Elissa" (1937). Der Gedichtband „Totentanz und Gedichte zur Zeit", unter dem Eindruck des Krieges geschrieben, konnte erst 1947 erscheinen. WOLF-

HANS FALLADA (1893–1947)

GANG KOEPPEN (1906–1996) begab sich zwar 1934 ins Exil nach Holland, kehrte aber 1938 nach Berlin zurück. Um nicht zum Kriegsdienst eingezogen zu werden, versteckte er sich nach Kriegsausbruch bei Starnberg („Jakob Littners Aufzeichnungen aus einem Erdloch", 1992).
EHM WELK (1884–1966) wurde 1934 wegen seines Artikels „Herr Reichsminister, ein Wort, bitte" kurzfristig in das KZ Sachsenhausen überstellt. Zwischen 1935 und 1942 schrieb er allerdings die sehr erfolgreichen und *im bäuerlichen Milieu* spielenden Kinderbücher „Die Heiden von Kummerow" und „Die Gerechten von Kummerow" sowie „Die Lebensuhr des Gottlieb Grambauer". Sie durften in Deutschland erscheinen, weil sie zumindest thematisch in den Bereich **Heimatroman** „passten".

## Literatur von 1945 bis zur Gegenwart

Blick auf das zerstörte Reichstagsgebäude in Berlin 1945

Drei Zäsuren kennzeichnen die deutsche Geschichte – und damit auch die deutschsprachige Literatur – nach dem Zweiten Weltkrieg. Das sind zum Ersten der 8. Mai 1945 – das *Ende des Krieges* –, zum Zweiten die *Schließung der Westgrenzen* durch die DDR am 13. August 1961 und zum Dritten der 9. November 1989 – die *Öffnung der Mauer* – bzw. der 3. Oktober 1990 – die *Wiedervereinigung der beiden deutschen Staaten*. Mehr noch als die Wiedervereinigung hat die Zweistaatlichkeit Deutschlands auf die Literatur gewirkt. Die Trennung der Literaturen in DDR-Literatur und Literatur der BRD, Österreichs und der Schweiz hinterlässt ihre Spuren bis in das 21. Jahrhundert. Zum anderen gab es trotz trennender Tendenzen innerhalb der deutschsprachigen Literatur auch sich gegenseitig befruchtende, inspirierende Momente.

Seit Ende des Zweiten Weltkriegs sind in Deutschland über 1 000 Mal jüdische Friedhöfe geschändet worden.

### Das Ende des Krieges

Am 8. Mai 1945 wurde der Zweite Weltkrieg mit der bedingungslosen Kapitulation des Deutschen Reiches beendet. Der Krieg hatte *unfassbar viele Opfer* gefordert. Etwa 60 Millionen Menschen starben weltweit, davon mindestens 20 bis 30 Millionen Zivilisten.
Das Nazireich hatte aber neben dem bis dato verheerendsten Krieg auch das Phänomen einer *Massenvernichtung ganzer Völker* hervorgebracht. Auf der Wannsee-Konferenz 1942 war die „Endlösung der Judenfrage" beschlossen worden. Etwa sechs Millionen Juden wurden Opfer dieses *Holocaust*.
Deutschland wurde in Besatzungszonen aufgeteilt. Die Alliierten USA, Großbritannien, Frankreich und die UdSSR verwalteten und befehligten ihre Zonen unabhängig voneinander, ein Wechsel der Zone war nur mit Ausnahmegenehmigung möglich.
Die Alliierten kontrollierten den Rundfunk, vergaben Lizenzen für die Herausgabe von Zeitungen und organisierten den Alltag in den Ruinen des Landes.

**Holocaust** von griech. holókaustos = völlig verbrannt, Brandopfer.
**Shoah** aus neuhebrä. shoa = Unheil, Katastrophe.
Die Begriffe bezeichnen den eigentlich nicht in Worte fassbaren Völkermord an den europäischen Juden durch den deutschen Nationalsozialismus zwischen 1933 und 1945.

Die Wiederaufnahme des Kulturbetriebs (von der Tageszeitung über das Radio bis zum Sport) sowie die *literarische und künstlerische Betätigung* begannen bereits einige Monate nach Unterzeichnung der Kapitulationsurkunde. Die Allierten lizenzierten die „Tägliche Rundschau", den „Tagesspiegel", die „Frankfurter Rundschau". *Literarische Zeitschriften* waren die „Die Wandlung" (1945–1949) und „Der Ruf" (1946–1947).
Am 15. August 1945 nahm die Universität Heidelberg ihren *Studienbetrieb* wieder auf, Göttingen folgte am 17. September 1945, am 5. März 1946 wurde die Universität Erlangen wieder eröffnet. Erst 1946 durfte an der Humboldt-Universität in Berlin wieder gelehrt werden.
Das Deutsche Theater Berlin begann im September 1945 zu spielen.

Mit LESSINGS **„Nathan der Weise"** wurde am 7.9.1945 das Deutsche Theater in Berlin offiziell wieder eröffnet. Regie führte FRITZ WISTEN (1890–1962).



**Trümmer- oder Kahlschlagliteratur**

**Trümmerliteratur** (1945–1950) produzierte vor allem die junge Autorengeneration in den Westzonen, die sich nach dem Kriegsende zu Wort meldete und ihre Erfahrungen mit Nationalsozialismus, Krieg und dem Leben in den Trümmern der zerstörten Städte mitteilte. Besonders setzten sich die Autoren für eine „Reinigung der Sprache" **(„Kahlschlag")** von der Naziideologie ein.

Kennzeichnend für die Trümmerliteratur ist ihr neuer Realismus, die Beschreibung dessen, „was ist", ihr Motto: „Wahrheit statt Schönheit".
Die Trümmerliteraten distanzierten sich von Ideologien und politischen Programmen, sie orientierten sich am eigenen Erlebnis, am eigenen „Jetzt".

In den Westzonen sollte Literatur entstehen, die sich ganz unpolitisch mit dem „rein Menschlichen" beschäftigte. Die sogenannte Trümmer- oder *Kahlschlagliteratur* beschrieb das unmittelbare Erleben des Krieges und der Nachkriegszeit aus der Sicht der „kleinen Leute". WOLFGANG BORCHERTS (1921–1947) **Hörspiel** „Draußen vor der Tür" (1947), das auch zum Theaterstück umgearbeitet worden war, gilt als prominentestes Beispiel der Trümmerliteratur. In „Requiem für einen Freund" und anderen Erzählungen greift BORCHERT immer wieder die Bedrohlichkeit und Unsinnigkeit von Krieg und Sterben auf. Auch in „Nachts schlafen die Ratten doch", in dem ein Junge den toten Bruder unter dem Schutt eines Hauses vor den Ratten bewahren will, beschäftigt er sich mit der Gegenwärtigkeit der Katastrophe.

HEINRICH BÖLL (↗Foto, 1917–1985) veröffentlichte 1949 den Roman „Der Zug war pünktlich", der ebenso wie „Wo warst du, Adam?" (1951) das Erlebnis des Krieges behandelte. Seine erste Erzählung „Aus der Vorzeit" erschien bereits 1947 im „Rheinischen Merkur", allerdings von der Redaktion von achtzehn auf eineinhalb Seiten gekürzt. Weitere Vertreter der Trümmerliteratur waren HANS ERICH NOSSACK (1901 bis 1977), ERNST SCHNABEL (1913–1986), WOLFDIETRICH SCHNURRE (1920 bis 1989), WOLFGANG WEYRAUCH (1904–1980) und ALFRED ANDERSCH (1914–1980, „Das Gras und der alte Mann", über WOLFGANG BORCHERT, 1948) sowie GÜNTER EICH („Inventur", 1948). Die Knappheit der Form ist charakteristisch für die Trümmerliteratur. Viele der Trümmerliteraten fanden sich in der im Jahre 1947 gegründeten „Gruppe 47" zusammen. Der Begriff Trümmerliteratur wurde nur für Literatur, die in den Westzonen erschien, gebraucht.

WOLFGANG WEYRAUCH prägte den Begriff **Kahlschlag.** Er sagte: „Die Schönheit ist ein gutes Ding. Aber Schönheit ohne Wahrheit ist böse. Wahrheit ohne Schönheit ist besser." WEYRAUCH war Herausgeber von Anthologien, u. a. „Die Pflugschar" (1947) und „Tausend Gramm" (1949).

### Die literarischen Themen der Fünfzigerjahre

| WEST | OST |
|---|---|
| – Reflexion von NS-Zeit und Krieg<br>– Sichtung der Nachkriegszeit<br>– Vertriebenenproblematik<br>– Naturlyrik<br>– christliche Orientierung<br>– unkritischer Zeitroman<br>– politisches Manifest<br>– historische Themen | – Reflexion von NS-Zeit und Krieg<br>– Sichtung der Nachkriegszeit<br>– Umsiedlerproblematik<br>– Aufbau der sozialistischen Industrie<br>– Bodenreform<br>– sozialistische Entwicklung auf dem Land<br>– historische Themen |
| absurdes Theater<br>Neorealismus<br>magischer Realismus | kritischer Realismus<br>sozialistischer Realismus |

NS-Zeit, Krieg und Nachkriegszeit wurden in Ost und West unterschiedlich dargestellt. Während im Osten die NS-Zeit vorwiegend als Verhältnis kommunistischer Widerständler zum NS-Regime beschrieben wurde, gab es im Westen eine eher kritische Reflexion der Verhältnisse und das Nachwirken der Naziideologien in den Köpfen der Menschen. Im Westen gab es innerhalb der **„Gruppe 47"** eine ungebrochene Beschäftigung mit Krieg und Nachkriegszeit gleichermaßen.

GÜNTER GRASS
(1927–2015)

GÜNTER GRASS' „Die Blechtrommel" (1959) erzählt die Geschichte des Oskar Mazerath aus Danzig. Aus der Sicht des Dreißigjährigen, der in einer Heil- und Pflegeanstalt lebt, wird seine und die Geschichte seiner Familie erzählt: Von der kaschubischen Großmutter im Jahr 1899, wie Oskars Großvater Joseph Koljaiczek Zuflucht vor den Feldgendarmen unter den Röcken der Großmutter findet und wo Oskars Mutter gezeugt wird, von Oskars Kindheit, als der mit drei Jahren beschließt, nicht mehr zu wachsen. Er will Trommler sein, und wenn er sich wehrt, tut er das mit seiner Stimme, die Glas zerbrechen lässt. Mit seiner Trommel bringt er die Marschmusik der Danziger Nazis aus dem Takt, mit seiner Stimme lässt er gläserne Theaterfassaden zerspringen. Oskar, der Anarchist, wehrt sich mit der Naivität eines Dreijährigen gegen die Umwelt, immer die Sehnsucht im Blick, in den Mutterschoß zurückkehren zu können.
ALFRED ANDERSCHS Roman „Sansibar oder Der letzte Grund" ist die Geschichte einer Flucht aus Nazideutschland. Der junge Kommunist Gregor hilft einem Pfarrer, eine Skulptur, den „Lesenden Klosterschüler", den die Nazis für entartete Kunst halten und vernichten wollen, aus Deutschland herauszuschmuggeln. Dabei trifft er auf Judith, die versuchen will, über die Ostsee ins neutrale Schweden zu flüchten. So hilft der Parteiarbeiter Gregor entgegen seinem Parteiauftrag dem Pfarrer Helander und dem jüdischen Mädchen.

Neben den Autoren der „Gruppe 47", die sich vor allem einem **magischen Realismus** verpflichtet fühlten und sich an Werken ERNEST HEMINGWAYS (1899–1961), JOHN STEINBECKS (1902–1968) und WILLIAM FAULKNERS (1897–1962) orientierten, entwickelten EUGEN GOMRINGER (geb. 1925) sowie die Dichter der **Wiener Gruppe** H(ANS) C(ARL) ARTMANN (1921–2000) und GERHARD RÜHM (geb. 1930) u. a. Theorien einer *konkreten Literatur.*

> **Konkrete Literatur** bezeichnet eine Literatur, die Worte, Buchstaben, Satzzeichen aus dem Zusammenhang der Sprache löst und sie dem Leser direkt gegenüberstellt. Die phonetischen, visuellen und akustischen Dimensionen des Textes werden durch Montage, Variation, Isolation, Reihung, Wiederholung, durch ihre ungewöhnliche grafische Anordnung oder durch lautes Lesen materialisiert.

Konkrete Literatur: auch konkrete Poesie, visuelle Dichtung. Den Begriff übernahm man von THEO VAN DOESBURG, der 1930 den Begriff „konkrete Kunst" eingeführt hat.



Die konkrete Literatur ist wie auch der magische Realismus eine internationale Erscheinung. Ihre Vertreter waren u.a. in Bolivien, Brasilien, Schweden zu Hause. Sie greift sowohl die **Emblematik** des Barock auf, um diese zu variieren, als auch Elemente des Dadaismus und des **Surrealismus.** Der Schwede ÖYVIND FAHLSTRÖM (1928–1976), Verfasser des „Manifestes für Konkrete Poesie" (1953), die brasilianischen Dichter der Gruppe „Noigandres" (gegr. 1952), die Brüder AUGUSTO (geb. 1931) und HAROLDO DE CAMPOS (1929–2003) sowie DÉCIO PIGNATARI (1927–2012), die Österreicher ERNST JANDL (1925–2000), KONRAD BAYER (1932–1964) und FRIEDRICH ACHLEITNER (1930–2019) sowie HELMUT HEISSENBÜTTEL (1921–1996) in Deutschland sind weitere wichtige Vertreter der **konkreten Poesie.**

Nicht die *Darstellung von Sujets* wird den konkreten Literaten wichtig, sondern das sprachliche Material. HEISSENBÜTTEL arbeitete schon seit Anfang der Fünfzigerjahre mit **Zitatcollagen.** Er nannte seine Texte „Halluzinationen". Sein Verfahren, die einzelnen Wörter aus ihrem Satzzusammenhang zu lösen, um ihre eigentliche Bedeutung zu erfassen, gipfelt in der *Zerstörung des Satzes.* Stattdessen gehen die Wörter eine *Verbindung über ihren Klang* ein. Die Regeln der deutschen Grammatik werden dabei aufgelöst. So wird eine Trennung seiner Texte in Lyrik und Prosa außerordentlich schwierig. Das „ausschließlich Subjektive des Gedichts" wird genährt aus *erinnerter Erfahrung.*

In der Tradition HEINES und BRECHTS stand die politische Lyrik HANS MAGNUS ENZENSBERGERS (↗Foto) seit „verteidigung der wölfe" (1957), seinem ersten Gedichtband. Damit wurde er sofort bekannt. Als „rabiater Randalierer" und „Bürgerschreck" (HANS EGON HOLTHUSEN) betitelte man ihn und als „zornigen jungen Mann der deutschen Literatur".

ENZENSBERGER schreibt über „utopia", „misogynie", „jemands lied", „geburtsanzeige", „anweisung an sisyphos" und „ins lesebuch für die oberstufe". Sein Titelgedicht lautet „verteidigung der wölfe gegen die lämmer". Diese zeitkritische Lyrik benutzt irritierende Stilmittel (Verfremdung des Wortmaterials, parodistischer Gebrauch von Zitaten).

Es ist die *Frage nach der Schuld der Unschuldigen,* die auch ENZENSBERGERS Literatur prägt. Die Frage, inwieweit die Deutschen den Völkermord stillschweigend billigten, klang schon bei GRASS an. Hier jedoch beschreibt ein Autor das *stumm gewordene Leben.* Es wird keine Absolution erteilt. Schonungslos hält ENZENSBERGER den Unschuldig-Schuldigen den Spiegel vor, damit sie ihren Untertanengeist erkennen: „seht in den spiegel: feig, / scheuend die mühsal der wahrheit […]".

Absolution meint „Lossprechung" von der Schuld.

Diese Sprache gibt es in ihrer Deutlichkeit in der Literatur der frühen DDR nicht. Hier wurde die Kriegszeit vorwiegend in der Epik reflektiert.

Fast immer waren die Autoren ehemalige Soldaten oder Flakhelfer (geboren 1920–1930). Nach anfänglicher Thematisierung von Schuld und Unschuld an Nazireich und Krieg und der Entlastung der „Kleinen" wurde die *Befreiung von der Schuld* in Aussicht gestellt, wenn man sich beim Aufbau des Neuen engagierte. Das „sozialistische Menschenbild" geriet so zum Hoffnungsträger für die *Vergangenheitsbewältigung*.

**in Ostdeutschland**

**NS-Zeit und Krieg**

| | |
|---|---|
| APITZ: | „Nackt unter Wölfen" (1958) |
| HERMLIN: | „Die Zeit der Gemeinsamkeit" (1950) |
| A. MATUSCHE: | „Die Dorfstraße" (1955) |
| NOLL: | „Die Abenteuer des Werner Holt" (1960) |
| BREZAN: | „Semester der verlorenen Zeit" (1960) |
| E. GÜNTHER: | „Flandrisches Finale" (1955) |
| F. FÜHMANN: | „Kameraden" (1955) |
| OTTO: | „Die Lüge" (1956) |

**Nachkriegszeit**

| | |
|---|---|
| ERWIN STRITTMATTER: | „Tinko" (1953), „Katzgraben" (1954) |
| SEGHERS: | „Die Entscheidung" (1959) |
| WELK: | „Der Hammer will gehandhabt sein" (1958) |
| E. CLAUDIUS: | „Menschen an unserer Seite" (1951) |
| MARCHWITZA: | Kumiak-Trilogie |
| LOEST: | „Jungen, die übrigblieben" (1950) |
| STERNBERG: | „Einzug der Gladiatoren" (1958) |

Der Roman „Nackt unter Wölfen" von BRUNO APITZ (1900–1979), erschienen 1958, beschreibt die letzten Wochen im Konzentrationslager Buchenwald bis zur Selbstbefreiung der Häftlinge. APITZ selbst war in diesem Lager interniert gewesen, und so schildert er sehr einfühlsam und zugleich realistisch, wie das Auftauchen eines dreijährigen Jungen den vorbereiteten bewaffneten Aufstand der Lagerinsassen gefährden könnte und wie doch letztendlich sowohl das Kind vor der SS gerettet werden kann als auch der Aufstand gelingt. Das Werk wurde in über 30 Sprachen übersetzt.

In „Tinko" (1954) verarbeitete ERWIN STRITTMATTER (↗Foto, 1912–1994) Episoden aus dem Leben seines Bruders, der beim Großvater aufwuchs. „Tinko" thematisiert die gesellschaftlichen Umwälzungen auf dem Land nach der Bodenreform in der östlichen Besatzungszone. Es wurde eines der beliebtesten Kinderbücher in der DDR.

„Tinko" ist die Geschichte eines ostdeutschen Bauernjungen nach dem Zweiten Weltkrieg, in der Zeit nach der Bodenreform. Tinkos Mutter ist gestorben und der Vater noch in Gefangenschaft. So lebt er bei den Großeltern, die nun ein eigenes Stück Land besitzen. Nach dem Willen des Großvaters soll Tinko den Hof einmal übernehmen. Aber eines Tages kehrt der Vater heim, träumt von einer neuen Zeit

und engagiert sich für die gegenseitige Bauernhilfe. Tinko betrachtet den fremden Mann mit tiefem Misstrauen. Der starrsinnige Großvater wehrt sich gegen die „neue Zeit“ und vertreibt Tinkos Vater vom Hof.
Tinko weiß nicht, woran er sich orientieren soll: an den modernen Ideen des Vaters oder an den traditionellen Vorstellungen des Großvaters. Schließlich lässt der Großvater ihn nicht mehr zum Schulunterricht. Er soll auf dem Feld helfen, die Ernte einzubringen. Da der Großvater nicht auf die „Kommunistenmaschinen“ zurückgreifen mag, mäht er sein Getreide die halbe Nacht durch, bis sein altes Pferd zusammenbricht und stirbt. Nun schwinden auch dem Großvater auf seinem Stück Land die Kräfte.

### Die literarischen Themen der 1960er-Jahre

Die Kulturen und Literaturen beider deutscher Staaten wurden sich *zunehmend fremd.* In der Bundesrepublik erschienene Literaturbilanzen der frühen 1960er-Jahre nannten nicht einen Autor aus der DDR. Die Ignoranz vonseiten der Literaturkritiker und einiger Autoren bedeutete nicht schlechthin Ausgrenzung, sondern *Abgrenzung und Abwertung.* Nur insofern macht diese Haltung die Existenz von zwei als verschieden wahrgenommenen Literaturen ex negativo deutlich.

ex negativo, hier = aus der Nichtbeachtung

| WEST | OST |
|---|---|
| – Leben im NS-Reich<br>– Zweiter Weltkrieg, Holocaust<br>– Menschen in Isolation, Krisensituation, Vereinsamung<br>– kritischer bzw. satirischer Blick auf die Wirklichkeit<br>– persönliche Schuld des Einzelnen<br>– Beziehungsprobleme<br>– historische Themen<br>– deutsche Teilung<br>– Heimat als Verlust | – Reflexion von NS-Zeit, Krieg und Gefangenschaft<br>– Sichtung der Nachkriegszeit<br>– Aufbau der sozialist. Industrie<br>– Leben auf dem Lande, Gründung von LPGs<br>– Konflikte im Sozialismus<br>– Beziehungsprobleme<br>– historische Themen<br>– deutsche Teilung<br>– Heimat und Umsiedlung |
| Groteske, konkrete Poesie, Naturlyrik, absurdes Theater, Pikareske | Naturlyrik, Satire, pikareske Literatur |
| Neorealismus, Existenzialismus, magischer Realismus, Surrealismus | „Ankunftsliteratur“, sozialistischer Realismus |

### Alltag und Geschichte in Ost und West

Ab Mitte der 1960er-Jahre begann man in der DDR von der Existenz **zweier deutscher Nationalliteraturen** zu sprechen.
Zur selben Zeit meldete sich eine neue Autorengeneration zu Wort. Man spricht von **Ankunftsliteratur** (1961–1970) nach BRIGITTE REIMANNS (1933–1973) Roman „Ankunft im Alltag“ (1961). (REIMANN 1973: „… später wurde von den Germanisten die ganze Literaturströmung jener Jahre danach benannt, und so geistere ich wenigstens als Vortruppler der ‚Ankunftsliteratur‘ durch die Lexika …“) Die Ankunftsliteratur folgte dem Muster des traditionellen *Bildungs- und Erziehungsromans.* Der positive Held findet seinen Weg in die sozialistische Gesellschaft. Das sollte suggerieren, die Bürger der DDR seien in ihrem Staat angekommen, hätten

die (nach BRECHT) „Mühen der Gebirge“ hinter sich gebracht und vor ihnen lägen die „Mühen der Ebene“.

Zur Ankunftsliteratur gehört u. a. KARL-HEINZ JAKOBS' (1929–2015) „Beschreibung eines Sommers“ (1961). Das Buch wurde 1962 mit CHRISTEL BODENSTEIN und MANFRED KRUG in den Hauptrollen von der DEFA verfilmt.

Ab Mitte der 1960er-Jahre wurden aus den Fragen nach der Ankunft Fragen nach der eigenen Identität. Hier trafen sich die Autoren aus Ost und West wieder.

Das Thema der **Isolation und Identitätsproblematik** als Ausdruck gesamtgesellschaftlicher Krisenerfahrung wurde von MAX FRISCH (1911–1991) in „Mein Name sei Gantenbein“ (1964) aufgegriffen. Der Ich-Erzähler lebt in einer Innenwelt, die keine eigentliche Identität aufweist. So wechselt er ständig seine Rollen. Auf diese Weise gelangt er zu immer neuen Erfahrungen. Einmal ist er Ehemann, ein anderes Mal Geliebter. Die vielen möglichen Begebenheiten vermitteln ihm keine persönliche Geschichte. Schließlich entscheidet er sich, die Identität Gantenbeins anzunehmen. In der Rolle eines Blinden, in die er dann schlüpft, kann er – ohne in die Außenwelt tätig einzugreifen – diese mit Blindenbrille und Stock beobachtend wahrnehmen. „Leute wie Gantenbein, die nie sagen, was sie sehen“, brauche die Welt, resümiert der Erzähler.
FRISCH setzte mit dem „Gantenbein“ seine Auseinandersetzung mit der Philosophie KIERKEGAARDS aus den 1950er-Jahren („Stiller“, 1954) fort. „Ich bin nicht Stiller“, lautet programmatisch der erste Satz in „Stiller“, der die Unfähigkeit einschließt, „mit sich selbst identisch“ zu sein. Dazu bedarf es der *Wahrhaftigkeit des Lebens.* Nur wer mit sich eins ist, wer mit sich selbst aufrichtig umgeht, ist mit sich selbst identisch. Jede Lüge, Selbstlüge und Selbstverleugnung tötet. Mit seinen Werken leistete FRISCH erhebliche Erinnerungsarbeit nach dem Weltkrieg.

In diesem Sinne ist „Stiller“ als Auseinandersetzung mit den gesellschaftlichen Verhältnissen im Nachkriegseuropa zu verstehen.

Mit der Identitätsproblematik beschäftigten sich auch INGEBORG BACHMANN in Österreich sowie INGE MÜLLER (1925–1966) mit ihren Gedichten und CHRISTA WOLF in „Nachdenken über Christa T.“ in der DDR.
BACHMANN (↗Foto) bekennt in „Wie soll ich mich nennen??“: „Ich habe vergessen, / woher ich komme und wohin ich geh“. Auch sie fragt nach der Schuld: „Wann begann die Schuld ihren Reigen …“ Anders als bei FRISCH „… singt noch ein Beginnen“ im lyrischen Sprecher mit und zugleich Resignation: „Wie soll ich mich nennen, / ohne in anderer Sprache zu sein.“ BACHMANN zeigt so auf die Sprache der Täter, die auch ihre Sprache ist und derer sie sich in ihrem schriftstellerischen Werk bedient.
INGE MÜLLERS Lyrik umkreist die Persönlichkeitssuche, die Ängste, in denen sich die Autorin seit der Zeit befand, als sie drei Tage lang unter den Trümmern eines Hauses verschüttet lag: „Ich weigre mich Masken zu tragen / Mich suche ich / […] Kein Feuer kein Gott wir selber / Legen uns ins Grab.“

Mit seinen Erzählbänden „Boehlendorff und Mäusefest“ (1965) und „Der Mahner“ (posthum 1967) legte JOHANNES BOBROWSKI (1917–1965) eine eigenwillige Kurzprosa vor, die zumeist die Orte seiner Kindheit und Jugend in Ostpreußen umkreist. Es sind unspektakuläre Kabinettstückchen, sie handeln von Balten, Polen, Juden und Deutschen, von der Schuld und der Unschuld.

„Mäusefest" (1962) erzählt von dem alten Juden Moise Trumpeter, der in seinem kleinen Laden sitzt, gemeinsam mit dem Mond ein paar Mäuse beobachtet, die an einer Brotrinde nagen. Es ist eine friedliche Szenerie. Nun kommt ein deutscher Soldat herein. Die Mäuse haben ihn zuerst bemerkt und sind fortgelaufen. Moise bietet dem jungen Deutschen seinen einzigen Stuhl an. Gemeinsam schauen sie den Mäusen zu, die wieder aus ihrem Versteck hervor-kommen. „Der Krieg ist schon ein paar Tage alt. Das Land heißt Polen", erfährt der Leser. Dem Mond wird es unheimlich: „... ich muß noch ein bißchen weiter", sagt er. Aber nun steht der junge deutsche Soldat auf und geht. Die Mäuse verschwinden. „Mäuse können das", endet die Geschichte.

Die Brisanz der Geschichte ist nur verständlich, wenn man den historischen Hintergrund mitdenkt. Die Geschichte spielt im Zweiten Weltkrieg und man weiß, dass kurze Zeit später die ersten Deportationen von Juden in die Konzentrationslager folgen werden. Mäuse können sich verstecken, aber Moise Trumpeter, der alte polnische Jude, wird es nicht können. Die Friedlichkeit der Szenerie erweist sich als Trug. Die Deutschen sind gerade dabei, das Land, das Polen heißt, zu verheeren und seine Bewohner für sich Sklavendienste machen zu lassen. Das Unspektakuläre in BOBROWSKIS Prosa erhält eine weite geschichtliche Dimension.

Während in der DDR für 1949 ein Anteil von 1,5 % an Belletristik mit historischer Thematik ausgewiesen wird, sind es 1955 bereits 20 % und 1957 sogar 25 %.

In der **Kinder- und Jugendliteratur** der DDR und der Bundesrepublik wurde das **historische Sujet** stark beachtet. Von WILLI MEINCK (1914–1993, „Die seltsamen Abenteuer des Marco Polo", 1955), der bereits in den 1950er-Jahren historische Romane veröffentlicht hatte, und KURT DAVID (1924–1994, „Der schwarze Wolf", 1966, ein Roman um DSCHINGIS KHAN) erschienen Jugendbücher, die in der Tradition der abenteuerlichen Geschichtserzählung stehen. Daneben wurden Romane und Erzählungen um *Persönlichkeiten der Arbeiterbewegung* veröffentlicht. „Damals war es Friedrich" (1961) von HANS PETER RICHTER (1925–1993) erzählt die Geschichte zweier Jungen, die im selben Haus aufwachsen, Freunde werden. Doch der eine, Friedrich Schneider, ist jüdischer Abstammung und nach dem Machtantritt der Nazis den *Diskriminierungen durch die Gesellschaft* ausgesetzt. Dies beginnt mit Beschimpfungen und endet mit der *totalen Entrechtung der Juden.* Friedrich darf die Schule nicht weiter besuchen. Der Vater seines Freundes tritt in die NSDAP ein und ist selbst den Zwängen des NS-Staates unterworfen. Als 17-Jähriger, während eines Bombardements auf die ungenannte Stadt im Jahr 1942, wird Friedrich von einem Bombensplitter tödlich getroffen. Er stirbt, weil man ihn, weil er Jude ist, aus dem Luftschutzbunker vertrieben hat.

SIEGFRIED LENZ (1926–2015)

SIEGFRIED LENZ' Roman „Deutschstunde" (1968) behandelt einen nicht alltäglichen Vater-Sohn-Konflikt. Es ist eine Parabel um die Schuld der Väter, ein hochbrisantes Thema in der BRD der späten 1960er-Jahre. Aber es geht auch um die Widersprüche menschlicher Existenz, um Einzelschicksale und Wehr gegen Ideologien. Siggi Jepsen handelt gegen seinen Vater, den Polizeiposten in Rugbüll, der das Berufsverbot gegen den „entarteten Maler" Max Ludwig Nansen durchsetzen will. Für den Jungen ist die „Pflicht" des Vaters nicht verständlich. Er entschließt sich für die Freundschaft, als er einige Bilder des Malers verborgen hält, und für die (Geschwister-)Liebe, als er seinen Bruder Klaas versteckt, der aus einem Gefangenenkrankenhaus ausgebrochen ist. Pflicht wird hier der bedingungslosen Menschlichkeit entgegengestellt. Vater und Sohn wollen auch nach dem Krieg nicht von ihren Überzeugungen lassen. Der Vater verfolgt zwanghaft den Maler und dessen Bilder, während der Sohn versucht, den Maler zu schützen. In einer Rettungsaktion will Siggi die Gemälde des Freundes aus einer Ausstellung entfernen, bevor sein Vater sie zerstören kann, und wird dafür zu einer Jugendstrafe verurteilt.

Dem Thema des *Antifaschismus,* des *Nationalsozialismus* und des *Holocaust* widmeten sich GISELA KARAUS (1932–2010) „Der gute Stern des Janusz K.", WALTER PÜSCHELS „Kaddisch für Liebermann" und BODO SCHULENBURGS „Markus und der Golem". JUREK BECKERS (1937–1997) „Jakob der Lügner" (1968) spielt im jüdischen Getto von Lodz 1944. Jakob Heym erfährt zufällig auf einer Polizeiwache im Radio, dass die russische Armee mit der deutschen Wehrmacht etwa 400 Kilometer östlich des Gettos in Kämpfe verwickelt ist. Als er die Nachricht weitergibt, entsteht das Gerücht, er habe ein Radio. Jakob muss weiter lügen und erfindet neue Erfolgsmeldungen der Alliierten. Damit gibt er den Gettobewohnern Hoffnung und Mut zum Durchhalten. Doch die Deutschen erfahren von dem „geheimen Radio" und beginnen, danach zu suchen.
Der Erzähler bietet dem Leser zwei Erzählschlüsse an. Zunächst endet der Roman mit dem Abtransport aller Gettobewohner, jedoch erscheint dem Erzähler dieser Schluss würdelos, und so erzählt er zusätzlich von der Befreiung des Gettos durch die Rote Armee.

MAX FRISCH (1911–1991)

MAX FRISCH thematisiert in seinem Theaterstück „Andorra" (1961) das Thema des *Antisemitismus*. Das Stück spielt im fiktiven Andorra, dem „Land der Weißen". Ein junger Mann wird von seinem Vater als Jude ausgegeben, den der Vater aus dem „Land der Schwarzen" gerettet habe, wo ihm der Tod sicher gewesen sei. Tatsächlich halten ihn die Andorraner bald für einen typischen Juden. Er sieht sich Schikanen durch die Bevölkerung ausgesetzt. Als ihm sein Vater, den er für seinen Pflegevater hält, die Heirat mit seiner Tochter verweigert, glaubt auch er selbst diese Legende. Seine Mutter, die zu Besuch weilt und aus dem „Land der Schwarzen" stammt, wird mit einem Steinwurf erschlagen. Das nehmen die Schwarzen zum Anlass, in Andorra einzurücken. Der junge Mann wird für den Mörder gehalten und hingerichtet. Kein Andorraner fühlt sich schuldig am Tod des Jungen.

„Katz und Maus" wurde 1966 in der Regie von HANS-JÜRGEN POHLAND mit den Söhnen des Altbundeskanzlers WILLY BRANDT, LARS und PETER BRANDT, sowie mit WOLFGANG NEUSS verfilmt.

Mit „Katz und Maus" (1961) und „Hundejahre" (1963) beendete GÜNTER GRASS die sogenannte Danziger Trilogie, zu der auch der 1959 veröffentlichte Roman „Die Blechtrommel" gehört. In der Novelle „Katz und Maus" berichtet der Ich-Erzähler Pilenz über den Abschied von einer Kindheit im Danzig des Zweiten Weltkriegs. Pilenz ist fasziniert vom großen Adamsapfel des Schulfreundes Joachim Mahlke. Dieser stiehlt einem Ritterkreuzträger sein Ritterkreuz, um es heimlich anzulegen. Als er es öffentlich zurückgibt, fliegt er von der Schule, wird zum Arbeitsdienst einberufen, und als Unteroffizier einer Panzertruppe erhält er schließlich selbst ein Ritterkreuz. Mit diesem kehrt er an die Schule zurück und hat dort einen großen Auftritt. Er beschließt, nicht mehr an die Front zurück-

zukehren, und will sich auf dem Wrack eines Minensuchbootes in der Ostsee verstecken. Von dort kehrt er nicht wieder zurück.
In „Hundejahre“ wird die Beziehung zweier Männer beschrieben, die von 1925 bis in die 1950er-Jahre in der Bundesrepublik reicht. Es geht um Freundschaft, Verrat, Rache und Versöhnung.
Auch hier ist von der *persönlichen Schuld des Einzelnen* die Rede. GRASS bietet jedoch auch Angebote für Vergebung von Schuld an.

In FRIEDRICH DÜRRENMATTS „Die Physiker“ geht es um die Verantwortung des Wissenschaftlers vor seiner Erfindung. Der Physiker Möbius begibt sich freiwillig in die Irrenanstalt, um sein „System aller möglichen Erfindungen“ nicht in die falschen Hände geraten zu lassen und um so den Weltuntergang zu verhindern. Um an seine Formel zu gelangen, lassen sich zwei konkurrierende Physiker (die eigentlich Agenten des Ost- bzw. West-Geheimdienstes sind) ebenfalls in die Anstalt einweisen. Doch die Formel ist bereits vernichtet. Sie war zuvor jedoch von einer machthungrigen Ärztin gesichert worden. Nun benutzt sie die Formel für sich selbst, um die Weltherrschaft zu erringen. Die Physiker geraten in die Gefahr, wirklich irre zu werden. „Verrückt, aber weise. Gefangen, aber frei. Physiker, aber unschuldig“, hatten sie zuvor ein Bündnis geschlossen. Jedoch sind sie nicht wirklich unschuldig: Jeder der drei hat einen Mord begangen an der Krankenschwester, die ihn persönlich betreute.

FRIEDRICH DÜRRENMATT (1921–1990)

### Neue Subjektivität

**Neue Subjektivität** bezeichnet eine Richtung in der deutschen Literatur seit den Siebzigerjahren, die stark subjektive und autobiografische Tendenzen aufweist. Die Neue Subjektivität grenzt sich ab von der stark politisierten Literatur der Zeit um 1968.

Der Begriff **Neue Subjektivität** wurde von MARCEL REICH-RANICKI geprägt.

Nach dem politischen Scheitern der Protestbewegung von 1968 sowie dem Einmarsch sowjetischer Truppen in Prag ist in der deutschsprachigen Literatur eine Hinwendung zum Privaten zu beobachten.
Diese Tendenz gilt gleichermaßen für Ost wie West. Rückzug ins Private meint jedoch nicht, dass die Literatur „entpolitisiert“ worden wäre. Vielmehr wird die *eigene Biografie zum Schreibanlass:* eine Krankheit, eigene Empfindungen, Probleme im privaten Bereich, auch das Erleben der geschichtlichen Abläufe. Letzterem widmeten sich HERMANN KANT (1926–2016) in „Der Aufenthalt“ (1977) und CHRISTA WOLF (1929–2011) in „Kindheitsmuster“ (1976). PETER HANDKE (↗ Bild, geb. 1942) schrieb in „Wunschloses Unglück“ (1972) eine Biografie seiner Mutter und wandte sich in „Die linkshändige Frau“ (1976) und anderen Werken autobiografischen Momenten zu.
In seiner Erzählung „Jugend“ (1976) verarbeitete WOLFGANG KOEPPEN (1906–1996) in düsteren, melancholischen Tönen seine Erlebnisse in seiner Heimatstadt Greifswald. „Greifswald war ihm bis ins Alter eine Stätte der Hassliebe, die ihn nicht losließ und die er nicht loslassen wollte“ (GUNNAR MÜLLER-WALDECK). Vor den Augen des Lesers ersteht keine Handlung, an der er sich festhalten kann. Sehr präzise, detailreiche Beobachtungen, tiefgründige Reflexionen sind aneinandergereiht, das

Die Tendenz subjektiver Schreibweise hält nach wie vor an.

Fragment eines Romans ist zerstört und baut das Bild einer Stadt und seiner Bewohner.

Auch CHRISTA WOLF nutzte in „Nachdenken über Christa T." (1968) autobiografische Elemente zur Gestaltung ihres Romans. Literarisch vorweggenommen hatte PETER WEISS (1916–1982) die Neue Subjektivität 1961 mit seinem autobiografischen Buch „Abschied von den Eltern". Mit „Die Korrektur" (1975) und „Beton" (1982) legte THOMAS BERNHARD (1931–1989) subjektiv gefärbte Prosa vor. BARBARA FRISCHMUTH (geb. 1941) untersuchte in „Tage und Jahre" (1971) und anderen Werken das Verhältnis zur eigenen Kindheit. Auch GABRIELE WOHMANN (1932–2015) umkreist in vielen ihrer Werke das Verhältnis zwischen Eltern und ihren Kindern.

CHRISTA WOLF (1929–2011)

HUBERT FICHTE (1935–1986) erzählt in „Das Waisenhaus" (1965) die Erlebnisse des achtjährigen Detlev in einem katholischen Waisenhaus während des Zweiten Weltkriegs. Der Junge ist Halbjude, jedoch evangelisch getauft. So kommt es zu vielen Konflikten. Er selbst ist sich nicht bewusst, dass der Aufenthalt im Waisenhaus auch seinem Schutz gilt.

Viel unmittelbarer als die erzählenden Texte der Neuen Subjektivität nimmt die **Protokollliteratur** ihre Stoffe aus der Wirklichkeit. ERIKA RUNGES (geb. 1939) „Frauen. Versuche zur Emanzipation" (1970), SARAH KIRSCHS (1935–2013) „Die Panterfrau. Fünf Frauen in der DDR" (1973), MAXIE WANDERS (1933– 1977) „Guten Morgen, du Schöne" (1978) und KARIN STRUCKS „Klassenliebe" (1973) sind Beispiele dafür. Sie basieren auf Tonbandinterviews und versuchen, das „wirkliche Leben" in die Literatur einzubringen. Literarisch knüpfen sie an die *Neue Sachlichkeit* der 1920er-Jahre an.

▶ Neue Sachlichkeit, ↗ S. 373 ff.

Die Lyrik der *Neuen Innerlichkeit* berichtet beiläufig Privates. Persönliche Erfahrungen werden in den größeren gesellschaftlichen Zusammenhang gestellt. Diese Lyrik ist gekennzeichnet durch ihre Einfachheit, Direktheit und Authentizität. Sie wird charakterisiert durch Schlichtheit der Sprache und Metaphernarmut. Die sogenannte **Alltagslyrik** war auch eine Abgrenzung zur *hermetischen Lyrik* in den 1950er-Jahren in der Bundesrepublik.

▶ Hermetische Lyrik ist eine in sich geschlossene, schwer verständliche Lyrik voller **Chiffren.**

### Die 1970er-Jahre in der DDR

▶ Der VIII. Parteitag der SED fand 1971 statt. Das 6. ZK-Plenum war 1972.

Politisch beginnt das 1970er-Jahrzehnt in der DDR mit der Ablösung von WALTER ULBRICHT durch ERICH HONECKER. Die anfänglichen Hoffnungen auf eine Liberalisierung der Gesellschaft erfüllten sich jedoch nicht. Zwar sollte nach dem VIII. Parteitag der SED und dem 6. ZK-Plenum eine Ära

folgen, in welcher es „keine Tabus auf dem Gebiet von Literatur und Kunst" (HONECKER) geben sollte. Diese „tabufreie Zeit" währte nicht lange. Jedoch erschienen in dieser Zeit einige der wichtigsten Werke der DDR-Literatur, u. a. CHRISTA WOLFS „Nachdenken über Christa T." und „Kindheitsmuster", VOLKER BRAUNS „Das ungezwungene Leben Kasts" (1971), BRIGITTE REIMANNS „Franziska Linkerhand" (1974, in einer gekürzten Fassung).
Andere wichtige Werke durften jedoch erst viel später (VOLKER BRAUNS „Unvollendete Geschichte", entstanden 1975, erschienen 1988) oder nie (STEFAN HEYMS „Collin", 1979, ROLF SCHNEIDERS „November", 1979) in der DDR veröffentlicht werden.
ULRICH PLENZDORFS „Die neuen Leiden des jungen W." (entstanden 1968, Prosafassung 1972, dramatisierte Fassung 1973) bringt auf neue Weise den Helden als Arbeiter auf die Bühne. Es ist die Geschichte eines auf Individualismus und respektlosen Umgang mit den Klassikern beharrenden jugendlichen Tüftlers.

Der 17-jährige Held Edgar Wibeau schmeißt seine Lehre, nistet sich in einer Berliner Gartenlaube ein. Er findet auf dem Klo einer Laube Goethes „Leiden des jungen Werthers" und versucht, in Tonbandbriefen an seinen Freund Willi seine Erlebnisse in Goethes Manier zu schildern. Edgar leidet an den Anpassungszwängen der Gesellschaft. Er protestiert gegen die Welt der Erwachsenen, insbesondere gegen seinen früheren Ausbilder, dessen autoritärer Stil ihn in seiner Lebensqualität einschränkt. Er wendet sich gegen eine Vorbild-Erziehung, die die freie Entfaltung der Persönlichkeit (ein erklärtes Ziel der Pädagogik in der DDR) einschränkt. Edgar stirbt an einem Stromstoß, als er versucht, ein neues Gerät für seine Malerbrigade auszuprobieren. Seine letzten Botschaften erreichen Willi aus dem Jenseits.

Der Leser soll die Geschichte zu Ende denken: War Edgars Tod ein Unfall oder ein Selbstmord, ähnlich dem des goetheschen Vorbildes? PLENZDORF führt in seinem Buch einen Helden vor, der lebt um des Lebens willen, ähnlich der Charaktere BÜCHNERS. Hier wird die Unbedingtheit des Lebens beschworen jenseits aller Richtlinien, Bevormundungen durch Staat und Partei und der verknöcherten Pädagogik, die MARGOT HONECKER als Frau des ersten Mannes im Staate DDR mit harter Hand führte. Die Sprache orientierte sich an der Jugendsprache , ähnlich wie in J. D. SALINGERS „The Catcher in the Rye" (1951, dt. „Der Fänger im Roggen").

MARGOT HONECKER war Ministerin für Volksbildung in der DDR.

**Der „Fall Biermann"**
Eine literaturgeschichtliche Zäsur innerhalb der DDR-Literatur ist mit der Ausbürgerung WOLF BIERMANNS im November 1976 zu setzen. BIERMANN, der seit 1965 nicht mehr öffentlich auftreten durfte, war erlaubt worden, in Köln einige Konzerte für die IG Metall zu geben. Nach der Ausstrahlung seines ersten Konzerts am 13. November 1976 im bundesrepublikanischen Fernsehen wurde ihm jedoch am 16. November die Staatsbürgerschaft der DDR aberkannt. Ihm wurde „feindliches Auftreten" vorgeworfen, im „Neuen Deutschland" wurde er als „antikommunistischer Krakeeler" beschimpft. Nach Bekanntwerden der Ausbürgerung taten sich zwölf Autoren unter Federführung von STEPHAN

„Neues Deutschland" war das Zentralorgan des Zentralkomitees der SED.

WOLF BIERMANN (geb. 1936)

HERMLIN zusammen, um in einem „offenen Brief" dagegen zu protestieren. Unter ihnen waren SARAH KIRSCH, CHRISTA WOLF, JUREK BECKER, GÜNTER KUNERT, VOLKER BRAUN, FRANZ FÜHMANN und STEFAN HEYM. Später schlossen sich andere Autoren dem offenen Brief an.
Die Parteiführung blieb jedoch hart in ihrer Entscheidung. Es folgten Parteiausschlüsse und Parteistrafen für widerborstige Autoren. So wurden KARL-HEINZ JAKOBS und GERHARD WOLF aus der SED ausgeschlossen, SARAH KIRSCH, GÜNTER KUNERT und JUREK BECKER „aus den Reihen der Partei gestrichen". CHRISTA WOLF und andere erhielten Parteistrafen.
In der Folge der BIERMANN-Ausbürgerung kam es zu teilweise erheblichen Behinderungen und Sanktionen gegenüber unbotmäßigen Autoren, man sprach Druck- und Aufführungsverbote aus, einige Schriftsteller erhielten Gefängnisstrafen. Seit 1979 existierte zudem ein Gesetz gegen Devisenvergehen, das unter Strafe stellte, wenn Werke ohne Erlaubnis im Westen erschienen. Die Literaten ließen sich jedoch nicht mehr so einfach von Partei und Staat vereinnahmen. Viele Autoren konnten in einer Umgebung der Bevormundung und Gängelei nicht mehr schreiben (GÜNTER KUNERT).
Weit über 200 von ihnen verließen im Laufe der Zeit die DDR. Kurz nach der Ausbürgerung BIERMANNS waren es u.a. JUREK BECKER, THOMAS BRASCH, KARL-HEINZ JAKOBS, BERND JENTZSCH, GÜNTER KUNERT, REINER KUNZE, SARAH KIRSCH, KLAUS POCHE, HANS-JOACHIM SCHÄDLICH und KLAUS SCHLESINGER. Auch in den 1980er-Jahren riss die Ausreisewelle nicht ab: IRINA LIEBMANN, JÜRGEN FUCHS, MONIKA MARON, FRANK-WOLF MATTHIES, CHRISTA MOOG, KATJA LANGE-MÜLLER u. a. verließen die DDR. Viele Historiker sind sich heute einig, dass die Ausbürgerung BIERMANNS der Anfang vom Ende der DDR gewesen ist.

MONIKA MARON (1929–2011)

**Die 1980er-Jahre: Literatur gegen Umweltzerstörung und Wettrüsten in einer Welt ohne Hoffnungen und Träume**

In den Achtzigerjahren mehrten sich die Stimmen gegen Umweltzerstörung und Wettrüsten. GRASS' Roman „Die Rättin" ist so eine Endzeitvision. Auch CHRISTA WOLFS „Störfall" thematisiert die nukleare Katastrophe angesichts der Zerstörung eines Kernreaktors im ukrainischen Tschernobyl im Jahre 1986. MONIKA MARONS Roman „Flugasche" beschäftigt sich mit der Umweltzerstörung in der Region um Bitterfeld. VOLKER BRAUN nimmt zu den Umweltzerstörungen in „Bodenloser Satz" Stellung. Auch in der Lyrik wurde und wird das Thema behandelt. GÜNTER HERBURGER beschwört den „Gesang der Wale", HANS MAGNUS ENZENSBERGER denkt über „das ende der eulen" nach und SARAH KIRSCH nennt ihr trauriges Fazit „Bäume": „Früher sollen sie / Wälder gebildet haben und Vögel / Auch Libellen genannt kleine / Huhnähnliche Wesen die zu / Singen vermochten schauten herab."
In seinem Gedicht „Grünanlage" bringt ARNFRIED ASTEL (1933–2018) das Verhältnis der menschlichen Gesellschaft der Umwelt gegenüber lakonisch auf den Punkt: „Die Überlebenden / planieren die Erde. / Sie sorgen / für eine schönere / Vergangenheit."
HEINER MÜLLER (1929–1995) wandte sich in „Wolokolamsker Chaussee" (1985–1989) dem brechtschen Lehrstück zu. Die Panzer werden bei ihm zu Geburtshelfern der DDR, später zu ihren Wächtern. Die vier Teile des Stückes thematisieren:

- die Schlacht um Stalingrad 1943,
- den Arbeiteraufstand in der DDR 1953,
- den Aufstand in Ungarn 1956,
- den Einmarsch sowjetischer Truppen in Prag 1968.

HEINER MÜLLER (1929–1995)

Sie sind Ausdrucksversuche einer von MÜLLER konstatierten Stagnation von Raum und Zeit und symbolisieren die vertanen Chancen einer Entwicklung in Richtung eines demokratischen Sozialismus statt einer Rückkehr in die statische Enge der DDR.
HEINER MÜLLERS Stücke der 1970er- und 1980er-Jahre sind sehr stark diskutiert worden. In der DDR wurden sie z. T. gar nicht erst gespielt. Seine Dramen „Germania Tod in Berlin" (1977, Uraufführung 1978), „Leben Gundlings Friedrich von Preußen Lessings Schlaf Traum Schrei" (Uraufführung 1979) und „Die Hamletmaschine" (Uraufführung 1979) gehören zu den bedeutendsten des 20. Jahrhunderts. Mithilfe der Montagetechnik lässt MÜLLER in „Die Hamletmaschine" die „... Welt ihre Runden drehn im Gleichschritt der Verwesung". Ihn interessiert, wie Faschismus entstehen und „überleben" konnte, wie ewige Gewalt – revolutionäre Gewalt, Staatsterror – „funktioniert" und den Menschen verändert. Die Frage: Welchen Preis bezahlt der Einzelne für eine bessere Zukunft aller Menschen?, beantwortet MÜLLER resigniert: „Der Humanismus kommt nur noch als Terrorismus vor. Der Molotowcocktail ist das letzte bürgerliche Bildungserlebnis" (MÜLLER). Sein letztes Stück „Germania 3 – Gespenster am toten Mann" wurde Mai 1996 unter der Regie von LEANDER HAUSSMANN am Bochumer Schauspielhaus uraufgeführt, fünf Monate nach dem Tod des Autors.

Montage bezeichnet das Zusammenfügen unterschiedlichster Textarten zu einem gemeinsamen Ganzen.

„Die Ästhetik des Widerstands" (3 Bde., 1975–1981) von PETER WEISS versucht eine „erzählerische Synthese der politischen und ästhetischen Strömungen des 20. Jahrhunderts" (Klappentext). WEISS begleitet seinen Erzähler von dessen Weggang 1937 aus Berlin in die Tschechoslowakei, nach Spanien (wo er am Bürgerkrieg teilnimmt), nach Paris (wo er das Scheitern einer Volksfront zwischen KPD und SPD erlebt) und schließlich nach Schweden. Hier wird er ansässig (wie eben der Autor selbst). Der Leser erfährt von den Ränkespielen unter den Kommunisten in Moskau, von ihren Enttäuschungen, den Verrätern und den Verratenen. Das Werk ist als Roman angelegt, jedoch treten durchaus reale Figuren der Zeitgeschichte auf: WEISS reflektiert u. a. über BRECHT, LENIN,-THÄLMANN, EBERLEIN, MÜNZENBERG und DAHLEM, über das Verhältnis von Sozialdemokratie und Kommunisten, über den Reichstagsbrandprozess und über den Weltkrieg. So entstand eine Art „Wunschbiografie" und zugleich eine Geschichte der Arbeiterbewegung von 1918 bis 1945.

LENIN, THÄLMANN, EBERLEIN, MÜNZENBERG, DAHLEM waren kommunistische Funktionäre.

**Der Wenderoman**

Mit der Vereinigung der beiden deutschen Staaten am 3. Oktober 1990 ergaben sich auch neue Themen für die Literatur. Wie lebte es sich in dem neuen-alten Land, in dem sich der Alltag vor allem für viele Ostdeutsche radikal geändert hat? Aus dieser Sicht waren die 90er-Jahre eine Zeit des Übergangs. Kindheitserinnerungen und Bücher darüber, wie man sich die jeweils andere Seite, den „Westler" oder den „Ostler", vorstellte, er-

5

Der allgemeine Streit um die Bewertung der west- und ostdeutschen Kultur wurde auch der „Kalte Bruderkrieg" (HEINZ KAHLAU) genannt.

schienen. Einerseits sind Beobachtungen und Gefühle in der „Berliner Republik" im Gegensatz zur „Bonner Republik" zu beschreiben.
Andererseits werden die Verluste und die neu gewonnenen Freiheiten in den Biografien ehemaliger DDR-Bürger konstatiert. Ältere Autoren beschreiben die psychischen Verletzungen, die sie in der DDR erlitten, sowie ihren *Verlust an utopischen Hoffnungen.* Ein Thema, das heftige emotionale Debatten auslöste, war das zum Verhältnis von Staatssicherheit und Literatur. Ihm wandten sich hauptsächlich ehemalige DDR-Autoren zu. Zwischen denen, die die DDR verlassen hatten, und denen, die geblieben waren, gab es große Meinungsunterschiede, nicht selten Unverständnis oder unerbittliche Schuldzuweisungen. ERICH LOEST nannte seine Autobiografie in Anspielung auf den Privatsekretär GOETHES „Die Stasi war mein Eckermann oder Mein Leben mit der Wanze" (1991). 1990 veröffentlichte REINER KUNZE Teile seiner Stasiprotokolle („Deckname Lyrik").

WOLFGANG HILBIG (1941–2007)

GÜNTER GRASS leitete mit „Ein Schnäppchen namens DDR" (1990) die Ost-West-Diskussion nach der Wende ein. 1991 wurde durch die Veröffentlichung von CHRISTA WOLFS „Was bleibt" die Diskussion darüber weitergeführt. WOLFGANG HILBIG beschäftigte sich in seinem Roman „Ich" (1993) mit der doppelten Identität seiner Hauptfigur als Schriftsteller und Stasispitzel. Dabei führt er die Utopien seiner Generation ad absurdum, indem er W., seine Hauptfigur, ein gedankliches Geflecht von Abhängigkeiten entwerfen lässt: „Daß jeder jeden in der Hand hatte, vielleicht war dies das letztendliche Ziel des utopischen Denkens" (WOLFGANG HILBIG: Ich). Diese erträumte „Überwachung des Gedankens" paraphrasiert das volks-liedhafte „Die Gedanken sind frei". Der Held, der einen Berufskollegen bespitzeln soll, erfährt, dass er lediglich als Legendenbildner diente, damit der, den er bespitzelte, im Westen einen Ruf als Stasiverfolgter erhielt. Als ihm Zweifel an seinem Tun kommen, wird er verhaftet und in eine Heilanstalt eingewiesen.
Der große „Wende-Roman", vielfach in der Literaturkritik beschworen, ist bis heute nicht geschrieben.

Viele hielten THOMAS BRUSSIGS „Helden wie wir" (1996) für diesen „Wende-Roman". Wie auch in „Am kürzeren Ende der Sonnenallee" (2001) wird hier versucht, die gesellschaftliche Entwicklung über den historischen Zufall zu erklären. Damit gelangt man bereits ganz nah an die Wahrheit, denn ein Zufall war es, der GÜNTER SCHABOWSKI (1929–2015) 1989 erklären ließ, die Reisefreiheit für DDR-Bürger trete mit sofortiger Wirkung in Kraft. Diese wahre Begebenheit barg nicht wenig Komik in sich. Vielleicht deshalb setzten sich jüngere Autoren der ehemaligen DDR humoristisch-satirisch mit dem Thema „Wende" auseinander. Für sie war die DDR längst kein historischer Ort von Utopie mehr.

Am 4. November 1989 fand die große Demonstration auf dem Berliner Alexanderplatz statt, an der Autoren wie CHRISTA WOLF, CHRISTOPH HEIN, HEINER MÜLLER und VOLKER BRAUN teilnahmen.

BRUSSIGS komplexbeladener „Held" Klaus Uhltzscht will mit seinem erigierten Penis „die Berliner Mauer umgeschmissen" haben. Am legendären 4. November 1989 erleidet er einen Treppensturz. Als dessen Folge schwillt sein Penis zu einer beträchtlichen Größe, die die Grenzer derart beeindruckt, dass sie die Grenze öffnen. Die Geschichte wird so grotesk erzählt, dass sie geeignet scheint, den Ereignissen die mythische Überhöhung zu nehmen. An die Stelle des „geteilten Himmels" (CHRISTA WOLF) tritt der „geheilte Pimmel".

Der an CHARLES BUKOWSKI und JOHN IRVING geschulte BRUSSIG gibt uns Einblicke in die Lebensstationen seines Helden Uhltzscht auf der „Messe der Meister von morgen" und seine Arbeit bei der Staatssicherheit: In allem steckt das Absurde und Lächerliche, das ein wenig auch in der DDR steckte. Nur wird es mit dem Spott der Erlösung erzählt, mit Banalitäten und Obszönitäten angereichert, um den Sarkasmus zu verpacken, der in diesem Werk versteckt ist.

INGO SCHULZES (geb. 1962) „Simple Storys" (1998), ein „Roman aus der ostdeutschen Provinz" (Untertitel), erzählt in 29 Kapiteln Episoden aus der Zeit nach 1990. SCHULZE zeigt das Alltagsleben nach der Wende in vielen kleinen Geschichten, die lediglich über den Schauplatz Altenburg bzw. die Figuren zusammengehalten werden. Eine Frau erzählt über ihre Erlebnisse auf einer Busreise nach Italien. Sie reisen mit einem westdeutschen Pass und unter falschem Namen, als BRD-Bürger. Eine Autopanne zwingt zum unfreiwilligen Halt, als ein Bergsteiger die Kirchenfassade hinaufklettert. Davor bildet sich eine Menschentraube, man fotografiert den Wahnsinnigen. Jemand hat ihn erkannt, man ruft seinen Namen. Er hält auf dem Sims eine Anklagerede gegen „den Bonzen im grünen Anorak", dann klettert er nach unten, wird von Carabinieri in Empfang genommen. Die Menschentraube löst sich auf. Von dieser Art sind SCHULZES Geschichten, unspektakulär, in „lakonischem, gänzlich unpathetischen Stil", der „an die Tradition der amerikanischen Short Story" anknüpft (Klappentext). Es sind die kleinen und großen Verletzungen der Seele, die berichtet werden. Als Erzählmotiv wird genannt: „Weil man so schnell vergißt."

GÜNTER GRASS' von den Kritikern arg gescholtenes „Ein weites Feld" (1995) ist eine Geschichte über den FONTANE-Verehrer Theo Wuttke (genannt „Fonty") und seinen Spitzel Hoftaller. Sie verbalisiert GRASS' Kritik an der Art und Weise der Wiedervereinigung im Ausverkaufsstil und der Zerstörung ostdeutscher Lebensgefühle. Dabei zieht der Autor eine Parallele von der Reichseinigung 1871, die FONTANE als Zeitgenosse erlebt hatte, zur Wiedervereinigung 1990 mit dem Protagonisten „Fonty": „Deutsche Einheit ist immer die Einheit der Raffkes und Schofelinskis."
Mit der Jahrtausendwende vollzog sich ein Wandel in der Sicht auf Wende und Wiedervereinigung. Die Generation der in den 1970er-Jahren Geborenen meldete sich mit ihren spezifischen Erfahrungen und Sichtweisen zu Wort. Suchte JANA HENSEL (geb. 1976) in ihrem Buch „Zonenkinder" (2002) wehmütig die verschwundene DDR und ihre vermeintlichen Errungenschaften, zeichnete CLEMENS MEYER (geb. 1977) in „Als wir träumten" (2006) das Bild einer verlorenen Generation. Die zur Wendezeit in der Pubertät Gewesenen werden zu Kleinkriminellen und Drogenabhängigen. Der Autor wirft einen schonungslosen Blick auf die Gestrandeten und Gescheiterten. Dabei gerät dieser weder voyeuristisch

noch allzu distanziert. Vielmehr vermag es MEYER, eine packende Geschichte zu erzählen, in der Träume zu Albträumen werden.
Eine weitere Tendenz zeigt sich im Fortbestehen der Neuen Subjektivität. GÜNTER GRASS legte mit „Mein Jahrhundert" (1999) ein Erinnerungsbuch vor, das ebenso hart diskutiert wurde wie „Ein weites Feld".
STEFAN HEYMS autobiografische Geschichten „Immer sind die Weiber weg" (1997) sind „komische und traurige und humorvolle Geschichten", die den Autor „von einer ganz neuen Seite" zeigen, „sie gehören zu dem eigenwilligsten, was er je geschrieben hat" (Klappentext). Es sind Kurzgeschichten, die er für seine Frau INGE geschrieben hat.
FRIEDERIKE MAYRÖCKER erinnert mit „Requiem für Ernst Jandl" (2001) an ihren Lebenspartner, der 2000 gestorben war.
Neben den Texten der älteren Autoren und Literaturkritiker aus Westdeutschland beschreiben die jüngeren das Leben in der wohlhabenden Bundesrepublik und die jüngsten das Lebensgefühl der Techno-Generation, für die die Love-Parade zu einem Symbol des Spaßes und fast grenzenloser Freiheit geworden ist. In Literaturkritiken wird diese Literatur als abgeklärt und illusionslos, verspielt und z. T. elitär, glatt und makellos – als ein Teil der neuen Popkultur – charakterisiert.
Das neue Jahrtausend fand ein plötzliches Abfallen des Interesses an der „Pop"-Literatur vor. Das Feuilleton hatte ein neues Phänomen entdeckt: das des „literarischen Fräuleinwunders": Den Begriff hatte SPIEGEL-Kritiker VOLKER HAGE 1999 für junge Autorinnen aufgegriffen, die nach 1970 geboren wurden. Er zählte u. a. JULIA FRANCK (geb. 1970), JUDITH HERMANN (geb. 1970), ALEXA HENNING VON LANGE (geb. 1973), ZOË JENNY (geb. 1974), JULI ZEH (geb. 1974) und RICARDA JUNGE (geb. 1979) zu dieser Kategorie. Er war erstaunt darüber, „daß die weiblichen Debütanten zumeist weniger verzagt und umstandskrämerisch als ihre männlichen Kollegen daherkommen" (HAGE, VOLKER: Ganz schön abgedreht. In: DER SPIEGEL 12/1999 vom 22. 03. 1999, S. 244).
Nachdem in den Diskussionen die Frage, ob jemand aus dem Osten oder Westen kommt, immer weniger eine Rolle spielt, haben die Autoren einen gemeinsamen Konfliktstoff. Er entsteht aus den unterschiedlichen deutschen Vergangenheiten und Lebensformen im Deutschland des 21. Jh.s, das seinen Platz im neuen Europa und der Welt finden muss. Was dies für den Alltag und die individuellen Lebensphilosophien bedeutet, davon werden die Autoren erzählen.

### Das historische bzw. das fantastische Sujet

Seit geraumer Zeit zu beobachten ist die Tendenz der **Neoromantik.** Mit dem Erscheinen von „Harry Potter und der Stein der Weisen" (engl. 1997, dt. 1998) von JOANNE K. ROWLING entstand auch im deutschsprachigen Raum eine neue **Fantasyliteratur.** Zwar legte MICHAEL ENDE mit dem Bestseller „Die unendliche Geschichte" bereits 1979 einen weltweit beachteten Fantasyroman vor, aber erst der immer noch andauernde „Harry-Potter-Boom" ließ nach alternativen Lesemöglichkeiten suchen. Dies löste eine erneute Beschäftigung mit JOHN RONALD REUEL TOLKIENS (1892–1973) Trilogie „Der Herr der Ringe" (1954/1955) aus. TOLKIEN legt in seinen Werken eine eigene komplexe, fantastische Parallelwelt vor, in der der Mensch nur bedingt eine Rolle spielt. Das Geschehen bestimmen Elben, Zwerge, Hobbits, Ainur, Ents, Orks, Drachen und andere We-

**Neoromantik** wird auch in der Popmusik immer augenfälliger. Bands wie „Within Temptation" und „Nightwish" gelang es, vordere Plätze in den Charts zu erobern. in Musikvideos wird der Kult des Dunklen, Geheimnisvollen ästhetisiert.

sen. „Die Chroniken von Narnia“ (1950–1954) von CLIVE STAPLES LEWIS (1898–1963) wurden zu Beginn des 21. Jh.s in Deutschland einer größeren Leserschaft bekannt. LEWIS bemüht einen Kleiderschrank, der die Tür zum Land Narnia birgt. In diesem Fantasyreich leben Zentauren, Faune, Nymphen, Zwerge, Riesen sowie sprechende Tiere. Diese Parallelwelt ist jedoch nicht so komplex wie die in „Herr der Ringe“. Am ehesten ist der im fiktiven Buch „Necronomicon“ beschriebene **Cthulhu-Mythos** des US-Amerikaners H. P. LOVECRAFT (1890–1937) in seiner Komplexität mit TOLKIENS Fantasywelt vergleichbar.
Ein weiteres Vorbild für deutsche Fantasyromane ist „Die Nebel von Avalon“ (1982) von MARION ZIMMER BRADLEY (1930–1999). Aus der Sicht von Morgaine, der Halbschwester König Artus', wird der Untergang Avalons erzählt. WOLFGANG HOHLBEIN (geb. 1953) schrieb seit den 1980er-Jahren über einhundertfünfzig zumeist fantastische Romane, u. a. die „Drachenthal“- und die „Chronik der Unsterblichen“-Reihe. In einem Gemisch aus Action und Fantasy greift HOHLBEIN mit „Das Avalon-Projekt“ auf den Stoff zurück.
CORNELIA FUNKE (geb. 1958) gelang mit ihrem 2000 erschienenen Buch „Herr der Diebe“ ein Achtungserfolg in den USA. Der erste Teil ihrer „Tintenwelt“-Trilogie erschien 2003 unter dem Titel „Tintenherz“ zeitgleich auf Deutsch und Englisch. Der Plot erinnert sehr an ENDES „Unendliche Geschichte“, denn auch hier spielt ein Buch eine zentrale Rolle. Allerdings entsteigen diesem die Wesen, um die Wirklichkeit zu verändern.

**Avalon,** dt.= *Apfelinsel,* ist ein in Nebel gehüllter Ort der Kraft, aber auch der Aufenthaltsort der Helden nach dem Tode. König Artus soll sich der keltischen Sage nach dort aufgehalten haben, nachdem er verwundet worden war.

Eine zweite Tendenz ist der neuartige Rückgriff auf das **Sujet des Historischen.** ROBERT SCHNEIDERS (↗ Foto, geb. 1961) **postmoderner Roman** „Schlafes Bruder“ erzählt die „Geschichte des Musikers Johannes Elias Alder, der zweiundzwanzigjährig sein Leben zu Tode brachte, nachdem er beschlossen hatte, nicht mehr zu schlafen“. Es ist die Geschichte eines großen Talentes, das zu absolutem Gehör gelangt und so in der Lage ist, nicht nur die Geräusche des Universums zu hören, sondern sich selbst autodidaktisch das Orgelspielen beizubringen.

**Postmoderne:** Überwindung der Moderne durch extremen Stilpluralismus und spielerischen Umgang mit Vorhandenem. Genregrenzen werden dabei oft aufgelöst.

DANIEL KEHLMANNS „Die Vermessung der Welt“ (2005) schildert das fiktive Zusammentreffen des Mathematikers und Astronomen CARL FRIEDRICH GAUSS und des Forschungsreisenden ALEXANDER VON HUMBOLDT in Berlin im Jahre 1821. Als ironische Auseinandersetzung mit dem Deutschsein sieht der Autor das Buch.

DANIEL KEHLMANN wurde 2007 für seinen Roman mit dem Welt-Literaturpreis ausgezeichnet.

Die Tendenz der **Befreiung der Mythen aus ihren Geschichten** begegnet uns bei der Literaturnobelpreisträgerin von 2004, ELFRIEDE JELINEK, in ihrem Dramentext „Das Lebewohl“ (2000), den die Autorin mit Zitaten aus der „Orestie“ des AISCHYLOS und einem Interview mit JÖRG HAIDER füllt. JELINEK entwirft so das Psychogramm eines Verführers und entlarvt den politischen Demagogen.

Zur Dramentrilogie „Orestie“ des AISCHYLOS gehören drei Stücke: „Agamemnon“, „Choephoren“ (oder: „Die Grabesspenderinnen“) und „Die Eumeniden“ (Rachegöttinnen der Unterwelt).

## Entwicklung des deutschsprachigen Buchmarktes

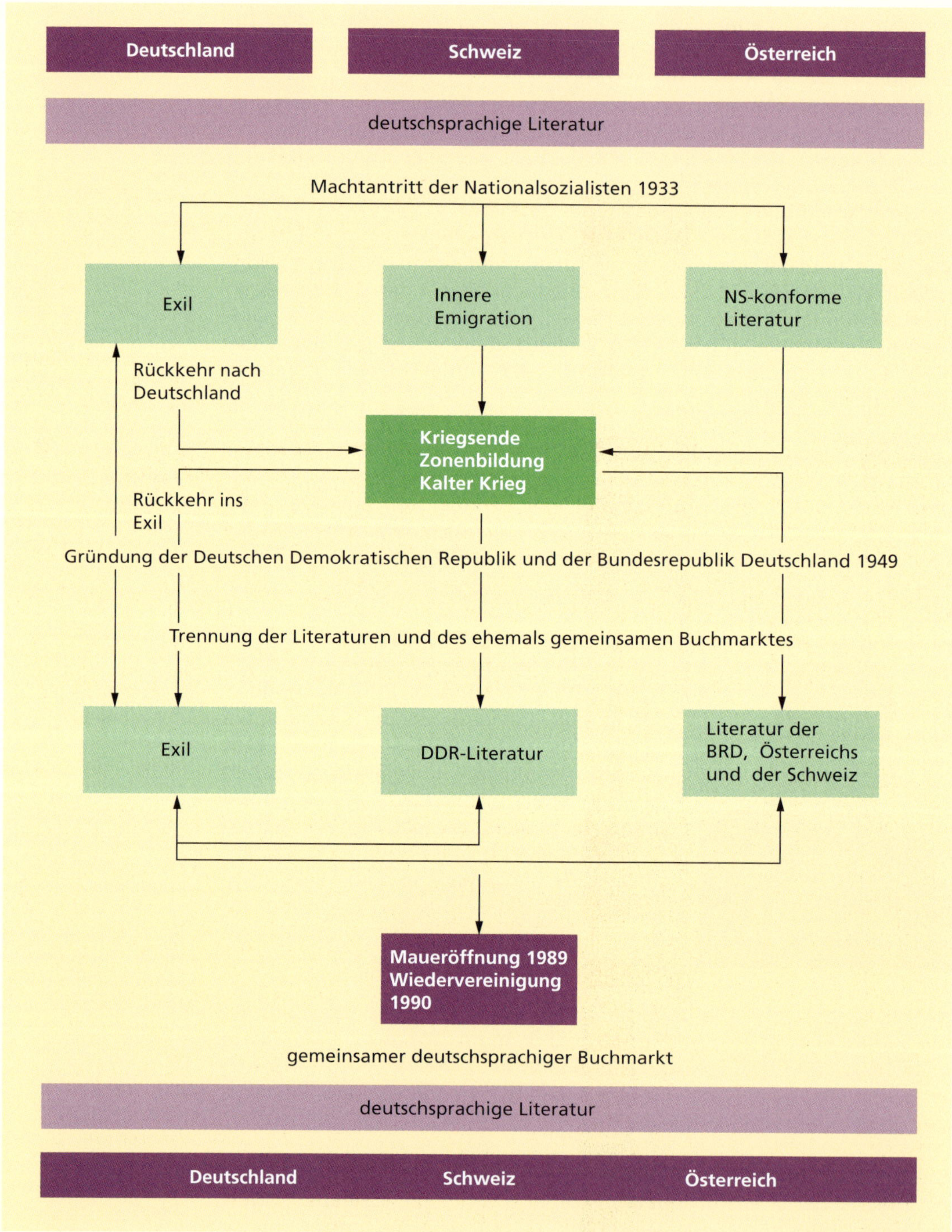

# Anhang A

## Register

## Bildquellenverzeichnis

**Hinweis:** Falls keine konkrete Bildnummer hinter der Seitenzahl angegeben ist, stammen alle urheberrechtlich relevanten Abbildungen vom selben Urheber bzw. ist nur eine Abbildung auf der Seite zu finden. In einigen Fällen erfolgt die eindeutige Zuordnung der Bilder über Nummern (i.d.R. von oben nach unten bzw. von links nach rechts, z.B. 214/2).

### Fotos

**Adobe:** absolutimages/stock.adobe.com 221; ArTo/stock.adobe.com 291; brichuas/stock.adobe.com 31/2; Butch/stock.adobe.com 241; carol_anne/stock.adobe.com 55; dominik diesing/stock.adobe.com 261; Gina Sanders/stock.adobe.com 214/2; Johnér/stock.adobe.com 50/1; Kzenon/stock.adobe.com 235; lotharnahler/stock.adobe.com 220; mario/stock.adobe.com 31/1; mario/stock.adobe.com 54/2; mma23/stock.adobe.com 51/1; Oleksandr/stock.adobe.com 308; Racle Fotodesign/stock.adobe.com 51/2; Rido/stock.adobe.com 50/2; Schlierner/stock.adobe.com 244; spuno/stock.adobe.com 236/2; Stephan Baur/stock.adobe.com 243; Steven Stückler/stock.adobe.com 258; sulupress/stock.adobe.com 223; theogott/stock.adobe.com 236/1; Wayhome Studio/stock.adobe.com 52; Zerbor/stock.adobe.com 263;

**Akg-images:** 39, 214/1, 313, 320, 353, 357, 368, 375, 377, 380, 393, 399; Binder/akg-images 394; Heritage Images/Fine Art Images/akg-images 233/2; Heritage Images/Mithra – Index/akg-images 364; Imagno/akg-images 392; Imagno/Franz Hubmann/akg-images 395/2; Imagno/Nora Schuster/akg-images 395/1; Imagno/Trude Fleischmann/akg-images 370; IMAGNO/Votava/akg-images 379; Imagno/Votava/akg-images 397; Keystone/akg-images 360/1; Science Source/akg-images 20; Susanne Schleyer/akg-images 398; TT News Agency/SVT/akg-images 376; Voller Ernst/Chaldej/akg-images 386; WHA/World History Archive/akg-images 371;

**Bibliographisches Institut GmbH, Berlin:** 47/3, 265;

**Imago:** imago images/Avanti 261; imago images/fossiphoto 390; imago images/Hoch Zwei/Angerer 5; imago images/ingimage 233/1; imago images/MiS 49/1, imago images/teutopress 396, 400; imago images/ZUMA Press 263; imago stock&people 249, 401, 403;

**INTERFOTO/Sammlung Rauch:** 42;

**Mauritius:** Caia Image/mauritius.all.com 222/2;

**Picture Alliance:** picture-alliance/ASSOCIATED PRESS 389; picture-alliance/dpa 122;

**S. Ruhmke, Berlin:** 309, 310;

**Shutterstock:** Aerial-motion/Shutterstock.com 256; alexapro/Shutterstock.com 213; AndreyO/Shutterstock.com 33; AndreyO/Shutterstock.com 54/3; Christian Nieke/Shutterstock.com 222/1; Fedor Selivanov/Shutterstock.com 32/2, 54/1; Filmbildfabrik/Shutterstock.com 238; G-Stock Studio/Shutterstock.com 273/2; Huy Xiao/Shutterstock.com 19; kitty/Shutterstock.com 336; Matej Kastelic/Shutterstock.com 273/1; Monkey Business Images/Shutterstock.com 285; Nicku/Shutterstock.com 341; Prachaya Roekdeethaweesab/Shutterstock.com 54/4; Rawpixel.com/Shutterstock.com 54/5; Reinhold Leitner/Shutterstock.com 405; Sergey Kelin/Shutterstock.com 21; Simon Mayer/Shutterstock.com 30; Vladimir Korostyshevskiy/Shutterstock.com 32/1;

### Grafiken

**Christine Gebreyes:** 23, 25, 229;

**Heike Keis:** 232;

**Gerlinde Keller:** 47/1, 47/2, 207, 325, 329, 331, 343, 345, 348, 352, 356, 356, 359, 360/2, 362, 363, 363, 378, 384, 385, 385;

**Gabriele Lattke:** 218, 219;

**Sapera GmbH, Berlin:** 60